模糊拓扑学

孟广武　著

科学出版社

北京

内 容 简 介

模糊拓扑学是以模糊集为基本构件在分明拓扑学的基础上发展起来的，因此，它既具有以往拓扑学的抽象与深刻等显著特点，更兼有模糊集突出的层次结构特色. 本书以层次闭集为基本工具，对模糊拓扑学理论作了系统论述. 本书主要内容包括预备知识、层次闭集与层次连续性、层次拓扑空间、层次闭包空间、层次连通性、层次分离性、紧性、层次仿紧性等内容.

本书可作为高等学校拓扑学专业研究生的教学用书，也可作为从事模糊拓扑学研究人员的参考用书.

图书在版编目 (CIP) 数据

模糊拓扑学/孟广武著. —北京：科学出版社，2022.10
ISBN 978-7-03-073478-5

I ①模… II ①孟… III. ①模糊数学-拓扑 IV.①O189.13

中国版本图书馆 CIP 数据核字 (2022) 第 190301 号

责任编辑：张中兴 梁 清 孙翠勤 / 责任校对：杨聪敏
责任印制：张 伟 / 封面设计：蓝正设计

科 学 出 版 社 出版
北京东黄城根北街 16 号
邮政编码：100717
http://www.sciencep.com
北京建宏印刷有限公司 印刷
科学出版社发行 各地新华书店经销

*

2022 年 10 月第 一 版 开本：720×1000 1/16
2022 年 11 月第二次印刷 印张：17 1/4
字数：348 000
定价：89.00 元
（如有印装质量问题，我社负责调换）

P 前 言

REFACE

如果从 C. L. Chang 发表于 1968 年的第一篇论文算起, 模糊拓扑学已经走过 53 年的历程了. 半个多世纪以来, 模糊拓扑学已经从最初弱小的幼苗成长为今天的参天大树了.

模糊拓扑学是以模糊集为基本构件在分明拓扑学的基础上发展起来的, 因此它既具有以往拓扑学的那种抽象与深刻等显著特点, 更兼有模糊集那种突出的层次结构特色. 大约在 1977 年, 国外数学家最早注意到层次结构这一特色, 比如比利时数学家 R. Lowen 引入的层次截拓扑 (文献 [1]) 等. 我国数学家介入这一领域后, 层次结构的特色得以充分彰显, 刘应明院士为此专门写了一篇文章综述了这方面的工作 (文献 [2]). 但这些工作还没有触及模糊拓扑学最核心的概念——开集与闭集. 1980 年, 美国数学家 Rodabaugh 针对模糊拓扑空间中的分明集提出了 α-闭包的概念 (文献 [3]), 开始触层次闭集的问题. 1991 年, 李永明教授提出了层次闭集的概念 (文献 [4]), 将闭集分层分解, 揭开了层次闭集研究的序幕. 作者正是在这些工作的基础上, 提出了目前最为一般的层次闭集的概念. 后来, 作者的几届研究生持续了这方面的研究, 以层次闭集与层次开集为基本概念, 建立了层次连续性、层次收敛、层次连通性、层次分离性、紧性等理论, 同时将层次闭集用于其他拓扑性质的研究, 得到了模糊连通性、分离性、紧性及仿紧性的一系列新特征, 形成了较为系统的层次拓扑空间理论. 2010 年, 为了研究生教学的需要, 作者对这方面的工作进行了梳理, 出版了著作《层次 L-拓扑空间论》(文献 [5]).

这本书出版后, 层次拓扑空间理论得到了进一步的发展, 陆续形成了新的层次空间的收敛理论和层次闭包空间理论. 为了及时总结这些新成果, 在同事们的鼓励下, 特别是我的一些研究生的 "怂恿" 下, 作者对原书进行了修订, 写成了这本新书.

此次修订, 除了订正了原书中的疏漏外, 还新增加了一些新的内容, 主要有

(1) 层次拓扑空间理论, 包括层次拓扑的基本问题, 积空间、商空间及和空间的层次拓扑, 分子网的层次收敛, 理想刻画层次连续性定理, 层次化的杨忠道定理, 层次诱导空间, 层次闭包算子生成拓扑定理等.

(2) 层次闭包空间理论, 包括层次闭包算子与拓扑、层次闭包空间的收敛理论、层次闭包空间的连通性等.

(3) 在层次连通性中, 增加了层次化的樊畿定理.

(4) 两个层次生成映射的相关内容.

这些新的内容, 是由作者及其研究生的若干新成果加工而成的. 在撰写的过程中, 除了对原始论文中的某些疏漏进行完善外, 还增加了若干有趣的例子, 这既增强了本书中内容的生动性, 又降低了读者的理解难度. 需要指出的是, 本书所依据的多篇原始论文是用范畴论的观点写成的, 但我们对此进行了改写, 没有涉及范畴论, 这样读起来会更容易些.

本书的撰写借助了参考文献中的大量资料, 对这些文献的作者, 笔者表示衷心的感谢! 本书的出版得到了许多同志的帮助. 聊城大学数学科学学院的院长姚炳学教授和书记赵清理教授给予了热情的鼓励, 李令强教授、胡凯博士以及孙守斌副教授帮了很多忙; 科学出版社的责任编辑在策划、选题与立项等方面给予了热情的指导, 在编辑方面他们也付出了辛勤的劳动. 对上述同志们一并表示衷心的感谢!

尽管自己作了最大的努力, 但限于学识与能力, 书中的疏漏甚至错误在所难免, 希望读者批评指正.

孟广武

辛丑仲秋于聊城大学

目　录
CONTENTS

第 0 章 预备知识

HAPTER 0

本章介绍一些与层次拓扑空间理论有关的基本知识, 涉及格论、L- 集合 (即通常的 L- 模糊集合) 及 L- 拓扑学 (即通常的 L- 模糊拓扑学) 等方面的内容. 我们只叙述结论, 而不做证明. 如需进一步了解, 可参考文献 [6]. 此外, 我们介绍了 L- 拓扑学的和空间理论. 关于可和性质的讨论将贯穿本书的始终.

0.1　格

定义 0.1.1　设 X 是非空集, $\leqslant$ 是 X 上的二元关系. 如果

(1) $\leqslant$ 是自反的, 即 $\forall x \in X, x \leqslant x$;

(2) $\leqslant$ 是传递的, 即 $x \leqslant y, y \leqslant z \Rightarrow x \leqslant z$;

(3) $\leqslant$ 是反对称的, 即 $x \leqslant y, y \leqslant x \Rightarrow x = y$,

则称 $\leqslant$ 为 X 上的偏序关系, 称 $(X, \leqslant)$ 为偏序集.

定义 0.1.2　设 $(X, \leqslant)$ 为偏序集, $A \subset X, a \in X$. 称 a 为 A 的上界, 若 $\forall x \in A, x \leqslant a$. 若 A 有一最小上界 a, 则称 a 为 A 的上确界, 记作 $a = \sup A$ 或 $a = \vee A$.

对偶地, 可以定义 A 的下界与下确界 $\inf A$ 或 $\wedge A$.

定义 0.1.3　设 $(X, \leqslant)$ 为偏序集, 若对 X 中的任二元 a 与 b, $\sup\{a, b\}$ 和 $\inf\{a, b\}$ 恒存在, 则称 X 为格. 这时 $\sup\{a, b\}$ 可简记为 $a \vee b, \inf\{a, b\}$ 可简记为 $a \wedge b$. 若 $\forall A \subset X, \sup A$ 与 $\inf A$ 恒存在, 则称 X 为完备格.

特别是, 完备格 X 一定有一最大元与最小元, 即 $\sup X$ 与 $\inf X$, 把它们分别记为 1_X 与 0_X, 或简记为 1 与 0.

在完备格中永远有 $\sup \varnothing = 0$ 和 $\inf \varnothing = 1$.

按习惯, 格一般用字母 L 表示.

定义 0.1.4　设 $(X, \leqslant)$ 为偏序集, $A \subset X, a \in X$.

(1) 规定

$$\uparrow a = \{x \in X : a \leqslant x\}, \quad \uparrow A = \bigcup \{\uparrow a : a \in A\}.$$

(2) 当 $A = \uparrow A$ 时, 称 A 为上集.

(3) 若对 A 中任二元 a 与 b, 都存在 $c \in A$ 使 $a \leqslant c, b \leqslant c$, 则称 A 为上定向集.

对偶地, 可定义下集与下定向集.

定义 0.1.5 设 L 是完备格, F 与 I 是 L 的非空子集.

(1) 若 F 是下定向集且 $0 \notin F$, 则称 F 为 L 中的渗透基. 此外若 F 还是上集, 则称 F 为 L 中的渗透.

(2) 若 I 是上定向集且 $1 \notin I$, 则称 I 为 L 中的理想基. 此外若 I 还是下集, 则称 F 为 L 中的理想.

定义 0.1.6 设 L 是完备格, $': L \to L$ 是 L 到自身的映射, 如果

(1) $'$ 是对合对应, 即 $\forall a \in L$, $(a')' = a$;

(2) $'$ 是逆序对应, 即 $a \leqslant b \Rightarrow b' \leqslant a'$,

则称 $'$ 为 L 上的逆序对合对应, 或简称为逆合对应.

定义 0.1.7 设 L 是完备格, $': L \to L$ 是 L 到自身的映射, 如果对 L 的每个子集 $A = \{a_t : t \in T\}$, 总有

(1) $\left(\bigvee\limits_{t \in T} a_t \right)' = \bigwedge\limits_{t \in T} a_t'$;

(2) $\left(\bigwedge\limits_{t \in T} a_t \right)' = \bigvee\limits_{t \in T} a_t'$,

则称映射 $'$ 满足 De Morgan 对偶律, 这时也把以上两个等式称作 De Morgan 对偶律.

定义 0.1.8 设 X 是偏序集, 称 $a \in X$ 为 X 的极大 (小) 元, 如果 X 中不存在异于 a 的元 b, 满足 $a \leqslant b \, (b \leqslant a)$. 设 A 是 X 的非空子集, 如果 A 中每两个元都可以比较大小, 则称 A 为 X 中的链 (或全序子集).

定理 0.1.1(Zorn 引理) 设 X 是偏序集. 如果 X 中每个链都有上界, 则 X 中至少有一个极大元.

定义 0.1.9 设 L_1 与 L_2 是完备格, $f : L_1 \to L_2$ 是映射.

(1) 如果 $\forall a, b \in L_1, a \leqslant b \Rightarrow f(a) \leqslant f(b)$, 则称 f 是保序映射.

(2) 如果 $\forall a, b \in L_1, a \leqslant b \Rightarrow f(b) \leqslant f(a)$, 则称 f 是逆序映射.

(3) 如果 $\forall A \subset L_1, f(\bigvee A) = \bigvee f(A)$, 则称 f 是保并映射.

(4) 如果 $\forall A \subset L_1, f(\bigwedge A) = \bigwedge f(A)$, 则称 f 是保交映射.

显然, 保并映射和保交映射都是保序映射.

定义 0.1.10 设 L_1 与 L_2 是完备格. 如果存在一一对应 $f : L_1 \to L_2$, 使 f 和 $f^{-1} : L_2 \to L_1$ 都是保序映射, 则称 f 为同构映射. 这时称完备格 L_1 与 L_2 同构, 记作 $L_1 \overset{f}{\cong} L_2$, 或 $L_1 \cong L_2$.

定义 0.1.11 设 $\{L_t\}_{t\in T}$ 是一族偏序集, $L = \prod_{t\in T} L_t$ 是其积集, 即一切映射 $f: T \to \bigcup_{t\in T} L_t$ 之集, 这里 $\forall t \in T, f(t) \in L_t$. 对 L 中任二元 f 与 g, 规定 $f \leqslant g$ 当且仅当 $\forall t \in T, f(t) \leqslant g(t)$. 则 L 成为一偏序集, 称作 $\{L_t\}_{t\in T}$ 的直积, 仍记作 $L = \prod_{t\in T} L_t$.

定理 0.1.2 设 $\{L_t\}_{t\in T}$ 是一族完备格, 则其直积 $L = \prod_{t\in T} L_t$ 也是完备格.

定义 0.1.12 设 L 是完备格, 如果以下两个等式成立, 则称 L 是完全分配格:

$$\bigwedge_{i\in I}\left(\bigvee_{j\in J_i} a_{i,j}\right) = \bigvee_{f\in\prod_{i\in I} J_i}\left(\bigwedge_{i\in I} a_{i,f(i)}\right), \quad \bigvee_{i\in I}\left(\bigwedge_{j\in J_i} a_{i,j}\right) = \bigwedge_{f\in\prod_{i\in I} J_i}\left(\bigvee_{i\in I} a_{i,f(i)}\right).$$

这里 $\forall i \in I$ 以及 $\forall j \in J_i, a_{i,j} \in L$, 且 $I \neq \varnothing, J_i \neq \varnothing$.

注意, 上述两条完全分配律是等价的, 此外, 完全分配律的一个特殊情况是

$$a \wedge (b \vee c) = (a \wedge b) \vee (a \wedge c), \quad a \vee (b \wedge c) = (a \vee b) \wedge (a \vee c).$$

这就是通常所说的分配律. 满足分配律的格称作分配格.

例 0.1.1 $I = [0,1]$ 是完全分配格.

定理 0.1.3 设 $\{L_t\}_{t\in T}$ 是一族完全分配格, 这里 T 是非空指标集, 则它们的直积 $L = \prod_{t\in T} L_t$ 也是完全分配格.

定义 0.1.13 设 L 是完备格, $a \in L, B \subset L$. 如果 $a \leqslant \sup B$, 则称 B 为 a 的复盖. 如果 $a = \sup B$, 则称 B 为 a 的恰当复盖. 又, 设 B 与 C 是 L 的任二子集, 如果 $\forall x \in B$, 有 $y \in C$ 使 $x \leqslant y$, 则称 B 是 C 的加细.

定义 0.1.14 设 L 是完备格, $a \in L, B \subset L$. 如果

(1) B 为 a 的恰当复盖;

(2) B 加细 a 的每个复盖,

那么, 称 B 为 a 的极小集.

例 0.1.2 (1) 设 $L = [0,1], a \in L$, 则当 $a > 0$ 时, $[0,a)$ 是 a 的极小集.

(2) 设 X 是非空集, $L = 2^X$ (X 的所有子集所成之族), A 是 L 的任一元. 若 A 非空, 则 $\{\{x\}: x \in A\}$ 是 A 的极小集. 若 $A = \varnothing$, 则 $\varnothing$ 是 A 的极小集.

(3) 设 $L = [0,1]^X$, 这里 X 是非空集. 设 A 是 L 的任一元, 则 A 也可看作一个函数 $A: X \to [0,1]$. 若 A 不恒为零, 则 $\{x_\lambda: x \in X, \lambda \in [0,1], 0 < \lambda < A(x)\}$ 是 A 的一个极小集, 这里 x_λ 表示仅在点 $x \in X$ 处取值 $\lambda \in (0,1]$ 而在 X 中其他各点均取值为零的函数.

设 L 是完备格, $a \in L$, 则 a 的若干个极小集的并仍是 a 的极小集, 从而若 a 有极小集, 则必有一最大极小集, 记作 $\beta(a)$.

定理 0.1.4 设 L 是完备格, 则 L 是完全分配格当且仅当 L 的每个元 a 都有极小集, 从而 $\beta(a)$ 存在.

定义 0.1.15 设 L 是完全分配格, $\forall a \in L$, 令 $\beta(a)$ 与 a 相对应, 则得一映射 $\beta : L \to 2^L$, 称作 L 上的极小映射.

定理 0.1.5 设 L 是完全分配格, 则

(1) $\forall a \in L$, $\beta(a)$ 是下集;

(2) $\beta : L \to 2^L$ 是保并映射, 即, 设 $A = \{a_i : i \in I\} \subset L$, 则

$$\beta\left(\bigvee_{i\in I} a_i\right) = \bigcup_{i\in I} \beta(a_i).$$

定义 0.1.16 设 L 是完备格, $a \in L, A \subset L$. 如果

(1) $\inf A = a$;

(2) 若 $C \subset A$ 且 $\inf C \leqslant a$, 则 $\forall x \in A$, 存在 $y \in C$ 使 $y \leqslant x$, 则称 A 为 a 的极大集.

定理 0.1.6 设 L 是完备格, $a \in L$, 则 a 的若干个极大集的并仍是 a 的极大集, 从而若 a 有极大集, 则必有一最大极大集, 记作 $\alpha(a)$.

定理 0.1.7 设 L 是完备格, 则 L 是完全分配格当且仅当 L 的每个元 a 都有极大集, 从而 $\alpha(a)$ 存在.

定理 0.1.8 设 L 是完全分配格, $\forall a \in L$, 令 $\alpha(a)$ 与 a 相对应, 则得一映射 $\alpha : L \to 2^L$, 称作 L 上的极大映射, 并且

(1) $\forall a \in L, \alpha(a)$ 是上集;

(2) $\alpha : L \to 2^L$ 是交并映射, 即, 设 $A = \{a_i : i \in I\} \subset L$, 则

$$\alpha\left(\bigwedge_{i\in I} a_i\right) = \bigcup_{i\in I} \alpha(a_i).$$

定义 0.1.17 设 L 是格, $a \in L$.

(1) a 叫素元, 若对 L 的任意元 x 与 y, 当 $x \wedge y \leqslant a$ 时有 $x \leqslant a$ 或 $y \leqslant a$.

(2) a 叫交既约元, 若对 L 的任意元 x 与 y, 当 $x \wedge y = a$ 时有 $x = a$ 或 $y = a$.

(3) a 叫余素元, 若对 L 的任意元 x 与 y, 当 $a \leqslant x \vee y$ 时有 $a \leqslant x$ 或 $a \leqslant y$.

(4) a 叫并既约元, 若对 L 的任意元 x 与 y, 当 $a = x \vee y$ 时有 $x = a$ 或 $y = a$.

可以证明: a 是素元当且仅当 a' 是余素元.

定理 0.1.9 设 L 是分配格, $\forall a \in L$. 则

(1) a 是素元当且仅当 a 是交既约元;

(2) a 是余素元当且仅当 a 是并既约元.

定义 0.1.18 设 L 是格, 则 L 中的非零并既约元叫分子.

例 0.1.3　(1) 设 $L = 2^X$ 是非空集 X 的幂集格, 则 $\forall x \in X$, 单点集 $\{x\}$ 是 L 的分子, 而且 L 也只有这些分子.

(2) 设 $L = [0, 1]^X$, 则 L 的分子恰由例 0.1.2(3) 中所说的那种 x_λ 所组成.

定理 0.1.10　设 L 是完全分配格, 则

(1) L 中每个元都可表示为分子之并;

(2) L 中每个元都可表示为素元之交.

定义 0.1.19　设 L 是完全分配格, 则

(1) 称 L 为分子格;

(2) 令 $M(L) = \{x \in L : x$ 是分子$\}$;

(3) $\forall a \in L$, 令

$$\beta^*(a) = \bigcup\{\pi(x) : x \in \beta(a)\},$$

这里 $\pi(x) = \{y \in M(L) : y \leqslant x\}$, 则 $\beta^*(a)$ 是 a 的极小集, 称 $\beta^*(a)$ 为 a 的标准极小集.

不难证明 $\beta^*(a) = \beta(a) \cap M(L)$.

对偶地, 对 L 的任一元 $r < 1$, 可以定义由异于 1 的素元组成的标准极大集 $\alpha^*(r)$, 即 $\alpha^*(r) = \alpha(r) \cap P(L)$, 这里 $P(L) = \{r \in L : r$ 是 L 的素元且 $r \neq 1\}$.

可以证明 $\alpha^*(r) = (\beta^*(r'))'$.

定理 0.1.11　设 L 是分子格, 则 L 的每个元 a 都有一标准极小集 $\beta^*(a)$, 对偶地, 则 L 的每个元 $r < 1$ 都有一标准极大集 $\alpha^*(r)$.

定义 0.1.20　设 L 是带有逆合对应 "$'$" 的分子格, 则称 L 为 fuzzy 格, 或简称为 F 格.

特别注意, 在本书中只要不特别说明, L 总表示 F 格.

定理 0.1.12　一族 F 格的直积仍为 F 格.

定义 0.1.21　设 L_1 和 L_2 是 F 格, $f : L_1 \to L_2$ 是映射. 如果

(1) f 是保并映射;

(2) f^{-1} 是保逆合映射, 即 $\forall b \in L_2, f^{-1}(b') = (f^{-1}(b))'$, 这里

$$f^{-1}(b) = \bigvee\{x \in L_1 : f(x) \leqslant b\},$$

则称 f 为从 L_1 到 L_2 的序同态.

例 0.1.4　设 $f : X \to Y$ 是通常的映射, L 是 F 格, 则 f 诱导出一个从 L^X 到 L^Y 的序同态 $f^\to : L^X \to L^Y$, 称为 L-映射 (即熟知的 L 值 Zadeh 型函数), 这里

$$\forall A \in L^X, \quad f^\to(A)(y) = \bigvee\{A(x) : f(x) = y\}, \quad y \in Y,$$

$$\forall B \in L^Y, \ f^{\leftarrow}(B) = \bigvee\{A \in L^X : f^{\rightarrow}(A) \leqslant B\} = B \circ f.$$

当 $L = I = [0,1]$ 时, L-映射也称为 I-映射.

定理 0.1.13 设 L_1 和 L_2 是 F 格, $f : L_1 \to L_2$ 是序同态, 则

(1) $f(0) = 0, f^{-1}(0) = 0, f^{-1}(1) = 1$;

(2) $\forall a \in L_1, a \leqslant f^{-1}f(a), \forall b \in L_2, ff^{-1}(b) \leqslant b$;

(3) 设 $a \in L_1, b \in L_2$, 则 $f(a) \leqslant b$ 当且仅当 $a \leqslant f^{-1}(b)$;

(4) $f^{-1} : L_2 \to L_1$ 既保并, 又保交;

(5) $\forall a \in L_1, f(a) = \bigwedge\{b \in L_2 : a \leqslant f^{-1}(b)\} = \bigwedge\{b \in L_2 : f^{-1}(b') \leqslant a'\}$;

(6) $\forall b \in L_2, f^{-1}(b) = \bigwedge\{a \in L_1 : f(a') \leqslant b'\}$;

(7) f 把 L_1 中的分子映成 L_2 中的分子, 把 L_1 中元 a 的极小集映成 L_2 中元 $f(a)$ 的极小集.

0.2 L-集

设 X 是非空集, 对于 $B \subset X$, 以 χ_B 记其特征函数. $\varnothing$ 表示空集. $2^{(X)}$ 表示 X 的所有有限子集构成的集族.

定义 0.2.1 设 X 是非空集, L 是 F 格. 则称映射 $A : X \to L$ 为 X 上的 L-集. X 叫论域, L 叫值格. X 上的所有 L-集记作 L^X. 如果 A 仅在 X 中一点 x 处的值 λ 不为零, 则称 A 为 L-点, 这时把 A 记作 x_λ. x 叫 x_λ 的承点, λ 叫 x_λ 的高 (或值). 又, $A_{(0)} = \text{supp}A = \{x \in X : A(x) > 0\}$ 叫 A 的承集. 在 X 上恒取值 $\lambda \in L$ 的 L-集叫常值 L-集, 记作 λ_X, 在不引起混淆的情况下简记为 λ.

若 Ψ 是个集族 (可以是通常的集族, 也可以是 L-集族), $2^{(\Psi)}$ 表示 Ψ 的所有有限子族构成的集族.

注 0.2.1 (1) 这里的 L-集就是通常所说的 L-fuzzy 集. 当 $L = I = [0,1]$ 时就是通常所说的 fuzzy 集, 这时也说成是 I-集. 有时为了强调, 也把通常的集合说成是分明集合.

(2) X 上的所有 L-集 L^X 按 L-集的大小顺序关系构成一个 F 格, 它的最大元和最小元分别是 1_X 和 0_X, 在不致混淆的情况下常简记为 1 和 0.

(3) $M^*(L^X) = \{x_\lambda : x \in X, \lambda \in M(L)\}$ 是 F 格 L^X 中的全体分子之集.

定义 0.2.2 设 $A \in L^X, \lambda \in L$, 称 $A_{[\lambda]} = \{x \in X : A(x) \geqslant \lambda\}$ 为 A 的 λ-截集, 称 $A_{(\lambda)} = \{x \in X : A(x) \nleqslant \lambda\}$ 为 A 的 λ-强截集. 有时也把 $A_{(\lambda)}$ 记为 $\iota_\lambda(A)$.

显然, $(A_{[\lambda]})' = \iota_{\lambda'}(A'), (\iota_\lambda(A))' = (A')_{[\lambda']}$.

定理 0.2.1 设 $A, B \in L^X, \lambda \in L$. 则

(1) $(A \vee B)_{[\lambda]} = A_{[\lambda]} \cup B_{[\lambda]}, (A \wedge B)_{[\lambda]} = A_{[\lambda]} \cap B_{[\lambda]}$;

(2) $(A \vee B)_{(\lambda)} = A_{(\lambda)} \cup B_{(\lambda)}, (A \wedge B)_{(\lambda)} = A_{(\lambda)} \cap B_{(\lambda)}.$

定理 0.2.2　设 $\{A^t\}_{t\in T} \subset L^X, \lambda \in L.$ 则

(1) $\left(\bigvee_{t\in T} A^t\right)_{[\lambda]} \supset \bigcup_{t\in T} (A^t)_{[\lambda]}, \left(\bigwedge_{t\in T} A^t\right)_{[\lambda]} = \bigcap_{t\in T} (A^t)_{[\lambda]};$

(2) $\left(\bigvee_{t\in T} A^t\right)_{(\lambda)} = \bigcup_{t\in T} (A^t)_{(\lambda)}, \left(\bigwedge_{t\in T} A^t\right)_{(\lambda)} \subset \bigcap_{t\in T} (A^t)_{(\lambda)}.$

定理 0.2.3　设 $A \in L^X, T$ 为任意指标集, 且 $\forall t \in T, \lambda_t \in L$ 令 $\kappa = \bigvee_{t\in T} \lambda_t,$ $\rho = \bigwedge_{t\in T} \lambda_t,$ 则

(1) $A_{[\kappa]} = \bigcap_{t\in T} A_{[\lambda_t]}, A_{(\rho)} = \bigcup_{t\in T} A_{(\lambda_t)}.$

(2) $\forall \lambda \in L, (A')_{[\lambda]} = (A_{(\lambda')})', (A')_{(\lambda)} = (A_{[\lambda']})'.$

定义 0.2.3　设 $A \in L^X, B \subset X, \lambda \in L,$ 则规定 $\lambda\chi_B \in L^X$ 为

$$\forall x \in X, \lambda\chi_B(x) = \begin{cases} \lambda, & x \in B, \\ 0, & x \notin B. \end{cases}$$

显然 $\lambda\chi_B = \lambda_X \wedge \chi_B.$ 特别地, $\lambda\chi_{A_{[\lambda]}} \in L^X$ 为

$$\forall x \in X, \lambda\chi_{A_{[\lambda]}}(x) = \begin{cases} \lambda, & x \in A_{[\lambda]}, \\ 0, & x \notin A_{[\lambda]}. \end{cases}$$

定理 0.2.4(L-集的分解定理)　设 $A \in L^X,$ 则

$$A = \bigvee_{\lambda\in L} \lambda\chi_{A_{[\lambda]}} = \bigvee_{\lambda\in M(L)} \lambda\chi_{A_{[\lambda]}}.$$

定义 0.2.4　设 $\{X_t\}_{t\in T}$ 是一族非空分明集, $X = \prod_{t\in T} X_t$ 是其直积. $\forall t \in T, A_t \in L^{X_t}.$ 规定 $A \in L^X$ 如下:

$$\forall x = \{x_t\}_{t\in T} \in X, \quad A(x) = \inf_{t\in T} A_t(x_t),$$

称 A 为各 L-集 $\{A_t\}_{t\in T}$ 的乘积, 记作 $A = \prod_{t\in T} A_t.$

定义 0.2.5　设 $X = \prod_{t\in T} X_t$ 是一族非空分明集 $\{X_t\}_{t\in T}$ 的直积, $\forall t \in T,$ $P_t : X \to X_t$ 是通常的射影映射, 则对任一 F 格 L, P_t 诱导出一个 L-映射 $P_t^{\to} : L^X \to L^{X_t}.$ 确切地说, 设 $A \in L^X,$ 则 $\forall t_0 \in T,$

$$P_{t_0}^{\to}(A)(y_{t_0}) = \sup\{A(\{x_t\}_{t\in T}) : x_{t_0} = y_{t_0}\}, \quad \forall y_{t_0} \in X_{t_0}.$$

由此定义, 对定义 0.2.4 中的 $A(x)$ 我们有

$$A(x) = \inf_{t\in T} A_t(x_t) = \bigwedge_{t\in T} A_t(x_t) = \bigwedge_{t\in T} A_t(P_t(x)) = \bigwedge_{t\in T} (A_t \circ P_t)(x)$$
$$= \bigwedge_{t\in T} (P_t^{\leftarrow}(A_t))(x),$$

于是

$$A = \prod_{t\in T} A_t = \bigwedge_{t\in T} (A_t \circ P_t) = \bigwedge_{t\in T} (P_t^{\leftarrow}(A_t)).$$

定理 0.2.5 设 $f: X \to Y$ 是通常的映射, $f^{\to}: L^X \to L^Y$ 是 f 诱导出的 L-映射, $A \in L^X, B \in L^Y, \lambda \in L$, 则

(1) $f(A_{(\lambda)}) = (f^{\to}(A))_{(\lambda)}$;

(2) $f(A_{[\lambda]}) = (f^{\to}(A))_{[\lambda]}$ 当且仅当 $\forall y \in Y$, 存在 $x_0 \in X$ 使得

$$f^{\to}(A)(y) = A(x_0),$$

称满足此条件的 $f^{\to}$ 为可达的 (文献 [7]);

(3) $(f^{\leftarrow}(B))_{[\lambda]} = f^{-1}(B_{[\lambda]})$, $(f^{\leftarrow}(B))_{(\lambda)} = f^{-1}(B_{(\lambda)})$.

0.3 L-拓扑空间

定义 0.3.1 设 X 是非空集, L 是 F 格, $\delta \subset L^X$. 如果

(1) $0, 1 \in \delta$, 即, δ 含有 L^X 的最小元与最大元;

(2) $A, B \in \delta \Rightarrow A \wedge B \in \delta$, 即, δ 对有限交运算关闭;

(3) $\forall t \in T, A_t \in \delta \Rightarrow \bigvee_{t\in T} A_t \in \delta$, 即, δ 对任意并运算关闭,

那么, 称 δ 为 X 上的 L-拓扑 (过去称 L-fuzzy 拓扑), 称 (X, δ) 为 L-拓扑空间. 当 $L=[0,1]$ 时, 称 (X, δ) 为 I-拓扑空间. δ 中的元叫开集. 若 $A' \in \delta$, 则称 A 为闭集. (X, δ) 中的全体闭集记为 δ', 称为 X 上的 L-余拓扑.

有时为了强调, 也把通常的拓扑空间说成是分明拓扑空间.

定义 0.3.2 设 (X, δ) 为 L-拓扑空间, $A \in L^X$.

(1) 包含于 A 的一切开集的并叫 A 的内部, 记作 A^0, 即

$$A^0 = \bigvee \{B \in \delta : B \leqslant A\}.$$

(2) 包含 A 的一切闭集的交叫 A 的闭包, 记作 A^-, 即

$$A^- = \bigwedge \{B \in \delta' : A \leqslant B\}.$$

定理 0.3.1 设 (X,δ) 为 L-拓扑空间, $A \in L^X$, 则 $((A')^-)' = A^0$.

定义 0.3.3 设 (X,δ) 为 L-拓扑空间, $x_\lambda \in M^*(L^X)$, $A \in \delta'$. 如果 $x_\lambda \not\leqslant A$, 则称 A 为 x_λ 的闭远域. 设 $B \in L^X$, 如果 x_λ 有闭远域 A 使 $B \leqslant A$, 则称 B 为 x_λ 的远域. 分子 x_λ 的一切远域和一切闭远域之集分别记作 $\eta(x_\lambda)$ 与 $\eta^-(x_\lambda)$.

显然, $B \in \eta(x_\lambda)$ 当且仅当 $B^- \in \eta^-(x_\lambda)$.

定义 0.3.4 设 (X,δ) 为 L-拓扑空间, $A \in L^X$, $x_\lambda \in M^*(L^X)$. x_λ 叫做 A 的附着点, 若 $\forall P \in \eta(x_\lambda) A \not\leqslant P$.

定理 0.3.2 设 (X,δ) 为 L-拓扑空间, $A \in L^X$, 则

(1) $\forall x_\lambda \in M^*(L^X), x_\lambda \leqslant A^-$ 当且仅当 x_λ 是 A 的附着点;

(2) $A^- = \bigvee\{x_\lambda \in M^*(L^X) : x_\lambda$ 是 A 的附着点\}.

定义 0.3.5 设 D 是非空集, $\leqslant$ 是 D 上的二元关系, 若

(1) $\leqslant$ 是反身的, 即, $\forall n \in D, n \leqslant n$;

(2) $\leqslant$ 是传递的, 即, $\forall m,n,k \in D$, 若 $m \leqslant n, n \leqslant k$, 则 $m \leqslant k$;

(3) $\leqslant$ 是定向的, 即, 对 D 中的每两个元 m 与 n, 存在第三个元 k 使 $m \leqslant k$, $n \leqslant k$, 那么, 称 D 为定向集.

定义 0.3.6 设 D 为定向集, X 是非空集, 则称映射 $S : D \to X$ 为 X 中的网. 特别地, 称映射 $S : D \to M^*(L^X)$ 为 L^X 中的分子网. 网 (特别是分子网) 常记作 $S = \{S(n), n \in D\}$. 设 $A \in L^X$, 若 $\forall n \in D, S(n) \leqslant A$, 则称 S 为 A 中的分子网.

设 $S : D \to X$ 是网, P 是针对 X 中的点而言的某个性质. 如果存在 $n_0 \in D$ 使得当 $n \in D$ 且 $n \geqslant n_0$ 时, $S(n)$ 具有性质 P, 则称网 S 最终具有性质 P; 如果 $\forall n_0 \in D$, 存在 $n \in D, n \geqslant n_0$, 使得 $S(n)$ 具有性质 P, 则称网 S 经常具有性质 P.

定义 0.3.7 设 (X,δ) 是 L-拓扑空间, $e \in M^*(L^X)$, $S = \{S(n), n \in D\}$ 是 L^X 中的分子网, 那么

(1) 如果 $\forall P \in \eta(e), S$ 最终不在 P 中, 则称 e 为 S 的极限点, 或称 S 收敛于 e, 记作 $S \to e$. S 的一切极限点之并记作 $\lim S$.

(2) 如果 $\forall P \in \eta(e), S$ 经常不在 P 中, 则称 e 为 S 的聚点, 或称 S 聚于 e, 记作 $S\infty e$. S 的一切聚点之并记作 $\text{ad } S$.

定义 0.3.8 设 L 是 F 格, $S = \{S(n), n \in D\}$ 和 $T = \{T(m), m \in E\}$ 是 L^X 中的两个分子网. 如果存在映射 $N : E \to D$ 使得

(1) $T = S \circ N$;

(2) $\forall n_0 \in D$, 存在 $m_0 \in E$, 当 $m \geqslant m_0$, $m \in E$ 时 $N(m) \geqslant n_0$, 那么称 T 为 S 的子网.

定理 0.3.3 设 (X,δ) 为 L-拓扑空间, $e \in M^*(L^X)$, $S = \{S(n), n \in D\}$ 是 L^X 中的分子网, 则

(1) $S \infty e$ 当且仅当 S 有子网 $T, T \to e$;

(2) 若 $S \to e$, 则 S 的任何子网 $T, T \to e$.

定义 0.3.9　设 (X, δ) 为 L-拓扑空间, $\beta \subset \delta$. 称 β 为 δ 的基, 若 δ 中的每个开集可表示为 β 中若干个开集的并. 设 $\gamma \subset \delta$, 称 γ 为 δ 的子基, 若 γ 中开集的有限交的全体构成 δ 的基.

定理 0.3.4　设 L 是 F 格, X 是非空集, $\beta, \gamma \subset L^X$.

(1) 如果 $\vee \beta = 1$ 且 β 对非空有限交运算关闭, 则 X 上有唯一的 L- 拓扑 δ 使 β 是 δ 的基. 称 δ 为由 β 生成的 L- 拓扑.

(2) 如果 $\vee \gamma = 1$, 则 X 上有唯一的 L-拓扑 δ 使 γ 是 δ 的子基. 称 δ 为由 γ 生成的 L-拓扑.

定义 0.3.10　设 L_1 和 L_2 是两个 F 格, (X_1, δ_1) 为 L_1-拓扑空间, (X_2, δ_2) 为 L_2-拓扑空间, $f : (X_1, \delta_1) \to (X_2, \delta_2)$ 是序同态, $e \in M^*(L_1^{X_1})$.

(1) 如果 $\forall B \in \delta_2, f^{-1}(B) \in \delta_1$, 则称 f 为连续序同态.

(2) 如果 $\forall A \in \delta_1, f(A) \in \delta_2$, 则称 f 为开序同态.

(3) 如果 $\forall A \in \delta_1', f(A) \in \delta_2'$, 则称 f 为闭序同态.

(4) 如果 $\forall Q \in \eta_2(f(e)), f^{-1}(Q) \in \eta_1(e)$, 即, $f(e)$ 的远域关于 f 的逆像是 e 的远域, 则称 f 在分子 e 处连续.

定理 0.3.5　设 L_1 和 L_2 是两个 F 格 (X_1, δ_1) 为 L_1-拓扑空间, (X_2, δ_2) 为 L_2-拓扑空间, $f : (X_1, \delta_1) \to (X_2, \delta_2)$ 是序同态, 则下列条件等价:

(1) f 连续;

(2) δ_2 有子基 $\gamma_2, \forall B \in \gamma_2, f^{-1}(B) \in \delta_1$;

(3) $\forall B \in \delta_2', f^{-1}(B) \in \delta_1'$;

(4) δ_2 有子基 $\gamma_2, \forall B \in \gamma_2', f^{-1}(B) \in \delta_1'$;

(5) $\forall A \in L_1^{X_1}, f(A^-) \leqslant (f(A))^-$;

(6) $\forall B \in L_2^{X_2}, (f^{-1}(B))^- \leqslant f^{-1}(B^-)$;

(7) $\forall B \in L_2^{X_2}, f^{-1}(B^0) \leqslant (f^{-1}(B))^0$;

(8) $\forall e \in M^*(L_1^{X_1})$, f 在 e 处连续.

定义 0.3.11　设 L_1 和 L_2 是两个 F 格, (X_1, δ_1) 为 L_1-拓扑空间, (X_2, δ_2) 为 L_2-拓扑空间. 如果存在一一的满序同态 $f : (X_1, \delta_1) \to (X_2, \delta_2)$, 使得 f 与序同态 $f^{-1} : (X_2, \delta_2) \to (X_1, \delta_1)$ 都连续, 则称 (X_1, δ_1) 与 (X_2, δ_2) 同胚, 记作 $(X_1, \delta_1) \stackrel{f}{\cong} (X_2, \delta_2)$, 或 $(X_1, \delta_1) \cong (X_2, \delta_2)$. 这时称 f 为同胚序同态.

注 0.3.1　如果把定义 0.3.11 中的序同态 f 换成 L-映射 $f^{\to}$, 则称 $f^{\to}$ 为强同胚映射. 被强同胚映射所保持的性质称为弱同胚不变性.

定理 0.3.6　设 L_1 和 L_2 是两个 F 格, (X_1, δ_1) 为 L_1-拓扑空间, (X_2, δ_2) 为

L_2-拓扑空间, 则 $(X_1, \delta_1) \cong (X_2, \delta_2)$ 当且仅当存在一一的满序同态 $f : (X_1, \delta_1) \to (X_2, \delta_2)$, f 是连续的和开 (闭) 的.

定义 0.3.12 设 L 是 F 格, X 是非空集, Y 是 X 的非空子集. 设 $A \in L^X$, 定义 $A|Y \in L^Y$ 如下:

$$\forall y \in Y, \quad A|Y (y) = A(y),$$

则称 $A|Y$ 为 A 在 Y 上的限制. 又, 设 $\delta \subset L^X$, 则称 $\delta|Y = \{A|Y : A \in \delta\}$ 为 δ 在 Y 上的限制.

定理 0.3.7 设 $\{A_t : t \in T\} \subset L^X, A \in L^X, Y$ 是 X 的非空子集, 则

(1) $\left(\bigvee\limits_{t \in T} A_t \right) |Y = \bigvee\limits_{t \in T} (A_t |Y)$;

(2) $\left(\bigwedge\limits_{t \in T} A_t \right) |Y = \bigwedge\limits_{t \in T} (A_t |Y)$;

(3) $A' |Y = (A|Y)'$.

定义 0.3.13 设 (X, δ) 是 L-拓扑空间, Y 是 X 的非空子集. 则 $\delta|Y$ 是 Y 上的 L-拓扑, 称 $(Y, \delta|Y)$ 为 (X, δ) 的 L-子空间, 或简称子空间. 如果 $\chi_Y \in \delta(\chi_Y \in \delta')$, 则称 $(Y, \delta|Y)$ 为 (X, δ) 的开 (闭) 子空间.

定义 0.3.14 设 $\{(X_t, \delta_t)\}_{t \in T}$ 是一族 L-拓扑空间, $T \neq \varnothing$, $X = \prod\limits_{t \in T} X_t, \forall t \in T$, $P_t^{\to} : L^X \to L^{X_t}$ 是射影映射, 则 X 上以

$$\gamma = \{P_t^{\leftarrow}(A_t) : A_t \in \delta_t, t \in T\}$$

为子基所生成的 L-拓扑 δ 叫做各 L-拓扑 $\{\delta_t\}_{t \in T}$ 的积拓扑, (X, δ) 叫做各 L-拓扑空间 $\{(X_t, \delta_t)\}_{t \in T}$ 的积空间. $\forall t \in T, (X_t, \delta_t)$ 叫做 (X, δ) 的因子空间.

推论 0.3.1 设 (X, δ) 是 $\{(X_t, \delta_t)\}_{t \in T}$ 的积空间, 则

$$\beta = \left\{ \bigwedge\limits_{t \in S} P_t^{\leftarrow}(A_t) : S \in 2^{(T)}, \forall t \in S, A_t \in \delta_t \right\}$$

是 δ 的基. 从而 (X, δ) 中的每个闭集都可表示为形如 $\bigvee\limits_{t \in S} P_t^{\leftarrow}(B_t)$ 的闭集之交, 这里 $S \in 2^{(T)}, \forall t \in S, B_t \in \delta_t'$.

定义 0.3.15 设 (X, δ) 是 L-拓扑空间. 如果 $\forall \lambda \in L$, 取常值 λ 的 L-集 λ_X 是开集, 则称 (X, δ) 为满层 L-拓扑空间.

定理 0.3.8 设 (X, δ) 是 $\{(X_t, \delta_t)\}_{t \in T}$ 的积空间, 则

(1) $\forall t \in T$, 射影映射 $P_t^{\to} : L^X \to L^{X_t}$ 是连续序同态.

(2) 如果对某个 $t_0 \in T, (X_{t_0}, \delta_{t_0})$ 是满层 L-拓扑空间, 则射影映射 $P_{t_0}^{\to} : L^X \to L^{X_{t_0}}$ 是开序同态.

定义 0.3.16   设 $\{X_t\}_{t\in T}$ 是一族非空集, $T \neq \varnothing$, $X = \prod\limits_{t\in T} X_t, x = \{x_t\}_{t\in T}$ 是 X 中某固定点, $s \in T$. 令

$$\widetilde{X}_s = \{y \in X : \forall t \in T, \text{当} t \neq s \text{时} y_t = x_t\}.$$

设 (X, δ) 是 $\{(X_t, \delta_t)\}_{t\in T}$ 的积空间. 称 (X, δ) 的子空间 $\left(\widetilde{X}_s, \delta \big| \widetilde{X}_s\right)$ 为 (X, δ) 中过点 x 且平行于因子空间 (X_s, δ_s) 的 L-平面.

定理 0.3.9   设 (X, δ) 是 $\{(X_t, \delta_t)\}_{t\in T}$ 的积空间, $x = \{x_t\}_{t\in T}$ 是 X 中任一固定点. 如果对某个 $s \in T, (X_s, \delta_s)$ 是满层的, 则 (X, δ) 中过点 x 且平行于 (X_s, δ_s) 的 L-平面与 (X_s, δ_s) 同胚, 即

$$\left(\widetilde{X}_s, \delta \big| \widetilde{X}_s\right) \cong (X_s, \delta_s).$$

定理 0.3.10   设 $\{(X_t, \delta_t)\}_{t\in T}$ 是一族 L-拓扑空间, $X = \prod\limits_{t\in T} X_t$, 则 X 上使每个射影映射 $P_t^{\rightarrow} : L^X \to L^{X_t}$ 都连续的最粗 L-拓扑 δ 就是各 L-拓扑 δ_t 的积拓扑.

定义 0.3.17(L-单位区间)   设 R 是实直线, L 是 F 格, 令
$$\Sigma = \{\lambda : R \to L : \lambda \text{ 逆序且当 } t < 0 \text{ 时 } \lambda(t) = 1, \text{ 当 } t > 1 \text{ 时 } \lambda(t) = 0\}.$$
$\forall \lambda \in \Sigma, \forall t \in R$, 规定

$$\lambda(t+) = \bigvee\{\lambda(s) : s > t\}, \quad \lambda(t-) = \bigwedge\{\lambda(s) : s < t\}.$$

$\forall \lambda, \mu \in \Sigma$, 规定 $\lambda \sim \mu$ 当且仅当 $\forall t \in R, \lambda(t+) = \mu(t+), \lambda(t-) = \mu(t-)$. 则 $\sim$ 是 Σ 上的等价关系. 令 $X = \Sigma/\sim$. 建立两个映射

$$l : R \to L^X \quad \text{与} \quad r : R \to L^X.$$

对 R 中的固定实数 t, 令 $l_t = l(t), r_t = r(t)$. $\forall [\lambda] \in X$, 规定

$$l_t([\lambda]) = (\lambda(t-))', \quad r_t([\lambda]) = \lambda(t+).$$

令 $\Im = \{l_t, r_t : t \in R\}$. 设 ζ 是 X 上以 $\Im$ 为子基生成的 L-拓扑, 则称 (X, ζ) 为 L-单位区间. 当 $L = I = [0, 1]$ 时, 称 (X, ζ) 为 I-单位区间.

定义 0.3.18   设 (X, τ) 是分明拓扑空间, L 是 F 格, $A : X \to L$ 是映射. 如果

$$\forall a \in L, \{x \in X : A(x) \leqslant a\} \in \tau',$$

则称 A 为 X 上的 L 值下半连续函数.

容易证明, A 是下半连续函数当且仅当对每个 $r \in P(L)$, $\{x \in X : A(x) \leqslant r\} \in \tau'$.

以 $\omega_L(\tau)$ 表示 X 上的全体 L 值下半连续函数之集, 则称 $(X, \omega_L(\tau))$ 为由 (X, τ) 诱导 (或拓扑生成) 的 L-拓扑空间.

注意, $(X, \omega_L(\tau))$ 是满层的 L-拓扑空间.

若 (X, τ) 具有性质 P 当且仅当 $(X, \omega_L(\tau))$ 具有性质 P, 则称性质 P 是 "好的推广"(good extension).

设 X 是非空分明集, 以 T 记 X 上全体分明拓扑之集, 则按包含关系 T 构成一完备格. 以 Δ_L 记 X 上全体 L-拓扑之集, 则按包含关系 Δ_L 也构成一完备格. 建立一个映射

$$\omega_L : T \to \Delta_L,$$

对每个 $\tau \in T$, 令 $\omega_L(\tau) \in \Delta_L$ 与之对应. 称 ω_L 为生成映射.

定理 0.3.11 设 (X, τ) 是分明拓扑空间, L 是 F 格, $E \subset X$. 则 $E \in \tau$ 当且仅当 $\chi_E \in \omega_L(\tau)$.

定理 0.3.12 设 (X, δ) 是满层的 L-拓扑空间, $A \in L^X$, 则

$$\forall a \in L, \ \chi_{\xi_a(A)} \in \delta' \Rightarrow A \in \delta,$$

这里 $\xi_a(A) = \{x \in X : A(x) \leqslant a\}$.

定理 0.3.13 映射 $\omega_L : T \to \Delta_L$ 保任意交, 保非空并.

对每个 $(X, \delta) \in \Delta_L$, 令

$$\varphi(\delta) = \{(\xi_a(A))' : a \in L, A \in \delta\}.$$

则 $\varphi(\delta)$ 是 X 上某分明拓扑的子基. 记此拓扑为 $\iota_L(\delta)$. 令 $\iota_L(\delta)$ 与 δ 相对应, 则得一映射

$$\iota_L : \Delta_L \to T.$$

定理 0.3.14

$$\forall \tau \in T, \quad \iota_L \circ \omega_L(\tau) = \tau.$$

$$\forall \delta \in \Delta_L, \quad \omega_L \circ \iota_L(\delta) \geqslant \delta,$$

且式中的等号当且仅当 $\delta \in \omega_L(T)$ 时成立.

定义 0.3.19 设 (X, δ) 是 L-拓扑空间. 如果 $\forall A \in \delta, \forall r \in L, \chi_{\iota_r(A)} \in \delta$, 则称 (X, δ) 为弱诱导空间.

定义 0.3.20 设 (X, δ) 是 L-拓扑空间, 以 $[\delta]$ 表示 δ 中的分明开集的承集之族, 则 $[\delta]$ 是 X 上的分明拓扑, 称 $(X, [\delta])$ 为 (X, δ) 的底空间.

定理 0.3.15 设 (X, δ) 是 L-拓扑空间, 则

(1) $[\delta] \subset \iota_L(\delta)$.

(2) (X, δ) 是弱诱导空间, 当且仅当 $[\delta] = \iota_L(\delta)$.

(3) (X, δ) 是满层空间, 当且仅当 $\omega_L([\delta]) \subset \delta$.

(4) (X, δ) 是诱导空间, 当且仅当 $\omega_L([\delta]) = \delta$.

定义 0.3.21 设 (X, δ) 是 L-拓扑空间, $r \in P(L)$(即 r 是 L 的异于 1 的素元). 令

$$\iota_r(\delta) = \{\iota_r(A) : A \in \delta\},$$

则 $\iota_r(\delta)$ 是 X 上的分明拓扑, 称为 δ 的 r-截拓扑.

0.4 L-拓扑空间的和

本节介绍由作者在 [8, 9] 中建立的 L-拓扑学的和空间理论.

定义 0.4.1 设 $\varnothing \neq Y \subset X, A \in L^Y$. 定义 $A^*, A^{**} \in L^X$ 如下:

$$\forall x \in X, \quad A^*(x) = \begin{cases} A(x), & x \in Y, \\ 0, & x \notin Y, \end{cases} \qquad A^{**}(x) = \begin{cases} A(x), & x \in Y, \\ 1, & x \notin Y. \end{cases}$$

分别称 A^* 和 A^{**} 为 A 的单星扩张和双星扩张.

显然 $A^*|Y = A^{**}|Y = A$. 特别地, 若 $e \in M^*(L^Y)$, 则 $e^* \in M^*(L^X)$.

我们需要 [6] 中的一个结果:

定理 0.4.1 设 (X, δ) 是 L-拓扑空间, $(Y, \delta|Y)$ 是其子空间, $e \in M^*(L^Y)$, 则

(1) $\forall A \in \delta$(分别地, $A \in \delta'$), $A|Y \in \delta|Y$ (分别地, $A|Y \in (\delta|Y)'$). 反过来, $\forall B \in \delta|Y$(分别地, $B \in (\delta|Y)'$), 存在 $A \in \delta$(分别地, $A \in \delta'$) 使得 $B = A|Y$.

(2) $\eta(e) = \eta(e^*)|Y$, 即, e 的扩张 e^* 在 (X, δ) 中的远域在 Y 上的限制是 e 在 $(Y, \delta|Y)$ 中的远域, 而且后者也只有这些远域.

定义 0.4.2 设 $\{(X_t, \delta_t)\}_{t \in T}$ 是一族 L-拓扑空间, Y 是非空分明集, 对每个 $t \in T, f_t^\rightarrow : L^{X_t} \rightarrow L^Y$ 是 L- 映射. 则

$$\delta = \{B \in L^Y : \forall t \in T, f_t^\leftarrow(B) \in \delta_t\}$$

是 Y 上的一个 L-拓扑, 称为关于 L-拓扑族 $\{\delta_t\}_{t \in T}$ 和 L-映射族 $\{f_t^\rightarrow\}_{t \in T}$ 的右转移拓扑 (或最终拓扑), 记为 $T_r(\delta_t, f_t^\rightarrow, T)$.

定理 0.4.2 设 $\{(X_t, \delta_t)\}_{t \in T}$ 是一族 L-拓扑空间, Y 是非空分明集, 对每个 $t \in T, f_t^\rightarrow : L^{X_t} \rightarrow L^Y$ 是 L-映射, $\delta = T_r(\delta_t, f_t^\rightarrow, T)$. 则

(1) δ 是 Y 上使每个 $f_t^\rightarrow$ 都连续的最细 L-拓扑, 即, 对 Y 上的任一 L-拓扑 μ, 若 $\forall t \in T, f_t^\rightarrow : (X_t, \delta_t) \rightarrow (Y, \mu)$ 连续, 则 $\mu \subset \delta$.

(2) 设 (Z, τ) 是任一 L-拓扑空间, 则 $f^{\rightarrow} : (Y, \delta) \to (Z, \tau)$ 连续当且仅当 $\forall t \in T$, $f^{\rightarrow} \circ f_t^{\rightarrow} : (X_t, \delta_t) \to (Z, \tau)$ 连续.

证 (1) 由右转移拓扑的定义, $\forall t \in T$, $f_t^{\rightarrow} : (X_t, \delta_t) \to (Y, \delta)$ 是连续的. 现设 μ 是 Y 上的任一 L-拓扑, 且 $\forall t \in T$, $f_t^{\rightarrow} : (X_t, \delta_t) \to (Y, \mu)$ 连续. 设 $A \in \mu$, 则 $\forall t \in T, f_t^{\leftarrow}(A) \in \delta_t$, 于是 $A \in \delta$. 所以 $\mu \subset \delta$.

(2) 设 $f^{\rightarrow} : (Y, \delta) \to (Z, \tau)$ 连续. 由 (1) 知对每个 $t \in T, f_t^{\rightarrow}$ 连续. 从而对每个 $t \in T, f^{\rightarrow} \circ f_t^{\rightarrow}$ 连续. 反过来, $\forall t \in T$, 设 $f^{\rightarrow} \circ f_t^{\rightarrow} : (X_t, \delta_t) \to (Z, \tau)$ 连续. 设 $B \in \tau$, 则 $\forall t \in T, f_t^{\leftarrow}(f^{\leftarrow}(B)) = (f \circ f_t)^{\leftarrow}(B) \in \delta_t$, 从而 $f^{\leftarrow}(B) \in \delta$. 所以 $f^{\rightarrow}$ 连续.

定义 0.4.3 设 $\{(X_t, \delta_t)\}_{t \in T}$ 是一族互不相交的 L-拓扑空间, 即, 当 $s \neq t$ 时, $X_s \cap X_t = \varnothing$. 考虑 $X = \bigcup_{t \in T} X_t$. $\forall t \in T, j_t : X_t \to X$ 是通常的包含映射 (即, $\forall x \in X_t, j_t(x) = x$), 它自然诱导一个 L- 映射 $j_t^{\rightarrow} : L^{X_t} \to L^X$. X 上关于 L-拓扑族 $\{\delta_t\}_{t \in T}$ 和 L-映射族 $\{j_t^{\rightarrow}\}_{t \in T}$ 的右转移拓扑 $T_r(\delta_t, j_t^{\rightarrow}, T)$ 被称为 $\{\delta_t\}_{t \in T}$ 的和拓扑, 记为 $\sum\limits_{t \in T} \delta_t$. 称 $\left(X, \sum\limits_{t \in T} \delta_t\right)$ 为 $\{(X_t, \delta_t)\}_{t \in T}$ 的和空间, 记作 $\sum\limits_{t \in T}(X_t, \delta_t)$, 或简记为 $\sum(X_t, \delta_t)$.

定理 0.4.3 设 $(X, \delta) = \sum\limits_{t \in T}(X_t, \delta_t)$, 则

(1) $\delta = \left\{ A \in L^X : \forall t \in T, A|X_t \in \delta_t \right\} = \left\{ A \in L^X : \forall t \in T, \exists A_t \in \delta_t, A = \bigvee\limits_{t \in T} A_t^* \right\}$.

(2) $B \in \delta'$ 当且仅当 $\forall t \in T, B|X_t \in \delta_t'$.

(3) δ 是 X 上使每个 $j_t^{\rightarrow}$ 都连续的最细 L-拓扑.

(4) 设 (Z, τ) 是任一 L-拓扑空间, 则 $f^{\rightarrow} : (X, \delta) \to (Z, \tau)$ 连续当且仅当 $\forall t \in T$, $f^{\rightarrow} \circ j_t^{\rightarrow} : (X_t, \delta_t) \to (Z, \tau)$ 连续.

证 (1) $\forall t \in T, \forall x \in X_t, \forall A \in L^X$, 因为

$$j_t^{\leftarrow}(A)(x) = A(j_t(x)) = A(x) = (A|X_t)(x),$$

所以 $j_t^{\leftarrow}(A) = A|X_t$. 因此由定义 0.4.2 和定义 0.4.3 我们得

$$\delta = \left\{ A \in L^X : \forall t \in T, A|X_t \in \delta_t \right\}.$$

设 $A \in \delta$, 则 $\forall t \in T, A|X_t \in \delta_t$. 令 $A_t = A|X_t$, 则 $A = \bigvee\limits_{t \in T} A_t^*$. 事实上, 对每个 $x \in X = \bigcup\limits_{t \in T} X_t$, 存在 $t_0 \in T$ 使得 $x \in X_{t_0}$, 因此

$$\left(\bigvee\limits_{t \in T} A_t^*\right)(x) = \bigvee\limits_{t \in T} A_t^*(x) = A_{t_0}(x) = (A|X_{t_0})(x) = A(x).$$

反过来, 如果 $\forall t \in T, \exists A_t \in \delta_t, A = \bigvee\limits_{t \in T} A_t^*$, 则 $A|X_t = A^*|X_t = A_t \in \delta_t$, 因此 $A \in \delta$. 这表明

$$\delta = \left\{ A \in L^X : \forall t \in T, \exists A_t \in \delta_t, A = \bigvee_{t \in T} A_t^* \right\}.$$

(2) 设 $B \in \delta'$, 则 $B' \in \delta$. 由 (1) 得 $\forall t \in T, B'|X_t \in \delta_t$. 由定理 0.3.7(3) 得 $B'|X_t = (B|X_t)'$, 故 $B|X_t \in \delta_t'$. 反过来, 若 $\forall t \in T, B|X_t \in \delta_t'$, 则 $(B|X_t)' = B'|X_t \in \delta_t$, 于是由 (1) 得 $B' \in \delta$, 从而 $B \in \delta'$.

(3) 和 (4) 是定理 0.4.2 的直接推论.

定理 0.4.4　设 $(X, \delta) = \sum\limits_{t \in T} (X_t, \delta_t)$, 则

(1) δ 是 X 上具有下列两条性质的唯一 L-拓扑:

(1.1) $\forall t \in T, (X_t, \delta_t)$ 是 (X, δ) 的子空间, 即, $\delta|X_t = \delta_t$;

(1.2) $\forall t \in T, 1_{X_t}^* \in \delta$.

(2) $\forall t \in T$, 若 $A_t \in \delta_t$(分别地 $A_t \in \delta_t'$), 则 $A_t^*, A_t^{**} \in \delta$(分别地 $A_t^*, A_t^{**} \in \delta'$). 特别地, $1_{X_t}^* \in \delta'$.

证　(1) 首先证明 δ 具有性质 (1.1) 和 (1.2).

任取 $t_0 \in T$. 设 $A_{t_0} \in \delta|X_{t_0}$, 则存在 $A \in \delta$ 使得 $A_{t_0} = A|X_{t_0} \in \delta_{t_0}$. 所以 $\delta|X_{t_0} \subset \delta_{t_0}$. 反过来, 设 $A_{t_0} \in \delta_{t_0}$. 对每个 $t \in T - \{t_0\}$, 令 $A_t = 0_{X_t} \in \delta_t$. 置 $A = \bigvee\limits_{t \in T} A_t^*$, 则 $A \in \delta$, 且 $A_{t_0} = A|X_{t_0} \in \delta|X_{t_0}$. 因此 $\delta_{t_0} \subset \delta|X_{t_0}$. 所以 $\delta|X_{t_0} = \delta_{t_0}$. 总之, δ 具有性质 (1.1).

$\forall s \in T$, 我们有

$$1_{X_t}^*|X_s = \begin{cases} 1_{X_s} \in \delta_s, & s = t, \\ 0_{X_s} \in \delta_s, & s \neq t. \end{cases}$$

于是由定理 0.4.3(1) 得 $1_{X_t}^* \in \delta$. 这证明 δ 具有性质 (1.2).

其次证明 δ 的唯一性.

假设 τ 是 X 上具有性质 (1.1) 和 (1.2) 的任一 L-拓扑, 我们证明 $\tau = \delta$. 事实上, 设 $A \in \tau$, 则 $\forall t \in T, A|X_t \in \delta_t$, 从而 $A \in \delta$. 所以 $\tau \subset \delta$. 反过来, 设 $A \in \delta$, 则 $\forall t \in T, A|X_t \in \delta_t = \tau|X_t$, 于是存在 $B \in \tau$ 使得 $A|X_t = B|X_t$. 由于 τ 具有性质 (1.2), 所以 $\forall t \in T, 1_{X_t}^* \in \tau$, 因此 $B \wedge 1_{X_t}^* \in \tau$. 但容易验证 $B \wedge 1_{X_t}^* = (B|X_t)^*$. 于是

$$A = \bigvee_{t \in T} (A|X_t)^* = \bigvee_{t \in T} (B|X_t)^* = \bigvee_{t \in T} (B \wedge 1_{X_t}^*) \in \tau.$$

这证明 $\delta \subset \tau$. 总之我们有 $\tau = \delta$.

(2) $\forall t \in T$, 设 $A_t \in \delta_t$, 则 $\forall s \in T$,

$$A_t^* | X_s = \begin{cases} A_s \in \delta_s, & s = t, \\ 0_{X_s} \in \delta_s, & s \neq t, \end{cases} \qquad A_t^{**} | X_s = \begin{cases} A_s \in \delta_s, & s = t, \\ 1_{X_s} \in \delta_s, & s \neq t. \end{cases}$$

于是由定理 0.4.3(1) 得 $A_t^*, A_t^{**} \in \delta$.

其余的证明是类似的.

现在我们来定义任意一族 *L*-拓扑空间 (不必是互不相交的) 的和空间.

定义 0.4.4 设 $\{(X_t, \delta_t)\}_{t \in T}$ 是任意一族 *L*-拓扑空间 (不必是互不相交的). $\forall t \in T$, 令 $Y_t = X_t \times \{t\}$, 则当 $s \neq t$ 时, $Y_s \cap Y_t = \varnothing$. $\forall t \in T$, 映射

$$p_t : Y_t \to X_t, \quad (x, t) \mapsto x$$

是一一的到上的, 它诱导出一个 *L*-映射:

$$\overrightarrow{p_t} : L^{Y_t} \to L^{X_t}.$$

设 $\tau_t = \{A \in L^{Y_t} : \overrightarrow{p_t}(A) \in \delta_t\}$, 则容易验证 τ_t 是 Y_t 上的 *L*-拓扑, 且 *L*-映射

$$\overrightarrow{p_t} : (Y_t, \tau_t) \to (X_t, \delta_t)$$

是同胚序同态. 我们现在定义

$$\sum_{t \in T}(X_t, \delta_t) = \sum_{t \in T}(Y_t, \tau_t).$$

因此, 我们今后可以讨论任意 *L*-拓扑空间族的和空间. 但在定理的证明中, 我们不妨假设这些 *L*-拓扑空间是互不相交的. 因为由上面的定义可以看出, 就同胚的观点而言, 它们并无区别.

定理 0.4.5 设 $(X, \delta) = \sum_{t \in T}(X_t, \delta_t), \forall t \in T, \varnothing \neq Y_t \subset X_t, Y = \bigcup_{t \in T} Y_t$, 则

$$\delta | Y = \sum_{t \in T}(\delta_t | Y_t).$$

证 $\forall t \in T$, 设 $j_t : X_t \to X = \bigcup_{t \in T} X_t$ 是通常的包含映射, $j_t | Y_t : Y_t \to Y = \bigcup_{t \in T} Y_t$ 是 j_t 在 Y_t 上的限制. 由和空间的定义我们得

$$\sum_{t \in T}(\delta_t | Y_t) = \{B \in L^Y : \forall t \in T, (j_t | Y_t)^{\leftarrow}(B) \in \delta_t | Y_t\}.$$

设 $A \in \delta$, 我们来证 $A|Y \in \sum\limits_{t \in T} (\delta_t|Y_t)$. $\forall t \in T$, $\forall y \in Y_t$, 我们有

$$(j_t|Y_t)^\leftarrow (A|Y) (y) = (A|Y) ((j_t|Y_t) (y)) = (A|Y) (y) = A(y)$$
$$= A(j_t(y)) = j_t^\leftarrow (A)(y) = (j_t^\leftarrow (A)|Y_t) (y),$$

所以

$$(j_t|Y_t)^\leftarrow (A|Y) = j_t^\leftarrow (A) |Y_t .$$

又, 因为 $A \in \delta = \{A \in L^X : \forall t \in T, j_t^\leftarrow(A) \in \delta_t\}$, 所以 $\forall t \in T, j_t^\leftarrow(A) \in \delta_t$. 由 $\sum\limits_{t \in T} (\delta_t|Y_t)$ 的定义得 $A|Y \in \sum\limits_{t \in T} (\delta_t|Y_t)$. 这表明 $\delta|Y \subset \sum\limits_{t \in T} (\delta_t|Y_t)$.

反过来, 设 $B \in \sum\limits_{t \in T} (\delta_t|Y_t)$, 则 $\forall t \in T, (j_t|Y_t)^\leftarrow (B) \in \delta_t |Y_t$, 从而存在 $A_t \in \delta_t$ 使得 $(j_t|Y_t)^\leftarrow (B) = A_t|Y_t$. 令 $A = \bigvee\limits_{t \in T} A_t^*$. 则 $A \in \delta$, 且 $B = A|Y$. 事实上, $\forall y \in Y$, 存在 $t_0 \in T$ 使得 $y \in Y_{t_0}$. 从而

$$(A|Y) (y) = \left(\left(\bigvee\limits_{t \in T} A_t^* \right) |Y \right) (y) = \bigvee\limits_{t \in T} A_t^*(y) = A_{t_0}(y).$$

另一方面, 由 $(j_t|Y_t)^\leftarrow (B) = A_t|Y_t$ 得

$$A_{t_0}(y) = (A_{t_0}|Y_{t_0}) (y) = (j_{t_0}|Y_{t_0})^\leftarrow (B)(y) = B ((j_{t_0}|Y_{t_0}) (y)) = B(j_{t_0}(y)) = B(y).$$

所以 $B = A|Y$. 从而 $B \in \delta|Y$. 这表明 $\sum\limits_{t \in T} (\delta_t|Y_t) \subset \delta|Y$.

综上所述, $\delta|Y = \sum\limits_{t \in T} (\delta_t|Y_t)$.

引理 0.4.1 设 $(X, \delta) = \sum\limits_{t \in T} (X_t, \delta_t), A \in L^X, a \in L$, 则 $\forall t \in T$,

(1) $\xi_a(A) \cap X_t = \xi_a (A|X_t)$.

(2) $A_{[a]} \cap X_t = (A|X_t)_{[a]}$.

(3) $A_{(a)} \cap X_t = (A|X_t)_{(a)}$.

证 仅证 (1), 其余都是类似的.

设 $x \in \xi_a(A) \cap X_t$, 则 $x \in X_t$, 且 $A(x) \leqslant a$, 从而 $(A|X_t) (x) = A(x) \leqslant a$, 因此 $x \in \xi_a (A|X_t)$. 所以 $\xi_a(A) \cap X_t \subset \xi_a (A|X_t)$. 反过来, 设 $x \in \xi_a (A|X_t)$, 则 $(A|X_t) (x) = A(x) \leqslant a$, 从而 $x \in X_t$, 且 $x \in \xi_a(A)$, 即 $x \in \xi_a(A) \cap X_t$. 所以 $\xi_a (A|X_t) \subset \xi_a(A) \cap X_t$. 总之 $\xi_a(A) \cap X_t = \xi_a (A|X_t)$.

下一个定理揭示了分明拓扑学的和空间与 L-拓扑学的和空间之间的关系.

定理 0.4.6 设 (X, τ) 和 (X_t, τ_t) $(t \in T)$ 都是分明拓扑空间, $(X, \omega_L(\tau))$ 和 $(X_t, \omega_L(\tau_t))$ 分别是由 (X, τ) 和 (X_t, τ_t) $(t \in T)$ 诱导的 L-拓扑空间. 若 (X, τ) 是

$\{(X_t, \tau_t)\}_{t\in T}$ 的和空间, 即, $(X, \tau) = \sum\limits_{t\in T} (X_t, \tau_t)$, 则

$$(X, \omega_L(\tau)) = \sum_{t\in T} (X_t, \omega_L(\tau_t)).$$

证 设 $A \in \omega_L(\tau)$, 则 $\forall a \in L, \xi_a(A) \in \tau'$, 这里 $\xi_a(A) = \{x \in X : A(x) \leqslant a\}$. 由 $\tau = \sum\limits_{t\in T} \tau_t$ 之定义, $\forall t \in T$, $\xi_a(A) \cap X_t \in \tau_t'$. 由引理 0.4.1, $\xi_a(A) \cap X_t = \xi_a(A|X_t)$. 因此 $\forall t \in T$, $A|X_t \in \omega_L(\tau_t)$. 从而 $A \in \sum\limits_{t\in T} \omega_L(\tau_t)$. 这证明 $\omega_L(\tau) \subset \sum\limits_{t\in T} \omega_L(\tau_t)$.

反过来, 设 $A \in \sum\limits_{t\in T} \omega_L(\tau_t)$, 则 $\forall t \in T$, $A|X_t \in \omega_L(\tau_t)$. 故 $\forall a \in L$, $\xi_a(A|X_t) \in \tau_t'$. 但 $\xi_a(A) \cap X_t = \xi_a(A|X_t)$, 所以 $\xi_a(A) \in \tau'$. 从而 $A \in \omega_L(\tau)$. 因此 $\sum\limits_{t\in T} \omega_L(\tau_t) \subset \omega_L(\tau)$.

定义 0.4.5 设 $\{(X_t, \delta_t)\}_{t\in T}$ 是任意一族 *L*- 拓扑空间, ρ 是某种性质. 如果 $\forall t \in T, (X_t, \delta_t)$ 具有性质 ρ, 则 $\{(X_t, \delta_t)\}_{t\in T}$ 的和空间 $\sum\limits_{t\in T}(X_t, \omega_L(\tau_t))$ 也具有性质 ρ, 则称性质 ρ 是可和的.

定理 0.4.7 设 $(X, \delta) = \sum\limits_{t\in T}(X_t, \delta_t), A \in L^X, a \in L$, 则 $\forall t \in T$,

(1) $A^- | X_t = (A|X_t)^-$;

(2) $A^0 | X_t = (A|X_t)^0$.

证 (1) 由闭包的定义,

$$A^- | X_t = \left(\bigwedge \{G \in \delta' : G \geqslant A\} \right) | X_t = \bigwedge \{G|X_t : G \in \delta', G \geqslant A\},$$

$$(A|X_t)^- = \bigwedge \{H_t \in \delta_t' : H_t \geqslant A|X_t\}.$$

对每个 $G \in \{G|X_t : G \in \delta', G \geqslant A\}$, 我们有 $G|X_t \in \delta_t'$, 且 $G|X_t \geqslant A|X_t$, 所以 $G|X_t \in \{H_t \in \delta_t' : H_t \geqslant A|X_t\}$. 因此

$$A^- | X_t \geqslant (A|X_t)^-.$$

对 $(A|X_t)^-$ 表达式中的每个 $H_t \in \{H_t \in \delta_t' : H_t \geqslant A|X_t\}$, 存在 $G_t \in \delta'$ 使得 $H_t = G_t|X_t$. 从而 $G_t|X_t \geqslant A|X_t$. 定义 $G_t^{**} \in L^X$ 为

$$\forall x \in X, \quad G_t^{**}(x) = \begin{cases} G_t(x), & x \in X_t, \\ 1, & x \notin X_t. \end{cases}$$

因为 $G_t^{**}|X_t = G_t|X_t \in \delta_t'$, 而当 $s \neq t$ 时, $G_t^{**}|X_s = 1_s \in \delta_s'$. 所以 $G_t^{**} \in \delta'$. 显然 $G_t^{**} \geqslant A$. 因此

$$A^- | X_t = \bigwedge \{G|X_t : G \in \delta', G \geqslant A\} \leqslant G_t^{**}|X_t = G_t|X_t = H_t.$$

从而

$$A^- | X_t \leqslant \bigwedge \{ H_t \in \delta'_t : H_t \geqslant A | X_t \} = (A | X_t)^-.$$

所以 $A^- | X_t = (A | X_t)^-$.

(2) $A^0 | X_t = ((A')^-)' | X_t = ((A')^- | X_t)' = \left((A' | X_t)^- \right)' = \left(((A | X_t)')^- \right)' = (A | X_t)^0.$

我们举一个具体的实例, 来看一下上述定理中的等式.

例 0.4.1 设 $L = [0,1], X_1 = \{a_1\}, X_2 = \{a_2\}$. 取 $A_1 \in L^{X_1}$ 和 $A_2 \in L^{X_2}$ 分别为 $A_1(a_1) = \frac{1}{2}$ 和 $A_2(a_2) = \frac{1}{3}$. 令 $\delta_1 = \{0, 1, A_1\}, \delta_2 = \{0, 1, A_2\}$, 则 (X_1, δ_1) 和 (X_2, δ_2) 都是 L- 拓扑空间. 令 $X = X_1 \cup X_2$, 则 $X = \{a_1, a_2\}$. 不难验证 δ_1 与 δ_2 的和拓扑

$$\delta = \left\{ B(0,0), B\left(0, \frac{1}{3}\right), B(0,1), B\left(\frac{1}{2}, 0\right), B\left(\frac{1}{2}, \frac{1}{3}\right), B\left(\frac{1}{2}, 1\right), \right.$$
$$\left. B(1,0), B\left(1, \frac{1}{3}\right), B(1,1) \right\},$$

这里 $\forall i \in \left\{ 0, \frac{1}{2}, 1 \right\}, j \in \left\{ 0, \frac{1}{3}, 1 \right\}, B(i,j) \in L^X$ 为

$$\forall x \in X, \quad B(i,j)(x) = \begin{cases} i, & x = a_1, \\ j, & x = a_2, \end{cases}$$

从而

$$\delta' = \left\{ B(1,1), B\left(1, \frac{2}{3}\right), B(1,0), B\left(\frac{1}{2}, 1\right), B\left(\frac{1}{2}, \frac{2}{3}\right), B\left(\frac{1}{2}, 0\right), \right.$$
$$\left. B(0,1), B\left(0, \frac{2}{3}\right), B(0,0) \right\}.$$

在 (X_1, δ_1) 与 (X_2, δ_2) 的和空间 (X, δ) 中, 取 $A \in L^X$ 为 $A(a_1) = \frac{1}{3}, A(a_2) = \frac{1}{2}$, 则

$$A^- = B(1,1) \wedge B\left(1, \frac{2}{3}\right) \wedge B\left(\frac{1}{2}, 1\right) \wedge B\left(\frac{1}{2}, \frac{2}{3}\right) = B\left(\frac{1}{2}, \frac{2}{3}\right),$$

从而 $A^- | X_1 = \frac{1}{2}, A^- | X_2 = \frac{2}{3}$. 又, $A | X_1 = \frac{1}{3}, A | X_2 = \frac{1}{2}$, 所以 $(A | X_1)^- = \frac{1}{2}$, $(A | X_2)^- = \frac{2}{3}$.

定理 0.4.8 设 $(X, \delta) = \sum\limits_{t \in T}(X_t, \delta_t), A \in L^X, a \in L$. 则 $(A^-)_{[a]} = A_{[a]}$ 当且仅当 $\forall t \in T, \left((A | X_t)^- \right)_{[a]} = (A | X_t)_{[a]}$.

证 设 $(A^-)_{[a]} = A_{[a]}$. 则 $\forall t \in T$, 由定理 0.4.7(1) 与引理 0.4.1(2) 得

$$\left((A\,|X_t)^-\right)_{[a]} = (A^-\,|X_t)_{[a]} = (A^-)_{[a]} \cap X_t = A_{[a]} \cap X_t = (A\,|X_t)_{[a]}.$$

反过来, 设 $\forall t \in T$, $\left((A\,|X_t)^-\right)_{[a]} = (A\,|X_t)_{[a]}$, 则由上式知

$$(A^-)_{[a]} \cap X_t = A_{[a]} \cap X_t. \tag{0.1}$$

若 $(A^-)_{[a]} \neq A_{[a]}$, 则存在 $x_0 \in X = \bigcup_{t \in T} X_t$ 使得 $x_0 \in (A^-)_{[a]}$ 但 $x_0 \notin A_{[a]}$. 于是存在 $t_0 \in T$ 使得 $x_0 \in X_{t_0}$. 如此便有 $x_0 \in (A^-)_{[a]} \cap X_{t_0}$ 但 $x_0 \notin A_{[a]} \cap X_{t_0}$. 这与 (0.1) 式矛盾. 所以 $(A^-)_{[a]} = A_{[a]}$.

定义 0.4.6 设 (X, δ) 是 L-拓扑空间, $\alpha \in M(L)$, $A \in L^X$. 定义 $D_\alpha(A) \in \delta'$ 为

$$D_\alpha(A) = \bigwedge \left\{ G \in \delta' : G_{[\alpha]} \supset A_{[\alpha]} \right\}.$$

显然 $D_\alpha(A) \leqslant A^-, (D_\alpha(A))_{[\alpha]} \supset A_{[\alpha]}$.

定理 0.4.9 设 $(X, \delta) = \sum_{t \in T} (X_t, \delta_t)$, $A \in L^X$, $\alpha \in M(L)$. 则 $\forall t \in T$, 我们有

$$D_\alpha(A\,|X_t) = D_\alpha(A)\,|X_t.$$

证 由于

$$D_\alpha(A\,|X_t) = \bigwedge \left\{ G_t \in \delta_t' : (G_t)_{[\alpha]} \supset (A\,|X_t)_{[\alpha]} = A_{[\alpha]} \cap X_t \right\} \tag{0.2}$$

$$D_\alpha(A)\,|X_t = \bigwedge \left\{ H\,|X_t : H \in \delta', H_{[\alpha]} \supset A_{[\alpha]} \right\} \tag{0.3}$$

且对 (0.3) 中的每个 H, 均有 $H\,|X_t \in \delta_t'$, 且 $(H\,|X_t)_{[\alpha]} = H_{[\alpha]} \cap X_t \supset A_{[\alpha]} \cap X_t$, 所以

$$D_\alpha(A)\,|X_t \geqslant D_\alpha(A\,|X_t).$$

另一方面, 对 (0.2) 中的每个 $G_t \in \delta_t'$, 存在 $K_t \in \delta'$ 使得 $G_t = K_t\,|X_t$. 从而 $(G_t)_{[\alpha]} = (K_t\,|X_t)_{[\alpha]} = (K_t)_{[\alpha]} \cap X_t \supset A_{[\alpha]} \cap X_t$. 定义 $K_t^{**} \in L^X$ 为

$$\forall x \in X, \quad K_t^{**}(x) = \begin{cases} K_t(x), & x \in X_t, \\ 1, & x \notin X_t. \end{cases}$$

因为 $K_t^{**}\,|X_t = K_t\,|X_t \in \delta_t'$, 而当 $s \neq t$ 时, $K_t^{**}\,|X_s = 1_s \in \delta_s'$. 所以 $K_t^{**} \in \delta'$. 此外, 显然 $(K_t^{**})_{[\alpha]} \supset A_{[\alpha]}$. 因此 $K_t^{**}\,|X_t \in \{H\,|X_t : H \in \delta', H_{[\alpha]} \supset A_{[\alpha]}\}$, 从而

$$D_\alpha(A)\,|X_t \leqslant K_t^{**}\,|X_t = K_t\,|X_t = G_t.$$

注意到 G_t 是 (0.2) 中的任意元, 便得

$$D_\alpha(A)\,|X_t \leqslant \wedge\left\{G_t \in \delta'_t : (G_t)_{[\alpha]} \supset (A\,|X_t)_{[\alpha]} = A_{[\alpha]} \cap X_t\right\} = D_\alpha\left(A\,|X_t\right).$$

所以 $D_\alpha\left(A\,|X_t\right) = D_\alpha(A)\,|X_t$.

定理 0.4.10 设 $(X,\delta) = \sum\limits_{t \in T}(X_t, \delta_t), A \in L^X, \alpha \in M(L)$. 则 $(D_\alpha(A))_{[\alpha]} = A_{[\alpha]}$ 当且仅当 $\forall t \in T$,

$$\left(D_\alpha\left(A\,|X_t\right)\right)_{[\alpha]} = (A\,|X_t)_{[\alpha]}.$$

证 设 $(D_\alpha(A))_{[\alpha]} = A_{[\alpha]}$. 则 $\forall t \in T$, 由定理 0.4.9 得

$$\left(D_\alpha\left(A\,|X_t\right)\right)_{[\alpha]} = (D_\alpha(A)\,|X_t)_{[\alpha]} = (D_\alpha(A))_{[\alpha]} \cap X_t = A_{[\alpha]} \cap X_t = (A\,|X_t)_{[\alpha]}.$$

反过来, $\forall t \in T$, 设 $\left(D_\alpha\left(A\,|X_t\right)\right)_{[\alpha]} = (A\,|X_t)_{[\alpha]}$. 则由上式得

$$(D_\alpha(A))_{[\alpha]} \cap X_t = A_{[\alpha]} \cap X_t \tag{0.4}$$

若 $(D_\alpha(A))_{[a]} \neq A_{[a]}$, 则存在 $x_0 \in X = \bigcup\limits_{t \in T} X_t$ 使得 $x_0 \in (D_\alpha(A))_{[a]}$ 但 $x_0 \notin A_{[a]}$. 此外, 自然存在 $t_0 \in T$ 使得 $x_0 \in X_{t_0}$. 如此便有 $x_0 \in (D_\alpha(A))_{[a]} \cap X_{t_0}$ 但 $x_0 \notin A_{[a]} \cap X_{t_0}$. 这与 (0.4) 式矛盾. 所以 $(D_\alpha(A))_{[a]} = A_{[a]}$.

定理 0.4.11 设 $(X,\delta) = \sum\limits_{t \in T}(X_t, \delta_t), A \in L^X, \alpha \in L$. 若令

$$\delta_{[\alpha]} = \{G_{[\alpha]} : G \in \delta\}, \quad (\delta_t)_{[\alpha]} = \{(G_t)_{[\alpha]} : G_t \in \delta_t\}\ (t \in T),$$

$$\delta_{(\alpha)} = \{G_{(\alpha)} : G \in \delta\}, \quad (\delta_t)_{(\alpha)} = \{(G_t)_{(\alpha)} : G_t \in \delta_t\}\ (t \in T).$$

则

$$\delta_{[\alpha]} = \sum\limits_{t \in T}(\delta_t)_{[\alpha]}, \quad \delta_{(\alpha)} = \sum\limits_{t \in T}(\delta_t)_{(\alpha)}.$$

证 设 $G_{[\alpha]} \in \delta_{[\alpha]}$. 则由 $G \in \delta$ 及和拓扑的定义知 $\forall t \in T, j_t^{\leftarrow}(G) \in \delta_t$. 从而 $(j_t^{\leftarrow}(G))_{[\alpha]} = j_t^{-1}(G_{[\alpha]}) \in (\delta_t)_{[\alpha]}$. 由分明和拓扑的定义得 $G_{[\alpha]} \in \sum\limits_{t \in T}(\delta_t)_{[\alpha]}$. 这证明

$$\delta_{[\alpha]} \subset \sum\limits_{t \in T}(\delta_t)_{[\alpha]}.$$

现设 $G_{[\alpha]} \in \sum\limits_{t \in T}(\delta_t)_{[\alpha]}$, 则由分明和拓扑的定义, $\forall t \in T,\ j_t^{-1}(G_{[\alpha]}) \in (\delta_t)_{[\alpha]}$. 注意 $j_t^{-1}(G_{[\alpha]}) = (j_t^{\leftarrow}(G))_{[\alpha]}$. 所以 $j_t^{\leftarrow}(G) \in \delta_t$, 从而 $G \in \delta$. 于是 $G_{[\alpha]} \in \delta_{[\alpha]}$. 这证明

$$\sum\limits_{t \in T}(\delta_t)_{[\alpha]} \subset \delta_{[\alpha]}.$$

$\delta_{(\alpha)} = \sum\limits_{t \in T} (\delta_t)_{(\alpha)}$ 的证明与之类似.

定理 0.4.12 设 $(X, \delta) = \sum\limits_{t \in T} (X_t, \delta_t)$. 则 (X, δ) 是弱诱导空间当且仅当 $\forall t \in T, (X_t, \delta_t)$ 是弱诱导空间.

证 设 (X, δ) 是弱诱导空间. $\forall t \in T, \forall A_t \in \delta_t, \forall r \in L$, 要证 $\chi_{(A_t)_{(r)}} \in \delta_t$. 由 $A_t \in \delta_t$ 知 $A_t^* \in \delta$, 从而 $\chi_{(A_t^*)_{(r)}} \in \delta$. 于是 $\chi_{(A_t^*)_{(r)}} | X_t \in \delta_t$ 容易验证

$$\chi_{(A_t^*)_{(r)}} | X_t = \chi_{(A_t)_{(r)}}.$$

所以 $\chi_{(A_t)_{(r)}} \in \delta_t$.

反过来, $\forall t \in T$, 设 (X_t, δ_t) 是弱诱导空间. $\forall A \in \delta, \forall r \in L$, 要证 $\chi_{A_{(r)}} \in \delta$. 因为 $\forall t \in T, A | X_t \in \delta_t$, 所以由 (X_t, δ_t) 是弱诱导空间得 $\forall r \in L, \chi_{(A | X_t)_{(r)}} \in \delta_t$. 于是 $\left(\chi_{(A | X_t)_{(r)}} \right)^* \in \delta$, 进而 $\bigvee\limits_{t \in T} \left(\chi_{(A | X_t)_{(r)}} \right)^* \in \delta$. 下面证明 $\bigvee\limits_{t \in T} \left(\chi_{(A | X_t)_{(r)}} \right)^* = \chi_{A_{(r)}}$.

首先, $\forall r \in L, \forall A_t \in L^{X_t}$, 显然有 $(A_t)_{(r)} = (A_t^*)_{(r)}$. 由此不难验证 $(\chi_{(A_t)_{(r)}})^* = \chi_{(A_t^*)_{(r)}}$. 由于 $A = \bigvee\limits_{t \in T} (A | X_t)^*$, 于是

$$\chi_{A_{(r)}} = \chi_{\left(\bigvee\limits_{t \in T} (A | X_t)^* \right)_{(r)}} = \chi_{\bigcup\limits_{t \in T} ((A | X_t)^*)_{(r)}} = \bigvee\limits_{t \in T} \chi_{((A | X_t)^*)_{(r)}} = \bigvee\limits_{t \in T} (\chi_{(A | X_t)_{(r)}})^*.$$

所以 $\chi_{A_{(r)}} \in \delta$.

定理 0.4.13 设 $(X, \delta) = \sum\limits_{t \in T} (X_t, \delta_t)$, 则 $(X, [\delta]) = \sum\limits_{t \in T} (X_t, [\delta_t])$.

证 $\forall A \in [\delta]$, 有 $\chi_A \in \delta$, 从而 $\forall t \in T, \chi_A | X_t \in \delta_t$. 不难验证 $\chi_A | X_t = \chi_{A | X_t}$. 于是 $\forall t \in T, \chi_{A | X_t} \in \delta_t$, 从而 $A | X_t \in [\delta_t]$.

引理 0.4.2 设 $(X, \tau), (X_t, \tau_t), t \in T$, 都是分明拓扑空间, φ 是 τ 的子基. 则 $(X, \tau) = \sum\limits_{t \in T} (X_t, \tau_t)$ 当且仅当 $\forall A \in \varphi, \forall t \in T, A \cap X_t \in \tau_t$.

证 必要性是明显的. 下证充分性.

$\forall B \in \tau$, 设 $B = \bigcup\limits_{i \in I} \left(\bigcap\limits_{j \in J(i)} A_{ij} \right)$, 这里 $A_{ij} \in \varphi, J(i)$ 是有限集. 则 $\forall t \in T$,

$$B \cap X_t = \bigcup\limits_{i \in I} \left(\bigcap\limits_{j \in J(i)} A_{ij} \cap X_t \right) \in \tau_t.$$

由引理 0.4.2 易得

定理 0.4.14 设 $(X, \delta) = \sum\limits_{t \in T} (X_t, \delta_t)$, 则 $(X, \iota_L(\delta)) = \sum\limits_{t \in T} (X_t, \iota_L(\delta_t))$.

给定 L-拓扑空间 (X, δ), 令

$$\lambda^*(\delta) = \{A \in \delta : \forall a \in L, \chi_{A_{(a)}} \in \delta\}.$$

则 $\lambda^*(\delta)$ 是 X 上的 L-拓扑.

定理 0.4.15　设 $(X, \delta) = \sum\limits_{t \in T}(X_t, \delta_t)$, 则 $(X, \lambda^*(\delta)) = \sum\limits_{t \in T}(X_t, \lambda^*(\delta_t))$.

证　$A \in \lambda^*(\delta) \Rightarrow A \in \delta, \forall a \in L, \chi_{A_{(a)}} \in \delta$

$\qquad\qquad \Rightarrow \forall t \in T, A\,|\,X_t \in \delta_t, \forall a \in L, \chi_{A_{(a)}}\,|\,X_t \in \delta_t$

$\qquad\qquad \Rightarrow \forall t \in T, A\,|\,X_t \in \delta_t, \forall a \in L, \chi_{(A|X_t)_{(a)}} \in \delta_t$

$\qquad\qquad \Rightarrow \forall t \in T, A\,|\,X_t \in \lambda^*(\delta_t).$

第 1 章　层次闭集与层次连续性

CHAPTER 1

本章将介绍各种层次闭集 (层次开集) 和各种 L-映射的层次连续性. 层次闭集是贯穿本书的基本概念. 层次闭集本身不是闭集, 但从层次上观察, 它却携带了大量的闭集的信息. 在许多场合, 它确实起到了闭集的作用. 此章是本书的基础.

1.1　L_α-闭集

针对 L-拓扑空间中的分明集及格 L 中的元素 α, Rodabaugh 在文献 [3] 中提出了 α-闭包的概念. 但这个概念有两个缺点: 一是仅对分明集有定义, 二是 α-闭包是个分明集. 一句话, 这个概念太 "分明", 与模糊拓扑空间不协调. 鉴于此, 我们在文献 [10] 把这个概念做了推广, 提出了 HFα-闭包的概念——本书改称为 L_α-闭包. 这个概念一是对 L-拓扑空间中的任一 L-集有定义, 二是 L_α-闭包是 L-集. 此外我们还引入了一种层次闭集: L_α-闭集.

定义 1.1.1　设 (X,δ) 是 L-拓扑空间, $A \in 2^X, \alpha \in L - \{1\}$. Rodabaugh 定义 A 的 α-闭包为

$$C_\alpha(A) = \{x \in X : \forall G \in \delta, G \wedge A \neq 0, G(x) > \alpha\}.$$

命题 1.1.1　设 (X,δ) 是 L-拓扑空间, $A \in 2^X, \alpha \in L$-$\{1\}$. 则

$$C_\alpha(A) = \{x \in X : \forall Q \in \eta(x_{\alpha'}), A \nleq Q\}.$$

证　对 $x \in X$, 设 $x \in C_\alpha(A)$, $Q \in \eta(x_{\alpha'})$, 则 $Q' \in \delta'$, 且 $Q'(x) > \alpha$. 于是, $Q' \wedge A \neq 0$, 从而存在 $y \in X$ 使 $Q'(y) \neq 0$ 且 $A(y) \neq 0$. 但 A 是分明集, 故 $A(y) = 1$. 由 $Q(y) \neq 1$ 得 $A \nleq Q$.

反过来, 对 $x \in X$, 设 $G \in \delta, G(x) > \alpha$, 则 $G' \in \eta(x_{\alpha'})$, 于是 $A \nleq G'$, 从而存在 $y \in X$ 使 $A(y) \nleq G'(y)$, 即 $A(y) > 1 - G(y)$. 但 A 是分明集, 故 $A(y) = 1$, 进而 $G(y) \neq 0$. 因此 $A \wedge G \neq 0$. 这表明 $x \in C_\alpha(A)$.

现对 α-闭包进行推广.

定义 1.1.2　设 (X,δ) 是 L-拓扑空间, $\alpha \in M(L)$. 定义层次闭包算子 $L_\alpha : L^X \to L^X$ 为

$$\forall A \in L^X, \quad L_\alpha(A) = \bigvee\{x_\alpha : x \in X, \forall Q \in \eta(x_\alpha), A \nleq Q\},$$

称 $L_\alpha(A)$ 为 A 的 L_α-闭包.

下面的定理揭示了 L_α-闭包与通常闭包之间的关系.

定理 1.1.1   设 (X,δ) 是 L-拓扑空间, $A \in L^X$, 则

$$A^- = \bigvee_{\alpha \in M(L)} L_\alpha(A). \tag{1.1}$$

证   因为

$$A^- = \vee\{x_\lambda \in M^*(L^X) : \forall Q \in \eta(x_\lambda), A \not\leqslant Q\},$$

所以, $\forall \alpha \in M(L)$, 自然有 $A^- \geqslant L_\alpha(A)$, 从而 $A^- \geqslant \bigvee_{\alpha \in M(L)} L_\alpha(A)$. 另一方面, 若存在 $x_\beta \in M^*(L^X)$ 使 $x_\beta \in A^-$ 但 $x_\beta \notin \bigvee_{\alpha \in M(L)} L_\alpha(A)$, 则 $\forall \alpha \in M(L), x_\beta \notin L_\alpha(A)$, 从而 $x_\beta \notin L_\beta(A)$, 这与 $x_\beta \in A^-$ 不合. 所以 $A^- \leqslant \bigvee_{\alpha \in M(L)} L_\alpha(A)$. 因此 (1.1) 式真.

定理 1.1.2   设 (X,δ) 是 I-拓扑空间, $A \in 2^X$, 则 $\forall r \in I - \{1\}$ 有

$$C_r(A) = (L'_r(A))_{[r']}.$$

证   对 $x \in X$, 设 $x \in C_r(A)$, 则 $\forall Q \in \eta(x_{r'})$, 由命题 1.1.1 得 $A \not\leqslant Q$. 于是 $x_{r'} \in L_{r'}(A)$, 从而 $x \in (L_{r'}(A))_{[r']}$. 所以 $C_r(A) \subset (L_{r'}(A))_{[r']}$. 类似地可证相反的包含.

例 1.1.1   (1) 设 (X,δ) 是 I-拓扑空间, 这里 $\delta = \left\{0, 1, \dfrac{1}{2}\right\}$. 取 $A = 0.6, \alpha = 0.7$, 则 $L_\alpha(A) = 0.7 > A$.

(2) 设 (X,δ) 是 L-拓扑空间, 这里 $\delta = \{\lambda : \lambda \in L\}$. 取 $\alpha \in M(L), A = \alpha$. 则 $L_\alpha(A) = \alpha = A$.

(3) 取 $L = X = I, \delta = \{\lambda : \lambda \in L\}$, 则 (X,δ) 是 I-拓扑空间. 取 $A \in L^X$ 为 $A(x) = x, x \in X, \alpha = 0.5$, 则 $L_\alpha(A) = \alpha$. 于是既有 $L_\alpha(A) \not\leqslant A$, 又有 $L_\alpha(A) \not\geqslant A$.

定理 1.1.3   设 (X,δ) 是 L-拓扑空间, $\alpha \in M(L), A, B \in L^X$. 则

(1) $L_\alpha(0) = 0$;

(2) $L_\alpha(A \vee B) = L_\alpha(A) \vee L_\alpha(B)$;

(3) $A_{[\alpha]} \subset (L_\alpha(A))_{[\alpha]}$;

(4) $L_\alpha(L_\alpha(A)) = L_\alpha(A)$.

证   (1) 显然.

(2) 若 $A \leqslant B$, 则显然有 $L_\alpha(A) \leqslant L_\alpha(B)$. 于是 $L_\alpha(A \vee B) \geqslant L_\alpha(A) \vee L_\alpha(B)$. 另一方面,

$$L_\alpha(A \vee B) = \bigvee\{x_\alpha : x \in X, \forall Q \in \eta(x_\alpha), A \vee B \not\leqslant Q\}$$

$$\leqslant [\bigvee \{x_\alpha : x \in X, \forall Q \in \eta(x_\alpha), A \not\leqslant Q\}]$$
$$\vee [\bigvee \{x_\alpha : x \in X, \forall Q \in \eta(x_\alpha), B \not\leqslant Q\}]$$
$$= L_\alpha(A) \vee L_\alpha(B).$$

(3) 若存在 $x \in A_{[\alpha]}$ 但 $x \notin (L_\alpha(A))_{[\alpha]}$, 则 $L_\alpha(A)(x) \not\geqslant \alpha$, 于是 $x_\alpha \notin L_\alpha(A)$, 从而存在 $Q \in \eta(x_\alpha)$ 使得 $A \leqslant Q$. 因此 $\alpha \leqslant A(x) \leqslant Q(x)$, 但这与 $Q \in \eta(x_\alpha)$ 不合. 所以 $x \in (L_\alpha(A))_{[\alpha]}$, 因此 $A_{[\alpha]} \subset (L_\alpha(A))_{[\alpha]}$.

(4) 若存在 $x_\alpha \in M^*(L^X)$ 使 $x_\alpha \in L_\alpha(L_\alpha(A))$ 但 $x_\alpha \notin L_\alpha(A)$, 则存在 $Q \in \eta(x_\alpha)$ 使得 $A \leqslant Q$. 注意到 $Q \in \delta'$ 便有 $A^- \leqslant Q$. 由于 $x_\alpha \in L_\alpha(L_\alpha(A))$, $L_\alpha(A) \not\leqslant Q$, 从而 $L_\alpha(A) \not\leqslant A^-$. 这与定理 1.1.1 相矛盾. 所以 $L_\alpha(L_\alpha(A)) \leqslant L_\alpha(A)$. 反过来, 若存在 $x_\alpha \in M^*(L^X)$ 使 $x_\alpha \in L_\alpha(A)$ 但 $x_\alpha \notin L_\alpha(L_\alpha(A))$, 则存在 $Q \in \eta(x_\alpha)$ 使得 $L_\alpha(A) \leqslant Q$, 从而 $x_\alpha \in Q$, 这与 $Q \in \eta(x_\alpha)$ 不合. 所以 $L_\alpha(L_\alpha(A)) \geqslant L_\alpha(A)$.

一般说来, $A_{[\alpha]} = (L_\alpha(A))_{[\alpha]}$ 并不成立.

例 1.1.2 在例 1.1.1 的 (3) 中,

$$A_{[\alpha]} = \left[\frac{1}{2}, 1\right] \neq [0,1] = (L_\alpha(A))_{[\alpha]}.$$

现在, 我们利用 L_α-闭包来定义一种层次闭集.

定义 1.1.3 设 (X, δ) 是 L-拓扑空间, $\alpha \in M(L), A \in L^X$.

(1) 称 A 为 L_α-闭集, 若 $A_{[\alpha]} = (L_\alpha(A))_{[\alpha]}$. (X, δ) 中的全体 L_α-闭集记作 $L_\alpha(\delta)$.

(2) 若 A 为 L_α-闭集, 则称 A' 为 $L_{\alpha'}$-开集. (X, δ) 中的全体 $L_{\alpha'}$-开集记作 $O_{\alpha'}(\delta)$.

例 1.1.3 设 (X, δ) 是 L-拓扑空间, 这里 $\delta = \{0,1\}$. 取 $\alpha \in M(L)$ 且 $\alpha \neq 1$, 则 $\alpha \in L_\alpha(\delta)$.

定理 1.1.4 设 (X, δ) 是 L-拓扑空间, $A \in L^X$. 则 $A \in \delta'$ 当且仅当 $\forall \alpha \in M(L), A \in L_\alpha(\delta)$.

证 设 $A \in \delta'$. 由定理 1.1.1, $A = A^- = \bigvee_{\alpha \in M(L)} L_\alpha(A)$, 于是 $\forall \alpha \in M(L)$, $A \geqslant L_\alpha(A)$, 故 $A_{[\alpha]} \supset (L_\alpha(A))_{[\alpha]}$. 再由定理 1.1.3 的 (3), $A_{[\alpha]} = (L_\alpha(A))_{[\alpha]}$. 这证明 $A \in L_\alpha(\delta)$.

反过来, 设 $\forall \alpha \in M(L), A \in L_\alpha(\delta)$. 若存在 $y_\beta \in M^*(L^X)$ 使 $y_\beta \in A^-$ 但 $y_\beta \notin A$, 则 $y \notin A_{[\beta]} = (L_\beta(A))_{[\beta]}$, 从而 $y_\beta \notin L_\beta(A)$. 于是存在 $Q \in \eta(y_\beta)$ 使得 $A \leqslant Q$. 这与 $y_\beta \in A^-$ 不合. 所以 $A^- \leqslant A$, 故而 $A \in \delta'$.

推论 1.1.1　设 (X, δ) 是 L-拓扑空间, $A \in L^X$. 则 $A \in \delta$ 当且仅当 $\forall r \in P(L), A \in O_r(\delta)$.

定理 1.1.5　设 (X, δ) 是 L-拓扑空间, $A \in L^X$. 则

(1) $\forall \alpha \in M(L), A \in L_\alpha(\delta)$ 当且仅当 $A_{[\alpha]} = (A^-)_{[\alpha]}$.

(2) $\forall r \in P(L), A \in O_r(\delta)$ 当且仅当 $A_{(r)} = (A^0)_{(r)}$.

证　我们仅证 (1). 设 $A \in L_\alpha(\delta)$. $\forall x \in (A^-)_{[\alpha]}$, 有 $x_\alpha \in A^-$. 从而 $\forall Q \in \eta(x_\alpha), A \not\leqslant Q$, 于是 $x_\alpha \in L_\alpha(A)$, 进而 $x \in (L_\alpha(A))_{[\alpha]} = A_{[\alpha]}$. 所以 $(A^-)_{[\alpha]} \subset A_{[\alpha]}$, 因此 $A_{[\alpha]} = (A^-)_{[\alpha]}$. 反过来, 设 $A_{[\alpha]} = (A^-)_{[\alpha]}$. 由定理 1.1.1,

$$A_{[\alpha]} = (A^-)_{[\alpha]} = \left(\bigvee_{\lambda \in M(L)} L_\lambda(A) \right)_{[\alpha]} \supset \bigcup_{\lambda \in M(L)} (L_\lambda(A))_{[\alpha]} \supset (L_\alpha(A))_{[\alpha]}.$$

再结合定理 1.1.3(3) 得 $(L_\alpha(A))_{[\alpha]} = A_{[\alpha]}$. 所以 $A \in L_\alpha(\delta)$.

注 1.1.1　该定理表明 L_α-闭集与李永明在文 [4] 中引入的 α-闭集是一致的, 这也是我们将原来的 HFα-闭集改称为 L_α-闭集的原因.

定理 1.1.6　设 (X, δ) 是 L-拓扑空间, $A \in L^X, \alpha \in M(L), r \in P(L)$, 则

(1) 若 $\forall \alpha_t \in \beta^*(\alpha), A \in L_{\alpha_t}(\delta)$, 则 $A \in L_\alpha(\delta)$;

(2) 若 $\forall r_t \in \alpha^*(r), A \in O_{r_t}(\delta)$, 则 $A \in O_r(\delta)$.

证　仅证 (1). 因为 $\vee \beta^*(\alpha) = \alpha$, 所以

$$(A^-)_{[\alpha]} = (A^-)_{[\vee \beta^*(\alpha)]} = \bigcap_{\alpha_t \in \beta^*(\alpha)} (A^-)_{[\alpha_t]} = \bigcap_{\alpha_t \in \beta^*(\alpha)} (A)_{[\alpha_t]} = A_{[\vee \beta^*(\alpha)]} = A_{[\alpha]}.$$

所以 $A \in L_\alpha(\delta)$.

定理 1.1.7　设 (X, δ) 是 L-拓扑空间, 则

(1) $\forall \alpha \in M(L), L_\alpha(\delta)$ 形成一个 X 上的 L-余拓扑. 此外, 若 $A \in L^X$ 满足 $A \geqslant \alpha$, 则 $A \in L_\alpha(\delta)$.

(2) $\forall r \in P(L), O_r(\delta)$ 形成一个 X 上的 L-拓扑. 此外, 若 $A \in L^X$ 满足 $A \leqslant r$, 则 $A \in O_r(\delta)$.

证　以 (1) 为例. ① $0, 1, A \in L_\alpha(\delta)$ 是显然的, 这里 $A \geqslant \alpha$.

② 设 $A, B \in L_\alpha(\delta)$, 则

$$(A \vee B)_{[\alpha]} = A_{[\alpha]} \cup B_{[\alpha]} = (A^-)_{[\alpha]} \cup (B^-)_{[\alpha]} = (A^- \vee B^-)_{[\alpha]} = (A \vee B)^-_{[\alpha]}.$$

所以 $A \vee B \in L_\alpha(\delta)$.

③ 设 $\{A_t\}_{t \in T} \subset L_\alpha(\delta)$, 则

$$\left(\bigwedge_{t \in T} A_t \right)_{[\alpha]} = \bigcap_{t \in T} (A_t)_{[\alpha]} = \bigcap_{t \in T} (A_t^-)_{[\alpha]} = \left(\bigwedge_{t \in T} A_t^- \right)_{[\alpha]} \supset \left(\bigwedge_{t \in T} A_t \right)^-_{[\alpha]},$$

所以 $\left(\bigwedge_{t\in T} A_t\right)_{[\alpha]} = \left(\bigwedge_{t\in T} A_t\right)^-_{[\alpha]}$. 因此 $\bigwedge_{t\in T} A_t \in L_\alpha(\delta)$.

总之, $L_\alpha(\delta)$ 是一个 X 上的 L-余拓扑.

设 (X,δ) 是 L-拓扑空间, $\alpha \in M(L)$, $r \in P(L)$. $(X, L_\alpha(\delta))$ 和 $(X, O_r(\delta))$ 均称为 (X,δ) 的层次 L-拓扑空间.

对 $A \in L^X$, 用 $L_\alpha(A)$ 和 $N_r(A)$ 分别表示 A 在 $(X, L_\alpha(\delta))$ 和 $(X, O_r(\delta))$ 中的闭包和内部, 则有

$$N_r(A) = (L_{r'}(A'))', \quad L_\alpha(A) = (N_{\alpha'}(A'))'.$$

事实上, 由定义 1.1.3, 我们有

$$\begin{aligned} N_r(A) &= \bigvee\{B \in L^X : B \leqslant A, B \in O_r(\delta)\} \\ &= \left(\bigwedge\{B' : B' \geqslant A', B' \in L_{r'}(\delta)\}\right)' \\ &= (L_{r'}(A'))'. \end{aligned}$$

显然, $\forall A \in L^X$, $\forall \alpha \in M(L)$ 和 $\forall r \in P(L), N_r(A) \geqslant A^0, L_\alpha(A) \leqslant A^-$, 因此

$$\bigwedge_{r\in P(L)} N_r(A) \geqslant A^0, \quad \bigvee_{\alpha\in M(L)} L_\alpha(A) \leqslant A^-.$$

由定理 0.4.8 可得下列定理:

定理 1.1.8 设 $(X,\delta) = \sum_{t\in T}(X_t, \delta_t), A \in L^X, \alpha \in M(L)$. 则 $A \in L_\alpha(\delta)$ 当且仅当对每个 $t \in T, A|X_t \in L_\alpha(\delta_t)$.

1.2　D_α-闭集

本节介绍一种比 L_α-闭集更为广泛的层次闭集: D_α-闭集 (文献 [11]).

定义 1.2.1 设 (X,δ) 是 L-拓扑空间, $\alpha \in M(L)$, 层次闭包算子 $D_\alpha : L^X \to \delta'$ 定义为

$$\forall A \in L^X, \quad D_\alpha(A) = \bigwedge\{G \in \delta' : A_{[\alpha]} \subset G_{[\alpha]}\},$$

称 $D_\alpha(A)$ 为 A 的 D_α-闭包.

例 1.2.1 (1) 设 (X,δ) 是 L-拓扑空间, 这里 $\delta = \{0,1\}$. 取 $\alpha \in M(L)$ 且 $\alpha \neq 1, A = \alpha$. 则 $D_\alpha(A) = 1 > A$.

(2) 设 (X,δ) 是 L-拓扑空间, 这里 $\delta = \{\lambda : \lambda \in L\}$. 取 $\alpha \in M(L), A = \alpha$. 则 $D_\alpha(A) = \alpha = A$.

(3) 取 $L = X = I, \delta = \{\lambda : \lambda \in L\}$, 则 (X, δ) 是 I-拓扑空间. 取 $A \in L^X$ 为 $A(x) = x, x \in X, \alpha = 0.5$, 则 $D_\alpha(A) = \alpha$. 于是既有 $D_\alpha(A) \not\leqslant A$, 又有 $D_\alpha(A) \not\geqslant A$.

定理 1.2.1 设 (X, δ) 是 L-拓扑空间, $\alpha \in M(L), A, B \in L^X$. 则

(D1) $D_\alpha(0) = 0$;

(D2) $D_\alpha(A \vee B) = D_\alpha(A) \vee D_\alpha(B)$;

(D3) $A_{[\alpha]} \subset (D_\alpha(A))_{[\alpha]}$;

(D4) $D_\alpha(D_\alpha(A)) = D_\alpha(A)$.

证 (D1) 显然.

(D2) 若 $A \leqslant B$, 则 $A_{[\alpha]} \subset B_{[\alpha]}$, 于是

$$D_\alpha(B) = \bigwedge\{G \in \delta' : B_{[\alpha]} \subset G_{[\alpha]}\} \geqslant \bigwedge\{G \in \delta' : A_{[\alpha]} \subset G_{[\alpha]}\} = D_\alpha(A).$$

由此得 $D_\alpha(A \vee B) \geqslant D_\alpha(A) \vee D_\alpha(B)$. 另一方面,

$$\begin{aligned}
D_\alpha(A) \vee D_\alpha(B) &= [\bigwedge\{G \in \delta' : A_{[\alpha]} \subset G_{[\alpha]}\}] \vee [\bigwedge\{H \in \delta' : B_{[\alpha]} \subset H_{[\alpha]}\}] \\
&= \bigwedge\{G \bigvee H \in \delta' : A_{[\alpha]} \subset G_{[\alpha]}, B_{[\alpha]} \subset H_{[\alpha]}\} \\
&\geqslant \bigwedge\{E \in \delta' : A_{[\alpha]} \cup B_{[\alpha]} \subset E_{[\alpha]}\} \\
&= D_\alpha(A \vee B).
\end{aligned}$$

所以 $D_\alpha(A \vee B) = D_\alpha(A) \vee D_\alpha(B)$.

(D3) $(D_\alpha(A))_{[\alpha]} = \bigcap\{G_{[\alpha]} : G \in \delta', G_{[\alpha]} \supset A_{[\alpha]}\} \supset A_{[\alpha]}$.

(D4) 由 $(D_\alpha(A))_{[\alpha]} \supset A_{[\alpha]}$ 得

$$D_\alpha(D_\alpha(A)) = \bigwedge\{G \in \delta' : G_{[\alpha]} \supset (D_\alpha(A))_{[\alpha]}\} \geqslant \bigwedge\{G \in \delta' : G_{[\alpha]} \supset A_{[\alpha]}\} = D_\alpha(A).$$

又, $D_\alpha(A) \in \delta'$ 且 $(D_\alpha(A))_{[\alpha]} \supset (D_\alpha(A))_{[\alpha]}$, 故

$$D_\alpha(D_\alpha(A)) = \bigwedge\{G \in \delta' : G_{[\alpha]} \supset (D_\alpha(A))_{[\alpha]}\} \leqslant D_\alpha(A).$$

于是 $D_\alpha(D_\alpha(A)) = D_\alpha(A)$.

定义 1.2.2 设 (X, δ) 是 L-拓扑空间, $\alpha \in M(L), A \in L^X$. 称 A 为 (X, δ) 中的 D_α-闭集, 若 $(D_\alpha(A))_{[\alpha]} = A_{[\alpha]}$. (X, δ) 中的全体 D_α-闭集记为 $D_\alpha(\delta)$.

定理 1.2.2 设 (X, δ) 是 L-拓扑空间, $A \in L^X$. 若 $A \in \delta'$, 则 $\forall \alpha \in M(L), A \in D_\alpha(\delta)$, 即 $\delta' \subset D_\alpha(\delta)$.

证 设 $A \in \delta'$, 则 $\forall \alpha \in M(L)$, 由

$$A_{[\alpha]} \subset (D_\alpha(A))_{[\alpha]} \subset (A^-)_{[\alpha]} = A_{[\alpha]}$$

得 $(D_\alpha(A))_{[\alpha]} = A_{[\alpha]}$. 所以 $A \in D_\alpha(\delta)$.

例 1.2.2 取 $L = [0,1]$ 及非空分明集 X, 令 $\delta = \{0,1\}$, 则 (X, δ) 是 L-拓扑空间. 考虑 $A = 0.5$, 自然 $A \notin \delta'$. 但 $\forall \alpha \in M(L), A \in D_\alpha(\delta)$.

下述定理表明, D_α-闭集是比 L_α-闭集更为广泛的一种层次闭集.

定理 1.2.3 设 (X, δ) 是 L-拓扑空间, 则 $\forall \alpha \in M(L), L_\alpha(\delta) \subset D_\alpha(\delta)$.

证 设 $A \in L^X$, 且 $A \in L_\alpha(\delta)$, 则由

$$A_{[\alpha]} \subset (D_\alpha(A))_{[\alpha]} \subset (A^-)_{[\alpha]} = A_{[\alpha]}$$

得 $(D_\alpha(A))_{[\alpha]} = A_{[\alpha]}$. 所以 $A \in D_\alpha(\delta)$.

例 1.2.3 取 $X = L = [0,1]$. 令 H_k 表示直线段 $y = kx$, 这里 $x \in [0,1]$, k 是斜率. 置 $\delta' = \{H_k : k \in [0,1]\} \cup \{1\}$, 则 (X, δ) 是 L-拓扑空间. 定义 $A \in L^X$ 为

$$A(x) = \begin{cases} \dfrac{1}{4}, & x \in \left[0, \dfrac{1}{2}\right), \\ \dfrac{1}{2}, & x \in \left[\dfrac{1}{2}, 1\right], \end{cases}$$

取 $\alpha = \dfrac{1}{2}$, 则我们有

$$A_{[\alpha]} = \left[\frac{1}{2}, 1\right], \quad A^- = 1, \quad (A^-)_{[\alpha]} = X \neq A_{[\alpha]}, \quad D_\alpha(A) = H_1,$$

$$(D_\alpha(A))_{[\alpha]} = \left[\frac{1}{2}, 1\right] = A_{[\alpha]}.$$

所以, A 是 D_α-闭集但不是 L_α-闭集.

由定理 1.2.1(D4) 不难得到

定理 1.2.4 设 (X, δ) 是 L-拓扑空间, $A \in L^X$. 则 $\forall \alpha \in M(L), D_\alpha(A) \in D_\alpha(\delta)$.

定理 1.2.5 设 (X, δ) 是 L-拓扑空间, 则 $\forall \alpha \in M(L), D_\alpha(\delta)$ 形成 X 上的一个 L-余拓扑, 称为 α-层次拓扑.

证 $D_\alpha(\delta)$ 包含 0, 1 且对有限并运算封闭是显然的, 现证明它对无限交运算也是封闭的.

设 $\{A^t\}_{t \in T} \subset D_\alpha(\delta)$, 由算子 D_α 的保序性, 我们有

$$\left(D_\alpha\left(\bigwedge_{t \in T} A^t\right)\right)_{[\alpha]} \subset \left(\bigwedge_{t \in T} D_\alpha(A^t)\right)_{[\alpha]} = \bigcap_{t \in T} (D_\alpha(A^t))_{[\alpha]} = \bigcap_{t \in T} A^t_{[\alpha]}$$

$$= \left(\bigwedge_{t \in T} A^t \right)_{[\alpha]}.$$

再由定理 1.2.1(3) 得 $\left(D_\alpha \left(\bigwedge_{t \in T} A^t \right) \right)_{[\alpha]} = \left(\bigwedge_{t \in T} A^t \right)_{[\alpha]}$. 因此 $\bigwedge_{t \in T} A^t \in D_\alpha(\delta)$. 这证明 $D_\alpha(\delta)$ 对无限交运算是封闭的. 所以 $D_\alpha(\delta)$ 形成 X 上的一个 L-余拓扑.

定理 1.2.6　设 $(X, \omega_L(\tau))$ 是由分明拓扑空间 (X, τ) 诱导的 L-拓扑空间, $\alpha \in M(L), A \in L^X$. 则 $A \in D_\alpha(\omega_L(\tau))$ 当且仅当 $A_{[\alpha]} \in \tau'$.

证　设 $A \in D_\alpha(\omega_L(\tau))$. 因为对每个 $G \in (\omega_L(\tau))'$ 有 $G_{[\alpha]} \in \tau'$, 所以

$$\begin{aligned} A_{[\alpha]} &= (D_\alpha(A))_{[\alpha]} \\ &= (\bigwedge \{ G \in (\omega_L(\tau))' : G_{[\alpha]} \supset A_{[\alpha]} \})_{[\alpha]} \\ &= \bigcap \{ G_{[\alpha]} : G \in (\omega_L(\tau))' : G_{[\alpha]} \supset A_{[\alpha]} \} \\ &\supset \bigcap \{ E \in \tau' : E \supset A_{[\alpha]} \} \\ &= (A_{[\alpha]})^-. \end{aligned}$$

因此 $A_{[\alpha]} \in \tau'$.

反过来, 设 $A_{[\alpha]} \in \tau'$, 则 $\chi_{A_{[\alpha]}} \in (\omega_L(\tau))'$. 又 $(\chi_{A_{[\alpha]}})_{[\alpha]} = A_{[\alpha]}$, 故

$$(D_\alpha(A))_{[\alpha]} = \bigcap \{ G_{[\alpha]} : G \in (\omega_L(\tau))' : G_{[\alpha]} \supset A_{[\alpha]} \} \subset A_{[\alpha]}.$$

因此 $(D_\alpha(A))_{[\alpha]} = A_{[\alpha]}$. 所以 $A \in D_\alpha(\omega_L(\tau))$.

定理 1.2.7　设 $(X, \omega_L(\tau))$ 是由分明拓扑空间 (X, τ) 诱导的 L-拓扑空间, $A \in L^X$. 则 $A \in (\omega_L(\tau))'$ 当且仅当 $\forall \alpha \in M(L), A \in D_\alpha(\omega_L(\tau))$.

由定理 0.4.10 可得下面定理:

定理 1.2.8　设 $(X, \delta) = \sum_{t \in T} (X_t, \delta_t), A \in L^X, \alpha \in M(L)$. 则 $A \in D_\alpha(\delta)$ 当且仅当对每个 $t \in T, A|X_t \in D_\alpha(\delta_t)$.

1.3　层 次 开 集

与 D_α-闭集平行地可建立一种层次开集 (文献 [12]).

定义 1.3.1　设 (X, δ) 是 L-拓扑空间, $r \in P(L)$, 层次内部算子 $I_r : L^X \to \delta$ 定义为

$$\forall A \in L^X, \quad I_r(A) = \bigvee \{ H \in \delta : H_{(r)} \subset A_{(r)} \},$$

称 $I_r(A)$ 为 A 的 I_r-内部.

例 1.3.1 (1) 设 (X,δ) 是平庸 L-拓扑空间, 取 $r \in P(L)$ 且 $r \neq 0$, $A = r$. 则 $I_r(A) = 0 < A$;

(2) 设 $L = X = [0,1]$, $\delta = \{0, 1, A\}$, 其中

$$A(x) = \begin{cases} 0.5, & x \in [0, 0.5), \\ 1.0, & x \in [0.5, 1]. \end{cases}$$

取 $r = \dfrac{2}{3}$, 则 $A_{(r)} = [0.5, 1]$, $I_r(A) = A$.

定理 1.3.1 设 (X,δ) 是 L-拓扑空间, $r \in P(L), A, B \in L^X$. 则

(1) $I_r(0) = 0, I_r(1) = 1$;

(2) $I_r(A \wedge B) = I_r(A) \wedge I_r(B)$;

(3) $(I_r(A))_{(r)} \subset A_{(r)}$;

(4) $I_r(I_r(A)) = I_r(A)$.

证 (1)、(3)、(4) 简单.

(2) 若 $A \leqslant B$, 则 $A_{(r)} \subset B_{(r)}$, 从而

$$I_r(A) = \bigvee\{G \in \delta : G_{(r)} \subset A_{(r)}\} \leqslant \bigvee\{G \in \delta : G_{(r)} \subset B_{(r)}\} = I_r(B),$$

这表明算子 I_r 是保序的. 于是

$$I_r(A \wedge B) \leqslant I_r(A) \wedge I_r(B).$$

另一方面,

$$I_r(A) \wedge I_r(B) = (\bigvee\{G \in \delta : G_{(r)} \subset A_{(r)}\}) \wedge (\bigvee\{H \in \delta : H_{(r)} \subset B_{(r)}\})$$

$$= \bigvee\{G \wedge H \in \delta : G_{(r)} \subset A_{(r)}, H_{(r)} \subset B_{(r)}\}$$

$$\leqslant \bigvee\{E \in \delta : E_{(r)} \subset A_{(r)}, E_{(r)} \subset B_{(r)}\}$$

$$= \bigvee\{E \in \delta : E_{(r)} \subset A_{(r)} \cap B_{(r)} = (A \wedge B)_{(r)}\}$$

$$= I_r(A \wedge B).$$

所以 $I_r(A \wedge B) = I_r(A) \wedge I_r(B)$.

定义 1.3.2 设 (X,δ) 是 L-拓扑空间, $r \in P(L), A \in L^X$. 称 A 为 (X,δ) 中的 I_r-开集, 若 $(I_r(A))_{(r)} = A_{(r)}$. (X,δ) 中的全体 I_r-开集记为 $I_r(\delta)$.

定理 1.3.2　设 (X, δ) 是 L-拓扑空间, $r \in P(L), A \in L^X$. 则

(1) $\delta \subset I_r(\delta)$;

(2) $I_r(A) \in I_r(\delta)$;

(3) $I_r(\delta)$ 形成 X 上的一个 L-拓扑.

定理 1.3.3　设 (X, δ) 是 L-拓扑空间, $r \in P(L), A \in L^X$. 则

(1) $A \in I_r(\delta)$ 当且仅当 $A' \in D'_r(\delta)$;

(2) $I_r(A) = (D_{r'}(A'))'$;

(3) $I_r(\delta) = (D_{r'}(\delta))'$.

注 1.3.1　在 L-拓扑空间 (X, δ) 中, 即使 $\forall r \in P(L)$, 有 $A \in I_r(\delta)$, 也不一定有 $A \in \delta$.

例 1.3.2　设 $L = \{0, 0.25, 0.5, 0.75, 1\}$, $X = [0, 1]$, $\delta = \{0, 0.5, 1\}$, $A = 0.25$. 当 $r = 0$ 时, $A_{(r)} = (I_r(A))_{(r)} = X$; $r = 0.25, 0.5, 0.75$ 时, $A_{(r)} = (I_r(A))_{(r)} = \varnothing$. 总之, $\forall r \in P(L)$, 有 $A \in I_r(\delta)$, 但显然 $A \notin \delta$.

定理 1.3.4　设 $(X, \omega_L(\tau))$ 是由分明拓扑空间 (X, τ) 诱导的 L-拓扑空间, $r \in P(L), A \in L^X$. 则 $A \in I_r(\omega_L(\tau))$ 当且仅当 $A_{(r)} \in \tau$.

定理 1.3.5　设 $(X, \omega_L(\tau))$ 是由分明拓扑空间 (X, τ) 诱导的 L-拓扑空间, $A \in L^X$. 则 $A \in \omega_L(\tau)$ 当且仅当 $\forall r \in P(L), A \in I_r(\omega_L(\tau))$.

现在, 我们引入一种比 I_r-开集更强的层次开集 ([13]).

定义 1.3.3　设 (X, δ) 是 L-拓扑空间, $A \in L^X$.

(1) 若 $\forall \alpha \in M(L), A \in D_\alpha(\delta)$, 则称 A 是 (X, δ) 中的 SD-闭集. (X, δ) 中的所以 SD-闭集记为 $SD(\delta)$.

(2) 若 $\forall r \in P(L), A \in I_r(\delta)$, 则称 A 是 (X, δ) 中的 SI-开集. (X, δ) 中的所以 SI-开集记为 $SI(\delta)$.

由定理 1.2.2 知 $\delta' \subset SD(\delta)$. 由例 1.2.2 知, δ' 是 $SD(\delta)$ 的真子族. 此外, $\forall \alpha \in M(L)$, 我们有 $\delta' \subset SD(\delta) \subset D_\alpha(\delta)$. 因此 $SD(\delta) = \cap\{D_\alpha(\delta) : \alpha \in M(L)\}$.

由定理 1.2.10 知 $\forall r \in P(L), \delta \subset I_r(\delta) \subset SI(\delta)$.

定理 1.3.6　设 (X, δ) 是 L-拓扑空间, 则 $SD(\delta)$ 形成 X 上的一个 L-余拓扑, $SI(\delta)$ 形成 X 上的一个 L-拓扑.

证　我们仅证 $SD(\delta)$ 形成 X 上的一个 L-余拓扑, $SI(\delta)$ 的情况类似.

(1) 因 $\delta' \subset SD(\delta)$, 故 $0, 1 \in SD(\delta)$.

(2) 设 $A, B \in SD(\delta)$, 则 $\forall \alpha \in M(L)$, 由定理 1.2.1(2) 得

$$(A \vee B)_{[\alpha]} = A_{[\alpha]} \cup B_{[\alpha]} = (D_\alpha(A))_{[\alpha]} \cup (D_\alpha(B))_{[\alpha]}$$
$$= (D_\alpha(A) \vee D_\alpha(B))_{[\alpha]} = (D_\alpha(A \vee B))_{[\alpha]},$$

因此 $A \vee B \in SD(\delta)$.

(3) 设 $\{A^t\}_{t\in T} \subset SD(\delta)$, 则 $\forall \alpha \in M(L)$, 由定理 1.2.5 得

$$\left(\bigwedge_{t\in T} A^t\right)_{[\alpha]} = \bigcap_{t\in T}(A^t)_{[\alpha]} = \bigcap_{t\in T}(D_\alpha(A^t))_{[\alpha]} = \left(\bigwedge_{t\in T} D_\alpha(A^t)\right)_{[\alpha]}$$
$$= \left(D_\alpha\left(\bigwedge_{t\in T} A^t\right)\right)_{[\alpha]},$$

因此 $\bigwedge_{t\in T} A^t \in SD(\delta)$.

综上所述, $SD(\delta)$ 形成 X 上的一个 L-余拓扑.

1.4 *L*-映射连续性的 L_α-闭集刻画

本节用 L_α-闭集 (开集) 来刻画 L-映射的连续性, 并给出开 L-映射的若干新特征 (文献 [14]).

首先回顾有关 L-映射的基本知识 [6].

定理 1.4.1 设 (X,δ) 和 (Y,σ) 是两个 L-拓扑空间, $f^\rightarrow: L^X \to L^Y$ 是 L-映射, 则 $f^\rightarrow: (X,\delta) \to (Y,\sigma)$ 是开的当且仅当 $\forall B \in L^Y$ 及 $\forall A \in \delta'$, 当 $A \geqslant f^\leftarrow(B)$ 时, 存在 $C \in \sigma'$ 使得 $C \geqslant B$ 且 $A \geqslant f^\leftarrow(C)$.

现在利用 L_α-闭集 (开集) 给出连续 L-映射的两个新特征.

定理 1.4.2 设 (X,δ) 和 (Y,σ) 是两个 L-拓扑空间, $f^\rightarrow: L^X \to L^Y$ 是 L-映射, 则

(1) $f^\rightarrow: (X,\delta) \to (Y,\sigma)$ 连续当且仅当 $\forall r \in P(L), f^\rightarrow: (X,O_r(\delta)) \to (Y, O_r(\sigma))$ 连续.

(2) $f^\rightarrow: (X,\delta) \to (Y,\sigma)$ 连续当且仅当 $\forall \alpha \in M(L), f^\rightarrow: (X,L_\alpha(\delta)) \to (Y, L_\alpha(\sigma))$ 连续.

证 (1) 设 $f^\rightarrow: (X,\delta) \to (Y,\sigma)$ 是连续的. $\forall r \in P(L), \forall B \in O_r(\sigma)$, 我们要证明 $f^\leftarrow(B) \in O_r(\delta)$. 由 $f^\rightarrow$ 连续, $(f^\leftarrow(B))^0 \geqslant f^\leftarrow(B^0)$, 从而

$$((f^\leftarrow(B))^0)_{(r)} \supset (f^\leftarrow(B^0))_{(r)} = f^\leftarrow((B^0)_{(r)}) = f^\leftarrow(B_{(r)}) = (f^\leftarrow(B))_{(r)},$$

所以 $((f^\leftarrow(B))^0)_{(r)} = (f^\leftarrow(B))_{(r)}$, 因此 $f^\leftarrow(B) \in O_r(\delta)$.

反过来, $\forall r \in P(L)$, 设 $f^\rightarrow: (X,O_r(\delta)) \to (Y,O_r(\sigma))$ 连续. $\forall B \in \sigma$, 我们自然有 $B \in O_r(\sigma)$, 因此 $f^\leftarrow(B) \in O_r(\delta)$. 由推论 1.1.1, $f^\leftarrow(B) \in \delta$. 所以 $f^\rightarrow: (X,\delta) \to (Y,\sigma)$ 是连续的.

(2) 与 (1) 类似.

定义 1.4.1 设 (X, δ) 和 (Y, σ) 是两个 L-拓扑空间, $f^{\to}: L^X \to L^Y$ 是 L-映射, $r \in P(L), \alpha \in M(L)$. 称 $f^{\to}: (X, \delta) \to (Y, \sigma)$ 是 r-连续的 (分别地, α-连续的), 若 $f^{\to}: (X, O_r(\delta)) \to (Y, O_r(\sigma))$(分别地, $f^{\to}: (X, L_\alpha(\delta)) \to (Y, L_\alpha(\delta))$ 是连续的).

借助定义 1.4.1, 定理 1.4.2 可以等价地叙述为下面的定理.

定理 1.4.3 设 (X, δ) 和 (Y, σ) 是两个 L-拓扑空间, $f^{\to}: L^X \to L^Y$ 是 L-映射, 则

(1) $f^{\to}: (X, \delta) \to (Y, \sigma)$ 连续当且仅当 $\forall r \in P(L), f^{\to}$ 是 r-连续的.

(2) $f^{\to}: (X, \delta) \to (Y, \sigma)$ 连续当且仅当 $\forall \alpha \in M(L), f^{\to}$ 是 α-连续的.

例 1.4.1 取两个 L-拓扑空间 (X, δ) 和 (Y, σ), 这里 $L = [0, 1], \delta = \{0, 1\}$, $\sigma = \left\{ 0, 1, \dfrac{1}{2} \right\}$, 再取 $r = \dfrac{1}{2} \in P(L)$, 则

$$O_r = \delta \cup \{A_t : t \in T\}, \quad O_r(\sigma) = \sigma \cup \{B_j : j \in J\},$$

这里 $\forall t \in T, A_t \leqslant \dfrac{1}{2}, \forall j \in J, B_j \leqslant \dfrac{1}{2}$. 设 $f^{\to}: L^X \to L^Y$ 是 L-映射, 则

(1) $f^{\to}$ 不连续. 这是因为 $\dfrac{1}{2} \in \sigma$, 但 $f^{\gets}\left(\dfrac{1}{2}\right) = \dfrac{1}{2} \notin \delta$.

(2) $f^{\to}$ 是 r-连续的. 事实上, 对每个 $E \in O_r(\sigma)$, 若 $E = 0, 1$, 则显然 $f^{\gets}(E) = 0, 1 \in \delta \subset O_r(\delta)$; 若 $E \neq 0, 1$, 则 $E \leqslant \dfrac{1}{2}$. 由于 $\forall x \in X, f^{\gets}(E)(x) = E(f(x)) \leqslant \dfrac{1}{2}$, 故 $f^{\gets}(E) \leqslant \dfrac{1}{2} \in O_r(\delta)$. 因此 $f^{\to}$ 是 r-连续的.

下面再给出连续 L-映射的另外两个新特征.

定理 1.4.4 设 (X, δ) 和 (Y, σ) 是两个 L-拓扑空间, $f^{\to}: L^X \to L^Y$ 是 L-映射, 则下列条件等价:

(1) $f^{\to}: (X, \delta) \to (Y, \sigma)$ 是连续的;

(2) $\forall r \in P(L), f^{\to}: (X, O_r(\delta)) \to (Y, \sigma)$ 是连续的;

(3) $\forall \alpha \in M(L), f^{\to}: (X, L_\alpha(\delta)) \to (Y, \sigma')$ 是连续的.

证 (1)⇒(2) 由定理 1.4.3(1) 立得.

(2)⇒(3) $\forall \alpha \in M(L), \forall B \in \sigma'$, 由 (2) 得 $(f^{\gets}(B))' = f^{\gets}(B') \in O_{\alpha'}(\delta)$, 因此 $f^{\gets}(B) \in (O_{\alpha'}(\delta))' = L_\alpha(\delta)$. 这表明 $f^{\to}: (X, L_\alpha(\delta)) \to (Y, \sigma')$ 是连续的.

(3)⇒(1) 由定理 1.4.3(2), 只需证明 $\forall \alpha \in M(L), \forall B \in L_\alpha(\sigma), f^{\gets}(B) \in L_\alpha(\delta)$ 即可. 事实上, 由 $B^- \in \sigma'$ 及 (3) 得 $f^{\gets}(B^-) \in L_\alpha(\delta)$, 从而 $(f^{\gets}(B^-))_{[\alpha]} = ((f^{\gets}(B^-))^-)_{[\alpha]}$. 于是

$$(f^{\gets}(B))^-_{[\alpha]} \subset ((f^{\gets}(B^-))^-)_{[\alpha]} = (f^{\gets}(B^-))_{[\alpha]} = f^{\gets}(B^-_{[\alpha]})$$
$$= f^{\gets}(B_{[\alpha]}) = (f^{\gets}(B))_{[\alpha]},$$

所以 $(f^\leftarrow(B))_{[\alpha]}^- = (f^\leftarrow(B))_{[\alpha]}$. 因此 $f^\leftarrow(B) \in L_\alpha(\delta)$.

现在介绍一种新的连续性.

定义 1.4.2 设 (X, δ) 和 (Y, σ) 是两个 L-拓扑空间, $f^\rightarrow : L^X \to L^Y$ 是 L-映射, $r \in P(L)$. 称 $f^\rightarrow$ 是强 r-连续的, 若 $\forall B \in O_r(\sigma), f^\leftarrow(B) \in \delta$.

显然, $\forall r \in P(L)$, 从离散 L-拓扑空间到任何 L-拓扑空间的 L-映射是强 r-连续的. 又, 一个强 r-连续 L-映射是连续的, 因而是 r-连续的, 但其逆不真.

例 1.4.2 设 (X, δ) 和 (Y, σ) 是两个平庸的 L-拓扑空间, $f^\rightarrow : L^X \to L^Y$ 是 L-映射, $r \in P(L)$. 则不难看出 $O_r(\sigma) = \{0, 1,\} \cup \{B_j : j \in J\}$, 这里 $B_j \leqslant r, j \in J$. $f^\rightarrow : (X, \delta) \to (Y, \sigma)$ 显然是连续的, 但不是强 r-连续的. 事实上, $\forall B_j \in O_r(\sigma)$, 只要 $B_j \neq 0, 1$, 必有 $f^\leftarrow(B_j) \neq 0, 1$, 从而 $f^\leftarrow(B_j) \notin \delta$. 这表明 $f^\rightarrow$ 不是强 r-连续的.

现在给出强 r-连续 L-映射的某些特征.

定理 1.4.5 设 (X, δ) 和 (Y, σ) 是两个 L-拓扑空间, $f^\rightarrow : L^X \to L^Y$ 是 L-映射, $r \in P(L)$. 则下列条件等价:

(1) $f^\rightarrow$ 是强 r-连续的;

(2) $\forall B \in L_{r'}(\sigma), f^\leftarrow(B) \in \delta'$;

(3) $\forall A \in L^X, f^\rightarrow(A^-) \leqslant L_{r'}(f^\rightarrow(A))$;

(4) $\forall B \in L^Y, (f^\leftarrow(B))^- \leqslant f^\leftarrow(L_{r'}(B))$;

(5) $\forall B \in L^Y, f^\leftarrow(N_r(B)) \leqslant (f^\leftarrow(B))^0$.

证 (1)$\Rightarrow$(2) $\forall B \in L_{r'}(\sigma)$, 则 $B' \in O_r(\sigma)$, 因此 $(f^\leftarrow(B))' = f^\leftarrow(B') \in \delta$, 从而 $f^\leftarrow(B) \in \delta'$.

(2)$\Rightarrow$(3) $\forall A \in L^X$, 显然 $A \leqslant f^\leftarrow(f^\rightarrow(A)) \leqslant f^\leftarrow(L_{r'}(f^\rightarrow(A)))$, 由 (2) 得 $f^\leftarrow(L_{r'}(f^\rightarrow(A))) \in \delta'$, 因此 $A^- \leqslant f^\leftarrow(L_r'(f^\rightarrow(A)))$. 于是

$$f^\rightarrow(A^-) \leqslant f^\rightarrow(f^\leftarrow(L_{r'}(f^\rightarrow(A)))) \leqslant L_{r'}(f^\rightarrow(A)).$$

(3)$\Rightarrow$(4) $\forall B \in L^Y$, 由 (3) 得 $f^\rightarrow((f^\leftarrow(B))^-) \leqslant L_{r'}(f^\rightarrow(f^\leftarrow(B))) \leqslant L_{r'}(B)$, 因此 $(f^\leftarrow(B))^- \leqslant f^\leftarrow(L_{r'}(B))$.

(4)$\Rightarrow$(5) $\forall B \in L^Y$, 我们有

$$f^\leftarrow(N_r(B)) = f^\leftarrow((L_{r'}(B'))') = (f^\leftarrow(L_{r'}(B')))' \leqslant (f^\leftarrow(B'))^{-'}$$
$$= (f^\leftarrow(B))'^{-'} = (f^\leftarrow(B))^0.$$

(5)$\Rightarrow$(1) $\forall B \in O_r(\sigma)$, 有 $N_r(B) = B$, 故 $f^\leftarrow(B) = f^\leftarrow(N_r(B)) \leqslant (f^\leftarrow(B))^0$. 因此 $f^\leftarrow(B) = (f^\leftarrow(B))^0 \in \delta$. 这证明 $f^\rightarrow$ 是强 r-连续的.

现在, 给出开 L-映射的某些特征.

定理 1.4.6　设 (X,δ) 和 (Y,σ) 是两个 L-拓扑空间, $f^\to : L^X \to L^Y$ 是 L-映射. 则下列条件等价:

(1) $f^\to : (X,\delta) \to (Y,\sigma)$ 是开 L-映射;

(2) $\forall r \in P(L), \forall A \in O_r(\delta), f^\to(A) \in O_r(\sigma)$, 即 $f^\to : (X, O_r(\delta)) \to (Y, O_r(\sigma))$ 是开 L-映射;

(3) $\forall r \in P(L), \forall B \in L^Y, \forall A \in L_{r'}(\delta)$, 当 $A \geqslant f^\leftarrow(B)$ 时, 存在 $C \in L'_r(\sigma)$ 使得 $C \geqslant B$ 且 $A \geqslant f^\leftarrow(C)$;

(4) $\forall r \in P(L), \forall B \in L^Y, f^\leftarrow(L_{r'}(B)) \leqslant L_{r'}(f^\leftarrow(B))$;

(5) $\forall r \in P(L), \forall B \in L^Y, f^\leftarrow(N_r(B)) \geqslant N_r(f^\leftarrow(B))$;

(6) $\forall r \in P(L), \forall B \in L^Y, f^\leftarrow(N_r(B)) \geqslant (f^\leftarrow(B))^0$;

(7) $\forall r \in P(L), \forall B \in L^Y, f^\leftarrow(L_{r'}(B)) \leqslant (f^\leftarrow(B))^-$;

(8) $\forall r \in P(L), \forall B \in L^Y, \forall A \in \delta'$, 当 $A \geqslant f^\leftarrow(B)$ 时, 存在 $C \in L_{r'}(\sigma)$ 使得 $C \geqslant B$ 且 $A \geqslant f^\leftarrow(C)$;

(9) $\forall r \in P(L), \forall A \in \delta, f^\to(A) \in O_r(\sigma)$.

证　(1)$\Rightarrow$(2) $\forall r \in P(L), \forall A \in O_r(\delta)$, 我们证明 $(f^\to(A))_{(r)} \subset (f^\to(A))^0_{(r)}$. 对 $y \in Y$, 设 $y \in (f^\to(A))_{(r)}$, 则 $f^\to(A)(y) = \vee\{A(x) : f(x) = y\} \nleqslant r$, 从而存在 $x \in X$, 使得 $f(x) = y$ 且 $A(x) \nleqslant r$, 即 $x \in A_{(r)} = A^0_{(r)}$, 于是 $A^0(x) \nleqslant r$. 这导致 $f^\to(A^0)(y) = \bigvee\{A^0(x) : f(x) = y\} \nleqslant r$. 因为 $f^\to$ 是开的, 故 $f^\to(A^0) \in \sigma$, 从而 $f^\to(A^0) \leqslant (f^\to(A))^0$. 所以 $(f^\to(A))^0(y) \nleqslant r$, 即 $y \in (f^\to(A))^0_{(r)}$. 于是 $(f^\to(A))_{(r)} \subset (f^\to(A))^0_{(r)}$, 从而 $(f^\to(A))_{(r)} = (f^\to(A))^0_{(r)}$. 这证明 $f^\to(A) \in O_r(\sigma)$.

(2)$\Rightarrow$(3) 由定理 1.4.1 立得.

(3)$\Rightarrow$(4) $\forall r \in P(L), \forall B \in L^Y$, 有 $L_{r'}(f^\leftarrow(B)) \in L_{r'}(\delta), L_{r'}(f^\leftarrow(B)) \geqslant f^\leftarrow(B)$. 由 (3), 存在 $C \in L_{r'}(\sigma)$ 使得 $C \geqslant B$ 且

$$L_{r'}(f^\leftarrow(B)) \geqslant f^\leftarrow(C) = f^\leftarrow(L_{r'}(C)) \geqslant f^\leftarrow(L_{r'}(B)).$$

(4)$\Rightarrow$(5) $\forall r \in P(L), \forall B \in L^Y$, 由 (4),

$$f^\leftarrow(L_{r'}(B')) = f^\leftarrow((N_r(B))') = (f^\leftarrow(N_r(B)))' \leqslant L_{r'}(f^\leftarrow(B'))$$
$$= L_{r'}((f^\leftarrow(B))') = (N_r(f^\leftarrow(B)))',$$

因此 $f^\leftarrow(N_r(B)) \geqslant N_r(f^\leftarrow(B))$.

(5)$\Rightarrow$(6) $\forall r \in P(L), \forall B \in L^Y$, 由 $\delta \subset O_r(\delta)$ 及 (5) 得

$$f^\leftarrow(N_r(B)) \geqslant N_r(f^\leftarrow(B)) \geqslant (f^\leftarrow(B))^0.$$

(6)⇒(7) 与 (4)⇒(5) 类似.

(7)⇒(8) $\forall r \in P(L), \forall B \in L^Y, \forall A \in \delta'$ 且 $A \geqslant f^\leftarrow(B)$. 令 $C = L_{r'}(B)$, 则 $C \geqslant B$ 且 $C \in L_{r'}(\sigma)$. 由 (7) 得 $f^\leftarrow(C) = f^\leftarrow(L_{r'}(B)) \leqslant (f^\leftarrow(B))^-$. 因此 $A = A^- \geqslant (f^\leftarrow(B))^- \geqslant f^\leftarrow(C)$.

(8)⇒(9) $\forall r \in P(L), \forall A \in \delta$, 由 $A \leqslant f^\leftarrow(f^\rightarrow(A))$ 得 $A' \geqslant f^\leftarrow((f^\rightarrow(A))')$. 由 (8), 存在 $C \in L_{r'}(\sigma)$ 使得 $C \geqslant (f^\rightarrow(A))'$ 且 $A' \geqslant f^\leftarrow(C)$. 因此 $C = L_{r'}(C) \geqslant L_{r'}((f^\rightarrow(A))')$, 从而 $C' \leqslant (L_{r'}((f^\rightarrow(A))'))' = N_r(f^\rightarrow(A))$. 由 $A' \geqslant f^\leftarrow(C)$ 得 $A \leqslant f^\leftarrow(C')$, 故 $f^\rightarrow(A) \leqslant f^\rightarrow(f^\leftarrow(C')) \leqslant C' \leqslant N_r(f^\rightarrow(A))$. 所以 $f^\rightarrow(A) = N_r(f^\rightarrow(A))$. 这证明 $f^\rightarrow(A) \in O_r(\sigma)$.

(9)⇒(1) $\forall A \in \delta, \forall r \in P(L)$, 由 (9) 得 $f^\rightarrow(A) \in O_r(\sigma)$. 再由推论 1.1.1 知 $f^\rightarrow(A) \in \sigma$. 这证明 $f^\rightarrow$ 是开 L-映射.

1.5 广义 L-映射连续性的 L_α-闭集刻画

上一节中, L-映射 $f^\rightarrow : (X, \delta) \rightarrow (Y, \sigma)$ 所联络的两个 L-拓扑空间 (X, δ) 和 (Y, σ) 中的格 L 是同一个格, 本节放宽这一条件.

定义 1.5.1 设 L_1 和 L_2 是 F 格, X 与 Y 是非空分明集, $p : X \rightarrow Y$ 是分明映射, $q : L_1 \rightarrow L_2$ 是序同态, 则 p 和 q 按下列方式诱导出一个从 L_1^X 到 L_2^Y 的函数 $f^\rightarrow = p^q : L_1^X \rightarrow L_2^Y$,

$$\forall A \in L_1^X, \forall y \in Y, \ f^\rightarrow(A)(y) = \bigvee_{p(x)=y} q(A(x)).$$

称 $f^\rightarrow$ 为广义 L-映射 ([15] 中称为广义 Zadeh 型函数).

定义 1.5.2 设 $(L_1^{X_1}, \delta)$ 和 $(L_2^{X_2}, \sigma)$ 是 L-拓扑空间, $f^\rightarrow = p^q : L_1^{X_1} \rightarrow L_2^{X_2}$ 是广义 L-映射. 称 $f^\rightarrow : (L_1^{X_1}, \delta) \rightarrow (L_2^{X_2}, \sigma)$ 是连续的, 若 $\forall B \in \sigma$, 有 $f^\leftarrow(B) \in \delta$; 或等价地, 若 $\forall C \in \sigma'$, 有 $f^\leftarrow(C) \in \delta'$. 称 $f^\rightarrow$ 是开的, 若 $\forall A \in \delta$, 有 $f^\rightarrow(A) \in \sigma$.

引理 1.5.1 设 $f^\rightarrow = p^q : L_1^X \rightarrow L_2^Y$ 是广义 L-映射, 则

$$\forall B \in L_2^Y, \quad f^\leftarrow(B) = q^{-1} \circ B \circ p.$$

下述引理是简单的.

引理 1.5.2 设 L_1 和 L_2 是 F 格, $q : L_1 \rightarrow L_2$ 是一一的满序同态, 则
(1) q 保交;
(2) $\forall r \in P(L_1)$, $q(r) \in P(L_2)$;
(3) $\forall r \in P(L_2)$, $q^{-1}(r) \in P(L_1)$.

定理 1.5.1 设 $(L_1^{X_1}, \delta)$ 和 $(L_2^{X_2}, \sigma)$ 是 L-拓扑空间, $f^\rightarrow = p^q : L_1^{X_1} \rightarrow L_2^{X_2}$ 是广义 L-映射, 其中的 $q : L_1 \rightarrow L_2$ 是一一的满序同态. 则下列条件等价:

(1) $f^{\rightarrow}: (L_1^{X_1}, \delta) \to (L_2^{X_2}, \sigma)$ 是连续的;

(2) $\forall r \in P(L_1), f^{\rightarrow}: (L_1^{X_1}, O_r(\delta)) \to (L_2^{X_2}, O_{q(r)}(\sigma))$ 是连续的;

(3) $\forall \alpha \in M(L_1), f^{\rightarrow}: (L_1^{X_1}, L_\alpha(\delta)) \to (L_2^{X_2}, L_{q(\alpha)}(\sigma))$ 是连续的;

(4) $\forall r \in P(L_1), f^{\rightarrow}: (L_1^{X_1}, O_r(\delta)) \to (L_2^{X_2}, \sigma)$ 是连续的;

(5) $\forall \alpha \in M(L_1), f^{\rightarrow}: (L_1^{X_1}, L_\alpha(\delta)) \to (L_2^{X_2}, \sigma')$ 是连续的.

证 (1)⇒(2) $\forall r \in P(L_1)$, $\forall B \in O_{q(r)}(\sigma)$, 只需证 $f^{\leftarrow}(B) \in O_r(\delta)$. 设 $x \in X_1$ 且 $x \in (f^{\leftarrow}(B))_{(r)}$, 则 $f^{\leftarrow}(B)(x) \not\leqslant r$, 由引理 1.5.1 得 $q^{-1}(B(p(x))) \not\leqslant r$. 因 q 是一一满序同态, 故 $B(p(x)) \not\leqslant q(r)$, 即 $p(x) \in B_{(q(r))}$. 由于 $B \in O_{q(r)}(\sigma), p(x) \in B^0_{(q(x))}$, 从而 $B^0(p(x)) \not\leqslant (x)$. 再由 q 是一一的满序同态, $q^{-1}(B^0(p(x))) \not\leqslant r$, 即 $f^{\leftarrow}(B^0)(x) \not\leqslant r$. 因 $f^{\rightarrow}$ 连续, $f^{\leftarrow}(B^0) \leqslant (f^{\leftarrow}(B))^0$, 于是 $(f^{\leftarrow}(B))^0(x) \not\leqslant r$. 所以 $x \in (f^{\leftarrow}(B))^0_{(r)}$. 因此 $(f^{\leftarrow}(B))_{(r)} \subset (f^{\leftarrow}(B))^0_{(r)}$, 从而 $(f^{\leftarrow}(B))_{(r)} = (f^{\leftarrow}(B))^0_{(r)}$. 这证明 $f^{\leftarrow}(B) \in O_r(\delta)$.

(2)⇒(3) $\forall \alpha \in M(L_1), \forall B \in L_{q(\alpha)}(\sigma)$, 则 $B' \in O_{(q(\alpha))'}(\sigma)$. 注意到 $q: L_1 \to L_2$ 是一一的满序同态, 便有 $(q(\alpha))' = q(\alpha')$. 从而 $B' \in O_{q(\alpha')}(\sigma)$. 由 (2), $(f^{\leftarrow}(B))' = f^{\leftarrow}(B') \in O_{\alpha'}(\delta)$, 于是 $f^{\leftarrow}(B) \in L_\alpha(\delta)$.

(3)⇒(4) $\forall r \in P(L_1), \forall B \in \sigma$, 则 $B' \in \sigma' \subset L_{q(r')}(\sigma)$. 由 (3) 得 $(f^{\leftarrow}(B))' = f^{\leftarrow}(B') \in L_{r'}(\delta)$, 从而 $f^{\leftarrow}(B) \in O_r(\delta)$.

(4)⇒(5) $\forall \alpha \in M(L_1), \forall B \in \sigma'$, 则 $B' \in \sigma$. 由 (4) 得 $(f^{\leftarrow}(B))' = f^{\leftarrow}(B') \in O_{\alpha'}(\delta)$, 从而 $f^{\leftarrow}(B) \in L_\alpha(\delta)$.

(5)⇒(1) $\forall B \in \sigma'$, 由 (5), $\forall \alpha \in M(L_1)$, 均有 $f^{\leftarrow}(B) \in L_\alpha(\delta)$, 从而 $f^{\leftarrow}(B) \in \delta'$. 这证明 f 是连续的.

定理 1.5.2 设 $(L_1^{X_1}, \delta)$ 和 $(L_2^{X_2}, \sigma)$ 是 L-拓扑空间, $f^{\rightarrow} = p^q: L_1^{X_1} \to L_2^{X_2}$ 是广义 L- 映射, 其中的 $q: L_1 \to L_2$ 是一一的满序同态. 则下列条件等价:

(1) $f^{\rightarrow}: (L_1^{X_1}, \delta) \to (L_2^{X_2}, \sigma)$ 是开的;

(2) $\forall r \in P(L_1), f^{\rightarrow}: (L_1^{X_1}, O_r(\delta)) \to (L_2^{X_2}, O_{q(r)}(\sigma))$ 是开的;

(3) $\forall r \in P(L_1), \forall B \in L_2^{X_2}, \forall A \in L_{r'}(\delta)$, 当 $A \geqslant f^{\leftarrow}(B)$ 时, 存在 $C \in L_{q(r')}(\sigma)$ 使得 $C \geqslant B$ 且 $A \geqslant f^{\leftarrow}(C)$;

(4) $\forall r \in P(L_1), \forall B \in L_2^{X_2}, f^{\leftarrow}(L_{q(r')}(B)) \leqslant L_{r'}(f^{\leftarrow}(B))$;

(5) $\forall r \in P(L_1), \forall B \in L_2^{X_2}, f^{\leftarrow}(N_{q(r)}(B)) \geqslant N_r(f^{\leftarrow}(B))$;

(6) $\forall r \in P(L_1), \forall B \in L_2^{X_2}, f^{\leftarrow}(N_{q(r)}(B)) \geqslant (f^{\leftarrow}(B))^0$;

(7) $\forall r \in P(L_1), \forall B \in L_2^{X_2}, f^{\leftarrow}(L_{q(r')}(B)) \leqslant (f^{\leftarrow}(B))^-$;

(8) $\forall r \in P(L_1), \forall B \in L_2^{X_2}, \forall A \in \delta'$, 当 $A \geqslant f^{\leftarrow}(B)$ 时, 存在 $C \in L_{q(r')}(\sigma)$ 使得 $C \geqslant B$ 且 $A \geqslant f^{\leftarrow}(C)$;

(9) $\forall r \in P(L_1), \forall A \in \delta, f^{\rightarrow}(A) \in O_{q(r)}(\sigma)$.

证 (1)$\Rightarrow$(2) $\forall r \in P(L_1), \forall A \in O_r(\delta)$, 要证明 $f^{\rightarrow}(A) \in O_{q(r)}(\sigma)$, 只需证明 $(f^{\rightarrow}(A))_{(q(r))} = (f^{\rightarrow}(A))^0_{(q(r))}$. 事实上, 对 $y \in X_2$, 设 $y \in (f^{\rightarrow}(A))_{(q(r))}$, 则 $f^{\rightarrow}(A)(y) = \bigvee\{q(A(x)) : p(x) = y\} \not\leqslant q(r)$, 从而存在 $x \in X_1$, 使得 $p(x) = y$ 且 $q(A(x)) \not\leqslant q(r)$, 注意到 q 是一一的满序同态, 便有 $A(x) \not\leqslant r$. 即 $x \in A_{(r)} = A^0_{(r)}$, 于是 $A^0(x) \not\leqslant r$, 进而 $q(A^0(x)) \not\leqslant q(r)$. 因此

$$f^{\rightarrow}(A^0)(y) = \bigvee\{q(A^0(x)) : p(x) = y\} \not\leqslant q(r).$$

因为 $f^{\rightarrow}$ 是开的, 故 $f^{\rightarrow}(A^0) \in \sigma$, 从而 $f^{\rightarrow}(A^0) \leqslant (f^{\rightarrow}(A))^0$. 所以 $(f^{\rightarrow}(A))^0(y) \not\leqslant q(r)$, 即 $y \in (f^{\rightarrow}(A))^0_{(q(r))}$. 于是 $(f^{\rightarrow}(A))_{(q(r))} \subset (f^{\rightarrow}(A))^0_{(q(r))}$, 从而 $(f^{\rightarrow}(A))_{(q(r))} = (f^{\rightarrow}(A))^0_{(q(r))}$.

(2)$\Rightarrow$(3) $\forall r \in P(L_1), \forall B \in L_2^{X_2}, \forall A \in L_{r'}(\delta)$, 当 $A \geqslant f^{\leftarrow}(B)$ 时, $A' \leqslant f^{\leftarrow}(B')$, 或等价地, $f^{\rightarrow}(A') \leqslant B'$. 但 $A' \in O_r(\delta)$, 由 (2), $f^{\rightarrow}(A') \in O_{q(r)}(\sigma)$, 从而 $f^{\rightarrow}(A') \leqslant N_{q(r)}(B')$. 由此得 $A' \leqslant f^{\leftarrow}(N_{q(r)}(B'))$, 于是

$$A \geqslant (f^{\leftarrow}(N_{q(r)}(B')))' = f^{\leftarrow}((N_{q(r)}(B'))') = f^{\leftarrow}(L_{(q(r))'}(B)) = f^{\leftarrow}(L_{q(r')}(B)).$$

令 $C = L_{q(r')}(B)$, 则 $C \in L_{q(r')}(\sigma)$, 且 $C \geqslant B, A \geqslant f^{\leftarrow}(C)$.

(3)$\Rightarrow$(4) $\forall r \in P(L_1), \forall B \in L_2^{X_2}$, 则 $L_{r'}(f^{\leftarrow}(B)) \in L_{r'}(\delta)$, 且 $L_{r'}(f^{\leftarrow}(B)) \geqslant f^{\leftarrow}(B)$. 由 (3), 存在 $C \in L_{q(r')}(\sigma)$ 使得 $C \geqslant B$ 且

$$L_{r'}(f^{\leftarrow}(B)) \geqslant f^{\leftarrow}(C) = f^{\leftarrow}(L_{q(r')}(C)) \geqslant f^{\leftarrow}(L_{q(r')}(B)).$$

(4)$\Rightarrow$(5) $\forall r \in P(L_1), \forall B \in L_2^{X_2}$, 由 (4) 得

$$f^{\leftarrow}(L_{q(r')}(B')) = f^{\leftarrow}(L_{(q(r))'}(B')) = f^{\leftarrow}((N_{q(r)}(B))') = (f^{\leftarrow}(N_{q(r)}(B)))'$$
$$\leqslant L_{r'}(f^{\leftarrow}(B')) = L_{r'}((f^{\leftarrow}(B))') = (N_r(f^{\leftarrow}(B)))',$$

因此 $f^{\leftarrow}(N_{q(r)}(B)) \geqslant N_r(f^{\leftarrow}(B))$.

(5)$\Rightarrow$(6) $\forall r \in P(L_1), \forall B \in L_2^{X_2}$, 由 $\delta \subset O_r(\delta)$ 及 (5) 得

$$f^{\leftarrow}(N_{q(r)}(B)) \geqslant N_r(f^{\leftarrow}(B)) \geqslant (f^{\leftarrow}(B))^0.$$

(6)$\Rightarrow$(7) 与 (4)$\Rightarrow$(5) 相似.

(7)$\Rightarrow$(8) $\forall r \in P(L_1), \forall B \in L_2^{X_2}, \forall A \in \delta'$, 当 $A \geqslant f^{\leftarrow}(B)$ 时, 令 $C = L_{q(r')}(B)$, 则 $C \geqslant B$, 且 $C \in L_{q(r')}(\sigma)$. 由 (7) 得, $f^{\leftarrow}(C) = f^{\leftarrow}(L_{q(r')}(B)) \leqslant (f^{\leftarrow}(B))^-$. 因此

$$A = A^- \geqslant (f^{\leftarrow}(B))^- \geqslant f^{\leftarrow}(C).$$

$(8) \Rightarrow (9)$ $\forall r \in P(L_1), \forall A \in \delta$, 由 $A \leqslant f^{\leftarrow}(f^{\rightarrow}(A))$ 得 $A' \geqslant f^{\leftarrow}((f^{\rightarrow}(A))')$. 由 (8), 存在 $C \in L_{q(r')}(\sigma)$ 使 $C \geqslant (f^{\rightarrow}(A))'$ 且 $A' \geqslant f^{\leftarrow}(C)$. 因此 $C \geqslant L_{q(r')}((f^{\rightarrow}(A))')$, 从而 $C' \leqslant (L_{q(r')}((f^{\rightarrow}(A))'))' = N_{q(r)}(f^{\rightarrow}(A))$. 再由 $A' \geqslant f^{\leftarrow}(C)$ 得 $A \leqslant f^{\leftarrow}(C')$, 于是 $f^{\rightarrow}(A) \leqslant f^{\rightarrow}(f^{\leftarrow}(C')) \leqslant C' \leqslant N_{q(r)}(f^{\rightarrow}(A))$. 所以 $f^{\rightarrow}(A) = N_{q(r)}(f^{\rightarrow}(A))$. 这证明 $f^{\rightarrow}(A) \in O_{q(r)}(\sigma)$.

$(9) \Rightarrow (1)$ $\forall A \in \delta$, 我们要证 $f^{\rightarrow}(A) \in \sigma$, 这只需证 $\forall s \in P(L_2)$ 均有 $f^{\rightarrow}(A) \in O_s(\sigma)$. 事实上, 因 q 是一一满序同态, 故存在 $r \in P(L_1)$ 使 $q(r) = s$. 由 (9) 知 $f^{\rightarrow}(A) \in O_{q(r)}(\sigma) = O_s(\sigma)$.

1.6　L-映射连续性的 D_α-闭集刻画

本节利用 D_α-闭集来刻画 L-映射的连续性.

定义 1.6.1　设 (X, δ) 和 (Y, σ) 是两个 L-拓扑空间, $f^{\rightarrow} : L^X \to L^Y$ 是 L-映射, $\alpha \in M(L)$.

(1) 称 $f^{\rightarrow} : (X, D_\alpha(\delta)) \to (Y, D_\alpha(\sigma))$ 是 D_α-连续的, 若 $\forall B \in D_\alpha(\sigma)$, $f^{\leftarrow}(B) \in D_\alpha(\delta)$.

(2) 称 $f^{\rightarrow} : (X, D_\alpha(\delta)) \to (Y, \sigma')$ 是弱 D_α-连续的, 若 $\forall B \in \sigma', f^{\leftarrow}(B) \in D_\alpha(\delta)$.

(3) 称 $f^{\rightarrow} : (X, \delta) \to (Y, D_\alpha(\sigma))$ 是强 D_α-连续的, 若 $\forall B \in D_\alpha(\sigma), f^{\leftarrow}(B) \in \delta'$.

下述定理是明显的.

定理 1.6.1　设 (X, δ) 和 (Y, σ) 是两个 L-拓扑空间, $f^{\rightarrow} : L^X \to L^Y$ 是 L-映射, $\alpha \in M(L)$. 则 $f^{\rightarrow} : (X, D_\alpha(\delta)) \to (Y, D_\alpha(\sigma))$ 是 D_α-连续的当且仅当 $\forall B \in I'_\alpha(\sigma), f^{\leftarrow}(B) \in I_{\alpha'}(\delta)$.

显然, 从离散 L-拓扑空间到任意 L-拓扑空间的 L-映射是强 D_α-连续的; 从任意 L-拓扑空间到平庸 L-拓扑空间的 L-映射是弱 D_α-连续的.

定理 1.6.2　设 (X, δ) 和 (Y, σ) 是两个 L-拓扑空间, $f^{\rightarrow} : L^X \to L^Y$ 是 L-映射. 若 $f^{\rightarrow} : (X, \delta) \to (Y, \sigma)$ 是连续的, 则

$$\forall \alpha \in M(L), \quad f^{\rightarrow} : (X, D_\alpha(\delta)) \to (Y, D_\alpha(\sigma))$$

是 D_α-连续的.

证　$\forall \alpha \in M(L), \forall B \in D_\alpha(\sigma)$, 要证 $f^{\leftarrow}(B) \in D_\alpha(\delta)$, 即要证 $(D_\alpha(f^{\leftarrow}(B)))_{[\alpha]} = (f^{\leftarrow}(B))_{[\alpha]}$. 事实上, 由于 $D_\alpha(B) \in \sigma'$ 及 $f^{\rightarrow}$ 连续, $f^{\leftarrow}(D_\alpha(B)) \in \delta'$. 此外, 由 $B \in D_\alpha(\sigma)$, 我们有

$$(f^{\leftarrow}(D_\alpha(B)))_{[\alpha]} = f^{\leftarrow}((D_\alpha(B))_{[\alpha]}) = f^{\leftarrow}(B_{[\alpha]}) = (f^{\leftarrow}(B))_{[\alpha]}.$$

于是,

$$(D_\alpha(f^\leftarrow(B)))_{[\alpha]} = \bigcap\{G_{[\alpha]} : G \in \delta', G_{[\alpha]} \supset (f^\leftarrow(B))_{[\alpha]}\} \subset (f^\leftarrow(D_\alpha(B)))_{[\alpha]}$$
$$= (f^\leftarrow(B))_{[\alpha]}.$$

所以 $(D_\alpha(f^\leftarrow(B)))_{[\alpha]} = (f^\leftarrow(B))_{[\alpha]}$.

上述定理的逆不真.

例 1.6.1　取 L-拓扑空间 (X, δ) 和 (Y, σ), 这里 $\delta = \{0, 1\}, \sigma = \left\{0, 1, \dfrac{1}{2}\right\}$, $L = [0, 1]$. 则 $\forall \alpha \in M(L) = (0, 1], D_\alpha(\delta) = \delta \cup \varphi, D_\alpha(\sigma) = \sigma \cup \psi$, 这里

$$\varphi = \{A_t \in L^X : A_t(x) \geqslant \alpha \text{ 或 } A_t(x) \leqslant \alpha, t \in T\},$$

$$\psi = \{B_s \in L^Y : B_s(y) \geqslant \alpha \text{ 或 } B_s(y) \leqslant \alpha, s \in S\}.$$

设 $f^\rightarrow : L^X \to L^Y$ 是 L-映射. 则 $\forall \alpha \in M(L), f^\rightarrow : (X, D_\alpha(\delta)) \to (Y, D_\alpha(\sigma))$ 是 D_α-连续的. 但 $f^\rightarrow : (X, \delta) \to (Y, \sigma)$ 不是连续的, 因为 $f^\leftarrow\left(\dfrac{1}{2}\right) = \dfrac{1}{2} \notin \delta$.

显然我们有

定理 1.6.3　设 (X, δ) 和 (Y, σ) 是两个 L-拓扑空间, $f^\rightarrow : L^X \to L^Y$ 是 L-映射. 则我们有

$$\text{强}D_\alpha\text{-连续} \Rightarrow \text{连续} \Rightarrow D_\alpha\text{-连续} \Rightarrow \text{弱}D_\alpha\text{-连续}.$$

例 1.6.2　从离散 L-拓扑空间到离散 L-拓扑空间的 L-映射是连续的, 但不是强 D_α-连续的.

现在给出弱 D_α-连续 L-映射的一些特征.

定理 1.6.4　设 (X, δ) 和 (Y, σ) 是两个 L-拓扑空间, $\alpha \in M(L)f^\rightarrow : L^X \to L^Y$ 是 L-映射. 则下列条件等价:

(1) $f^\rightarrow : (X, D_\alpha(\delta)) \to (Y, \sigma')$ 是弱 D_α-连续;

(2) $\forall A \in L^X, f^\rightarrow((D_\alpha(A))_{[\alpha]}) \subset ((f^\rightarrow(A))^-)_{[\alpha]}$;

(3) $\forall B \in L^Y, (D_\alpha(f^\leftarrow(B)))_{[\alpha]} \subset f^\leftarrow((B^-)_{[\alpha]})$;

(4) $\forall B \in L^Y, f^\leftarrow((B^0)_{(\alpha')}) \subset (I_{\alpha'}(f^\leftarrow(B)))_{(\alpha')}$.

证　(1)$\Rightarrow$(2) $\forall A \in L^X$, 因为 $A \leqslant f^\leftarrow(f^\rightarrow(A)) \leqslant f^\leftarrow((f^\rightarrow(A))^-)$, 所以 $D_\alpha(A) \leqslant D_\alpha(f^\leftarrow((f^\rightarrow(A))^-))$. 由 (1), $f^\leftarrow((f^\rightarrow(A))^-) \in D_\alpha(\delta)$, 于是

$$(D_\alpha(A))_{[\alpha]} \subset (D_\alpha(f^\leftarrow((f^\rightarrow(A))^-)))_{[\alpha]} = (f^\leftarrow((f^\rightarrow(A))^-))_{[\alpha]}$$
$$= f^\leftarrow((f^\rightarrow(A))^-)_{[\alpha]},$$

从而 $f^\rightarrow((D_\alpha(A))_{[\alpha]}) \subset ((f^\rightarrow(A))^-)_{[\alpha]}$.

(2)⇒(3) $\forall B \in L^Y$ 由 (2) 我们得

$$f^{\rightarrow}((D_\alpha(f^{\leftarrow}(B)))_{[\alpha]}) \subset ((f^{\rightarrow}(f^{\leftarrow}(B)))^-)_{[\alpha]} \subset (B^-)_{[\alpha]},$$

从而 $(D_\alpha(f^{\leftarrow}(B)))_{[\alpha]} \subset f^{\leftarrow}((B^-)_{[\alpha]})$.

(3)⇒(4) $\forall B \in L^Y$, 由 $(B^0)_{(\alpha')} = [((B')^-)']_{(\alpha')} = [((B')^-)_{[\alpha]}]'$ 及 (3) 得

$$\begin{aligned}
f^{\leftarrow}((B^0)_{(\alpha')}) = f^{\leftarrow}([((B')^-)_{[\alpha]}]') &= (f^{\leftarrow}((B'^-)_{[\alpha]}))' \\
&\subset ((D_\alpha(f^{\leftarrow}(B')))_{[\alpha]})' = ((D_\alpha(f^{\leftarrow}(B')))')_{(\alpha')} \\
&= (I_{\alpha'}((f^{\leftarrow}(B'))'))_{(\alpha')} = (I_{\alpha'}(f^{\leftarrow}(B)))_{(\alpha')}.
\end{aligned}$$

(4)⇒(1) $\forall B \in \sigma'$, 我们要证 $f^{\leftarrow}(B) \in D_\alpha(\delta)$, 即要证 $(D_\alpha(f^{\leftarrow}(B)))_{[\alpha]} = (f^{\leftarrow}(B))_{[\alpha]}$, 而这只需证 $(D_\alpha(f^{\leftarrow}(B)))_{[\alpha]} \subset (f^{\leftarrow}(B))_{[\alpha]}$ 即可. 事实上, 由

$$D_\alpha(f^{\leftarrow}(B)) = (I_{\alpha'}(f^{\leftarrow}(B')))' = (I_{\alpha'}(f^{\leftarrow}(B'^0)))'$$

及 (4) 我们得

$$\begin{aligned}
(D_\alpha(f^{\leftarrow}(B)))_{[\alpha]} = [(I_{\alpha'}(f^{\leftarrow}(B'^0)))']_{[\alpha]} &= [(I_{\alpha'}(f^{\leftarrow}(B'^0)))_{(\alpha')}]' \\
\subset [f^{\leftarrow}((B'^0)_{(\alpha')})]' &= f^{\leftarrow}[((B'^0)_{(\alpha')})'] = f^{\leftarrow}(B_{[\alpha]}) = (f^{\leftarrow}(B))_{[\alpha]}.
\end{aligned}$$

由例 1.6.1 可以看出, 即便是 $\forall \alpha \in M(L), f^{\rightarrow}: (X, D_\alpha(\delta)) \rightarrow (Y, D_\alpha(\sigma))$ 是 D_α-连续的, 也不能保证 $f^{\rightarrow}: (X, \delta) \rightarrow (Y, \sigma)$ 是连续的. 但在诱导的 L-拓扑空间中, 情况就不一样了.

定理 1.6.5 设 $(X, \omega_L(\tau))$ 是由分明拓扑空间 (X, τ) 诱导的 L-拓扑空间, (Y, σ) 是 L-拓扑空间, $f^{\rightarrow}: L^X \rightarrow L^Y$ 是 L-映射. 则下列条件等价:

(1) $f^{\rightarrow}: (X, \omega_L(\tau)) \rightarrow (Y, \sigma)$ 是连续的;

(2) $\forall \alpha \in M(L), f^{\rightarrow}: (X, D_\alpha(\omega_L(\tau))) \rightarrow (Y, D_\alpha(\sigma))$ 是连续的;

(3) $\forall r \in P(L), f^{\rightarrow}: (X, I_r(\omega_L(\tau))) \rightarrow (Y, I_r(\sigma))$ 是连续的;

(4) $\forall \alpha \in M(L), f^{\rightarrow}: (X, D_\alpha(\omega_L(\tau))) \rightarrow (Y, \sigma')$ 是连续的;

(5) $\forall r \in P(L), f^{\rightarrow}: (X, I_r(\omega_L(\tau))) \rightarrow (Y, \sigma)$ 是连续的.

证 (1)⇒(2) 由定理 1.6.2 立得.

(2)⇒(3) 由定理 1.6.2 立得.

(3)⇒(4) 显然.

(4)⇒(5) 显然.

(5)⇒(1) $\forall B \in \sigma$, 我们要证 $f^{\leftarrow}(B) \in \omega_L(\tau)$. $\forall a \in L$, 因为 L 中的每个元均可表示为一族素元的交, 故存在 L 的素元 $\{r_i : i \in I\}$ 使得 $a = \bigwedge_{i \in I} r_i$. 从而

$(f^{\leftarrow}(B))_{(a)} = \{x \in X : f^{\leftarrow}(B)(x) \not\leqslant a\} = \bigcup_{i \in I}\{x \in X : f^{\leftarrow}(B)(x) \not\leqslant r_i\} = \bigcup_{i \in I}(f^{\leftarrow}(B))_{(r_i)}$. 又, $\forall r \in P(L), f^{\rightarrow} : (X, I_r(\omega_L(\tau))) \to (Y, \sigma)$ 是连续的, 故 $f^{\leftarrow}(B) \in I_r(\omega_L(\tau))$. 由定理 1.2.11, $(f^{\leftarrow}(B))_{(r_i)} \in \tau$, 于是 $(f^{\leftarrow}(B))_{(a)} \in \tau$. 因此

$$\xi_a(f^{\leftarrow}(B)) = \{x \in X : f^{\leftarrow}(B)(x) \leqslant a\} = ((f^{\leftarrow}(B))_{(a)})' \in \tau'.$$

注意到 $(X, \omega_L(\tau))$ 是诱导的 L-拓扑空间, 便有 $\chi_{\xi_a(f^{\leftarrow}(B))} \in (\omega_L(\tau))'$. 由定理 0.3.12, $f^{\leftarrow}(B) \in \omega_L(\tau)$.

1.7 层次拓扑的基本问题

对 D_α-闭集以及 α-层次拓扑, 下列三个基本问题需要弄清楚:

(1) D_α-闭集的结构是怎样的?

(2) 对层次闭包算子 $D_\alpha : L^X \to L^X$, 能否像通常的闭包算子那样, 决定一个 L-拓扑 δ, 使得任意的 $A \in L^X$ 在 (X, δ) 中的层次闭包 $\widetilde{D}_\alpha(A)$ 恰好等于 $D_\alpha(A)$, 或者 $(\widetilde{D}_\alpha(A))_{[\alpha]} = (D_\alpha(A))_{[\alpha]}$?

(3) 对于给定的 L-拓扑空间 (X, δ) 以及 $\alpha \in M(L)$, 它们所决定的 α-层次拓扑 $D_\alpha(\delta)$ 是否唯一? 如果不唯一, 这些 α-层次拓扑的全体将形成怎样的代数系统?

这三个基本问题对于层次拓扑学具有根本性的意义, 本节将详细讨论之.

我们来看第一个问题.

定理 1.7.1(D_α-闭集的结构定理) 设 (X, δ) 是 L-拓扑空间, $\alpha \in M(L), A \in L^X$, 则 A 是 (X, δ) 的 D_α-闭集 (即 $A \in D_\alpha(\delta)$) 当且仅当存在 $H \in \delta'$ 使得 $A_{[\alpha]} = H_{[\alpha]}$.

证 设 $A \in D_\alpha(\delta)$, 则 $(D_\alpha(A))_{[\alpha]} = A_{[\alpha]}$. 令 $H = D_\alpha(A)$, 则 $H \in \delta'$ 且 $A_{[\alpha]} = H_{[\alpha]}$.

反过来, 假设存在 $H \in \delta'$ 使得 $A_{[\alpha]} = H_{[\alpha]}$, 则

$$D_\alpha(A) = \bigwedge\{G \in \delta' : G_{[\alpha]} \supset A_{[\alpha]}\} \leqslant H,$$

从而 $(D_\alpha(A))_{[\alpha]} \subset H_{[\alpha]} = A_{[\alpha]}$, 因此 $(D_\alpha(A))_{[\alpha]} = A_{[\alpha]}$, 即 $A \in D_\alpha(\delta)$.

现在讨论第二个问题.

引理 1.7.1 设 (X, δ) 是 L-拓扑空间, $\alpha \in M(L), A, B \in L^X$, 则

(1) $D_\alpha(A) = D_\alpha(A_{[\alpha]})$.

(2) 若 $A_{[\alpha]} \subset B_{[\alpha]}$, 则 $D_\alpha(A) \leqslant D_\alpha(B), (D_\alpha(A))_{[\alpha]} \subset (D_\alpha(B))_{[\alpha]}$.

证　(1) 由 D_α-闭集的定义,

$$D_\alpha(A_{[\alpha]}) = D_\alpha(\chi_{A_{[\alpha]}}) = \bigwedge \{G \in \delta' : G_{[\alpha]} \supset (\chi_{A_{[\alpha]}})_{[\alpha]} = A_{[\alpha]}\} = D_\alpha(A).$$

(2) 由 (1) 及 D_α 算子的保序性,

$$D_\alpha(A) = D_\alpha(A_{[\alpha]}) \leqslant D_\alpha(B_{[\alpha]}) = D_\alpha(B),$$

进而 $(D_\alpha(A))_{[\alpha]} \subset (D_\alpha(B))_{[\alpha]}$.

正如下例所示, 上述引理 (2) 的逆命题不成立.

例 1.7.1　取 $L = X = [0, 1]$, $\alpha = 0.5$, $E, A, B \in L^X$ 分别为

$$E(x) = \begin{cases} 0.6, & x \in [0, 0.7], \\ 0, & x \in (0.7, 1], \end{cases} \quad A(x) = \begin{cases} 0.6, & x \in [0, 0.4], \\ 0, & x \in (0.4, 1], \end{cases}$$

$$B(x) = \begin{cases} 0.6, & x \in [0, 0.3], \\ 0, & x \in (0.3, 1]. \end{cases}$$

则 $\delta = \{0_X, 1_X, E'\}$ 为 X 上的 L-拓扑. 容易看出

$$D_\alpha(A) = D_\alpha(B) = E, \quad A_{[\alpha]} = [0, 0.4] \not\subset [0, 0.3] = B_{[\alpha]}.$$

引理 1.7.2　设 (X, δ) 是 L-拓扑空间, 则 $\forall \alpha \in M(L), A \in L^X, D_\alpha(A)$ 是闭集族 $\{G \in \delta' : G_{[\alpha]} \supset A_{[\alpha]}\}$ 中的最小者 (按集合的包含关系), 因此, $(D_\alpha(A))_{[\alpha]}$ 便是 $\{G_{[\alpha]} : G \in \delta' : G_{[\alpha]} \supset A_{[\alpha]}\}$ 中的最小者.

证　首先, $D_\alpha(A) = \bigwedge\{G \in \delta' : G_{[\alpha]} \supset A_{[\alpha]}\}$ 是闭集, 且 $(D_\alpha(A))_{[\alpha]} \supset A_{[\alpha]}$. 其次, 对满足条件 $G_{[\alpha]} \supset A_{[\alpha]}$ 的任何一个闭集 G,

$$D_\alpha(A) = \bigwedge\{G \in \delta' : G_{[\alpha]} \supset A_{[\alpha]}\} \leqslant G,$$

因此

$$(D_\alpha(A))_{[\alpha]} = \bigcap\{G_{[\alpha]} : G \in \delta', G_{[\alpha]} \supset A_{[\alpha]}\} \subset G_{[\alpha]}.$$

定理 1.7.2 (α-层次拓扑基本定理之一)　设 $\alpha \in M(L)$, 算子 $D_\alpha : L^X \to L^X$ 满足定理 1.2.1 中的 (D1)~(D4), 则存在 X 上的唯一 L-余拓扑 τ, 使得 $\forall A \in L^X$, A 在 (X, τ) 中的 D_α-闭包 $\widetilde{D}_\alpha(A)$ 恰好满足

$$(\widetilde{D}_\alpha(A))_{[\alpha]} = (D_\alpha(A))_{[\alpha]}.$$

证　令 $\tau = \{A \in L^X : (D_\alpha(A))_{[\alpha]} = A_{[\alpha]}\}$, 则

(1) 由于

$$(D_\alpha(0_X))_{[\alpha]} = (0_X)_{[\alpha]} = \varnothing, \quad (D_\alpha(1_X))_{[\alpha]} \supset (1_X)_{[\alpha]} = X,$$

所有 $0_X, 1_X \in \tau$.

(2) 设 $A, B \in \tau$. 由于

$$(D_\alpha(A \vee B))_{[\alpha]} = (D_\alpha(A) \vee D_\alpha(B))_{[\alpha]} = (D_\alpha(A))_{[\alpha]} \cup (D_\alpha(B))_{[\alpha]}$$
$$= A_{[\alpha]} \cup B_{[\alpha]} = (A \vee B)_{[\alpha]},$$

所以 $A \vee B \in \tau$.

(3) 设 $\{A^t : t \in T\} \subset \tau$. 由 (D2) 知算子 D_α 保序, 因此

$$D_\alpha\left(\bigwedge_{t \in T} A^t\right) \leqslant \bigwedge_{t \in T} D_\alpha(A^t),$$

从而

$$\left(D_\alpha\left(\bigwedge_{t \in T} A^t\right)\right)_{[\alpha]} \subset \left(\bigwedge_{t \in T} D_\alpha(A^t)\right)_{[\alpha]} = \bigcap_{t \in T}(D_\alpha(A^t))_{[\alpha]} = \bigcap_{t \in T}(A^t)_{[\alpha]}$$
$$= \left(\bigwedge_{t \in T} A^t\right)_{[\alpha]},$$

所以 $\bigwedge_{t \in T} A^t \in \tau$.

综上所述, τ 是 X 上的一个 L-余拓扑.

接下来证明 $(\widetilde{D}_\alpha(A))_{[\alpha]} = (D_\alpha(A))_{[\alpha]}$.

由 (D4) 知, $D_\alpha(A)$ 是 (X, τ) 中的闭集. 由 (D2) 知 $(D_\alpha(A))_{[\alpha]} \supset A_{[\alpha]}$. $\forall F \in \tau$ 且 $F_{[\alpha]} \supset A_{[\alpha]}$, 由引理 1.7.1 得 $(D_\alpha(A))_{[\alpha]} \subset (D_\alpha(F))_{[\alpha]} = F_{[\alpha]}$. 这表明 $(D_\alpha(A))_{[\alpha]}$ 是满足 $F_{[\alpha]} \supset A_{[\alpha]}$ 的所有闭集 F 中之最小 $F_{[\alpha]}$, 因此

$$(\widetilde{D}_\alpha(A))_{[\alpha]} = (D_\alpha(A))_{[\alpha]}.$$

最后证明 L-余拓扑 τ 的唯一性.

假设还有一个 L-余拓扑 $\tau^* = \{A \in L^X : (D_\alpha(A))_{[\alpha]} = A_{[\alpha]}\}$ 也满足条件

$$(D_\alpha^*(A))_{[\alpha]} = (D_\alpha(A))_{[\alpha]},$$

那么

$$A \in \tau^* \Leftrightarrow (D_\alpha^*(A))_{[\alpha]} = A_{[\alpha]} \Leftrightarrow (D_\alpha(A))_{[\alpha]} = A_{[\alpha]} \Leftrightarrow (\widetilde{D}_\alpha(A))_{[\alpha]}$$

$$= A_{[\alpha]} \Leftrightarrow A \in \tau,$$

所以 $\tau = \tau^*$.

正如下例所示, 算子 D_α 决定的 L-余拓扑可能不是唯一的.

例 1.7.2 取 $L = X = [0, 1], \alpha = 0.5$. 定义 $D_\alpha : L^X \to L^X$ 为 $\forall A \in L^X$,

$$D_\alpha(A) = \begin{cases} 0_X, & A = 0_X, \\ \alpha_X, & A \neq 0_X, \end{cases}$$

则容易验证算子 D_α 满足定理 1.2.1 中的 (D1)~(D4).

若令 $\Delta = \{A \in L^X : (D_\alpha(A))_{[\alpha]} = A_{[\alpha]}\}$, 则 Δ 可以形成不同的 L-余拓扑.

(1) 由于

$$(D_\alpha(0_X))_{[\alpha]} = (0_X)_{[\alpha]}, \quad (D_\alpha(1_X))_{[\alpha]} = (\alpha_X)_{[\alpha]} = X = (1_X)_{[\alpha]},$$

所以 $\Delta_1 = \{0_X, 1_X\}$ 是由 D_α 所决定的 X 的一个 L-余拓扑.

(2) 对每个 $\tau \in [0.5, 1] \subset L$, 则 $\tau \geqslant \alpha = 0.5$. 我们来考察常值 L-集 τ_X. 由于

$$(D_\alpha(\tau_X))_{[\alpha]} = (\alpha_X)_{[\alpha]} = X = (\tau_X)_{[\alpha]},$$

且容易验证 $\Delta_2 = \{0_X, \tau_X : \tau \geqslant \alpha\}$ 形成 X 上的一个 L-余拓扑, 所以 Δ_2 是由 D_α 所决定的 X 上的另一个 L-余拓扑.

细心的读者会发现一个问题: 既然由算子 D_α 决定的 L-余拓扑不唯一, 那定理 1.7.2 中所说的那个唯一的 L-余拓扑究竟是哪一个呢? 我们稍后做答.

最后来看第三个问题.

我们明确一下层次拓扑的确切含义.

给定 L-拓扑空间 (X, δ) 以及 $\alpha \in M(L)$, 所谓的 α-层次拓扑 $D_\alpha(\delta)$ 是指:

(1) $D_\alpha(\delta)$ 本身是一个 L-余拓扑.

(2) $D_\alpha(\delta)$ 包含 (X, δ) 的所有闭集 δ' 以及所有的常值 L-集, 即 $\{A, \tau_X : A \in \delta', \tau \in L\} \subset D_\alpha(\delta)$.

(3) $D_\alpha(\delta)$ 中的每个成员都是 (X, δ) 的 D_α-闭集.

正如下例所示, α-层次拓扑一般不是唯一的.

例 1.7.3 取 $L = X = [0, 1], \alpha = 0.5$. 设 (X, δ) 是 L-平庸拓扑空间, 即 $\delta = \{0_X, 1_X\}$.

(1) 考虑 $\Delta_\alpha^1 = \{\tau_X : \tau \in L\}$.

首先, 容易验证 Δ_α^1 形成 X 上的一个 L-余拓扑, 且包含 (X, δ) 的所有的闭集与常值 L-集.

其次, $\forall \tau_X \in \Delta_\alpha^1$, 当 $\tau < \alpha = 0.5$ 时, 我们有

$$(\tau_X)_{[\alpha]} = \{x \in X : \tau_X(x) = \tau \geqslant \alpha\} = \varnothing,$$
$$D_\alpha(\tau_X) = \bigwedge\{G \in \delta' : G_{[\alpha]} \supset (\tau_X)_{[\alpha]} = \phi\} = 0_X, \quad (D_\alpha(\tau_X))_{[\alpha]} = \varnothing,$$
$$(D_\alpha(\tau_X))_{[\alpha]} = (\tau_X)_{[\alpha]}.$$

当 $\tau \geqslant \alpha$ 时, 我们有

$$(\tau_X)_{[\alpha]} = \{x \in X : \tau_X(x) = \tau \geqslant \alpha\} = X,$$
$$D_\alpha(\tau_X) = \bigwedge\{G \in \delta' : G_{[\alpha]} \supset (\tau_X)_{[\alpha]} = X\} = 1_X, \quad (D_\alpha(\tau_X))_{[\alpha]} = X,$$
$$(D_\alpha(\tau_X))_{[\alpha]} = (\tau_X)_{[\alpha]}.$$

总之, 每个 τ_X 都是 D_α-闭集. 因此 Δ_α^1 是 X 的一个 α-层次拓扑.

(2) 考虑 $\Delta_\alpha^2 = \{A \in L^X : A_{[\alpha]} = \varnothing \text{或} X\}$.

首先, 容易验证 Δ_α^2 形成 X 上的一个 L-余拓扑, 且包含 (X, δ) 的所有的闭集与常值 L-集.

其次, $\forall A \in \Delta_\alpha^2$, 若 $A_{[\alpha]} = \varnothing$, 则 $D_\alpha(A) = 0_X$, 从而 $(D_\alpha(A))_{[\alpha]} = \varnothing = A_{[\alpha]}$; 若 $A_{[\alpha]} = X$, 则 $D_\alpha(A) = 1_X$, 从而 $(D_\alpha(A))_{[\alpha]} = X = A_{[\alpha]}$. 总之, $\forall A \in \Delta_\alpha^2$, A 都是 D_α-闭集. 因此 Δ_α^2 是 X 上的另一个 α-层次拓扑.

注意, Δ_α^2 的元素 A 共有两大类, 一类是 $A < \alpha_X$, 另一类是 $A \geqslant \alpha_X$, 如图 1.7.1 所示.

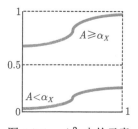

图 1.7.1 Δ_α^2 中的元素

对给定的 L-拓扑空间 (X, δ) 以及固定的 $\alpha \in M(L)$, 用 $\Omega_\alpha(\delta)$ 表示 (X, δ) 的所有 α-层次拓扑所成的族.

对任意的 $\Delta_1, \Delta_2 \in \Omega_\alpha(\delta)$, 规定 $\Delta_1 \leqslant \Delta_2$ 当且仅当 $\Delta_1 \subset \Delta_2$, 则 $(\Omega_\alpha(\delta), \leqslant)$ 形成一偏序集.

正如下例所示, $(\Omega_\alpha(\delta), \leqslant)$ 中的 "$\leqslant$" 仅仅是个偏序.

例 1.7.4 取 $L = X = [0, 1]$, $\alpha = 0.5$, (X, δ) 是 L-平庸拓扑空间.

(1) 令 $\Delta_\alpha^1 = \{\tau_X, A : \tau \in L, A \in L^X \text{ 且 } A < \alpha_X\}$.

首先 Δ_α^1 包含 (X, δ) 的所有闭集以及常值 L-集.

其次 Δ_α^1 形成 X 上的一个 L-余拓扑. 事实上, 显然 $0_X, 1_X \in \Delta_\alpha^1$. 对任意的 $\tau_X^1, \cdots, \tau_X^n, A_1, \cdots, A_m \in \Delta_\alpha^1$, 设 $\tilde{\tau} = \max\{\tau^1, \cdots, \tau^n\}$, $A = A_1 \vee \cdots \vee A_m$, 则

$$\tau_X^1 \vee \cdots \vee \tau_X^n \vee A_1 \vee \cdots \vee A_m = \tilde{\tau}_X \vee A = \begin{cases} \tilde{\tau}_X, & \tau \geqslant \alpha, \\ B < \alpha_X, & \tau < \alpha, \end{cases}$$

所以 $\tau_X^1 \vee \cdots \vee \tau_X^n \vee A_1 \vee \cdots \vee A_m \in \Delta_\alpha^1$.

对任意的 $\{\tau_X^t : t \in T\} \cup \{A^s : s \in S\} \subset \Delta_\alpha^1$, 设 $\bigwedge\limits_{t \in T} \tau^t = \hat{\tau}$, $\bigwedge\limits_{s \in S} A^s = A$, 则

$$\left(\bigwedge\limits_{t \in T} \tau_X^t\right) \wedge \left(\bigwedge\limits_{s \in S} A^s\right) = \hat{\tau}_X \wedge A = \begin{cases} A, & \hat{\tau} \geqslant \alpha, \\ B < \alpha_X, & \hat{\tau} < \alpha, \end{cases}$$

所以 $\left(\bigwedge\limits_{t \in T} \tau_X^t\right) \wedge \left(\bigwedge\limits_{s \in S} A^s\right) \in \Delta_\alpha^1$.

总之, Δ_α^1 形成 X 上的一个 L-余拓扑.

最后, Δ_α^1 中的每个成员皆为 D_α-闭集. 事实上, 对每个 $\tau_X \in \Delta_\alpha^1$, 当 $\tau \geqslant \alpha$ 时,

$$D_\alpha(\tau_X) = \bigwedge\{G \in \delta' : G_{[\alpha]} \supset (\tau_X)_{[\alpha]} = X\} = 1_X,$$
$$(D_\alpha(\tau_X))_{[\alpha]} = (1_X)_{[\alpha]} = X = (\tau_X)_{[\alpha]};$$

当 $\tau < \alpha$ 时,

$$D_\alpha(\tau_X) = \bigwedge\{G \in \delta' : G_{[\alpha]} \supset (\tau_X)_{[\alpha]} = \varnothing\} = 0_X,$$
$$(D_\alpha(\tau_X))_{[\alpha]} = (0_X)_{[\alpha]} = \varnothing = (\tau_X)_{[\alpha]}.$$

所以 $\tau_X \in \Delta_\alpha^1$ 都是 D_α-闭集.

对每个 $A \in \Delta_\alpha^1$, 由于

$$D_\alpha(A) = \bigwedge\{G \in \delta' : G_{[\alpha]} \supset A_{[\alpha]} = \varnothing\} = 0_X, \quad (D_\alpha(A))_{[\alpha]} = (0_X)_{[\alpha]} = \varnothing = A_{[\alpha]},$$

所以 A 是 D_α-闭集.

综上所述, Δ_α^1 是 (X, δ) 的一个 α-层次拓扑.

(2) 令 $\Delta_\alpha^2 = \{\tau_X, B : \tau \in L, B \in L^X \text{ 且 } \geqslant \alpha_X\}$, 则与 (1) 类似地可以证明 Δ_α^2 是 (X, δ) 的另一个 α-层次拓扑.

对 $\Delta_\alpha^1, \Delta_\alpha^2 \in \Omega_\alpha(\delta)$, 在 $\Omega_\alpha(\delta)$ 的关系 "$\leqslant$" 之下, 二者无法比较大小. 因此, 关系 "$\leqslant$" 仅仅是个偏序.

定理 1.7.3(α-层次拓扑基本定理之二) 偏序集 $(\Omega_\alpha(\delta), \leqslant)$ 形成一完备格，最大元为 $\Delta_\alpha^{\max}(\delta) = \{A \in L^X : 存在 Q^A \in \delta'$ 使得 $A_{[\alpha]} = Q_{[\alpha]}^A\}$，最小元为 $\Delta_\alpha^{\min}(\delta) = \{A \vee \tau_X : A \in \delta', \tau \in L\}$.

证 设 $\{\Delta_\alpha^t : t \in T\} \subset \Omega_\alpha(\delta)$. 我们证明 $\bigwedge_{t \in T} \Delta_\alpha^t = \bigcap_{t \in T} \Delta_\alpha^t$ 是 $\{\Delta_\alpha^t : t \in T\}$ 在 $(\Omega_\alpha(\delta), \leqslant)$ 中的下确界.

首先，$\bigwedge_{t \in T} \Delta_\alpha^t$ 是 X 上的 L-拓扑.

其次，因 $\forall t \in T, \{A, \tau_X : A \in \delta', \tau \in L\} \subset \Delta_\alpha^t$, 故 $\{A, \tau_X : A \in \delta', \tau \in L\} \subset \bigwedge_{t \in T} \Delta_\alpha^t$.

最后，$\forall A \in \bigwedge_{t \in T} \Delta_\alpha^t$, 则 $\forall t \in T, A \in \Delta_\alpha^t$, 从而 A 是 (X, δ) 的 D_α-闭集.

总之，$\bigwedge_{t \in T} \Delta_\alpha^t \in \Omega_\alpha(\delta)$.

$\forall t \in T$, 显然 $\bigwedge_{t \in T} \Delta_\alpha^t \leqslant \Delta_\alpha^t$, 所以 $\bigwedge_{t \in T} \Delta_\alpha^t$ 是 $\{\Delta_\alpha^t : t \in T\}$ 的下界. 设 $\widetilde{\Delta}_\alpha \in \Omega_\alpha(\delta)$ 且 $\forall t \in T, \widetilde{\Delta}_\alpha \leqslant \Delta_\alpha^t$, 则 $\widetilde{\Delta}_\alpha \leqslant \bigwedge_{t \in T} \Delta_\alpha^t$, 因此 $\bigwedge_{t \in T} \Delta_\alpha^t$ 是 $\{\Delta_\alpha^t : t \in T\}$ 的下确界.

接下来我们证明 $\Delta_\alpha^{\max}(\delta) = \{A \in L^X : 存在 Q^A \in \delta'$ 使得 $A_{[\alpha]} = Q_{[\alpha]}^A\}$ 是 $(\Omega_\alpha(\delta), \leqslant)$ 的最大元.

① $\Delta_\alpha^{\max}(\delta) \in \Omega_\alpha(\delta)$.

事实上，$\delta' \subset \Delta_\alpha^{\max}(\delta)$ 是显然的. 对任意的常值 L-集 τ_X, 当 $\tau \geqslant \alpha$ 时，$(\tau_X)_{[\alpha]} = X = (1_X)_{[\alpha]}$; 当 $\tau \ngeqslant \alpha$ 时，$(\tau_X)_{[\alpha]} = \varnothing = (0_X)_{[\alpha]}$. 所以 $\tau_X \in \Delta_\alpha^{\max}(\delta)$, 从而 $\{\tau_X : \tau \in L\} \subset \Delta_\alpha^{\max}(\delta)$.

设 $A, B \in \Delta_\alpha^{\max}(\delta)$, 则存在 $Q^A, Q^B \in \delta'$ 使得 $A_{[\alpha]} = Q_{[\alpha]}^A, B_{[\alpha]} = Q_{[\alpha]}^B$, 从而

$$(A \vee B)_{[\alpha]} = A_{[\alpha]} \cup B_{[\alpha]} = Q_{[\alpha]}^A \cup Q_{[\alpha]}^B = (Q^A \vee Q^B)_{[\alpha]}.$$

由 $Q^A \vee Q^B \in \delta'$ 知 $A \vee B \in \Delta_\alpha^{\max}(\delta)$.

设 $\{A_t : t \in T\} \subset \Delta_\alpha^{\max}(\delta)$, 则 $\forall t \in T$, 存在 $Q^{A_t} \in \delta'$ 使得 $(A_t)_{[\alpha]} = (Q^{A_t})_{[\alpha]}$, 从而

$$\left(\bigwedge_{t \in T} A_t \right)_{[\alpha]} = \bigcap_{t \in T} (A_t)_{[\alpha]} = \bigcap_{t \in T} (Q^{A_t})_{[\alpha]} = \left(\bigwedge_{t \in T} Q^{A_t} \right)_{[\alpha]}.$$

由 $\bigwedge_{t \in T} Q^{A_t} \in \delta'$ 知 $\bigwedge_{t \in T} A_t \in \Delta_\alpha^{\max}(\delta)$.

总之，$\Delta_\alpha^{\max}(\delta)$ 是 X 的一个 L-拓扑.

设 $A \in \Delta_\alpha^{\max}(\delta)$, 则存在 $Q^A \in \delta'$ 使得 $A_{[\alpha]} = Q_{[\alpha]}^A$, 从而

$$D_\alpha(A) = \bigwedge \{G \in \delta' : G_{[\alpha]} \supset A_{[\alpha]}\} \leqslant Q^A, \quad (D_\alpha(A))_{[\alpha]} \subset Q_{[\alpha]}^A = A_{[\alpha]}.$$

另一方面, $(D_\alpha(A))_{[\alpha]} = \bigcap\{G_{[\alpha]} : G \in \delta' : G_{[\alpha]} \supset A_{[\alpha]}\} \supset A_{[\alpha]}$. 所以 $(D_\alpha(A))_{[\alpha]} = A_{[\alpha]}$. 这表明 A 是 (X,δ) 的 D_α-闭集.

总之, $\Delta_\alpha^{\max}(\delta)$ 是 (X,δ) 的一个 α-层次拓扑, 所以 $\Delta_\alpha^{\max}(\delta) \in \Omega_\alpha(\delta)$.

② $\Delta_\alpha^{\max}(\delta)$ 是 $(\Omega_\alpha(\delta) , \leqslant)$ 的最大元.

设 $\widetilde{\Delta}_\alpha \in \Omega_\alpha(\delta), \forall A \in \widetilde{\Delta}_\alpha$, 因为 A 是 (X,δ) 的 D_α-闭集, 所以 $(D_\alpha(A))_{[\alpha]} = A_{[\alpha]}$. 由于 $D_\alpha(A) \in \delta'$, 所以 $A \in \Delta_\alpha^{\max}(\delta)$. 此表明 $\widetilde{\Delta}_\alpha \leqslant \Delta_\alpha^{\max}(\delta)$. 因此 $\Delta_\alpha^{\max}(\delta)$ 是 $(\Omega_\alpha(\delta) , \leqslant)$ 的最大元.

综上所述, 由 [6] 之 1.2.1 定理, $(\Omega_\alpha(\delta),\leqslant)$ 是完备格.

接下来证明 $\Delta_\alpha^{\min}(\delta) = \{A \vee \tau_X : A \in \delta' , \tau \in L\}$ 为 $(\Omega_\alpha(\delta) , \leqslant)$ 的最小元.

自然有

$$\delta' = \{A \vee 0_X : A \in \delta'\} \subset \Delta_\alpha^{\min}(\delta), \quad \{\tau_X : \tau \in L\} = \{\tau_X \vee 0_X : \tau \in L\} \subset \Delta_\alpha^{\min}(\delta).$$

设 $A^1 \vee \tau_X^1, \cdots, A^n \vee \tau_X^n \in \Delta_\alpha^{\min}(\delta)$, 则 $A = \bigvee_{i=1}^n A^i \in \delta', \tau = \bigvee_{i=1}^n \tau^i \in L$, 从而

$$\bigvee_{i=1}^n (A^i \vee \tau_X^i) = \left(\bigvee_{i=1}^n A^i\right) \vee \left(\bigvee_{i=1}^n \tau_X^i\right) = A \vee \tau_X \in \Delta_\alpha^{\min}(\delta).$$

设 $\{A^t \vee \tau_X^t : t \in T\} \subset \Delta_\alpha^{\min}(\delta)$, 则 $A = \bigwedge_{t \in T} A^t \in \delta', \tau = \bigwedge_{t \in T} \tau^t \in L$, 从而

$$\bigwedge_{t \in T} (A^t \vee \tau_X^t) = \left(\bigwedge_{t \in T} A^t\right) \vee \left(\bigwedge_{t \in T} \tau_X^t\right) = A \vee \tau_X \in \Delta_\alpha^{\min}.$$

所以 $\Delta_\alpha^{\min}(\delta)$ 是 X 上的一个 L-拓扑.

对每个 $A \vee \tau_X \in \Delta_\alpha^{\min}(\delta)$,

$$(A \vee \tau_X)_{[\alpha]} = A_{[\alpha]} \cup (\tau_X)_{[\alpha]} = \begin{cases} A_{[\alpha]}, & \tau \not\geqslant \alpha, \\ X, & \tau \geqslant \alpha, \end{cases}$$

当 $\tau \not\geqslant \alpha$ 时, 由于

$(A \vee \tau_X)_{[\alpha]} = A_{[\alpha]}$,

$D_\alpha(A \vee \tau_X) = \bigwedge\{G \in \delta' : G_{[\alpha]} \supset (A \vee \tau_X)_{[\alpha]} = A_{[\alpha]}\} \leqslant A$,

$(D_\alpha(A \vee \tau_X))_{[\alpha]} \subset A_{[\alpha]}$,

$(D_\alpha(A \vee \tau_X))_{[\alpha]} = \bigcap\{G_{[\alpha]} : G \in \delta' : G_{[\alpha]} \supset (A \vee \tau_X)_{[\alpha]} = A_{[\alpha]}\} \supset A_{[\alpha]}$,

所以 $(D_\alpha(A \vee \tau_X))_{[\alpha]} = A_{[\alpha]} = (A \vee \tau_X)_{[\alpha]}$.

当 $\tau \geqslant \alpha$ 时, 由于

$(A \vee \tau_X)_{[\alpha]} = X$,

$D_\alpha(A \vee \tau_X) = \bigwedge \{G \in \delta' : G_{[\alpha]} \supset (A \vee \tau_X)_{[\alpha]} = X\} = B \ (B \in \delta' \text{且} B_{[\alpha]} = X)$,

$(D_\alpha(A \vee \tau_X))_{[\alpha]} = B_{[\alpha]} = X$,

所以 $(D_\alpha(A \vee \tau_X))_{[\alpha]} = X = (A \vee \tau_X)_{[\alpha]}$.

总之, 每个 $A \vee \tau_X \in \Delta_\alpha^{\min}(\delta)$ 都是 (X, δ) 中的 D_α-闭集.

综上所述, $\Delta_\alpha^{\min}(\delta)$ 是 (X, δ) 的 α-层次拓扑, 从而 $\Delta_\alpha^{\min}(\delta) \in \Omega_\alpha(\delta)$.

设 $\Delta_\alpha \in \Omega_\alpha(\delta).\forall A \vee \tau_X \in \Delta_\alpha^{\min}(\delta)$, 由于 $A \in \delta' \subset \Delta_\alpha$, $\tau_X \in \Delta_\alpha$, 而 Δ_α 是 L-拓扑, 所以 $A \vee \tau_X \in \Delta_\alpha$, 因此 $\Delta_\alpha^{\min}(\delta) \leqslant \Delta_\alpha$, 这证明 $\Delta_\alpha^{\min}(\delta)$ 是 $(\Omega_\alpha(\delta), \leqslant)$ 的最小元.

我们举一个例子, 来具体看一下上述最大元与最小元的形态.

例 1.7.5 取 $X = L = [0, 1]$, $\alpha = 0.5$, 令 $\delta = \{0_X, 1_A, A'\}$, 这里 $A \in L^X$ 定义为 $A(x) = 1 - x$, $x \in X$, 则 δ 形成 X 上的一个 L-拓扑. 于是

$$\Delta_\alpha^{\min}(\delta) = \{E \vee \tau_X : E \in \delta', \tau \in L\}, \quad \Delta_\alpha^{\max}(\delta) = \{E \in L^X : E_{[\alpha]} = \varnothing, X, [0, 0.5]\}.$$

$\Delta_\alpha^{\min}(\delta)$ 中的成员可分为两类, 一类是常值 L-集 $\{\tau_X : \tau \in L\}$, 另一类是 $\{A \vee \tau_X : \tau \in L\}$, 见图 1.7.2.

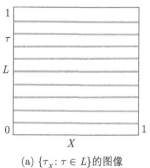
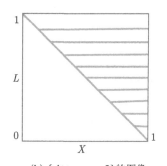

(a) $\{\tau_X : \tau \in L\}$的图像

(b) $\{A \vee \tau_X : \tau \in L\}$的图像

图 1.7.2

$\Delta_\alpha^{\max}$ 中的成员可分为以下四类:

第一类是常值 L-集 $\{\tau_X : \tau \in L\}$;

第二类是 $\{E \in L^X : E_{[\alpha]} = \varnothing\}$;

第三类是 $\{E \in L^X : E_{[\alpha]} = X\}$;

第四类是 $\{E \in L^X : E_{[\alpha]} = [0, 0.5]\}$(见图 1.7.3).

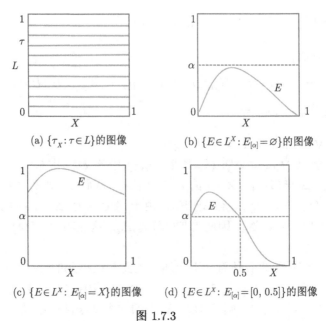

(a) $\{\tau_X : \tau \in L\}$ 的图像   (b) $\{E \in L^X : E_{[\alpha]} = \varnothing\}$ 的图像

(c) $\{E \in L^X : E_{[\alpha]} = X\}$ 的图像   (d) $\{E \in L^X : E_{[\alpha]} = [0, 0.5]\}$ 的图像

图 1.7.3

现在来回答例 1.7.1 后面的问题.

定理 1.7.4 定理 1.7.2 中的那个唯一的 L-余拓扑 τ 就是 (X, τ) 的最大 α-层次拓扑 $\Delta_\alpha^{\max}(\tau)$.

证 由定理 1.7.2 的证明过程, 我们知道

$$\tau = \{A \in L^X : (D_\alpha(A))_{[\alpha]} = A_{[\alpha]}\},$$

而 $\Delta_\alpha^{\max}(\tau) = \{H \in L^X : 存在 G \in \tau 使得 H_{[\alpha]} = G_{[\alpha]}\}$. 下证 $\tau = \Delta_\alpha^{\max}(\tau)$.

若以 $\widetilde{D}_\alpha(B)$ 表示 $B \in L^X$ 在 (X, τ) 中的 D_α-闭包, 则自然有 $(\widetilde{D}_\alpha(B))_{[\alpha]} = (D_\alpha(B))_{[\alpha]}$. 此外,

$$\widetilde{D}_\alpha(B_{[\alpha]}) = \widetilde{D}_\alpha(\chi_{B_{[\alpha]}}) = \bigwedge \{G \in \tau : G_{[\alpha]} \supset (\chi_{B_{[\alpha]}})_{[\alpha]} = B_{[\alpha]}\} = \widetilde{D}_\alpha(B).$$

设 $A \in \tau$, 则 $(D_\alpha(A))_{[\alpha]} = A_{[\alpha]}$. 由 (D4) 知 $(D_\alpha(D_\alpha(A)))_{[\alpha]} = (D_\alpha(A))_{[\alpha]}$, 因此 $D_\alpha(A) \in \tau$, 进而 $A \in \Delta_\alpha^{\max}(\tau)$, 所以 $\tau \subset \Delta_\alpha^{\max}(\tau)$.

反过来, 设 $A \in \Delta_\alpha^{\max}(\tau)$, 则存在 $G \in \tau$ 使得 $A_{[\alpha]} = G_{[\alpha]}$. 而 $G \in \tau$ 意味着 $(D_\alpha(G))_{[\alpha]} = G_{[\alpha]}$, 于是

$$(D_\alpha(A))_{[\alpha]} = (\widetilde{D}_\alpha(A))_{[\alpha]} = (\widetilde{D}_\alpha(A_{[\alpha]}))_{[\alpha]} = (\widetilde{D}_\alpha(G_{[\alpha]}))_{[\alpha]}$$

$$= (\widetilde{D}_\alpha(G))_{[\alpha]} = (D_\alpha(G))_{[\alpha]} = G_{[\alpha]} = A_{[\alpha]},$$

所以 $A \in \tau$. 因此. $\Delta_\alpha^{\max}(\tau) \subset \tau$.

总之 $\Delta_\alpha^{\max}(\tau) = \tau$.

定理 1.7.5 设 (X, δ) 是 L-拓扑空间, 则 (X, δ) 是离散空间当且仅当对每个 $\alpha \in M(L)$, $(\Omega_\alpha(\delta), \leqslant)$ 仅含一个成员 $\overline{\Delta}_\alpha$, 且 $\overline{\Delta}_\alpha$ 是离散拓扑.

证 设 (X, δ) 是离散空间. $\forall \alpha \in M(L), \forall A \in L^X$, 由于 $A \in \delta'$, 所以 $A \in \Delta_\alpha^{\min}(\delta), A \in \Delta_\alpha^{\max}(\delta)$, 因此 $\Delta_\alpha^{\min}(\delta)$ 和 $\Delta_\alpha^{\max}(\delta)$ 都是离散拓扑. 故 $\Delta_\alpha^{\min}(\delta) = \Delta_\alpha^{\max}(\delta)$. 这证明 $(\Omega_\alpha(\delta), \leqslant)$ 仅含一个成员 $\overline{\Delta}_\alpha$ 且 $\overline{\Delta}_\alpha$ 是离散拓扑.

反过来, 设 $(\Omega_\alpha(\delta), \leqslant)$ 仅含离散拓扑一个成员 $\overline{\Delta}_\alpha$. $\forall A \in L^X$, 由于 $\forall \alpha \in M(L)$, $A \in \overline{\Delta}_\alpha$, 即 $(D_\alpha(A))_{[\alpha]} = A_{[\alpha]}$, 因此由 L-集的分解定理得

$$A = \bigvee_{\alpha \in M(L)} \alpha \chi_{A_{[\alpha]}} = \bigvee_{\alpha \in M(L)} \alpha \chi_{(D_\alpha(A))_{[\alpha]}} = D_\alpha(A).$$

因为 $D_\alpha(A) \in \delta'$, 故 $A \in \delta'$. 这证明 (X, δ) 是离散空间.

现用 $T_L(X)$ 与 $T_L^{\alpha\max}(X)$ 分别表示 X 上所有 L-拓扑与最大 α-层次拓扑所成的集合, 则它们按包含关系都构成偏序集.

定理 1.7.6 偏序集 $(T_L^{\alpha\max}(X), \leqslant)$ 既有最大元也有最小元.

证 (1) 设 $(X, \hat{\delta})$ 是 L-离散拓扑, 则 $\Delta_\alpha^{\max}(\hat{\delta})$ 是 $(T_L^{\alpha\max}(X), \leqslant)$ 的最大元. 事实上, 设 $\Delta_\alpha^{\max}(\delta) \in T_L^{\alpha\max}(X)$, 则 $\forall A \in \Delta_\alpha^{\max}(\delta)$, 存在 $G \in \delta'$ 使得 $A_{[\alpha]} = G_{[\alpha]}$. 由于 $\delta' \subset \hat{\delta}'$, 故 $G \in \hat{\delta}'$, 从而 $A \in \Delta_\alpha^{\max}(\hat{\delta})$. 所以 $\Delta_\alpha^{\max}(\delta) \leqslant \Delta_\alpha^{\max}(\hat{\delta})$. 这证明 $\Delta_\alpha^{\max}(\hat{\delta})$ 是 $(T_L^{\alpha\max}(X), \leqslant)$ 的最大元.

(2) 设 $(X, \widetilde{\delta})$ 是 L-平庸拓扑, 则 $\Delta_\alpha^{\max}(\widetilde{\delta})$ 是 $(T_L^{\alpha\max}(X), \leqslant)$ 的最小元. 事实上, 设 $\Delta_\alpha^{\max}(\delta) \in T_L^{\alpha\max}(X)$, 则 $\forall A \in \Delta_\alpha^{\max}(\widetilde{\delta})$, 存在 $G \in \widetilde{\delta}'$ 使得 $A_{[\alpha]} = G_{[\alpha]}$. 由于 $G = 0_X$ 或 1_X, 所以 $G \in \delta'$, 从而 $A \in \Delta_\alpha^{\max}(\delta)$. 所以 $\Delta_\alpha^{\max}(\widetilde{\delta}) \leqslant \Delta_\alpha^{\max}(\delta)$. 这证明 $\Delta_\alpha^{\max}(\widetilde{\delta})$ 是 $(T_L^{\alpha\max}(X), \leqslant)$ 的最小元.

对每个 $\delta \in T_L(X)$, 令 $\Delta_\alpha^{\max}(\delta)$ 与之对应, 则得一映射

$$\Gamma : T_L(X) \to T_L^{\alpha\max}(X), \quad \forall \delta \in T_L(X), \ \Gamma(\delta) = \Delta_\alpha^{\max}(\delta).$$

定理 1.7.7 映射 Γ 具有以下性质:

(1) 保序;

(2) 保有限并;

(3) 不是一一对应;

(4) 不保交.

证 (1) 设 $\delta_1, \delta_2 \in T_L(X)$ 且 $\delta_1 \leqslant \delta_2$. $\forall A \in \Gamma(\delta_1) = \Delta_\alpha^{\max}(\delta_1)$, 则存在 $Q_A \in \delta_1'$ 使得 $A_{[\alpha]} = (Q_A)_{[\alpha]}$. 但 $\delta_1' \leqslant \delta_2'$, 从而 $Q_A \in \delta_2'$, 因此 $A \in \Delta_\alpha^{\max}(\delta_2) = \Gamma(\delta_2)$. 所以 $\Gamma(\delta_1) \leqslant \Gamma(\delta_2)$. 这证明 Γ 是保序的.

(2) 设 $\delta_1, \delta_2 \in T_L(X)$, 我们要证明 $\Gamma(\delta_1 \vee \delta_2) = \Gamma(\delta_1) \vee \Gamma(\delta_2)$, 即

$$\Delta_\alpha^{\max}(\delta_1 \vee \delta_2) = \Delta_\alpha^{\max}(\delta_1) \vee \Delta_\alpha^{\max}(\delta_2),$$

这里的 $\delta_1 \vee \delta_2$ 是以 $\delta_1 \cup \delta_2$ 为子基生成的 L-拓扑, $\Delta_\alpha^{\max}(\delta_1) \vee \Delta_\alpha^{\max}(\delta_2)$ 是以 $\Delta_\alpha^{\max}(\delta_1) \cup \Delta_\alpha^{\max}(\delta_2)$ 为闭子基生成的 L-余拓扑.

由 Γ 的保序性可得 $\Gamma(\delta_1 \vee \delta_2) \geqslant \Gamma(\delta_1) \vee \Gamma(\delta_2)$, 下证相反的不等式, 即

$$\Delta_\alpha^{\max}(\delta_1 \vee \delta_2) \leqslant \Delta_\alpha^{\max}(\delta_1) \vee \Delta_\alpha^{\max}(\delta_2).$$

设 $A \in (\delta_1 \cup \delta_2)'$, 则 A' 可表示为 $\delta_1 \cup \delta_2$ 中若干成员的有限交的任意并. 若 $A_1, \cdots, A_n \in \delta_1, B_1, \cdots, B_m \in \delta_2$, 设 $A_1 \wedge \cdots \wedge A_n = E, B_1 \wedge \cdots \wedge B_m = F$, 则 $E \in \delta_1, F \in \delta_2$, 从而

$$A_1 \wedge \cdots \wedge A_n \wedge B_1 \wedge \cdots \wedge B_m = (A_1 \wedge \cdots \wedge A_n) \wedge (B_1 \wedge \cdots \wedge B_m) = E \wedge F.$$

设 $\{E^t : t \in T\} \subset \delta_1, \{F^s : s \in S\} \subset \delta_2$, 令 $\bigvee\limits_{t \in T} E^t = G, \bigvee\limits_{s \in S} F^s = H$, 则 $G \in \delta_1$, $H \in \delta_2$, 从而由 L^X 的完全分配律可得

$$\bigvee_{(t,s) \in T \times S} (E^t \wedge F^s) = \left(\bigvee_{t \in T} E^t \right) \wedge \left(\bigvee_{s \in S} E^s \right) = G \wedge H.$$

如此便有 $A' = G \wedge H$, 从而 $A = G' \vee H'$.

现设 $P \in \Delta_\alpha^{\max}(\delta_1 \vee \delta_2)$, 则存在 $Q \in (\delta_1 \cup \delta_2)'$ 使得 $P_{[\alpha]} = Q_{[\alpha]}$, 由上所述, 存在 $G \in \delta_1'$ 和 $H \in \delta_2'$ 使得 $Q = G \vee H$, 从而 $P_{[\alpha]} = G_{[\alpha]} \cup H_{[\alpha]}$ 由 L-集的分解定理,

$$
\begin{aligned}
P &= \bigvee_{r \in L} \left(r_X \wedge \chi_{P_{[r]}} \right) = \left(\bigvee_{r \in L \setminus \{\alpha\}} \left(r_X \wedge \chi_{P_{[r]}} \right) \right) \vee \left(\alpha_X \wedge \chi_{P_{[\alpha]}} \right) \\
&= \left(\bigvee_{r \in L \setminus \{\alpha\}} \left(r_X \wedge \chi_{P_{[r]}} \right) \right) \vee \left(\alpha_X \wedge \chi_{G_{[\alpha]} \cup H_{[\alpha]}} \right) \\
&= \left(\bigvee_{r \in L \setminus \{\alpha\}} \left(r_X \wedge \chi_{P_{[r]}} \right) \right) \vee \left(\alpha_X \wedge \chi_{G_{[\alpha]}} \right) \vee \left(\alpha_X \wedge \chi_{H_{[\alpha]}} \right) \\
&= \left[\left(\bigvee_{r \in L \setminus \{\alpha\}} \left(r_X \wedge \chi_{P_{[r]}} \right) \right) \vee \left(\alpha_X \wedge \chi_{G_{[\alpha]}} \right) \right]
\end{aligned}
$$

$$\vee \left[\left(\bigvee_{r \in L \setminus \{\alpha\}} (r_X \wedge \chi_{P_{[r]}}) \right) \vee (\alpha_X \wedge \chi_{H_{[\alpha]}}) \right]$$

令

$$E = \left(\bigvee_{r \in L \setminus \{\alpha\}} (r_X \wedge \chi_{P_{[r]}}) \right) \vee (\alpha_X \wedge \chi_{G_{[\alpha]}}), \quad F = \left(\bigvee_{r \in L \setminus \{\alpha\}} (r_X \wedge \chi_{P_{[r]}}) \right) \vee (\alpha_X \wedge \chi_{H_{[\alpha]}}),$$

则 $P = E \vee F$, 且 $E_{[\alpha]} = G_{[\alpha]}, F_{[\alpha]} = H_{[\alpha]}$. 注意到

$$\Delta_\alpha^{\max}(\delta_1) = \{V \in L^X : 存在 G^V \in \delta_1' 使得 V_{[\alpha]} = G_{[\alpha]}^V\},$$

便知 $E \in \Delta_\alpha^{\max}(\delta_1)$. 同理 $F \in \Delta_\alpha^{\max}(\delta_2)$.

同上述证明 $(\delta_1 \cup \delta_2)'$ 中的闭集所呈现的形式一样, 可以证明 $\Delta_\alpha^{\max}(\delta_1) \vee \Delta_\alpha^{\max}(\delta_2)$ 中闭集的形式为 $I \vee J$, 这里 $I \in \Delta_\alpha^{\max}(\delta_1), J \in \Delta_\alpha^{\max}(\delta_2)$.

这样一来, 我们便最终得到 $P \in \Delta_\alpha^{\max}(\delta_1) \vee \Delta_\alpha^{\max}(\delta_2)$, 从而

$$\Delta_\alpha^{\max}(\delta_1 \vee \delta_2) \leqslant \Delta_\alpha^{\max}(\delta_1) \vee \Delta_\alpha^{\max}(\delta_2).$$

综上所述, $\Delta_\alpha^{\max}(\delta_1 \vee \delta_2) = \Delta_\alpha^{\max}(\delta_1) \vee \Delta_\alpha^{\max}(\delta_2)$.

由此很容易证明 Γ 保有限并, 即 $\forall \delta_1, \cdots, \delta_n \in T_L(X)$, 有

$$\Gamma(\delta_1 \vee \cdots \vee \delta_n) = \Gamma(\delta_1) \vee \cdots \vee \Gamma(\delta_n).$$

(3) 取 $L = X = [0, 1]$ 且 $\alpha = 0.5$, 显然 $\delta_1 = \{0_X, 1_X\}$, $\delta_2 = \{0_X, 1_X, 0.8_X\}$ 是 X 上两个不同的 L-拓扑, 即 $\delta_1, \delta_2 \in T_L(X)$ 且 $\delta_1 \neq \delta_2$, 但容易验证

$$\Gamma(\delta_1) = \Delta_\alpha^{\max}(\delta_1) = \Delta_\alpha^{\max}(\delta_2) = \Gamma(\delta_2) = \{A \in L^X : A_{[\alpha]} = X 或 \varnothing\}.$$

(4) 取 $L = X = [0, 1]$ 且 $\alpha = 0.5$, 令 $\delta_1 = \{0_X, 1_X, A\}$, $\delta_2 = \{0_X, 1_X, B\}$, 其中

$$A'(x) = \begin{cases} 0.6, & x \in [0, 0.4], \\ 0, & x \in (0.4, 1], \end{cases} \qquad B'(x) = \begin{cases} 0.7, & x \in [0, 0.4], \\ 0, & x \in (0.4, 1], \end{cases}$$

则 δ_1 与 δ_2 都是 X 上的 L-拓扑, $\delta_1 \cap \delta_2 = \{0_X, 1_X\}$. 容易验证

$$\Delta_\alpha^{\max}(\delta_1) = \{E \in L^X : E_{[\alpha]} = [0, 0.4] 或 X 或 \varnothing\},$$
$$\Delta_\alpha^{\max}(\delta_2) = \{H \in L^X : H_{[\alpha]} = [0, 0.4] 或 X 或 \varnothing\},$$
$$\Delta_\alpha^{\max}(\delta_1) \cap \Delta_\alpha^{\max}(\delta_2) = \{Q \in L^X : Q_{[\alpha]} = [0, 0.4] 或 X 或 \varnothing\},$$

$$\Delta_\alpha^{\max}(\delta_1 \cap \delta_2) = \{F \in L^X : F_{[\alpha]} = X \text{ 或 } \varnothing\}.$$

可见

$$\Delta_\alpha^{\max}(\delta_1) \cap \Delta_\alpha^{\max}(\delta_2) \neq \Delta_\alpha^{\max}(\delta_1 \cap \delta_2).$$

问题 1.7.1　Γ 能否保任意并?

令 $T_L^{\alpha\min}(X) = \{\Delta_\alpha^{\min}(\delta) : \delta \in T_L(X)\}$, 若规定

$$\forall \Delta_\alpha^{\min}(\delta_1), \Delta_\alpha^{\min}(\delta_2) \in T_L^{\alpha\min}(X), \Delta_\alpha^{\min}(\delta_1) \leqslant \Delta_\alpha^{\min}(\delta_2) \Leftrightarrow \Delta_\alpha^{\min}(\delta_1) \subset \Delta_\alpha^{\min}(\delta_2),$$

则 $(T_L^{\alpha\min}(X), \leqslant)$ 形成一偏序集.

定理 1.7.8 $(T_L^{\alpha\min}(X), \leqslant)$　既有最大元也有最小元.

证　设 $\delta_0, \delta_1 \in T_L(X)$ 分别是 X 的 L-平庸拓扑和 L-离散拓扑, 则容易证明 $\Delta_\alpha^{\min}(\delta_0)$ 与 $\Delta_\alpha^{\min}(\delta_1)$ 分别是 $(T_L^{\alpha\min}(X), \leqslant)$ 的最小元与最大元.

对每个 $\delta \in T_L(X)$, 令 $\Delta_\alpha^{\min}(\delta)$ 与之对应, 则得一映射

$$\Pi : T_L(X) \to \Delta_L^{\alpha\min}(\delta), \quad \forall \delta \in T_L(X), \Pi(\delta) = \Delta_\alpha^{\min}(\delta).$$

定理 1.7.9　映射 Π 具有以下性质:

(1) 保序;

(2) 保有限并;

(3) 不是一一对应;

(4) 不保交.

证　(1) 设 $\delta_1, \delta_2 \in T_L(X)$ 且 $\delta_1 \leqslant \delta_2$. 对任意的 $A \in \Delta_\alpha^{\min}(\delta_1)$, 存在 $G \in \delta_1'$ 及 $\tau \in L$, 使得 $A = G \vee \tau_X$. 由于 $\delta_1' \leqslant \delta_2'$, 故 $G \in \delta_2'$, 从而 $A \in \Delta_\alpha^{\min}(\delta_2)$, 所以 $\Delta_\alpha^{\min}(\delta_1) \leqslant \Delta_\alpha^{\min}(\delta_2)$, 即 $\Pi(\delta_1) \leqslant \Pi(\delta_2)$.

(2) 设 $\delta_1, \delta_2 \in T_L(X)$, 我们要证明 $\Pi(\delta_1 \vee \delta_2) = \Pi(\delta_1) \vee \Pi(\delta_2)$, 即要证

$$\Delta_\alpha^{\min}(\delta_1 \vee \delta_2) = \Delta_\alpha^{\min}(\delta_1) \vee \Delta_\alpha^{\min}(\delta_2),$$

这里 $\delta_1 \vee \delta_2$ 是以 $\delta_1 \cup \delta_2$ 为子基生成的 L-拓扑, 而 $\Delta_\alpha^{\min}(\delta_1) \vee \Delta_\alpha^{\min}(\delta_2)$ 是以 $\Delta_\alpha^{\min}(\delta_1) \cup \Delta_\alpha^{\min}(\delta_2)$ 为闭子基生成的 L-余拓扑.

$\forall A \in \delta_1 \vee \delta_2, A$ 能够被表示成 $\delta_1 \cup \delta_2$ 中若干成员的有限交之任意并. 设 $E_1, \cdots, E_n \in \delta_1, F_1, \cdots, F_m \in \delta_2$, 若令 $E_1 \wedge \cdots \wedge E_n = E, F_1 \wedge \cdots \wedge F_m = F$, 则 $E \in \delta_1, F \in \delta_2$, 从而

$$(E_1 \wedge \cdots \wedge E_n) \wedge (F_1 \wedge \cdots \wedge F_m) = E \wedge F.$$

设 $\{E_t : t \in T\} \subset \delta_1$, $\{F_s : s \in S\} \subset \delta_2$, 若令 $\bigvee\limits_{t\in T} E_t = E$, $\bigvee\limits_{s\in S} F_s = F$, 则 $E \in \delta_1, F \in \delta_2$, 从而由 L^X 的完全分配律可得

$$\bigvee_{(t,s)\in T\times S} (E_t \wedge F_s) = \left(\bigvee_{t\in T} E_t\right) \wedge \left(\bigvee_{s\in S} F_s\right) = E \wedge F.$$

完全类似地可以证明 $\Delta_\alpha^{\min}(\delta_1) \vee \Delta_\alpha^{\min}(\delta_2)$ 中闭集的一般形式为 $G \vee H$, 这里 $G \in \delta_1'$, $H \in \delta_2'$, 结合到 $\Delta_\alpha^{\min}(\delta_1)$ 和 $\Delta_\alpha^{\min}(\delta_2)$ 的具体构造, 这个一般形式可以写作 $G \vee H \vee \tau_X$, 这里 τ_X 是常值 L-集.

如此这般, 对 $B \in \Delta_\alpha^{\min}(\delta_1 \vee \delta_2)$, 存在 $A \in (\delta_1 \vee \delta_2)'$ 及 $\sigma \in L$ 使得 $B = A \vee \sigma_X$. 由上所述, 存在 $E \in \delta_1'$, $F \in \delta_2'$ 使得 $B = E \vee F \vee \sigma_X$, 这恰好是 $\Delta_\alpha^{\min}(\delta_1) \vee \Delta_\alpha^{\min}(\delta_2)$ 中闭集的形式, 因此 $B \in \Delta_\alpha^{\min}(\delta_1) \vee \Delta_\alpha^{\min}(\delta_2)$. 所以

$$\Delta_\alpha^{\min}(\delta_1 \vee \delta_2) \leqslant \Delta_\alpha^{\min}(\delta_1) \vee \Delta_\alpha^{\min}(\delta_2).$$

另一方面, 由 Π 的保序性可得 $\Delta_\alpha^{\min}(\delta_1) \vee \Delta_\alpha^{\min}(\delta_2) \leqslant \Delta_\alpha^{\min}(\delta_1 \vee \delta_2)$.

总之, $\Delta_\alpha^{\min}(\delta_1) \vee \Delta_\alpha^{\min}(\delta_2) = \Delta_\alpha^{\min}(\delta_1 \vee \delta_2)$.

由此很容易得到 $\Delta_\alpha^{\min}(\delta_1) \vee \cdots \vee \Delta_\alpha^{\min}(\delta_n) = \Delta_\alpha^{\min}(\delta_1 \vee \cdots \vee \delta_n)$, 即

$$\Pi(\delta_1) \vee \cdots \vee \Pi(\delta_n) = \Pi(\delta_1 \vee \cdots \vee \delta_n).$$

(3) 取 $L = X = [0,1]$ 且 $\alpha = 0.5$, 显然 $\delta_1 = \{0_X, 1_X\}$, $\delta_2 = \{0_X, 1_X, 0.8_X\}$ 是 X 上两个不同的 L-拓扑, 即 $\delta_1, \delta_2 \in T_L(X)$ 且 $\delta_1 \neq \delta_2$, 但容易验证

$$\Pi(\delta_1) = \Delta_\alpha^{\min}(\delta_1) = \Delta_\alpha^{\min}(\delta_2) = \Pi(\delta_2) = \{\tau_X : \tau \in L\}.$$

(4) 取 $L = X = [0,1]$, $\alpha = 0.5$, $\delta_1 = \{0_X, 1_X, A'\}$, $\delta_2 = \{0_X, 1_X, B'\}$, 其中 $A, B \in L^X$ 为

$$A(x) = x, x \in X, \quad B(x) = \begin{cases} 0.5, & x \in [0, 0.5], \\ x, & x \in [0.5, 1], \end{cases}$$

则 δ_1 与 δ_2 都是 X 上的 L-拓扑, 且 $\delta_1 \wedge \delta_2 = \delta_1 \cap \delta_2 = \{0_X, 1_X\}$. 容易看出

$\Delta_\alpha^{\min}(\delta_1 \wedge \delta_2) = \{\tau_X : \tau \in L\}$,

$\Delta_\alpha^{\min}(\delta_1) = \{\tau_X : \tau \in L\} \cup \{A \vee \tau_X : \tau \in L\}$,

$\Delta_\alpha^{\min}(\delta_2) = \{\tau_X : \tau \in L\} \cup \{B \vee \tau_X : \tau \in L\}$,

$\Delta_\alpha^{\min}(\delta_1) \wedge \Delta_\alpha^{\min}(\delta_2) = \Delta_\alpha^{\min}(\delta_1) \cap \Delta_\alpha^{\min}(\delta_2) = \{\tau_X : \tau \in L\} \cup \{B \vee \tau_X : \tau \in L\}$,

其中 $\{A \vee \tau_X : \tau \in L\}$ 和 $\{B \vee \tau_X : \tau \in L\}$ 的图像见图 1.7.4. 显然

$$\Delta_\alpha^{\min}(\delta_1) \wedge \Delta_\alpha^{\min}(\delta_2) \neq \Delta_\alpha^{\min}(\delta_1 \wedge \delta_2).$$

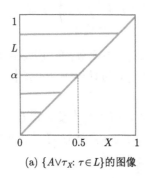
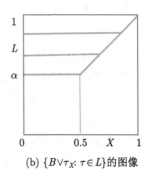

(a) $\{A \vee \tau_X : \tau \in L\}$ 的图像   (b) $\{B \vee \tau_X : \tau \in L\}$ 的图像

图 1.7.4

问题 1.7.2   映射 Π 能否保任意并?

作为观察层次拓扑之形态的一个实例, 我们来看 L-单位区间的层次拓扑.

设 Σ, X, l, r 如定义 0.3.17 所述, 令 $\mathcal{L} = \{l_t : t \in R\}$, $\mathcal{R} = \{r_t : t \in R\}$, 则它们分别是 X 的左拓扑和右拓扑.

引理 1.7.3[6]   设 A 是 R 的非空子集.

(1) 若 A 有上界, 则 $l_{\sup A} = \sup\{l_t : t \in A\}$;

(2) 若 A 有下界, 则 $r_{\inf A} = \sup\{r_t : t \in A\}$.

引理 1.7.4   (1)$(X, \mathcal{L})$ 中闭集的一般形式为 $\{l_t'\}$, $t \in R$.

(2) $(X, \mathcal{R})$ 中闭集的一般形式为 $\{r_t'\}$, $t \in R$.

证   (1) 因为 $\forall [\lambda] \in X$, 当 $t < 0$ 时, $l_t'([\lambda]) = 1$; 当 $t > 1$ 时, $l_t'([\lambda]) = 0$, 所以下面假设 $t \in [0, 1]$.

设 $\{l_{t_1}', l_{t_2}', \cdots, l_{t_n}'\} \subset \mathcal{L}'$, 令 $t = \min\{t_1, \cdots, t_n\}$, 则 $\forall [\lambda] \in X$, 注意到 λ 的递减性便有

$$(l_{t_1}' \vee \cdots \vee l_{t_n}')([\lambda]) = l_{t_1}'([\lambda]) \vee \cdots \vee l_{t_n}'([\lambda]) = \lambda(t_1-) \vee \cdots \vee \lambda(t_n-)$$
$$= \lambda(t-) = l_t'([\lambda]),$$

所以 $l_{t_1}' \vee \cdots \vee l_{t_n}' = l_t'$.

设 $\{l_t' : t \in A\} \subset \mathcal{L}'$, 则因 $A \subset [0, 1]$, 故 A 上界, 设 $\sup A = \tilde{t}$, 则由引理 1.7.3 的 (1) 得

$$\wedge\{l_t' : t \in A\} = (\vee\{l_t : t \in A\})' = l_{\sup A}' = l_{\tilde{t}}'.$$

(2) 因为 $\forall [\lambda] \in X$, 当 $t < 0$ 时, $l'_t([\lambda]) = 0$; 当 $t > 1$ 时, $l'_t([\lambda]) = 1$, 所以下面假设 $t \in [0,1]$.

设 $\{r'_{t_1}, r'_{t_2}, \cdots, r'_{t_m}\} \subset \mathcal{R}'$, 令 $t = \max\{t_1, \cdots, t_m\}$, 则 $\forall [\lambda] \in X$, 注意到 λ 的递减性便有

$$(r'_{t_1} \vee \cdots \vee r'_{t_m})([\lambda]) = r'_{t_1}([\lambda]) \vee \cdots \vee r'_{t_m}([\lambda]) = \lambda'(t_1+) \vee \cdots \vee \lambda'(t_m+)$$
$$= \lambda'(t+) = r'_t([\lambda]),$$

所以 $r'_{t_1} \vee \cdots \vee r'_{t_m} = r'_t$.

设 $\{r'_t : t \in A\} \subset \mathcal{R}'$, 则因 $A \subset [0,1]$, 故 A 下界, 设 $\inf A = \hat{t}$, 则由引理 1.7.3 的 (2) 得

$$\wedge\{r'_t : t \in A\} = (\vee\{r_t : t \in A\})' = r'_{\inf A} = r'_{\hat{t}}.$$

由这个引理以及定理 1.7.1 可得

定理 1.7.10 设 $\alpha \in M(L)$ 和 $A \in L^X$, 则

(1) A 是 $(X, \mathcal{L})$ 的 D_α-闭集当且仅当存在 $l_{\hat{t}} \in \mathcal{L}$ 使得 $A_{[\alpha]} = (l'_{\hat{t}})_{[\alpha]}$;

(2) A 是 $(X, \mathcal{R})$ 的 D_α-闭集当且仅当存在 $r_t \in \mathcal{R}$ 使得 $A_{[\alpha]} = (r'_t)_{[\alpha]}$.

由引理 1.7.3 与引理 1.7.4 及定理 1.7.3, 可得下述两个定理.

定理 1.7.11 $\forall \alpha \in M(L)$, $(\Omega_\alpha(\mathcal{L}), \leqslant)$ 的最大元为

$$\Delta_\alpha^{\max}(\mathcal{L}) = \{ A \in L^X : \text{存在} t \in R \text{使得} A_{[\alpha]} = (l'_t)_{[\alpha]}\},$$

最小元为

$$\Delta_\alpha^{\min}(\mathcal{L}) = \{A \vee \tau_X : A \in \mathcal{L}', \tau \in L\}.$$

定理 1.7.12 $\forall \alpha \in M(L)$, $(\Omega_\alpha(\mathcal{R}), \leqslant)$ 的最大元为

$$\Delta_\alpha^{\max}(\mathcal{L}) = \{ A \in L^X : \text{存在} t \in R \text{使得} A_{[\alpha]} = (r'_t)_{[\alpha]}\},$$

最小元为

$$\Delta_\alpha^{\min}(\mathcal{L}) = \{A \vee \tau_X : A \in \mathcal{R}', \tau \in L\}.$$

若 $\mathcal{J}$ 是 X 上以 $\{l_t, r_t : t \in R\}$ 为子基生成的拓扑, 则 $(X, \mathcal{J})$ 就是 L-单位区间, 现在来讨论它的 α-层次拓扑.

引理 1.7.5 $(X, \mathcal{J})$ 之闭集的一般形式为 $\{l'_t \vee r'_s\}$, 这里 $l'_t \in \mathcal{L}'$, $r'_s \in \mathcal{R}'$.

证 依定义, $\{l'_t, r'_t : t \in R\}$ 是 $\mathcal{J}$ 的一个闭子基, 于是每个闭集都可以表示成形如

$$l'_{t_1} \vee \cdots \vee l'_{t_n} \vee r'_{s_1} \vee \cdots \vee r'_{s_m}$$

的若干个闭集的交, 这里 $l'_{t_i} \in \mathcal{L}'(i \leqslant n), r'_{s_j} \in \mathcal{R}'(j \leqslant m)$. 令

$$a = \min\{t_1, \cdots, t_n\}, \quad b = \max\{s_1, \cdots, s_m\},$$

则

$$l'_{t_1} \vee \cdots \vee l'_{t_n} \vee r'_{s_1} \vee \cdots \vee r'_{s_m} = l'_a \vee r'_b.$$

$\forall A \in \mathcal{J}'$, 设 $A = \bigwedge\limits_{(i,j) \in I \times J} (l'_{a_i} \vee r'_{b_j})$. 因 $a_i, b_j \notin [0,1]$ 时, l'_{a_i} 与 r'_{b_j} 非 0_X 即 1_X, 故以下限定 $a_i, b_j \in [0,1]$. 令

$$\sup\{a_i : i \in I\} = a, \quad \inf\{b_j : j \in J\} = b,$$

由 L^X 的完全分配律及引理 1.7.3 得

$$A = \bigwedge_{(i,j) \in I \times J} (l'_{a_i} \vee r'_{b_j}) = \left(\bigvee_{(i,j) \in I \times J} (l_{a_i} \wedge r_{b_j}) \right)' = \left(\left(\bigvee_{i \in I} l_{a_i} \right) \wedge \left(\bigvee_{j \in J} r_{b_j} \right) \right)'$$
$$= (l_a \wedge r_b)' = l'_a \vee r'_b.$$

所以 $(X, \mathcal{J})$ 之闭集的一般形式为 $\{l'_t \vee r'_s\}$, 这里 $l'_{t_i} \in \mathcal{L}', r'_{s_j} \in \mathcal{R}'$.

由此引理以及定理 1.7.1 可得

定理 1.7.13　A 为 $(X, \mathcal{J})$ 的 D_α-闭集当且仅当存在 $l_{\tilde{t}} \in \mathcal{L}$ 及 $r_{\tilde{s}} \in \mathcal{R}$ 使得 $A_{[\alpha]} = (l'_{\tilde{t}} \vee r'_{\tilde{s}})_{[\alpha]}$.

由定理 1.7.3 可得

定理 1.7.14　$\forall \alpha \in M(L), (\Omega_\alpha(\mathcal{J}), \leqslant)$ 的最大元为

$$\Delta_\alpha^{\max}(\mathcal{J}) = \{A \in L^X : 存在 \ t, s \in R \ 使得 A_{[\alpha]} = (l'_t \vee r'_s)_{[\alpha]}\},$$

最小元为

$$\Delta_\alpha^{\min}(\mathcal{J}) = \{l'_t \vee r'_s \vee \tau_X : t, s \in R, \tau \in L\}.$$

1.8　积空间、商空间及和空间的层次拓扑

我们先来看积空间的层次拓扑.

设 (X_i, δ_i) 是 L-拓扑空间, $i = 1, 2, X = X_1 \times X_2$ 是 X_1 与 X_2 的笛卡儿积. $p_i : X \to X_1 \times X_2$ 是射影映射, 它诱导出一个射影映射 (仍记为 p_i)$p_i : L^X \to L^{X_i}$. X 上以 $\gamma = \{p_i^{\leftarrow}(A_i) : A_i \in \delta_i, i = 1, 2\}$ 为子基生成的 L-拓扑 δ 即为 δ_1 与 δ_2 的积拓扑, (X, δ) 则为 (X_1, δ_1) 与 (X_2, δ_2) 的积空间, 记作 $(X, \delta) = (X, \delta_1 \times \delta_2)$.

引理 1.8.1 设 $(X, \delta) = (X, \delta_1 \times \delta_2)$, 对积空间 (X, δ) 中的任意闭集 Q, 均有 $Q = p_1^{\leftarrow}(E) \vee p_2^{\leftarrow}(F)$, 这里 $E \in \delta_1'$, $F \in \delta_2'$.

证 设 Q 是积空间的闭集, 即 $Q \in \delta' = (\delta_1 \times \delta_2)'$. 根据积空间的定义, Q 能表示成

$$\gamma' = \{\, p_i^{\leftarrow}(B_i) : B_i \in \delta_i', i = 1,\, 2\,\}$$

中若干成员之有限并的无限交.

设 $p_1^{\leftarrow}(B_1), \cdots, p_1^{\leftarrow}(B_n),\ p_2^{\leftarrow}(C_1), \cdots, p_2^{\leftarrow}(C_m) \in \gamma'$, 记 $E = \bigvee\limits_{i=1}^{n} B_i, F = \bigvee\limits_{j=1}^{m} C_j$, 则 $E \in \delta_1'$, $F \in \delta_2'$, 从而

$$p_1^{\leftarrow}(B_1) \vee \cdots \vee p_1^{\leftarrow}(B_n) \vee p_2^{\leftarrow}(C_1) \vee \cdots \vee p_2^{\leftarrow}(C_m)$$
$$= p_1^{\leftarrow}\left(\bigvee_{i=1}^{n} B_i\right) \vee p_2^{\leftarrow}\left(\bigvee_{j=1}^{m} C_j\right) = p_1^{\leftarrow}(E) \vee p_2^{\leftarrow}(F).$$

设 $\{E_t : t \in T\} \subset \delta_1', \{F_s : s \in S\} \subset \delta_2'$, 记 $E = \bigwedge\limits_{t \in T} E_t$, $F = \bigwedge\limits_{s \in S} F_s$, 则 $E \in \delta_1'$, $F \in \delta_2'$, 由 L^X 的完全分配律得

$$\bigwedge_{(t,s) \in T \times S} (p_1^{\leftarrow}(E_t) \vee p_2^{\leftarrow}(F_s)) = \left(\bigwedge_{t \in T} p_1^{\leftarrow}(E_t)\right) \vee \left(\bigwedge_{s \in S} p_2^{\leftarrow}(F_s)\right)$$
$$= p_1^{\leftarrow}(\bigwedge_{t \in T} E_t) \vee p_2^{\leftarrow}(\bigwedge_{s \in S} F_s) = p_1^{\leftarrow}(E) \vee p_2^{\leftarrow}(F),$$

从而 $Q = p_1^{\leftarrow}(E) \vee p_2^{\leftarrow}(F)$.

定理 1.8.1 设 (X, δ) 为 (X_1, δ_1) 与 (X_2, δ_2) 的 L-积空间, $\alpha \in M(L)$, 则

$$\Delta_{\alpha}^{\max}(\delta_1) \times \Delta_{\alpha}^{\max}(\delta_2) \leqslant \Delta_{\alpha}^{\max}(\delta_1 \times \delta_2).$$

证 设 $A \in \Delta_{\alpha}^{\max}(\delta_1) \times \Delta_{\alpha}^{\max}(\delta_2)$, 由引理 1.8.1, 存在 $E \in \Delta_{\alpha}^{\max}(\delta_1)$, $F \in \Delta_{\alpha}^{\max}(\delta_2)$ 使得 $A = p_1^{\leftarrow}(E) \vee p_2^{\leftarrow}(F)$, 进而存在 $G \in \delta_1'$, $H \in \delta_2'$ 使得 $E_{[\alpha]} = G_{[\alpha]}$, $F_{[\alpha]} = H_{[\alpha]}$, 于是

$$A_{[\alpha]} = (p_1^{\leftarrow}(E) \vee p_2^{\leftarrow}(F))_{[\alpha]} = (p_1^{\leftarrow}(E))_{[\alpha]} \cup (p_2^{\leftarrow}(F))_{[\alpha]}$$
$$= p_1^{\leftarrow}(E_{[\alpha]}) \cup p_2^{\leftarrow}(F_{[\alpha]}) = p_1^{\leftarrow}(G_{[\alpha]}) \cup p_2^{\leftarrow}(H_{[\alpha]})$$
$$= (p_1^{\leftarrow}(G) \vee p_2^{\leftarrow}(H))_{[\alpha]}.$$

由引理 1.8.1, 积空间 $(X, \delta_1 \times \delta_2)$ 闭集的基本形式为

$$p_1^{\leftarrow}(U) \vee p_2^{\leftarrow}(V), \quad U \in \delta_1', \quad V \in \delta_2',$$

又
$$\Delta_\alpha^{\max}(\delta_1 \times \delta_2) = \{B \in L^X : 存在 C \in (\delta_1 \times \delta_2)' 使得 B_{[\alpha]} = C_{[\alpha]}\},$$
所以 $A \in \Delta_\alpha^{\max}(\delta_1 \times \delta_2)$. 这证明
$$\Delta_\alpha^{\max}(\delta_1) \times \Delta_\alpha^{\max}(\delta_2) \leqslant \Delta_\alpha^{\max}(\delta_1 \times \delta_2).$$

正如下例所示, 上述不等式的反向不等式不成立.

例 1.8.1　设 $X_1 = \{a, b, c\}, X_2 = \{d, e\}, L = [0, 1], \alpha = 0.5$, 则
$$X = X_1 \times X_2 = \{(a, d), (a, e), (b, d), (b, e), (c, d), (c, e)\}.$$
取 $A \in L^{X_1}, B \in L^{X_2}$ 为
$$A(x) = \begin{cases} 0.6, & x = a, \\ 0.4, & x = b, \\ 0.3, & x = c, \end{cases} \qquad B(y) = \begin{cases} 0.3, & y = d, \\ 0.5, & y = e, \end{cases}$$
则 $\delta_1 = \{0_{X_1}, 1_{X_1}, A'\}, \delta_2 = \{0_{X_2}, 1_{X_2}, B'\}$ 分别为 X_1 和 X_2 上的 L-拓扑. 显然
$$\Delta_\alpha^{\max}(\delta_1) = \{G \in L^{X_1} : G_{[\alpha]} = \varnothing, X_1, \{a\}\},$$
$$\Delta_\alpha^{\max}(\delta_2) = \{H \in L^{X_1} : H_{[\alpha]} = \varnothing, X_2, \{e\}\},$$
而 $(\delta_1 \times \delta_2)'$ 是以
$$\{p_1^\leftarrow(0_{X_1}), p_1^\leftarrow(1_{X_1}), p_1^\leftarrow(A), p_2^\leftarrow(0_{X_2}), p_2^\leftarrow(1_{X_2}), p_2^\leftarrow(B)\}$$
$$= \{0_X, 1_X, p_1^\leftarrow(A), p_2^\leftarrow(B)\}$$
为闭子基生成的 L-拓扑, 由引理 1.8.1, 它的闭集的一般形式为
$$p_1^\leftarrow(A) \vee p_2^\leftarrow(B), \quad A \in \delta_1', \quad B \in \delta_2'.$$

由射影映射的定义, 对任意的 $x = (x_1.x_2) \in X$, 有
$$p_1^\leftarrow(A)(x) = A(p_1(x)) = A(x_1), \quad p_2^\leftarrow(B)(x) = B(p_2(x)) = B(x_2),$$
从而
$$p_1^\leftarrow(A)(x) = \begin{cases} 0.6, & x = (a, d), \\ 0.6, & x = (a, e), \\ 0.4, & x = (b, d), \\ 0.4, & x = (b, e), \\ 0.3, & x = (c, d), \\ 0.3, & x = (c, e), \end{cases} \qquad p_2^\leftarrow(B)(x) = \begin{cases} 0.3, & x = (a, d), \\ 0.5, & x = (a, e), \\ 0.3, & x = (b, d), \\ 0.5, & x = (b, e), \\ 0.3, & x = (c, d), \\ 0.5, & x = (c, e), \end{cases}$$

$$(p_1^{\leftarrow}(A) \vee p_2^{\leftarrow}(B))(x) = \begin{cases} 0.6, & x = (a,d), \\ 0.6, & x = (a,e), \\ 0.4, & x = (b,d), \\ 0.5, & x = (b,e), \\ 0.3, & x = (c,d), \\ 0.5, & x = (c,e). \end{cases}$$

$$\Delta_\alpha^{\max}(\delta_1 \times \delta_2) = \{P \in L^X : \text{存在} Q \in (\delta_1 \times \delta_2)' \text{使得} P_{[\alpha]} = Q_{[\alpha]}\}$$
$$= \{P \in L^X : P_{[\alpha]} = \varnothing, X, \{(a,d),(a,e)\}, \{(a,e),(b,e),(c,e)\},$$
$$\{(a,d),(a,e),(b,e),(c,e)\}\}.$$

$\Delta_\alpha^{\max}(\delta_1) \times \Delta_\alpha^{\max}(\delta_2)$ 是以 $\{p_1^{\leftarrow}(G), p_2^{\leftarrow}(H) : G \in \Delta_\alpha^{\max}(\delta_1), H \in \Delta_\alpha^{\max}(\delta_2)\}$ 为闭子基生成的 L-余拓扑, 由引理 1.8.1, 它的闭集的一般形式为

$$p_1^{\leftarrow}(G) \vee p_2^{\leftarrow}(H), \quad G \in \Delta_\alpha^{\max}(\delta_1), \quad H \in \Delta_\alpha^{\max}(\delta_2).$$

令 $W \in L^X$ 为

$$W(x) = \begin{cases} 0.6, & x = (a,d), \\ 0.7, & x = (a,e), \\ 0.1, & x = (b,d), \\ 0.8, & x = (b,e), \\ 0.2, & x = (c,d), \\ 0.9, & x = (c,e), \end{cases}$$

则因 $W_{[\alpha]} = \{(a,d),(a,e),(b,e),(c,e)\} = (p_1^{\leftarrow}(A) \vee p_2^{\leftarrow}(B))_{[\alpha]}, W \in \Delta_\alpha^{\max}(\delta_1 \times \delta_2)$, 但 $W \notin \Delta_\alpha^{\max}(\delta_1) \times \Delta_\alpha^{\max}(\delta_2)$. 事实上, 若 $W \in \Delta_\alpha^{\max}(\delta_1) \times \Delta_\alpha^{\max}(\delta_2)$, 则存在 $G \in \Delta_\alpha^{\max}(\delta_1)$ 和 $H \in \Delta_\alpha^{\max}(\delta_2)$, 使得 $W = p_1^{\leftarrow}(G) \vee p_2^{\leftarrow}(H)$, 即对每个 $x = (x_1, x_2) \in X$, 有

$$W(x) = (p_1^{\leftarrow}(G) \vee p_2^{\leftarrow}(H))(x) = p_1^{\leftarrow}(G)(x) \vee p_2^{\leftarrow}(H)(x) = G(x_1) \vee H(x_2),$$

从而

$$(p_1^{\leftarrow}(G) \vee p_2^{\leftarrow}(H))(x) = \begin{cases} G(a) \vee H(d) = 0.6, & x = (a,d), \quad (1) \\ G(a) \vee H(e) = 0.7, & x = (a,e), \quad (2) \\ G(b) \vee H(d) = 0.1, & x = (b,d), \quad (3) \\ G(b) \vee H(e) = 0.8, & x = (b,e), \quad (4) \\ G(c) \vee H(d) = 0.2, & x = (c,d), \quad (5) \\ G(c) \vee H(e) = 0.9, & x = (c,e), \quad (6) \end{cases}$$

由上述 (1) 可以看出, $G(a) = 0.6$ 或 $H(d) = 0.6$.

当 $G(a) = 0.6$ 时, 由 (2) 得 $H(e) = 0.7$, 再由 (4) 得 $G(b) = 0.8$, 这与 (3) 矛盾.

当 $H(d) = 0.6$ 时, 直接与 (3) 相抵触.

总之, 这样的 G 并不存在. 所以 $W \notin \Delta_\alpha^{\max}(\delta_1) \times \Delta_\alpha^{\max}(\delta_2)$.

综上所述, $\Delta_\alpha^{\max}(\delta_1 \times \delta_2) \not\leqslant \Delta_\alpha^{\max}(\delta_1) \times \Delta_\alpha^{\max}(\delta_2)$.

定理 1.8.2　设 $(X_1 \times X_2, \delta_1 \times \delta_2)$ 是 L-拓扑空间 (X_1, δ_1) 与 (X_2, δ_2) 的 L-积空间, $\alpha \in M(L)$, 则

$$\Delta_\alpha^{\min}(\delta_1 \times \delta_2) = \Delta_\alpha^{\min}(\delta_1) \times \Delta_\alpha^{\min}(\delta_2).$$

证　设 $A \in \Delta_\alpha^{\min}(\delta_1 \times \delta_2)$, 则存在 $G \in (\delta_1 \times \delta_2)'$ 及 $\tau \in L$ 使得 $A = \tau_X \vee G$. 由引理 1.8.1, 存在 $E \in \delta_1'$, $F \in \delta_2'$ 使得 $G = p_1^\leftarrow(E) \vee p_2^\leftarrow(F)$, 从而

$$A = \tau_X \vee p_1^\leftarrow(E) \vee p_2^\leftarrow(F).$$

由引理 1.8.1, $\Delta_\alpha^{\min}(\delta_1) \times \Delta_\alpha^{\min}(\delta_2)$ 之闭集的基本形式为

$$p_1^\leftarrow(U) \vee p_2^\leftarrow(V), \quad U \in \Delta_\alpha^{\min}(\delta_1), \quad V \in \Delta_\alpha^{\min}(\delta_2),$$

进而存在 $\tau^1, \tau^2 \in L$, $U_1 \in \delta_1'$, $V_1 \in \delta_2'$ 使得 $U = \tau_{X_1}^1 \vee U_1, V = \tau_{X_2}^2 \vee V_1$, 于是

$$\begin{aligned}
p_1^\leftarrow(U) \vee p_2^\leftarrow(V) &= p_1^\leftarrow(\tau_{X_1}^1 \vee U_1) \vee p_2^\leftarrow(\tau_{X_2}^2 \vee V_1) \\
&= (\tau^1 \vee \tau^2)_X \vee p_1^\leftarrow(U_1) \vee p_2^\leftarrow(V_1),
\end{aligned}$$

所以 $A \in \Delta_\alpha^{\min}(\delta_1) \times \Delta_\alpha^{\min}(\delta_2)$. 因此

$$\Delta_\alpha^{\min}(\delta_1 \times \delta_2) \leqslant \Delta_\alpha^{\min}(\delta_1) \times \Delta_\alpha^{\min}(\delta_2).$$

类似地可以证明 $\Delta_\alpha^{\min}(\delta_1) \times \Delta_\alpha^{\min}(\delta_2) \leqslant \Delta_\alpha^{\min}(\delta_1 \times \delta_2)$.

总之, $\Delta_\alpha^{\min}(\delta_1 \times \delta_2) = \Delta_\alpha^{\min}(\delta_1) \times \Delta_\alpha^{\min}(\delta_2)$.

再来看商空间的层次拓扑.

设 $f : X \to Y$ 是从集合 X 到集合 Y 的一个满射, 则按下列方式诱导出的 L-映射 $f^\to : L^X \to L^Y$:

$$\forall A \in L^X, \forall y \in Y, f^\to(A)(y) = \vee\{A(x) : f(x) = y\}$$

也是满射. 设 (X, δ) 是 X 上的 L-拓扑空间, 则

$$\delta / f^\to = \{B \in L^Y : f^\to = (B) \in \delta\}$$

是 X 上的一个 L-拓扑, 称 $(X, \delta/f^{\rightarrow})$ 为 (X, δ) 关于 $f^{\rightarrow}$ 的商空间.

定理 1.8.3 设 $(X, \delta/f^{\rightarrow})$ 是 (X, δ) 关于 $f^{\rightarrow}$ 的商空间, $\alpha \in M(L)$, 则

(1) $\Delta_{\alpha}^{\max}(\delta/f^{\rightarrow}) \leqslant \Delta_{\alpha}^{\max}(\delta)/f^{\rightarrow}$.

(2) 若 f 不仅是满射, 而且还是一一映射, 则

$$\Delta_{\alpha}^{\max}(\delta/f^{\rightarrow}) = \Delta_{\alpha}^{\max}(\delta)/f^{\rightarrow}.$$

证 (1) 设 $B \in \Delta_{\alpha}^{\max}(\delta/f^{\rightarrow})$, 则存在 $H' \in \delta/f^{\rightarrow}$ 使得 $B_{[\alpha]} = H_{[\alpha]}$, 从而 $f^{\leftarrow}(H') = (f^{\leftarrow}(H))' \in \delta$, 即 $f^{\leftarrow}(H) \in \delta'$. 于是

$$(f^{\leftarrow}(H))_{[\alpha]} = f^{\leftarrow}(H_{[\alpha]}) = f^{\leftarrow}(B_{[\alpha]}) = (f^{\leftarrow}(B))_{[\alpha]}.$$

因此, 由 $f^{\leftarrow}(H) \in \delta'$ 知 $f^{\leftarrow}(B) \in \Delta_{\alpha}^{\max}(\delta)$, 所以 $B \in \Delta_{\alpha}^{\max}(\delta)/f^{\rightarrow}$. 这证明

$$\Delta_{\alpha}^{\max}(\delta/f^{\rightarrow}) \leqslant \Delta_{\alpha}^{\max}(\delta)/f^{\rightarrow}.$$

(2) 设 $B \in \Delta_{\alpha}^{\max}(\delta)/f^{\rightarrow}$, 则 $f^{\leftarrow}(B) \in \Delta_{\alpha}^{\max}(\delta)$, 从而存在 $H \in \delta'$ 使得 $(f^{\leftarrow}(B))_{[\alpha]} = H_{[\alpha]}$, 于是由 f 的一一对应性得

$$B_{[\alpha]} = f^{\rightarrow}(f^{\leftarrow}(B_{[\alpha]})) = f^{\rightarrow}(H_{[\alpha]}) = (f^{\rightarrow}(H))_{[\alpha]}.$$

再据 f 的一一对应性得 $f^{\leftarrow}(f^{\rightarrow}(H)) = H \in \delta'$, 即 $f^{\leftarrow}((f^{\rightarrow}(H))') \in \delta$, 所以 $(f^{\rightarrow}(H))' \in \delta/f^{\rightarrow}$, 即 $f^{\rightarrow}(H) \in (\delta/f^{\rightarrow})'$, 因此 $B \in \Delta_{\alpha}^{\max}(\delta/f^{\rightarrow})$. 这证明

$$\Delta_{\alpha}^{\max}(\delta)/f^{\rightarrow} \leqslant \Delta_{\alpha}^{\max}(\delta/f^{\rightarrow}).$$

再结合 (1) 就得

$$\Delta_{\alpha}^{\max}(\delta)/f^{\rightarrow} = \Delta_{\alpha}^{\max}(\delta/f^{\rightarrow}).$$

正如下例所示, 若 f 不是一一映射, 则定理 1.8.3(2) 中的等式一般不成立.

例 1.8.2 令 $X = \{a, b, c\}, Y = \{d, e\}, L = [0, 1], \alpha = 0.5, f : X \rightarrow Y$ 为

$$f(a) = d, \quad f(b) = f(c) = e.$$

作 $A \in L^X$ 为

$$A(x) = \begin{cases} 0.5, & x = a, \\ 0.4, & x = b, \\ 0.3, & x = c. \end{cases}$$

令 $\delta = \{0_X, 1_X, A'\}$, 则 δ 是 X 上的 L-拓扑. 由于对 $B \in L^Y$, 欲使 $f^{\leftarrow}(B) = A$, 则必须

$$f^{\leftarrow}(B)(a) = B(f(a)) = B(d) = 0.5,$$

$$f^{\leftarrow}(B)(b) = B(f(b)) = B(e) = 0.4,$$
$$f^{\leftarrow}(B)(c) = B(f(c)) = B(e) = 0.3,$$

显然上面的第二式与第三式是矛盾的, 这表明这样的 B 并不存在. 所以 (X, δ) 关于 $f^{\rightarrow}$ 的 L-商拓扑为 $\delta/f^{\rightarrow} = \{\, 0_Y,\ 1_Y \,\}$. 不难看出

$$\Delta_\alpha^{\max}(\delta) = \{E \in L^X : E_{[\alpha]} = \varnothing, X, \{a\}\},$$
$$\Delta_\alpha^{\max}(\delta/f^{\rightarrow}) = \{F \in L^Y : F_{[\alpha]} = \varnothing, Y\},$$
$$\Delta_\alpha^{\max}(\delta)/f^{\rightarrow} = \{G \in L^Y : f^{\leftarrow}(G) \in \Delta_\alpha^{\max}(\delta)\}$$
$$= \{G \in L^Y : (f^{\leftarrow}(G))_{[\alpha]} = \varnothing, X, \{a\}\}.$$

取 $G \in L^Y$ 为

$$G(y) = \begin{cases} 0.5, & y = d, \\ 0.4, & y = e, \end{cases}$$

则 $G_{[\alpha]} = \{d\}$, $(f^{\leftarrow}(G))_{[\alpha]} = f^{-1}(G_{[\alpha]}) = f^{-1}(\{d\}) = \{a\}$, 因此 $G \in \Delta_\alpha^{\max}(\delta)/f^{\rightarrow}$. 但明显地 $G \notin \Delta_\alpha^{\max}(\delta/f^{\rightarrow})$. 因此

$$\Delta_\alpha^{\max}(\delta)/f^{\rightarrow} \not\leqslant \Delta_\alpha^{\max}(\delta/f^{\rightarrow}).$$

定理 1.8.4　设 $(X, \delta/f^{\rightarrow})$ 是 (X, δ) 关于 $f^{\rightarrow}$ 的商空间, $\alpha \in M(L)$, 则
(1) $\Delta_\alpha^{\min}(\delta/f^{\rightarrow}) \leqslant \Delta_\alpha^{\min}(\delta)/f^{\rightarrow}$.
(2) 若 f 不仅是满射, 而且还是一一映射, 则

$$\Delta_\alpha^{\min}(\delta/f^{\rightarrow}) = \Delta_\alpha^{\min}(\delta)/f^{\rightarrow}.$$

证　(1) 设 $B \in \Delta_\alpha^{\min}(\delta/f^{\rightarrow})$, 则存在 $E \in (\delta/f^{\rightarrow})'$ 及 $\tau \in L$ 使得 $B = \tau_Y \vee E$, 从而 $E' \in \delta/f^{\rightarrow}$, 即 $(f^{\leftarrow}(E))' = f^{\leftarrow}(E') \in \delta$, 进而 $f^{\leftarrow}(E) \in \delta'$, 因此

$$f^{\leftarrow}(B) = f^{\leftarrow}(\tau_Y \vee E) = f^{\leftarrow}(\tau_Y) \vee f^{\leftarrow}(E) = \tau_X \vee f^{\leftarrow}(E) \in \Delta_\alpha^{\min}(\delta),$$

这恰好说明 $B \in \Delta_\alpha^{\min}(\delta)/f^{\rightarrow}$. 此证明

$$\Delta_\alpha^{\min}(\delta/f^{\rightarrow}) \leqslant \Delta_\alpha^{\min}(\delta)/f^{\rightarrow}.$$

(2) 设 $B \in \Delta_\alpha^{\min}(\delta)/f^{\rightarrow}$, 则 $f^{\leftarrow}(B) \in \Delta_\alpha^{\min}(\delta)$, 从而存在 $E \in \delta'$ 及 $\tau \in L$ 使得 $f^{\leftarrow}(B) = \tau_X \vee E$. 由于 f 是一一映射, 故

$$B = f^{\rightarrow}(f^{\leftarrow}(B)) = f^{\rightarrow}(\tau_X \vee E) = f^{\rightarrow}(\tau_X) \vee f^{\rightarrow}(E) = \tau_Y \vee f^{\rightarrow}(E).$$

因 f 是一一映射, 故 $f^{\leftarrow}(f^{\rightarrow}(E)) = E \in \delta'$, 这说明 $f^{\rightarrow}(E) \in (\delta/f^{\rightarrow})'$. 因此 $B \in \Delta_\alpha^{\min}(\delta/f^{\rightarrow})$, 所以 $\Delta_\alpha^{\min}(\delta)/f^{\rightarrow} \leqslant \Delta_\alpha^{\min}(\delta/f^{\rightarrow})$. 结合 (1) 就得

$$\Delta_\alpha^{\min}(\delta)/f^{\rightarrow} = \Delta_\alpha^{\min}(\delta/f^{\rightarrow}).$$

正如下例所示, 定理 1.8.4(2) 中 "f 是一一映射" 不可少.

例 1.8.3 $X, Y, L, \alpha, f, A, \delta$ 如例 1.8.2, 则

$\delta/f^{\rightarrow} = \{\, 0_Y,\ 1_Y \,\}$,

$\Delta_\alpha^{\min}(\delta) = \{\tau_X \vee A : \tau \in L\}$,

$\Delta_\alpha^{\min}(\delta/f^{\rightarrow}) = \{\tau_Y : \tau \in L\}$,

$\Delta_\alpha^{\min}(\delta)/f^{\rightarrow} = \{G \in L^Y : f^{\leftarrow}(G) \in \Delta_\alpha^{\min}(\delta)\} = \{G \in L^Y : f^{\leftarrow}(G) = \tau_X \vee A\}$.

取 $G \in L^Y$ 如例 1.8.2, 则

$$f^{\leftarrow}(G)(x) = G(f(x)) = \begin{cases} 0.5, & x = a, \\ 0.4, & x = b, \\ 0.4, & x = c. \end{cases}$$

取 X 上的常值 L-集 $\tau_X = 0.4_X$, 则

$$(\tau_X \vee A)(x) = \begin{cases} 0.5, & x = a, \\ 0.4, & x = b, \\ 0.4, & x = c. \end{cases}$$

可见 $f^{\leftarrow}(G) = \tau_X \vee A$. 所以 $G \in \Delta_\alpha^{\min}(\delta)/f^{\rightarrow}$, 但显然 $G \notin \Delta_\alpha^{\min}(\delta/f^{\rightarrow})$. 这表明

$$\Delta_\alpha^{\min}(\delta)/f^{\rightarrow} \not\leqslant \Delta_\alpha^{\min}(\delta/f^{\rightarrow}).$$

最后来看和空间的层次拓扑.

设 $\{X_t : t \in T\}$ 是一族非空分明集合, $X = \bigcup_{t \in T} X_t$, L 是 F 格, 通常地包含映射 $j_t : X_t \to X$(即 $\forall x \in X_t, j_t(x) = x$) 诱导一个 L-映射 $j_t^{\rightarrow} : L^{X_t} \to L^X$. 给定 L-拓扑空间族 $\{(X_t, \delta_t) : t \in T\}$, 则

$$\delta = \{A \in L^X : \forall t \in T, j_t^{\leftarrow}(A) \in \delta_t\}$$

是 X 上的 L-拓扑, 称为 $\{\delta_t : t \in T\}$ 的 L-和拓扑, 记为 $\delta = \sum_{t \in T} \delta_t$, 而 (X, δ) 称为 $\{(X_t, \delta_t) : t \in T\}$ 的 L-和空间, 记作 $(X, \delta) = \left(X, \sum_{t \in T} \delta_t\right)$.

定理 1.8.5　设 $(X, \delta) = \left(X, \sum\limits_{t \in T} \delta_t\right)$ 是 $\{(X_t, \delta_t) : t \in T\}$ 的 L-和空间, 则对任意的 $\alpha \in M(L)$,

(1) $\Delta_\alpha^{\max}\left(\sum\limits_{t \in T} \delta_t\right) = \sum\limits_{t \in T} \Delta_\alpha^{\max}(\delta_t)$.

(2) $\Delta_\alpha^{\min}\left(\sum\limits_{t \in T} \delta_t\right) = \sum\limits_{t \in T} \Delta_\alpha^{\min}(\delta_t)$.

证　根据定义 0.4.4, 我们可以假定 $\{X_t : t \in T\}$ 是一族互不相交的非空分明集合.

(1) 设 $A \in \Delta_\alpha^{\max}\left(\sum\limits_{t \in T} \delta_t\right)$, 则存在 $B \in \left(\sum\limits_{t \in T} \delta_t\right)'$ 使得 $A_{[\alpha]} = B_{[\alpha]}$. 由定理 0.4.3, $\forall t \in T$, $B_t = B | X_t \in \delta_t'$. 令 $A_t = A | X_t$, 则 $A = \bigvee\limits_{t \in T} A_t^*$, $B = \bigvee\limits_{t \in T} B_t^*$, 这里 A_t^* 与 B_t^* 分别是 A_t 与 B_t 的单星扩张 (见定义 0.4.1). 由于 $\{X_t : t \in T\}$ 是一族互不相交的非空分明集合, 故 $\forall t, s \in T$ 且 $t \neq s$, $A_t^* \wedge A_s^* = 0_X = B_t^* \wedge B_s^*$, 从而

$$A_{[\alpha]} = \left(\bigvee_{t \in T} A_t^*\right)_{[\alpha]} = \bigcup_{t \in T}(A_t^*)_{[\alpha]} = \bigcup_{t \in T}(A_t)_{[\alpha]} = \bigcup_{t \in T}\left(A | X_t\right)_{[\alpha]},$$

$$B_{[\alpha]} = \bigcup_{t \in T}\left(B | X_t\right)_{[\alpha]}.$$

由 $A_{[\alpha]} = B_{[\alpha]}$ 以及 $\{X_t : t \in T\}$ 的互不相交性得 $\forall t \in T$, $\left(A | X_t\right)_{[\alpha]} = \left(B | X_t\right)_{[\alpha]}$. 又因为 $\forall t \in T$, $B | X_t \in \delta_t'$, 所以 $A | X_t \in \Delta_\alpha^{\max}(\delta_t)$. 根据定理 0.4.3 之 (2), $A \in \sum\limits_{t \in T} \Delta_\alpha^{\max}(\delta_t)$, 所以 $\Delta_\alpha^{\max}\left(\sum\limits_{t \in T} \delta_t\right) \leqslant \sum\limits_{t \in T} \Delta_\alpha^{\max}(\delta_t)$.

反过来, 设 $A \in \sum\limits_{t \in T} \Delta_\alpha^{\max}(\delta_t)$, 则 $\forall t \in T, A | X_t \in \Delta_\alpha^{\max}(\delta_t)$, 从而存在 $B_t \in \delta_t'$ 使得 $\left(A | X_t\right)_{[\alpha]} = (B_t)_{[\alpha]}$. 令 $B = \bigvee\limits_{t \in T} B_t^*$, 则由定理 0.4.3 得 $B \in \left(\sum\limits_{t \in T} \delta_t\right)'$. 又, $A = \bigvee\limits_{t \in T}\left(A | X_t\right)^*$, 于是由 $\{X_t : t \in T\}$ 的互不相交性得

$$A_{[\alpha]} = \left(\bigvee_{t \in T}\left(A | X_t\right)^*\right)_{[\alpha]} = \bigcup_{t \in T}\left(\left(A | X_t\right)^*\right)_{[\alpha]} = \bigcup_{t \in T}\left(A | X_t\right)_{[\alpha]} = \bigcup_{t \in T}(B_t)_{[\alpha]}$$

$$= \bigcup_{t \in T}(B_t^*)_{[\alpha]} = \left(\bigvee_{t \in T} B_t^*\right)_{[\alpha]} = B_{[\alpha]},$$

所以 $A \in \Delta_\alpha^{\max}\left(\sum\limits_{t \in T} \delta_t\right)$. 因此 $\sum\limits_{t \in T} \Delta_\alpha^{\max}(\delta_t) \leqslant \Delta_\alpha^{\max}\left(\sum\limits_{t \in T} \delta_t\right)$.

综上所述, $\Delta_\alpha^{\max}\left(\sum\limits_{t \in T} \delta_t\right) = \sum\limits_{t \in T} \Delta_\alpha^{\max}(\delta_t)$.

(2) 设 $A \in \Delta_\alpha^{\min}\left(\sum_{t \in T} \delta_t\right)$, 则存在 $\tau \in L$ 及 $H \in \left(\sum_{t \in T} \delta_t\right)'$ 使得 $A = \tau_L \vee H$, 于是

$$\forall t \in T, A|X_t = (\tau_X \vee H)|X_t = (\tau_X|X_t) \vee (H|X_t) = \tau_{X_t} \vee (H|X_t).$$

由定理 0.4.3, $\forall t \in T, H|X_t \in \delta_t'$. 从而 $A|X_t \in \Delta_\alpha^{\min}(\delta_t)$, 所以 $A \in \sum_{t \in T} \Delta_\alpha^{\min}(\delta_t)$.

这证明 $\Delta_\alpha^{\min}\left(\sum_{t \in T} \delta_t\right) \leqslant \sum_{t \in T} \Delta_\alpha^{\min}(\delta_t)$.

反过来, 设 $A \in \sum_{t \in T} \Delta_\alpha^{\min}(\delta_t)$, 则 $\forall t \in T$, $A|X_t \in \Delta_\alpha^{\min}(\delta_t)$, 从而存在 $\tau \in L$ 及 $B_t \in \delta_t'$ 使得 $A|X_t = \tau_{X_t} \vee B_t$. 令 $B = \bigvee_{t \in T} B_t^*$, 这里 B_t^* 是 B_t 的单星扩张, 由 定理 0.4.3, $B \in \left(\sum_{t \in T} \delta_t\right)'$. 又

$$A = \bigvee_{t \in T}(A|X_t)^* = \bigvee_{t \in T}(\tau_{X_t} \vee B_t)^* = \bigvee_{t \in T}(\tau_{X_t}^* \vee B_t^*) = \bigvee_{t \in T}(\tau_X \vee B_t^*)$$
$$= \tau_X \vee \left(\bigvee_{t \in T} B_t^*\right) = \tau_X \vee B,$$

所以 $A \in \Delta_\alpha^{\min}\left(\sum_{t \in T} \delta_t\right)$. 这证明 $\sum_{t \in T} \Delta_\alpha^{\min}(\delta_t) \leqslant \Delta_\alpha^{\min}(\sum_{t \in T} \delta_t)$.

综上所述, $\Delta_\alpha^{\min}\left(\sum_{t \in T} \delta_t\right) = \sum_{t \in T} \Delta_\alpha^{\min}(\delta_t)$.

第 2 章　层次拓扑空间

CHAPTER 2

2.1　D_α-远域

定义 2.1.1　设 (X,δ) 是 L-拓扑空间, $\alpha \in M(L), x_\lambda \in M^*(L^X), A, B \in L^X$.

(1) 若 $A \in D_\alpha(\delta)$ 且 $x_\lambda \notin A$, 则称 A 为 x_λ 的 D_α-闭远域. x_λ 的所有 D_α-闭远域之集记为 $D\eta_\alpha^-(x_\lambda)$.

(2) 如果 x_λ 有 D_α-闭远域 A 使 $B_{[\alpha]} \subset A_{[\alpha]}$, 则称 B 为 x_λ 的 D_α-远域. x_λ 的所有 D_α-远域之集记为 $D\eta_\alpha(x_\lambda)$.

注 2.1.1　上述 (2) 中的 $B_{[\alpha]} \subset A_{[\alpha]}$ 等价于 $D_\alpha(B) \leqslant D_\alpha(A)$.

事实上, 设 $B_{[\alpha]} \subset A_{[\alpha]}$. 由 $D_\alpha(B)$ 和 $D_\alpha(A)$ 之定义

$$D_\alpha(B) = \bigwedge\{G \in \delta' : G_{[\alpha]} \supset B_{[\alpha]}\}, \quad D_\alpha(A) = \bigwedge\{G \in \delta' : G_{[\alpha]} \supset A_{[\alpha]}\},$$

若 $G \in \{G \in \delta' : G_{[\alpha]} \supset A_{[\alpha]}\}$, 则 $G \in \{G \in \delta' : G_{[\alpha]} \supset B_{[\alpha]}\}$, 因此 $D_\alpha(B) \leqslant D_\alpha(A)$.

反过来, 设 $D_\alpha(B) \leqslant D_\alpha(A)$, 则 $(D_\alpha(B))_{[\alpha]} \subset (D_\alpha(A))_{[\alpha]}$. 但 A 是 D_α-闭集, 故 $A_{[\alpha]} = (D_\alpha(A))_{[\alpha]}$. 又, $(D_\alpha(B))_{[\alpha]} = \bigcap\{G_{[\alpha]} : G \in \delta', G_{[\alpha]} \supset B_{[\alpha]}\} \supset B_{[\alpha]}$. 因此 $B_{[\alpha]} \subset A_{[\alpha]}$.

定理 2.1.1　设 (X,δ) 是 L-拓扑空间, $x_\lambda \in M^*(L^X), \alpha \in M(L)$, 则 $D\eta_\alpha(x_\lambda)$ 是 L^X 中的理想.

证　首先证明 $D\eta_\alpha(x_\lambda)$ 是下集. 设 $A \in D\eta_\alpha(x_\lambda)$, $B \in L^X$, 且 $B \leqslant A$, 则存在 $E \in D\eta_\alpha^-(x_\lambda)$ 使得 $A_{[\alpha]} \subset E_{[\alpha]}$. 显然 $B_{[\alpha]} \subset E_{[\alpha]}$, 于是 $B \in D\eta_\alpha(x_\lambda)$. 可见 $D\eta_\alpha(x_\lambda)$ 是下集.

再证 $D\eta_\alpha(x_\lambda)$ 是上定向集. 设 $A, B \in D\eta_\alpha(x_\lambda)$, 则存在 $P, Q \in D\eta_\alpha^-(x_\lambda)$ 使得 $A_{[\alpha]} \subset P_{[\alpha]}, B_{[\alpha]} \subset Q_{[\alpha]}$, 且 $\lambda \nleqslant P(x), \lambda \nleqslant Q(x)$. 因为 λ 是并既约元, 所以 $\lambda \nleqslant P(x) \vee Q(x) = (P \vee Q)(x)$, 于是 $x_\lambda \notin P \vee Q$. 注意到 $P \vee Q \in D_\alpha(\delta)$ 我们便有 $P \vee Q \in D\eta_\alpha^-(x_\lambda)$. 又因为, $(A \vee B)_{[\alpha]} = A_{[\alpha]} \cup B_{[\alpha]} \subset P_{[\alpha]} \cup Q_{[\alpha]} = (P \vee Q)_{[\alpha]}$, 所以 $A \vee B \in \eta_\alpha(x_\lambda)$. 这表明 $\eta_\alpha(x_\lambda)$ 是上定向集.

此外, 显然有 $1_X \notin D\eta_\alpha(x_\lambda)$.

综上所述, $D\eta_\alpha(x_\lambda)$ 是 L^X 中的理想.

定理 2.1.2 设 (X,δ) 是 L-拓扑空间, $x_\lambda \in M^*(L^X), A \in L^X$, 则

(1) 若 $A \in \eta^-(x_\lambda)$, 则 $\forall \alpha \in M(L), A \in D\eta_\alpha^-(x_\lambda)$.

(2) 若 $A \in \eta(x_\lambda)$, 则 $\forall \alpha \in M(L), A \in D\eta_\alpha(x_\lambda)$.

上述定理之逆不真.

例 2.1.1 取 $X = L= [0,1], \delta' = \{\, 0_X, 1_X, B \,\}, A = \left(\dfrac{1}{2}\right)_X$, 这里

$$B(x) = \begin{cases} \dfrac{1}{2}, & x \in \left[0, \dfrac{1}{2}\right), \\ 1, & x \in \left[\dfrac{1}{2}, 1\right]. \end{cases}$$

则 $\forall \alpha \in M(L) = (0,1]$, 我们有

(1) 当 $\alpha \in \left(0, \dfrac{1}{2}\right]$ 时, $A_{[\alpha]} = X, D_\alpha(A) = B, (D_\alpha(A))_{[\alpha]} = B_{[\alpha]} = X$, 所以 $(D_\alpha(A))_{[\alpha]} = A_{[\alpha]}$, 从而 $A \in D_\alpha(\delta)$.

(2) 当 $\alpha \in \left(\dfrac{1}{2}, 1\right]$ 时, $A_{[\alpha]} = \varnothing, D_\alpha(A) = 0_X$, 所以 $(D_\alpha(A))_{[\alpha]} = A_{[\alpha]}$, 从而 $A \in D_\alpha(\delta)$.

总之, $\forall \alpha \in M(L)$, 我们有 $A \in D_\alpha(\delta)$.

(3) 取 $x= 0.3, \lambda = 0.6$, 则 $x_\lambda \in M^*(L^X)$, 且 $\forall \alpha \in M(L), A \in D\eta_\alpha^-(x_\lambda)$. 但 $A \notin \eta^-(x_\lambda)$, 因 $A \notin \delta'$.

定义 2.1.2 设 (X,δ) 是 L-拓扑空间, $\alpha \in L(M), e \in M^*(L^X), A \in L^X$. 称 e 为 A 的 α-附着点, 若 $\forall P \in D\eta_\alpha(e). A_{[\alpha]} \not\subset P_{[\alpha]}$.

定理 2.1.3 设 $(X\delta)$ 是 L-拓扑空间, $\alpha \in M(L), A \in L^X$. 则

(1) $\forall x_\alpha \in M^*(L^X), x_\alpha \in D_\alpha(A)$ 当且仅当 x_α 是 A 的 α-附着点.

(2) $(D_\alpha(A))_{[\alpha]} = \{x \in X : x_\alpha$ 是 A 的 α-附着点$\}$.

证 (1) 若 $x_\alpha \notin D_\alpha(A) \subset D_\alpha(\delta)$, 则 $D_\alpha(A) \in D\eta_\alpha^-(x_\alpha)$. 但 $A_{[\alpha]} \subset (D_\alpha(A))_{[\alpha]}$, 故 x_α 不是 A 的 α-附着点.

反过来, 若 x_α 不是 A 的 α-附着点, 则存在 $P \in D\eta_\alpha(x_\alpha)$ 使得 $A_{[\alpha]} \subset P_{[\alpha]}$, 从而存在 $Q \in D\eta_\alpha^-(x_\alpha)$ 使得 $P_{[\alpha]} \subset Q_{[\alpha]}$. 于是 $A_{[\alpha]} \subset Q_{[\alpha]} = (D_\alpha(Q))_{[\alpha]}$, 所以 $D_\alpha(Q) \in \{G \in \delta' : G_{[\alpha]} \supset A_{[\alpha]}\}$. 这意味着 $D_\alpha(A) \leqslant D_\alpha(Q)$. 由 $x_\alpha \notin Q$ 得 $x \notin Q_{[\alpha]} = (D_\alpha(Q))_{[\alpha]}$, 即 $x_\alpha \notin D_\alpha(Q)$, 从而 $x_\alpha \notin D_\alpha(A)$.

(2) $x \in (D_\alpha(A))_{[\alpha]}$ 当且仅当 $x_\alpha \in D_\alpha(A)$ 当且仅当 x_α 是 A 的 α-附着点.

定理 2.1.4 设 (X,δ) 是 L-拓扑空间, $\alpha \in M(L), A \in L^X$. 若 x_α 是 A 的 α-附着点, 则 x_α 是 A 的附着点.

证　$\forall P \in \eta(x_\alpha)$, 存在 $Q \in \eta^-(x_\alpha)$ 使得 $P \leqslant Q$. 由 $Q \in D\eta_\alpha^-(x_\alpha)$ 以及 x_α 是 A 的 α-附着点, 得到 $A_{[\alpha]} \not\subset Q_{[\alpha]}$, 从而 $A_{[\alpha]} \not\subset P_{[\alpha]}$, 所以 $A \not\leqslant P$. 这证明 x_α 是 A 的附着点.

如下例所示 (文献 [16]), 上述定理之逆不成立.

例 2.1.2　取 $L = X = [0,1]$, 以 H_k 表示直线段 $y = kx, x \in [0,1]$, 置 $\delta' = \{H_k : k \in [0,1]\} \cup \{1_X\}$, 则 (X, δ) 是 L-拓扑空间. 构造 $A \in L^X$ 如下:

$$\forall x \in X, A(x) = \begin{cases} 0.25, & x \in [0, 0.5), \\ 0.5, & x \in [0.5, 1]. \end{cases}$$

取 $\alpha = 0.5 \in M(L)$, 则 $A^- = 1_X$, $D_\alpha(A) = H_1$. 若取 $\widetilde{x} = 0.3$, 则 $\widetilde{x}_\alpha \in A^-$, 故 $\widetilde{x}_\alpha$ 是 A 的附着点, 但 $\widetilde{x}_\alpha \notin D_\alpha(A)$, 因此 $\widetilde{x}_\alpha$ 不是 A 的 α-附着点.

定义 2.1.3　设 (X, δ) 是 L-拓扑空间, $A \in L^X, \alpha \in M(L)$.

(1) 称 x_α 为 A 的 D_α-聚点, 若 $x_\alpha \notin A$ 且 x_α 是 A 的 α-附着点, 或者 $x_\alpha \in A$ 且 $\forall P \in D\eta_\alpha(x_\alpha)$, 有 $A_{[\alpha]} \not\subset P_{[\alpha]} \cup \{x\}$.

(2) A 的一切 D_α-聚点之并称为 A 的 D_α-导集, 记作 $A_{D_\alpha}^d$.

定理 2.1.5　设 (X, δ) 是 L-拓扑空间, $A \in L^X, \alpha \in M(L)$. 若 x_α 为 A 的 D_α-聚点, 则 x_α 为 A 的聚点.

证　设 x_α 为 A 的 D_α-聚点. 若 x_α 是 A 的 α-附着点且 $x_\alpha \notin A$, 则由定理 2.1.4 知 x_α 是 A 的附着点.

若 $x_\alpha \in A$ 且 $\forall P \in D\eta_\alpha(x_\alpha)$, 有 $A_{[\alpha]} \not\subset P_{[\alpha]} \cup \{x\}$, 则 $\forall Q \in \eta(x_\alpha)$ 以及对 A 中每个包含 x_α 的分子 x_μ, 因 $Q \in D\eta_\alpha(x_\alpha)$, 故 $A_{[\alpha]} \not\subset Q_{[\alpha]} \cup \{x\}$. 此时, 若 $A \leqslant Q \vee x_\mu$, 则 $A_{[\alpha]} \subset Q_{[\alpha]} \cup \{x\}$, 因此 $A \not\leqslant Q \vee x_\mu$. 这证明 x_α 为 A 的聚点.

推论 2.1.1　设 (X, δ) 是 L-拓扑空间, $A \in L^X$, 则

$$\bigvee \{A_{D_\alpha}^d : \alpha \in M(L)\} \leqslant A^d.$$

由例 2.1.2 知上述推论中的 "$\leqslant$" 不能换成 "$=$".

定理 2.1.6　设 (X, δ) 是 L-拓扑空间, $A \in L^X, \alpha \in M(L)$, 则

$$(D_\alpha(A))_{[\alpha]} = A_{[\alpha]} \cup (A_{D_\alpha}^d)_{[\alpha]}.$$

证　因为 D_α-聚点一定是 α-附着点, 由定理 2.1.3 可得 $A_{D_\alpha}^d \leqslant D_\alpha(A)$, 从而 $(A_{D_\alpha}^d)_{[\alpha]} \subset (D_\alpha(A))_{[\alpha]}$. 此外当然有 $A_{[\alpha]} \subset (D_\alpha(A))_{[\alpha]}$, 所以

$$A_{[\alpha]} \cup (A_{D_\alpha}^d)_{[\alpha]} \subset (D_\alpha(A))_{[\alpha]}.$$

反过来, 设 $x \in (D_\alpha(A))_{[\alpha]}$, 则 $x_\alpha \in D_\alpha(A)$, 从而 x_α 是 A 的附着点. 若 $x \in A_{[\alpha]}$, 则 $(D_\alpha(A))_{[\alpha]} \subset A_{[\alpha]} \subset A_{[\alpha]} \cup (A_{D_\alpha}^d)_{[\alpha]}$; 若 $x \notin A_{[\alpha]}$, 则 $\forall P \in D\eta_\alpha(x_\alpha)$,

由 x_α 是 A 的附着点知道 $A_{[\alpha]} \not\subset P_{[\alpha]}$, 于是存在 $y \in A_{[\alpha]}$ 但 $y \notin P_{[\alpha]}$. 此时, 若 $A_{[\alpha]} \subset P_{[\alpha]} \cup \{x\}$, 则必有 $x = y \in A_{[\alpha]}$, 这与 $x \notin A_{[\alpha]}$ 相抵. 所以 $A_{[\alpha]} \not\subset P_{[\alpha]} \cup \{x\}$, 这恰好说明 x_α 是 A 的 D_α-聚点, 因此 $x \in \left(A_{D_\alpha}^d\right)_{[\alpha]}$, 所以

$$\left(D_\alpha(A)\right)_{[\alpha]} \subset \left(A_{D_\alpha}^d\right)_{[\alpha]} \subset A_{[\alpha]} \cup \left(A_{D_\alpha}^d\right)_{[\alpha]}.$$

总之, $\left(D_\alpha(A)\right)_{[\alpha]} = A_{[\alpha]} \cup \left(A_{D_\alpha}^d\right)_{[\alpha]}$.

定理 2.1.7(杨忠道定理) 设 (X, δ) 是 L-拓扑空间, $\alpha \in M(L)$, 则每个 $A \in L^X$ 的 $A_{D_d}^\alpha$ 为 D_α- 闭集的充要条件是每个 $x_\alpha \in L^X$ 的 $(x_\alpha)_{D_\alpha}^d$ 为 D_α-闭集.

证 必要性是显然的, 下证充分性.

对每个 $x_\alpha \in L^X$, 设 $(x_\alpha)_{D_\alpha}^d$ 为 D_α-闭集. 我们要证明: 对每个 $A \in L^X$, $A_{D_d}^d$ 为 D_α-闭集, 即要证 $\left(D_\alpha(A_{D_\alpha}^d)\right)_{[\alpha]} \subset \left(A_{D_\alpha}^d\right)_{[\alpha]}$.

$\forall x \in \left(D_\alpha(A_{D_\alpha}^d)\right)_{[\alpha]}$, 即 $x_\alpha \in D_\alpha(A_{D_\alpha}^d)$. 由定理 2.1.6 得 $\left(D_\alpha(A)\right)_{[\alpha]} \supset \left(A_{D_\alpha}^d\right)_{[\alpha]}$. 注意到 $D_\alpha(A) \in \delta'$, 再由 $D_\alpha(A_{D_\alpha}^d)$ 之定义得

$$\left(D_\alpha(A_{D_\alpha}^d)\right)_{[\alpha]} = \bigcap \{G_{[\alpha]} : G \in \delta', \quad G_{[\alpha]} \supset \left(A_{D_\alpha}^d\right)_{[\alpha]}\} \subset \left(D_\alpha(A)\right)_{[\alpha]},$$

于是 $x \in \left(D_\alpha(A)\right)_{[\alpha]}$.

(1) 若 $x \notin A_{[\alpha]}$, 由定理 2.1.6 直接可得 $x \in \left(A_{D_\alpha}^d\right)_{[\alpha]}$.

(2) 若 $x \in A_{[\alpha]}$, $\forall P \in D\eta_\alpha^-(x_\alpha)$, 令 $P_1 = P \vee (x_\alpha)_{D_\alpha}^d$, 由于 x_α 明显地不是 x_α 的 D_α-聚点, 故 $x_\alpha \not\leqslant (x_\alpha)_{D_\alpha}^d$, 再注意到 $(x_\alpha)_{D_\alpha}^d$ 是 D_α-闭集便有 $P_1 \in D\eta_\alpha^-(x_\alpha)$. 进而由 $x_\alpha \in D_\alpha(A_{D_\alpha}^d)$ 得 $(A_{D_\alpha}^d)_{[\alpha]} \not\subset (P_1)_{[\alpha]}$. 于是存在 $y \in (A_{D_\alpha}^d)_{[\alpha]}$ 使得 $y \notin (P_1)_{[\alpha]}$, 即 $y_\alpha \in A_{D_\alpha}^d$, $y_\alpha \notin P_1$, 从而 $y_\alpha \notin P$, $y_\alpha \notin (x_\alpha)_{D_\alpha}^d$.

① 若 $y_\alpha \in D_\alpha(x_\alpha)$, 则 $y_\alpha \in x_\alpha \in A$ (若 $y_\alpha \notin x_\alpha$, 则 $y_\alpha \in (x_\alpha)_{D_\alpha}^d$), 从而 $x = y$. 因 y_α 是 A 的 D_α-聚点, 故 $A_{[\alpha]} \not\subset P_{[\alpha]} \cup \{y\} = P_{[\alpha]} \cup \{x\}$.

② 若 $y_\alpha \notin D_\alpha(x_\alpha)$, 注意到 $D_\alpha(x_\alpha)$ 是闭集 (当然更是 D_α-闭集), 就有 $P \vee D_\alpha(x_\alpha) \in D\eta_\alpha^-(y_\alpha)$. 由 $y_\alpha \in A_{D_\alpha}^d \subset D_\alpha(A)$ 得 $A_{[\alpha]} \not\subset P_{[\alpha]} \cup (D_\alpha(x_\alpha))_{[\alpha]}$, 进而 $A_{[\alpha]} \not\subset P_{[\alpha]} \cup (x_\alpha)_{[\alpha]} = P_{[\alpha]} \cup \{x\}$.

综合 ① 与 ② 得到 $A_{[\alpha]} \not\subset P_{[\alpha]} \cup \{x\}$, 这证明 x_α 是 A 的 D_α-聚点, 所以 $x_\alpha \in A_{D_\alpha}^d$, 即 $x \in \left(A_{D_\alpha}^d\right)_{[\alpha]}$.

这样一来, 我们最终得到了 $\left(D_\alpha(A_{D_\alpha}^d)\right)_{[\alpha]} \subset \left(A_{D_\alpha}^d\right)_{[\alpha]}$.

2.2 分子网及其层次收敛理论

设 $S = \{x_{\lambda_n}^n, n \in D\}$ 是 L^X 中的分子网, 则由 S 中的分子 $x_{\lambda_n}^n$ 之承点 x^n 所形成的 $S_{(0)} = \{x^n, n \in D\}$ 是 X 中的网. 对 $\alpha \in M(L)$, 以 $\lambda_n \geqslant \alpha$ 为标准, 挑出

$S_{(0)}$ 中的一部分元素 $\{x^m : \lambda_m \geqslant \alpha, m \in E \subset D\}$, 令 $S_{[\alpha]} = \{x^m, m \in E\}$, 则 $S_{[\alpha]}$ 相当于 S 的 α-截集. 所以, 有时也把 $S_{[\alpha]}$ 记为 $S_{[\alpha]} = \{(S(n))_{[\alpha]}, n \in D\}$.

但一般说来, $S_{[\alpha]}$ 不一定是 $S_{(0)}$ 的子网.

例 2.2.1　取 $L = X = [0,1]$.

(1) 取 $x^n = \lambda_n = \dfrac{1}{n}, n \in N$(自然数集), 则 $S = \{x^n_{\lambda_n}, n \in N\}$ 是 L^X 中的分子网, $S_{(0)} = \{x^n, n \in N\}$ 是 X 中的分子网. 取 $\alpha = \dfrac{1}{2}$, 则 $S_{[\alpha]} = \{1, 2\}$ 不是 $S_{(0)}$ 的子网.

(2) 取 $x^n = \lambda_n = 1 - \dfrac{1}{n+1}, n \in N$, 则 $S = \{x^n_{\lambda_n}, n \in N\}$ 是 L^X 中的分子网, $S_{(0)} = \{x^n, n \in N\}$ 是 X 中的分子网. 取 $\alpha = \dfrac{2}{3}$, 则 $S_{[\alpha]} = \{x^n, n \in N - \{1\}\}$ 是 $S_{(0)}$ 的子网.

本节总假设 $S_{[\alpha]}$ 是 $S_{(0)}$ 的子网.

定义 2.2.1　设 (X, δ) 是 L-拓扑空间, $e \in M^*(L^X)$, $\alpha \in M(L)$, $S = \{S(n), n \in D\}$ 是分子网.

(1) 若 $\forall P \in D\eta_\alpha(e)$, $S_{[\alpha]}$ 最终不在 $P_{[\alpha]}$ 中, 则称 e 为 S 的 D_α 极限点, 或称 $S D_\alpha$ 收敛于 e, 记作 $S \xrightarrow{\alpha} e$. S 的所有 D_α 极限点之并记作 $\lim(\alpha)S$.

(2) 若 $\forall P \in D\eta_\alpha(e)$, $S_{[\alpha]}$ 经常不在 $P_{[\alpha]}$ 中, 则称 e 为 S 的 D_α 聚点, 或称 $S D_\alpha$ 聚于 e, 记作 $S \overset{\alpha}{\infty} e$. S 的所有 D_α 聚点之并记作 $\mathrm{ad}(\alpha)S$.

定理 2.2.1　设 (X, δ) 是 L-拓扑空间, $e \in M^*(L^X)$, $S = \{S(n), n \in D\}$ 是分子网. 则

(1) $S \xrightarrow{\alpha} e$ 当且仅当 $e \leqslant \lim(\alpha)S$;

(2) $S \overset{\alpha}{\infty} e$ 当且仅当 $e \leqslant \mathrm{ad}(\alpha)S$;

(3) 若 $S \xrightarrow{\alpha} e$, 则 $S \overset{\alpha}{\infty} e$.

以 (1) 为例进行证明. 设 $e \leqslant \lim(\alpha)S$ 对任意的 $P \in D\eta_\alpha^-(e)$, 有 $e \notin P$, 因此 $\lim(\alpha)S \nleqslant P$, 由 $\lim(\alpha)S$ 的定义知, S 有 D_α 极限点 d 使得 $d \notin P$. 由于 P 是 D_α-闭集, 故 $P \in D\eta_\alpha^-(d)$, 从而 $S_{[\alpha]}$ 最终不在 $P_{[\alpha]}$ 中. 至此已证得对 e 的每个 D_α-闭远域 P, $S_{[\alpha]}$ 最终不在 $P_{[\alpha]}$ 中. 一般地, 设 $Q \in D\eta_\alpha(e)$, 取 $P \in D\eta_\alpha^-(e)$ 使得 $Q_{[\alpha]} \subset P_{[\alpha]}$. 既然 $S_{[\alpha]}$ 最终不在 $P_{[\alpha]}$ 中, 自然也就最终不在 $Q_{[\alpha]}$ 中, 所以 $S \xrightarrow{\alpha} e$.

反过来, 设 $S \xrightarrow{\alpha} e$, 则由 $\lim(\alpha)S$ 的定义直接得到 $e \leqslant \lim(\alpha)S$.

定理 2.2.2　设 (X, δ) 是 L-拓扑空间, $e \in M^*(L^X)$, $\alpha \in M(L)$, $A \in L^X$. 则

(1) 若 A 中有分子网 $S = \{S(n), n \in D\}$(即 $\forall n \in D, S(n) \leqslant A) D_\alpha$ 聚于 e, 则 $e \in D_\alpha(A)$.

(2) 若 $e \in D_\alpha(A)$, 则 A 中有 D_α 收敛于 e 分子网.

证 (1) 设 $P \in D\eta_\alpha(e)$, 则由 $S \overset{\alpha}{\infty} e$ 知 $S_{[\alpha]}$ 经常不在 $P_{[\alpha]}$ 中. 但因 $S \subset A$, 故 $S_{[\alpha]} \subset A_{[\alpha]}$, 从而 $A_{[\alpha]} \not\subset P_{[\alpha]}$. 这表明 e 是 A 的 α-附着点, 由定理 2.1.3 得 $e \in D_\alpha(A)$.

(2) 设 $e \in D_\alpha(A)$, 则 e 是 A 的 α-附着点, 从而 $\forall P \in D\eta_\alpha(e), A_{[\alpha]} \not\subset P_{[\alpha]}$. 因此存在 $x_\alpha^P \leqslant A$ 但 $x_\alpha^P \not\leqslant P$. 令 $S = \{x_\alpha^P, P \in D\eta_\alpha(e)\}$, 由 $D\eta_\alpha(e)$ 是理想知 S 是 A 中的常值分子网. $\forall Q \in D\eta_\alpha(e)$, 则当 $P \in D\eta_\alpha(e)$ 且 $P \geqslant Q$ 时, 由 $x_\alpha^P \not\leqslant P$ 得 $x_\alpha^P \not\leqslant Q$, 从而 $S_{[\alpha]}$ 最终不在 $Q_{[\alpha]}$ 中. 这证明 $S \overset{\alpha}{\longrightarrow} e$.

推论 2.2.1 设 (X, δ) 是 L-拓扑空间, $e \in M^*(L^X)$, $\alpha \in M(L)$, $A \in L^X$ 则 $e \in D_\alpha(A)$ 当且仅当存在 A 中 D_α 收敛于 e 的分子网.

定理 2.2.3 设 (X, δ) 是 L-拓扑空间, $e \in M^*(L^X)$, $S = \{S(n)_{\lambda(n)}, n \in D\}$ 是 L^X 中的分子网, $\alpha \in M(L)$. 则 $S \overset{\alpha}{\infty} e$ 当且仅当 S 有子网 T, $T \overset{\alpha}{\longrightarrow} e$.

证 设 $T = \{T(m)_{\lambda(m)}, m \in E\}$ 是 S 的子网, 且 $T \overset{\alpha}{\longrightarrow} e$. 令

$S_{(0)} = \{S(n), n \in D\}, S_{[\alpha]} = \{H(j), j \in J\}$, 其中 $J(\subset D)$ 是定向集,

$T_{(0)} = \{T(m), m \in E\}, T_{[\alpha]} = \{U(k), k \in K\}$, 其中 $K(\subset E)$ 是定向集,

则 $T_{[\alpha]}$ 是 $S_{[\alpha]}$ 的子网. 从而存在映射 $N : K \to J$ 使得 $T_{[\alpha]} = S_{[\alpha]} \circ N$, 即 $U = H \circ N$.

$\forall P \in D\eta_\alpha(e), \forall j_0 \in J$, 由子网的定义, 存在 $k_0 \in K$, 使当 $k \geqslant k_0(k \in K)$ 时, $N(k) \geqslant j_0(N(k) \in J)$. 又, 由 $T \overset{\alpha}{\longrightarrow} e$ 知 $T_{[\alpha]}$ 最终不在 $P_{[\alpha]}$ 中, 从而存在 $k_1 \in K$, 使当 $k \geqslant k_1(k \in K)$ 时, $U(k) \notin P_{[\alpha]}$. 因为 K 是定向集, 存在 $k_2 \in K$, 使得 $k_2 \geqslant k_0$ 且 $k_2 \geqslant k_1$. 这时 $U(k_2) \notin P_{[\alpha]}$ 且 $N(k_2) \geqslant j_0$. 令 $j = N(k_2)$, 则

$$H(j) = H(N(k_2)) = U(k_2) \notin P_{[\alpha]},$$

且 $j \geqslant j_0$. 这证明 $S_{[\alpha]}$ 经常不在 $P_{[\alpha]}$ 中, 所以 $S \overset{\alpha}{\infty} e$.

反过来, 设 $S \overset{\alpha}{\infty} e$. 这时 $\forall P \in D\eta_\alpha(e), \forall j \in J$, 有 $\tilde{j} \in J, \tilde{j} \geqslant j$, 使得 $H(\tilde{j}) \notin P_{[\alpha]}$. 固定这样的一个 $\tilde{j}$, 并把它记作 $\tilde{j} = N((j, P))$, 则得一映射

$$N : J \times D\eta_\alpha(e) \to J,$$

且 $H(N(j, P)) \notin P_{[\alpha]}$.

令 $K = J \times D\eta_\alpha(e)$, 且在 K 中规定

$$(j_1, P_1) \geqslant (j_2, P_2) \text{当且仅当} j_1 \geqslant j_2 \text{ 且 } P_1 \geqslant P_2,$$

则由 J 为定向集以及 $D\eta_\alpha(e)$ 为理想知 K 构成定向集. $\forall (j, P) \in K$, 令 $U((j, P)) = H(N(j, P))$, 则得网 $V = \{U((j, P)), (j, P) \in K\}$. 不难验证 $T_{[\alpha]}$ 是 $S_{[\alpha]}$ 的子网.

这样一来, 沿着 $S_{[\alpha]} \to S_{(0)} \to S$ 的路径还原回去, 就可以得到 S 的一个子网 $T = \{T(m)_{\lambda(m)}, m \in E\}$, 其 $T_{[\alpha]}$ 就是 V, 即 $T_{[\alpha]} = \{U((j, P)), (j, P) \in K\}$.

$\forall Q \in \eta_\alpha(e)$，取 $(j, Q) \in K$，这里 j 是 J 中的任一元，则当 $(j, P) \geqslant (j, Q)$ 时，由 $U((j, P)) = H(N(j, P)) \notin P_{[\alpha]}$ 以及 $P \geqslant Q$ 得 $U((j, P)) \notin Q_{[\alpha]}$. 这就证明了 $T_{[\alpha]}$ 最终不在 $Q_{[\alpha]}$ 中，从而 $T \xrightarrow{\alpha} e$.

定理 2.2.4　设 (X, δ) 是 L-拓扑空间，$\alpha \in M(L)$，$A \in L^X$，则下列条件等价：

(1) A 是 D_α-闭集；

(2) 对 A 中的每一分子网 S，$(\mathrm{ad}(\alpha)S)_{[\alpha]} \subset A_{[\alpha]}$；

(3) 对 A 中的每一分子网 S，$(\lim(\alpha)S)_{[\alpha]} \subset A_{[\alpha]}$.

证　(1)$\Rightarrow$(2) 设 A 是 D_α- 闭集，且 S 是 A 中的分子网. $\forall x \in (\mathrm{ad}(\alpha)S)_{[\alpha]}$，有 $x_\alpha \leqslant \mathrm{ad}(\alpha)S$. 由定理 2.2.1(2) 知 $S \overset{\alpha}{\infty} x_\alpha$. 于是 $\forall P \in D\eta_\alpha(x_\alpha)$，$S_{[\alpha]}$ 经常不在 $P_{[\alpha]}$ 中. 但 S 是 A 中的分子网，故 $S_{[\alpha]} \subset A_{[\alpha]}$，从而 $A_{[\alpha]} \not\subset P_{[\alpha]}$，这表明 x_α 是 A 的 α-附着点. 由定理 2.1.3(1)，$x_\alpha \in D_\alpha(A)$. 但 A 是 D_α-闭集，所以 $x \in (D_\alpha(A))_{[\alpha]} = A_{[\alpha]}$. 因此 $(\mathrm{ad}(\alpha)S)_{[\alpha]} \subset A_{[\alpha]}$.

(2) $\Rightarrow$(3) 由定理 2.2.1(3) 立即可得.

(3) $\Rightarrow$(1) 设 $x \in (D_\alpha(A))_{[\alpha]}$，则 $x_\alpha \in D_\alpha(A)$. 由推论 2.1.1，A 中有 D_α 收敛于 x_α 的分子网 S，从而 $x_\alpha \leqslant \lim(\alpha)S$. 由 (3) 得

$$x \in (x_\alpha)_{[\alpha]} \subset (\lim(\alpha)S)_{[\alpha]} \subset A_{[\alpha]}.$$

所以 $(D_\alpha(A))_{[\alpha]} \subset A_{[\alpha]}$. 另一方面，由 $D_\alpha(A)$ 之定义可得

$$(D_\alpha(A))_{[\alpha]} = \cap\{G_{[\alpha]} : G \in \delta', G_{[\alpha]} \supset A_{[\alpha]}\} \supset A_{[\alpha]}.$$

因此 $(D_\alpha(A))_{[\alpha]} = A_{[\alpha]}$，这证明 A 是 D_α-闭集.

定理 2.2.5　设 (X, δ) 是 L-拓扑空间，$S = \{S(n), n \in D\}$ 是 L^X 中的分子网，$e \in M^*(L^X)$，$\alpha \in M(L)$，$\beta^*(e)$ 是 e 的标准极小集，则

(1) $S \xrightarrow{\alpha} e$ 当且仅当 $\forall b \in \beta^*(e)$ 有 $S \xrightarrow{\alpha} b$.

(2) $S \overset{\alpha}{\infty} e$ 当且仅当 $\forall b \in \beta^*(e)$ 有 $S \overset{\alpha}{\infty} b$.

证　(1) 与 (2) 类似，只证 (1). 设 $\forall b \in \beta^*(e)$ 有 $S \xrightarrow{\alpha} b$，若 e 不是 S 的 D_α 极限点，则存在 $P \in D\eta_\alpha(e)$ 使得 "$S_{[\alpha]}$ 最终不在 $P_{[\alpha]}$" 不成立. 由 $P \in D\eta_\alpha(e)$，$\exists Q \in D\eta_\alpha^-(e)$ 使得 $P_{[\alpha]} \subset Q_{[\alpha]}$. 由 $e \notin Q$ 及 $e = \vee \beta^*(e)$，存在 $b \in \beta^*(e)$ 使得 $b \notin Q$. 因为 Q 是 D_α-闭集，所以 $Q \in D\eta_\alpha^-(b)$. 由已知条件有 $S \xrightarrow{\alpha} b$，从而 $S_{[\alpha]}$ 最终不在 $Q_{[\alpha]}$. 注意到 $P_{[\alpha]} \subset Q_{[\alpha]}$ 便有 "$S_{[\alpha]}$ 最终不在 $P_{[\alpha]}$" 成立. 这是一个矛盾. 因此 $S \xrightarrow{\alpha} e$.

反过来，设 $S \xrightarrow{\alpha} e$. $\forall b \in \beta^*(e)$，则 $b \leqslant e$. $\forall P \in D\eta_\alpha(b)$，$\exists Q \in D\eta_\alpha^-(b)$ 使得 $P_{[\alpha]} \subset Q_{[\alpha]}$. 由 $b \notin Q$ 得 $e \notin Q$，所以 $Q \in D\eta_\alpha^-(e)$. 由 $S \xrightarrow{\alpha} e$ 知道 $S_{[\alpha]}$ 最终不在 $Q_{[\alpha]}$ 中，从而更有 $S_{[\alpha]}$ 最终不在 $P_{[\alpha]}$ 中，所以 $S \xrightarrow{\alpha} b$.

2.3 理想及其层次收敛理论

首先, 回忆一下 L-拓扑空间中的理想及其收敛的定义.

设 (X,δ) 是 L-拓扑空间, $e \in M^*(L^X)$, I 是 L^X 中的理想, 那么

(1) 如果 $\eta(e) \subset I$, 则称 e 为 I 的极限点, 或称 I 收敛于 e, 记作 $I \to e$.

(2) 如果 $\forall A \in I$ 以及 $\forall P \in \eta(e), A \vee P \neq 1$, 则称 e 为 I 的聚点, 或称 I 聚于 e, 记作 $I \infty e$.

I 的一切极限点之并记作 $\lim I$, I 的一切聚点之并记作 $\mathrm{ad}I$.

现在开始论述层次拓扑空间中的理想及其收敛理论.

设 L 是模糊格, X 是非空集, $\alpha \in M(L)$. 给定 L^X 中的理想 I, 记

$$I_{[\alpha]} = \{A_{[\alpha]} : A \in I\},$$

则 $I_{[\alpha]} \subset 2^X$.

在集合的包含关系之下, $I_{[\alpha]}$ 是 2^X 中的下集. 事实上, 设 $A_{[\alpha]} \in I_{[\alpha]}$, 对任何 $B \in 2^X$ 且 $B \subset A_{[\alpha]}$, 则 $\alpha\chi_B \leqslant A$, 这里

$$\alpha\chi_B(x) = \begin{cases} \alpha, & x \in B, \\ 0, & x \notin B. \end{cases}$$

由于 I 是下集, 且 $A \in I$, 故 $\alpha\chi_B \in I$, 从而 $(\alpha\chi_B)_{[\alpha]} = B \in I$.

$I_{[\alpha]}$ 是 2^X 中的上定向集. 事实上, 设 $A_{[\alpha]}, B_{[\alpha]} \in I_{[\alpha]}$, 则由 I 是上定向集知, 存在 $C \in I$ 使得 $C \geqslant A, C \geqslant B$, 从而 $C \geqslant A \vee B$, 又因 I 是下集, 故 $A \vee B \in I$, 于是 $(A \vee B)_{[\alpha]} = A_{[\alpha]} \cup B_{[\alpha]} \in I_{[\alpha]}$. 这表明 $I_{[\alpha]}$ 是上定向集.

但一般说来, $I_{[\alpha]}$ 不一定是 2^X 中的理想, 因为不一定有 $X \notin I_{[\alpha]}$.

例 2.3.1 取 $L = X = [0,1]$.

(1) 对 $k \in [0,1]$, 令 $A_k(x) = kx, x \in [0,1]$, 则 $A_k \in L^X$. 从几何上看, A_k 实际上是以 k 为斜率的直线段. 显然 $I = \{A_k : k \in [0,1]\}$ 是 L^X 中的理想. 任取 $\alpha \in M(L)$, 则 $X \notin I_{[\alpha]}$.

(2) 令 $I = \{A \in L^X : A \leqslant 0.5_X\}$, 则 I 是 L^X 中的理想. 任取 $\alpha \in (0, 0.5]$, 则 $X \in I_{[\alpha]}$.

本节总假设 $X \notin I_{[\alpha]}$.

定义 2.3.1 设 (X,δ) 是 L-拓扑空间, $e \in M^*(L^X), \alpha \in M(L), I$ 是 L^X 中的理想, 那么

(1) 如果 $(D\eta_\alpha(e))_{[\alpha]} = \{P_{[\alpha]} : P \in D\eta_\alpha(e)\} \subset I_{[\alpha]}$, 则称 e 为 I 的 D_α-极限点, 或称 ID_α 收敛于 e, 记作 $I \xrightarrow{\alpha} e$.

(2) 如果 $\forall A \in I$ 以及 $\forall P \in D\eta_\alpha(e)$, $A_{[\alpha]} \cup P_{[\alpha]} \neq X$, 则称 e 为 I 的 D_α-聚点, 或称 ID_α 聚于 e, 记作 $I \overset{\alpha}{\infty} e$.

I 的一切 D_α-极限点之并记作 $\lim(\alpha)I$, I 的一切 D_α- 聚点之并记作 $\mathrm{ad}(\alpha)I$.

注意, 与证明 $I_{[\alpha]}$ 是下集和定向集类似, 可证明 $(D\eta_\alpha(e))_{[\alpha]}$ 也是下集和定向集.

设 d 是满足条件 $d \leqslant e$ 的分子, 则 $\forall P \in D\eta_\alpha(d)$, 存在 $Q \in D\eta_\alpha^-(d)$, 使得 $D_\alpha(P) \leqslant D_\alpha(Q)$. 由 $d \not\leqslant Q$ 得 $e \not\leqslant Q$, 从而 $Q \in D\eta_\alpha^-(e)$, 于是 $P \in D\eta_\alpha(e)$. 所以 $D\eta_\alpha(d) \subset D\eta_\alpha(e)$, 进而 $(D\eta_\alpha(d))_{[\alpha]} \subset (D\eta_\alpha(e))_{[\alpha]}$. 因此, 若 $I \overset{\alpha}{\longrightarrow} e$, 则 $I \overset{\alpha}{\longrightarrow} d$. 同理可证, 当 $I \overset{\alpha}{\infty} e$ 时有 $I \overset{\alpha}{\infty} d$. 即, 若理想 ID_α 收敛于 (或 D_α 聚于) 较高的分子, 则它也 D_α 收敛于 (D_α 聚于) 较低的分子.

定理 2.3.1　设 (X, δ) 是 L-拓扑空间, $\alpha \in M(L)$, $e \in M^*(L^X)$, I_1 和 I_2 是 L^X 中的理想, 且 $I_1 \subset I_2$, 则

(1) $I_1 \overset{\alpha}{\longrightarrow} e \Rightarrow I_2 \overset{\alpha}{\longrightarrow} e$, 从而 $\lim(\alpha)I_1 \leqslant \lim(\alpha)I_2$.

(2) $I_2 \overset{\alpha}{\infty} e \Rightarrow I_1 \overset{\alpha}{\infty} e$, 从而 $\mathrm{ad}(\alpha)I_2 \leqslant \mathrm{ad}(\alpha)I_1$.

证　以 (1) 为例. 由 $I_1 \subset I_2$ 得 $(I_1)_{[\alpha]} \subset (I_2)_{[\alpha]}$. 再由 $I_1 \overset{\alpha}{\longrightarrow} e$ 可得

$$(D\eta_\alpha(e))_{[\alpha]} \subset (I_1)_{[\alpha]} \subset (I_2)_{[\alpha]},$$

因此 $I_2 \overset{\alpha}{\longrightarrow} e$.

定理 2.3.2　设 (X, δ) 是 L-拓扑空间, $e \in M^*(L^X)$, $\alpha \in M(L)$, $A \in L^X$, 则 $e \in D_\alpha(A)$ 当且仅当 L^X 中有理想 I, $A_{[\alpha]} \notin I_{[\alpha]}$ 且 $I \overset{\alpha}{\longrightarrow} e$.

证　设 $e \in D_\alpha(A)$, 则 e 是 A 的 α-附着点, 从而 $\forall P \in D\eta_\alpha(e)$, 有 $A_{[\alpha]} \not\subset P_{[\alpha]}$. 特别是, $\forall P \in D\eta_\alpha(e)$, 有 $A_{[\alpha]} \neq P_{[\alpha]}$. 令 $I = D\eta_\alpha(e)$, 则 I 是 L^X 中的理想, 且 $(D\eta_\alpha(e))_{[\alpha]} \subset I_{[\alpha]}$. 因此 $I \overset{\alpha}{\longrightarrow} e$. 此外, 显然有 $A_{[\alpha]} \notin I_{[\alpha]}$.

反过来, 设理想 $I \overset{\alpha}{\longrightarrow} e$ 且 $A_{[\alpha]} \notin I_{[\alpha]}$, $\forall P \in D\eta_\alpha(e)$, 则由 $(D\eta_\alpha(e))_{[\alpha]} \subset I_{[\alpha]}$ 知 $A_{[\alpha]} \not\subset P_{[\alpha]}$. 事实上, 若 $A_{[\alpha]} \subset P_{[\alpha]}$, 则因 $(D\eta_\alpha(e))_{[\alpha]}$ 是下集可得 $A_{[\alpha]} \in (D\eta_\alpha(e))_{[\alpha]}$, 从而 $A_{[\alpha]} \in I_{[\alpha]}$, 这是一个矛盾. 因此 $A_{[\alpha]} \not\subset P_{[\alpha]}$, 这证明 e 是 A 的 α-附着点, 所以 $e \in D_\alpha(A)$.

定理 2.3.3　设 (X, δ) 是 L-拓扑空间, $e \in M^*(L^X)$, $\alpha \in M(L)$, I 是 L^X 中的理想, 则

(1) $I \overset{\alpha}{\longrightarrow} e$ 当且仅当 $e \leqslant \lim(\alpha)I$;

(2) $I \overset{\alpha}{\infty} e$ 当且仅当 $e \leqslant \mathrm{ad}(\alpha)I$.

证　以 (1) 为例. 设 $I \overset{\alpha}{\longrightarrow} e$, 则由 $\lim(\alpha)I$ 之定义立得 $e \leqslant \lim(\alpha)I$.

反过来, 设 $e \leqslant \lim(\alpha)I$. $\forall Q \in D\eta_\alpha^-(e)$, 有 $e \not\leqslant Q$, 从而 $\lim(\alpha)I \not\leqslant Q$, 于是存在 I 的 D_α 极限点 $d \not\leqslant Q$. 由于 Q 是 D_α-闭集, 故 $Q \in D\eta_\alpha^-(d)$, 这导致

$(D\eta_\alpha^-(d))_{[\alpha]} \subset I_{[\alpha]}$. 注意到 $Q_{[\alpha]} \in (D\eta_\alpha^-(d))_{[\alpha]}$ 我们便有

$$(D\eta_\alpha^-(e))_{[\alpha]} \subset (D\eta_\alpha^-(d))_{[\alpha]} \subset I_{[\alpha]}.$$

现设 $P \in D\eta_\alpha(e)$, 则存在 $Q \in D\eta_\alpha^-(e)$ 使得 $P_{[\alpha]} \subset Q_{[\alpha]}$. 因为 $(D\eta_\alpha^-(e))_{[\alpha]}$ 是下集且 $Q_{[\alpha]} \in (D\eta_\alpha^-(e))_{[\alpha]}$, 所以 $P_{[\alpha]} \in (D\eta_\alpha^-(e))_{[\alpha]}$. 由上述刚证明的结论, 我们得到 $(D\eta_\alpha(e))_{[\alpha]} \subset (D\eta_\alpha^-(e))_{[\alpha]} \subset I_{[\alpha]}$, 这证明 $I \xrightarrow{\alpha} e$.

定理 2.3.4 设 (X,δ) 是 L-拓扑空间, $\alpha \in M(L)$, I 是 L^X 中的理想, $x \in X$. 若 $I \to x_\alpha$, 则 $I \xrightarrow{\alpha} x_\alpha$.

证 设 $I \to x_\alpha$. $\forall P \in D\eta_\alpha(x_\alpha)$, $\exists Q \in D\eta_\alpha^-(x_\alpha)$, 使得 $D_\alpha(P) \leqslant D_\alpha(Q)$. 由 $x_\alpha \not\leqslant Q$ 及 Q 是 D_α-闭集得 $x \notin Q_{[\alpha]} = (D_\alpha(Q))_{[\alpha]}$, 从而 $x_\alpha \not\leqslant D_\alpha(Q)$, 进而 $x_\alpha \not\leqslant P_\alpha(Q)$. 但 $D_\alpha(P)$ 是闭集, 所以 $D_\alpha(P) \in \eta(x_\alpha)$. 由 $I \to x_\alpha$ 知 $\eta(x_\alpha) \subset I$, 从而 $(\eta(x_\alpha))_{[\alpha]} \subset I_{[\alpha]}$. 由于 $(D_\alpha(P))_{[\alpha]} \in (\eta(x_\alpha))_{[\alpha]}$, 而 $P_{[\alpha]} \subset (D_\alpha(P))_{[\alpha]}$, 且 $(\eta(x_\alpha))_{[\alpha]}$ 是下集, 所以 $P_{[\alpha]} \in (\eta(x_\alpha))_{[\alpha]}$. 这导致 $(D\eta_\alpha(x_\alpha))_{[\alpha]} \subset (\eta(x_\alpha))_{[\alpha]} \subset I_{[\alpha]}$, 因此 $I \xrightarrow{\alpha} x_\alpha$.

上述定理之逆不成立.

例 2.3.2 取 $L = X = [0,1]$, 对 $k \in [0,1]$, 令 $A_k(x) = kx, x \in [0,1]$, 则 $A_k \in L^X$. 如例 2.3.1 所述, $I = \{A_k : k \in [0,1]\}$ 是 L^X 中的理想. 构造 $B \in L^X$ 如下:

$$\forall x \in X, B(x) = \begin{cases} 0.5, & x \in [0,0.5), \\ x, & x \in [0.5,1]. \end{cases}$$

令 $\delta' = \{0_X, 1_X, B\}$, 则 (X,δ) 是 L-拓扑空间. 取 $\alpha = 0.6 \in M(L)$, 则 $B_{[\alpha]} = [0.6,1]$, $I_{[\alpha]} = \{[0.6,t] : 0.6 < t \leqslant 1\}$. 取 $\tilde{x} = 0.3$, 则 $\tilde{x}_\alpha$ 的闭远域族 $\eta^-(\tilde{x}_\alpha) = \{B\} \not\subset I$, 所以 $\tilde{x}_\alpha$ 不是 I 的极限点.

下证 $\tilde{x}_\alpha$ 是 I 的 D_α 极限点.

用 H 表示从 X 到自身的全体函数, $\forall f, g \in H$, 构造 $E(f,g) \in L^X$ 如下:

$$\forall x \in X, E(f,g)(x) = \begin{cases} f(x), & f(x) < 0.6, x \in [0,0.6), \\ g(x), & g(x) \geqslant 0.6, x \in [0.6,1]. \end{cases}$$

则 $\tilde{x}_\alpha \not\leqslant E(f,g)$, $(E(f,g))_{[\alpha]} = [0.6,1]$,

$$D_\alpha(E(f,g)) = \bigwedge\{G \in \delta' : G_{[\alpha]} \supset (E(f,g))_{[\alpha]}\} = \bigwedge\{G \in \delta' : G_{[\alpha]} \supset [0.6,1]\} = B,$$
$$(D_\alpha(E(f,g)))_{[\alpha]} = B_{[\alpha]} = [0.6,1] = (E(f,g))_{[\alpha]}.$$

可见 $E(f,g)$ 是 D_α-闭集, 进而是 $\tilde{x}_\alpha$ 的 D_α 闭远域, 而且 $\tilde{x}_\alpha$ 只有这些 D_α 闭远域, 所以

$$D\eta_\alpha^-(\tilde{x}_\alpha) = \{E(f,g) : f, g \in H\},$$

$$\left(D\eta_\alpha^-(\widetilde{x}_\alpha)\right)_{[\alpha]} = \{(E(f,g))_{[\alpha]} : f,g \in H\} = \{[0.6,1]\} \subset I_{[\alpha]}.$$

这证明 $\widetilde{x}_\alpha$ 是 I 的 D_α-极限点.

定理 2.3.5 设 (X,δ) 是 L-拓扑空间, $\alpha \in M(L)$, I 是 L^X 中的理想, $x \in X$. 若 $I \overset{\alpha}{\infty} x_\alpha$, 则 $I\infty x_\alpha$.

证 设 $I \overset{\alpha}{\infty} x_\alpha$. 若 x_α 不是 I 的聚点, 则存在 $P \in \eta^-(x_\alpha)$ 及 $A \in I$ 使得 $A \vee P{=}1$, 从而 $P_{[\alpha]} \cup A_{[\alpha]} = X$. 注意到 $P \in D\eta_\alpha(x_\alpha)$ 便知道 x_α 不是 I 的 D_α-聚点, 矛盾. 所以 $I\infty x_\alpha$。

上述定理之逆不成立.

例 2.3.3 取 $L = X = [0,1]$, 对 $k \in [0, 0.8]$, 构造 $A^k \in L^X$ 如下:

$$\forall x \in X, A^k(x) = \begin{cases} k, & x \in [0, 0.5], \\ 0, & x \in (0.5, 1]. \end{cases}$$

则容易验证 $I = \{A^k : k \in [0,0.8]\}$ 是 L^X 中的理想. 构造 $B \in L^X$ 如下:

$$\forall x \in X, B(x) = \begin{cases} 0.4, & x \in [0, 0.5), \\ 0.8, & x \in [0.5, 1]. \end{cases}$$

取 $\widetilde{x} = 0.3$, $\alpha = 0.5$, 则 $\widetilde{x}_\alpha \notin B$, $B_{[\alpha]} = [0.5, 1]$. 令 $\delta' = \{0_X, 1_X, B\}$, 则 (L, X) 是 L-拓扑空间. 显然 $\eta^-(x_\alpha) = \{B\}$. 容易看出, $\forall A^k \in I$ 有 $A^k \vee B \neq 1$, 因此 $I\infty \widetilde{x}_\alpha$.

下证 $\widetilde{x}_\alpha$ 不是 I 的 D_α-聚点.

用 H 表示 X 到自身的全体函数, $\forall f, g \in H$, 定义 $W(f,g) \in L^X$ 如下:

$$\forall x \in X, \quad W(f,g)(x) = \begin{cases} f(x), & f(x) < 0.5, \ x \in [0, 0.5), \\ g(x), & g(x) \geqslant 0.5, \ x \in [0.5, 1]. \end{cases}$$

如图 2.3.1 所示.

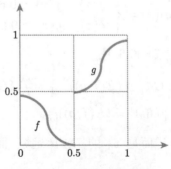

图 2.3.1 $W(f,g)$ 的图像

则 $\widetilde{x}_\alpha \notin W(f,g)$, $(W(f,g))_{[\alpha]} = [0.5,1]$,

$$D_\alpha(W(f,g)) = \bigwedge\{G \in \delta' : G_{[\alpha]} \supset (W(f,g))_{[\alpha]}\} = \bigwedge\{G \in \delta' : G_{[\alpha]} \supset [0.5,1]\} = B,$$

$$(D_\alpha(W(f,g)))_{[\alpha]} = B_{[\alpha]} = [0.5,1] = (W(x,g))_{[\alpha]}.$$

可见 $W(f,g)$ 是 (X,δ) 的 D_α-闭集, 进而是 $\widetilde{x}_\alpha$ 的 D_α 闭远域, 而且 $\widetilde{x}_\alpha$ 也只有这些 D_α 闭远域. 所以

$$D\eta_\alpha^-(\widetilde{x}_\alpha) = \{W(f,g) : f,g \in H\},$$

$$\left(D\eta_\alpha^-(\widetilde{x}_\alpha)\right)_{[\alpha]} = \{(W(f,g))_{[\alpha]} : f,g \in H\} = \{[0.5,1]\}.$$

另一方面, 由上述 A^k 的定义, 当 $k \geqslant 0.5$ 时, $(A^k)_{[\alpha]} = [0,0.5]$, 所以

$$I_{[\alpha]} = \{(A^k)_{[\alpha]} : k \in [0,0.8]\} = \{[0,0.5]\}.$$

因此, 存在 $(A^k)_{[\alpha]} \in I_{[\alpha]}$ 及 $(W(f,g))_{[\alpha]} \in (D\eta_\alpha^-(\widetilde{x}_\alpha))_{[\alpha]}$ 使得

$$(A^k)_{[\alpha]} \cup (W(f,g))_{[\alpha]} = [0,0.5] \cup [0.5,1] = X,$$

这证明 $\widetilde{x}_\alpha$ 不是 I 的 D_α-聚点.

注 2.3.1 定理 2.3.5 的结论与定理 2.3.4 的结论正好相反, 这是否意味着理想的 D_α-聚点之定义过于苛刻了? 这是一个值得探讨的问题.

定理 2.3.6 设 (X,δ) 是 L-拓扑空间, $e \in M^*(L^X)$, $\alpha \in M(L)$, I 是 L^X 中的理想. 若 $I \xrightarrow{\alpha} e$, 则 $I \overset{\alpha}{\infty} e$.

证 $\forall P \in D\eta_\alpha(e)$, 由 $I \xrightarrow{\alpha} e$ 知 $(D\eta_\alpha(e))_{[\alpha]} \subset I_{[\alpha]}$, 从而 $P_{[\alpha]} \in I_{[\alpha]}$. $\forall A_{[\alpha]} \in I_{[\alpha]}$, 由于 $I_{[\alpha]}$ 是定向集, $A_{[\alpha]} \cup P_{[\alpha]} \in I_{[\alpha]}$. 而 $X \notin I_{[\alpha]}$, 故 $A_{[\alpha]} \cup P_{[\alpha]} \neq X$. 所以 $I \overset{\alpha}{\infty} e$.

上述定理之逆不成立.

例 2.3.4 取 $L = X = [0,1]$, 对 $k \in [0,1]$, 令 $A_k(x) = kx, x \in [0,1]$, 则 $A_k \in L^X$, 且 $I = \{A_k : k \in [0,1]\}$ 是 L^X 中的理想. 构造 $B \in L^X$ 如下:

$$\forall x \in X, B(x) = \begin{cases} 1, & x \in [0,0.2], \\ 0, & x \in (0.2,0.5), \\ 1, & x \in [0.5,1]. \end{cases}$$

取 $\widetilde{x} = 0.3$, $\alpha = 0.6 \in M(L)$, 则 $\widetilde{x}_\alpha \notin B$. 令 $\delta' = \{0_X, 1_X, B\}$, 则 (X,δ) 为 L-拓扑空间, 且 $\eta^-(\widetilde{x}_\alpha) = \{B\}$. 此外, 因为

$$B_{[\alpha]} = [0,0.2] \cup [0.5,1],$$

$$(A_k)_{[\alpha]} = \begin{cases} \left[\dfrac{0.6}{k}, 1\right], & k \in [0.6, 1], \\[2mm] \varnothing, & k \in (0, 0.6), \end{cases}$$

所以

$$I_{[\alpha]} = \left\{ \left[\frac{0.6}{k}, 1\right] : k \in [0.6, 1] \right\} \cup \{\varnothing\}, \; (\eta^-(\widetilde{x}_\alpha))_{[\alpha]} = \{B_{[\alpha]}\} = \{[0, 0.2] \cup [0.5, 1]\}.$$

因此 $(\eta^-(\widetilde{x}_\alpha))_{[\alpha]} \not\subset I_{[\alpha]}$, 这表明 $\widetilde{x}_\alpha$ 不是 I 的 D_α-极限点.

下证 $\widetilde{x}_\alpha$ 是 I 的 D_α-聚点.

以 H 表示从 X 到自身的函数之全体, $\forall f, g, h \in H$, 构造 $C(f, g, h) \in L^X$ 如下 (图 2.3.2):

$$\forall x \in X, \quad C(f, g, h)(x) = \begin{cases} f(x) \geqslant 0.6, & x \in [0, 0.2], \\ g(x) < 0.6, & x \in (0.2, 0.5), \\ h(x) \geqslant 0.6, & x \in [0.5, 1]. \end{cases}$$

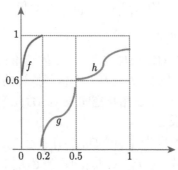

图 2.3.2　$C(f, g, h)$ 的图像

则 $\widetilde{x}_\alpha \notin C(f, g, h)$, $(C(f, g, h))_{[\alpha]} = [0, 0.2] \cup [0.5, 1]$,

$$D_\alpha(C(f, g, h)) = \bigwedge \{G \in \delta' : G_{[\alpha]} \supset ((C(f, g, h))_{[\alpha]}\}$$
$$= \bigwedge \{G \in \delta' : G_{[\alpha]} \supset [0, 0.2] \cup [0.5, 1]\}$$
$$= B,$$

$$(D_\alpha(C(f, g, h)))_{[\alpha]} = B_{[\alpha]} = [0, 0.2] \cup [0.5, 1] = (C(f, g, h))_{[\alpha]}.$$

所以 $C(f, g, h)$ 是 $\widetilde{x}_\alpha$ 的 D_α 闭远域, 而且它也只有这些 D_α 闭远域, 于是

$$D\eta_\alpha^-(\widetilde{x}_\alpha) = \{C(f, g, h) : f, g, h \in H\},$$

$$\left(D\eta_\alpha^-(\widetilde{x}_\alpha)\right)_{[\alpha]} = \{(C(f,g,h))_{[\alpha]} : f,g,h \in H, \} = \{[0,0.2] \cup [0.5,1]\}.$$

容易看出, $\forall (A_k)_{[\alpha]} \in I_{[\alpha]}, \forall (C(f,g,h))_{[\alpha]} \in (D\eta_\alpha^-(\widetilde{x}_\alpha))_{[\alpha]}$, 我们有

$$(A_k)_{[\alpha]} \cup (C(f,g,h))_{[\alpha]} = \left[\frac{0.6}{k}, 1\right] \cup [0,0.2] \cup [0.5,1] \subset [0.6,1] \cup [0,0.2] \cup [0.5,1] \neq X,$$

这表明 $\widetilde{x}_\alpha$ 是 I 的 D_α-聚点.

定理 2.3.7 设 I 是 L-拓扑空间, 则对任意的 $\alpha \in M(L)$, $\mathrm{ad}(\alpha)I$ 是 D_α-闭集.

证 $\forall x \in (D_\alpha(\mathrm{ad}(\alpha)I))_{[\alpha]}, \forall Q \in D\eta_\alpha^-(x_\alpha)$, 则 $x \notin Q_{[\alpha]}$, 从而 $\mathrm{ad}(\alpha)I \nleqslant Q$ (若 $\mathrm{ad}(\alpha)I \leqslant Q$, 则 $D_\alpha(\mathrm{ad}(\alpha)I) \leqslant D_\alpha(Q)$, 于是 $x \in (D_\alpha(\mathrm{ad}(\alpha)I))_{[\alpha]} \subset (D_\alpha(Q))_{[\alpha]} = Q_{[\alpha]}$). 因此存在 $e \in \mathrm{ad}(\alpha)I$ 使得 $e \notin Q$, 即 $Q \in D\eta_\alpha(e)$. 这导致 $\forall W \in D\eta_\alpha(e), \forall A \in I, W_{[\alpha]} \cup A_{[\alpha]} \neq X$, 从而 $Q_{[\alpha]} \cup A_{[\alpha]} \neq X$.

一般地, $\forall P \in D\eta_\alpha(x_\alpha)$, 存在 $Q \in D\eta_\alpha^-(x_\alpha)$ 使得 $P_{[\alpha]} \subset Q_{[\alpha]}$. 由上述刚证明的 $Q_{[\alpha]} \cup A_{[\alpha]} \neq X$ 可得 $P_{[\alpha]} \cup A_{[\alpha]} \neq X$.

这就证明了 $I \overset{\alpha}{\infty} x_\alpha$, 因此 $x_\alpha \in \mathrm{ad}(\alpha)I$, 从而 $x \in (\mathrm{ad}(\alpha)I)_{[\alpha]}$, 由此得 $(D_\alpha(\mathrm{ad}(\alpha)I))_{[\alpha]} \subset (\mathrm{ad}(\alpha)I)_{[\alpha]}$. 因此 $\mathrm{ad}(\alpha)I$ 是 D_α-闭集.

现在用理想来刻画 L-映射的 D_α-连续性.

我们需要杨忠强 (文献 [17]) 的一个结果, 其证明是简单的.

引理 2.3.1 设 $f^\to : L^X \to L^Y$ 是一个 L-映射, I 是 L^X 中的理想, 则

$$f^*(I) = \{B \in L^Y : 存在 A \in I 使得 \forall e \in M^*(L^X), 只要 e \notin A 便有 f(e) \notin B\}$$

是 L^Y 中的理想.

$f^*(I)$ 的定义有点复杂, 其实可以把它等价地简化为

$$f^*(I) = \{B \in L^X : 存在 A \in I 使得 f^\leftarrow(B) \leqslant A\}.$$

对于 $f^*(I)$ 和 $\alpha \in M(L)$, 我们引入记号

$$(f^*(I))_{[\alpha]} = \{B_{[\alpha]} \subset Y : 存在 A \in I 使得 f^{-1}(B_{[\alpha]}) \subset A_{[\alpha]}\}.$$

定理 2.3.8 设 (X,δ) 和 (Y,σ) 是两个 L-拓扑空间, $f^\to : L^X \to L^Y$ 是 L-映射, $\alpha \in M(L)$, I 是 L^X 中的理想, 则 $f^\to : (X,\delta) \to (Y,\sigma)$ 是 D_α-连续当且仅当 $f^\to(\lim(\alpha)I) \leqslant \lim(\alpha)f^*(I)$.

证 充分性. 设 $f^\to(\lim(\alpha)I) \leqslant \lim(\alpha)f^*(I)$. 为证 $f^\to$ 是 D_α-连续的, 只需证明对 (Y,σ) 中的任何 D_α-闭集 Q, $f^\leftarrow(Q)$ 是 (X,δ) 中的 D_α-闭集. 为此只需证明

$$(D_\alpha(f^\leftarrow(Q)))_{[\alpha]} \subset (f^\leftarrow(Q))_{[\alpha]}.$$

$\forall x \in X$, 设 $x \in (D_\alpha(f^\leftarrow(Q)))_{[\alpha]}$, 则 $x_\alpha \in D_\alpha(f^\leftarrow(Q))$. 由定理 2.3.2, 存在 L^X 中的理想 I, 使得 $(f^\leftarrow(Q))_{[\alpha]} \notin I_{[\alpha]}$ 且 $I \xrightarrow{\alpha} x_\alpha$. 由于 $x_\alpha \leqslant \lim(\alpha)I$, 所以

$$f^\rightarrow(x_\alpha) \leqslant f^\rightarrow(\lim(\alpha)I) \leqslant \lim(\alpha)f^*(I).$$

现在, 我们可以作出推断 $(f^*(I))_{[\alpha]} \subset \{B_{[\alpha]} : Q_{[\alpha]} \not\subset B_{[\alpha]}\}$.

事实上, 若 $(f^*(I))_{[\alpha]} \not\subset \{B_{[\alpha]} : Q_{[\alpha]} \not\subset B_{[\alpha]}\}$, 则存在 $B \in f^*(I)$, 使得 $B_{[\alpha]} \in (f^*(I))_{[\alpha]}$, 但 $B_{[\alpha]} \notin \{B_{[\alpha]} : Q_{[\alpha]} \not\subset B_{[\alpha]}\}$, 即 $Q_{[\alpha]} \subset B_{[\alpha]}$. 由 $B \in f^*(I)$, 存在 $A \in I$ 使得 $f^{-1}(B_{[\alpha]}) \subset A_{[\alpha]}$, 从而 $f^{-1}(Q_{[\alpha]}) \subset f^{-1}(B_{[\alpha]}) \subset A_{[\alpha]} \in I_{[\alpha]}$. 但 $I_{[\alpha]}$ 是下集, 故 $f^{-1}(Q_{[\alpha]}) = (f^\leftarrow(Q))_{[\alpha]} \in I_{[\alpha]}$, 这与 $(f^\leftarrow(Q))_{[\alpha]} \notin I_{[\alpha]}$ 矛盾. 这就证明了 $(f^*(I))_{[\alpha]} \subset \{B_{[\alpha]} : Q_{[\alpha]} \not\subset B_{[\alpha]}\}$.

于是 $Q_{[\alpha]} \notin (f^*(I))_{[\alpha]}$. 再注意到 $f^\rightarrow(x_\alpha)$ 是 $f^*(I)$ 的 D_α 极限点, 根据定理 2.3.2 便得 $f^\rightarrow(x_\alpha) \in D_\alpha(Q)$, 从而 $x_\alpha \in f^\leftarrow(D_\alpha(Q))$, 进而由 Q 是 D_α-闭集就有

$$x \in (f^\leftarrow(D_\alpha(Q)))_{[\alpha]} = f^{-1}\left((D_\alpha(Q))_{[\alpha]}\right) = f^{-1}(Q_{[\alpha]}) = (f^\leftarrow(Q))_{[\alpha]}.$$

这就证明了 $(D_\alpha(f^\leftarrow(Q)))_{[\alpha]} \subset (f^\leftarrow(Q))_{[\alpha]}$.

必要性. 设 $f^\rightarrow : (X, \delta) \to (Y, \sigma)$ 是 D_α-连续的.

$\forall e \leqslant f^\rightarrow(\lim(\alpha)I)$, $\forall P \in D\eta_\alpha^-(e)$, 则 $e \not\leqslant P$, 从而 $f^\rightarrow(\lim(\alpha)I) \not\leqslant P$. 于是存在 $d \leqslant \lim(\alpha)I$ 使得 $f^\rightarrow(d) \leqslant f^\rightarrow(\lim(\alpha)I)$, 但 $f^\rightarrow(d) \not\leqslant P$, 即 $d \not\leqslant f^\leftarrow(P)$. 由 P 是 D_α-闭集以及 $f^\rightarrow$ 的 D_α-连续性, 可得 $f^\leftarrow(P)$ 是 D_α-闭集, 从而 $f^\leftarrow(P) \in D\eta_\alpha^-(d)$. 由于 $I \xrightarrow{\alpha} d$, 所以 $(D\eta_\alpha^-(d))_{[\alpha]} \subset I_{[\alpha]}$, 于是 $(f^\leftarrow(P))_{[\alpha]} \in I_{[\alpha]}$. $\forall x \in X$, 若 $x \notin (f^\leftarrow(P))_{[\alpha]} = f^{-1}(P_{[\alpha]})$, 则 $f(x) \notin P_{[\alpha]}$, 这说明 $P_{[\alpha]} \in (f^*(I))_{[\alpha]}$, 进而 $(D\eta_\alpha^-(e))_{[\alpha]} \subset (f^*(I))_{[\alpha]}$.

一般地, $\forall Q \in D\eta_\alpha(e)$, 则存在 $\forall P \in D\eta_\alpha^-(e)$ 使得 $Q_{[\alpha]} \subset P_{[\alpha]}$. 由刚证明的 $P_{[\alpha]} \in (f^*(I))_{[\alpha]}$ 以及 $(f^*(I))_{[\alpha]}$ 是下集可得 $Q_{[\alpha]} \in (f^*(I))_{[\alpha]}$, 从而

$$(D\eta_\alpha(e))_{[\alpha]} \subset (f^*(I))_{[\alpha]}.$$

这就最终证明了 $f^*(I) \xrightarrow{\alpha} e$, 因此 $e \leqslant \lim(\alpha)f^*(I)$, 由此得

$$f^\rightarrow(\lim(\alpha)I) \leqslant \lim(\alpha)f^*(I).$$

我们还需要杨忠强 (文献 [17]) 的另一个结果.

引理 2.3.2 设 $f^\rightarrow : L^X \to L^Y$ 是一个 L-映射, I 是 L^X 中的理想, 则 $(f^\rightarrow(I'))' = \{(f^\rightarrow(A'))' : A \in I\}$ 是 L^Y 中的理想基.

证 首先, 因 $1 \notin I$ 及 $(f^\rightarrow(1'))' = (f^\rightarrow(0))' = 0' = 1$, 故 $1 \notin (f^\rightarrow(I'))'$.

其次, 设 $(f^{\rightarrow}(A_1'))'$, $(f^{\rightarrow}(A_2'))' \in (f^{\rightarrow}(I'))'$, 则 $A_1, A_2 \in I$, 从而存在 $A_3 \in I$ 使得 $A_3 \geqslant A_1, A_3 \geqslant A_2$, 从而 $A_3 \geqslant A_1 \vee A_2$, 于是

$$A_3' \leqslant (A_1 \vee A_2)' = A_1' \wedge A_2',$$

$$f^{\rightarrow}(A_3') \leqslant f^{\rightarrow}(A_1' \wedge A_2') \leqslant f^{\rightarrow}(A_1') \wedge f^{\rightarrow}(A_2'),$$

$$(f^{\rightarrow}(A_3'))' \geqslant (f^{\rightarrow}(A_1') \wedge f^{\rightarrow}(A_2'))' = (f^{\rightarrow}(A_1'))' \vee (f^{\rightarrow}(A_2'))'.$$

所以 $(f^{\rightarrow}(A_3'))' \geqslant (f^{\rightarrow}(A_1'))'$, $(f^{\rightarrow}(A_3'))' \geqslant (f^{\rightarrow}(A_2'))'$, 这证明 $(f^{\rightarrow}(I'))'$ 是上定向集.

总之, $(f^{\rightarrow}(I'))'$ 是理想基.

由 $(f^{\rightarrow}(I'))'$ 生成的理想记作

$$\Delta((f^{\rightarrow}(I'))') = \{B \in L^Y : 存在 A \in (f^{\rightarrow}(I'))' 使得 B \leqslant A\}.$$

按照杨忠强的定义 [17], $\lim \Delta((f^{\rightarrow}(I'))') = \lim(f^{\rightarrow}(I'))'$, 从而

$$\lim(\alpha)\Delta((f^{\rightarrow}(I'))') = \lim(\alpha)(f^{\rightarrow}(I'))'.$$

定理 2.3.9 设 (X, δ) 和 (Y, σ) 是两个 L-拓扑空间, $f^{\rightarrow} : L^X \to L^Y$ 是 L-映射, $\alpha \in M(L)$, I 是 L^X 中的理想, 则 $f^{\rightarrow} : (X, \delta) \to (Y, \sigma)$ 是 D_{α}-连续当且仅当 $f^{\rightarrow}(\lim(\alpha)I) \leqslant \lim(\alpha)\Delta((f(I'))')$.

证 必要性. 设 $f^{\rightarrow}$ 是 D_{α}-连续的, I 是 L^X 中的理想. $\forall e \in M^*(L^X)$, 设 $I \xrightarrow{\alpha} e$. $\forall Q \in D\eta_{\alpha}^-(f^{\rightarrow}(e))$, 则 $f^{\rightarrow}(e) \not\leqslant Q$, 从而 $e \not\leqslant f^{\leftarrow}(Q)$. 由 $f^{\rightarrow}$ 的 D_{α}-连续性, $f^{\leftarrow}(Q) \in D\eta_{\alpha}^-(e)$. 由假设 $I \xrightarrow{\alpha} e$ 得 $(f^{\leftarrow}(Q))_{[\alpha]} \in I_{[\alpha]}$. 由 $f^{\leftarrow}(Q) \in I$ 可得 $(f^{\rightarrow}((f^{\leftarrow}(Q))'))' \in (f^{\rightarrow}(I'))'$. 但 $f^{\rightarrow}(f^{\leftarrow}(Q')) \leqslant Q'$, 故

$$Q \leqslant (f^{\rightarrow}(f^{\leftarrow}(Q')))' = (f^{\rightarrow}((f^{\leftarrow}(Q))'))'.$$

由 $\Delta((f^{\rightarrow}(I'))')$ 之定义, $Q \in \Delta((f^{\rightarrow}(I'))')$. 所以

$$(D\eta_{\alpha}^-(f^{\rightarrow}(e)))_{[\alpha]} \subset (\Delta((f^{\rightarrow}(I'))'))_{[\alpha]}.$$

一般地, $\forall P \in D\eta_{\alpha}(f^{\rightarrow}(e))$, $\exists Q \in D\eta_{\alpha}^-(f^{\rightarrow}(e))$, 使 $P_{[\alpha]} \subset Q_{[\alpha]}$. 由上述的 $Q_{[\alpha]} \in (\Delta((f^{\rightarrow}(I'))'))_{[\alpha]}$ 及 $(\Delta((f^{\rightarrow}(I'))'))_{[\alpha]}$ 是下集就有 $P_{[\alpha]} \in (\Delta((f^{\rightarrow}(I'))'))_{[\alpha]}$, 于是 $(D\eta_{\alpha}(f^{\rightarrow}(e)))_{[\alpha]} \subset (\Delta((f^{\rightarrow}(I'))'))_{[\alpha]}$.

总之, $\Delta((f^{\rightarrow}(I'))') \xrightarrow{\alpha} f(e)$. 由此得 $f^{\rightarrow}(e) \in \lim(\alpha)\Delta((f^{\rightarrow}(I'))')$, 所以

$$f^{\rightarrow}(\lim(\alpha)I) \leqslant \lim(\alpha)\Delta((f(I'))').$$

充分性. 对 (Y,σ) 中的任意 D_α-闭集 Q, 我们要证 $f^\leftarrow(Q)$ 是 (X,δ) 中的 D_α-闭集, 即要证 $(D_\alpha(f^\leftarrow(Q)))_{[\alpha]} \subset (f^\leftarrow(Q))_{[\alpha]}$.

$\forall x \in (D_\alpha(f^\leftarrow(Q)))_{[\alpha]}$, 有 $x_\alpha \in D_\alpha(f^\leftarrow(Q))$, 从而由定理 2.3.2, 存在 L^X 中的理想 I 使得 $(f^\leftarrow(Q))_{[\alpha]} \notin I_{[\alpha]}$, 且 $I \xrightarrow{\alpha} x_\alpha$. 从而

$$f^\rightarrow(x_\alpha) \leqslant f^\rightarrow(\lim(\alpha)I) \leqslant \lim(\alpha)\Delta((f(I')'),$$

即 $\Delta\left((f^\rightarrow(I'))'\right) \xrightarrow{\alpha} f^\rightarrow(x_\alpha)$.

现在, 我们可以断定

$$\left((f(I'))'\right)_{[\alpha]} \subset \{B_{[\alpha]} : Q_{[\alpha]} \not\subset B_{[\alpha]}\}.$$

事实上, 假如这个包含关系不成立, 则存在 $B \in (f(I'))'$ 使得 $B_{[\alpha]} \in ((f(I'))')_{[\alpha]}$, 但 $B_{[\alpha]} \notin \{B_{[\alpha]} : Q_{[\alpha]} \not\subset B_{[\alpha]}\}$, 即 $Q_{[\alpha]} \subset B_{[\alpha]}$. 注意 $B' \in f(I')$, 故存在 $A \in I$ 使得 $B' = f(A')$, 从而 $f^\leftarrow(B') = f^\leftarrow(f(A')) \geqslant A'$, 所以

$$f^\leftarrow(B) = (f^\leftarrow(B'))' \leqslant A,$$

进而 $f^\leftarrow(B_{[\alpha]}) = (f^\leftarrow(B))_{[\alpha]} \subset A_{[\alpha]}$.

另一方面, 由 $Q_{[\alpha]} \subset B_{[\alpha]}$ 可得 $f^{-1}(Q_{[\alpha]}) \subset f^{-1}(B_{[\alpha]}) \subset A_{[\alpha]} \in I_{[\alpha]}$. 因 $I_{[\alpha]}$ 是下集, 故 $(f^\leftarrow(Q))_{[\alpha]} = f^{-1}(Q_{[\alpha]}) \in I_{[\alpha]}$, 这与 $(f^\leftarrow(Q))_{[\alpha]} \notin I_{[\alpha]}$ 相矛盾. 这就证明了 $((f(I'))')_{[\alpha]} \subset \{B_{[\alpha]} : Q_{[\alpha]} \not\subset B_{[\alpha]}\}$.

所以 $Q_{[\alpha]} \notin \left((f^\rightarrow(I'))'\right)_{[\alpha]}$. 因 $\Delta\left((f^\rightarrow(I'))'\right) \xrightarrow{\alpha} f^\rightarrow(x_\alpha)$, 故 $(f^\rightarrow(I'))' \xrightarrow{\alpha} f^\rightarrow(x_\alpha)$. 根据定理 2.3.2, $f^\rightarrow(x_\alpha) \in D_\alpha(Q)$, 从而 $x_\alpha \in f^\leftarrow(D_\alpha(Q))$, 再由 Q 是 D_α-闭集就得

$$x \in (f^\leftarrow(D_\alpha(Q)))_{[\alpha]} = f^{-1}((D_\alpha(Q))_{[\alpha]}) = f^{-1}(Q_{[\alpha]}).$$

这就最终证明了

$$(D_\alpha(f^\leftarrow(Q)))_{[\alpha]} \subset (f^\leftarrow(Q))_{[\alpha]}.$$

2.4 层次诱导空间

从范畴论的角度, 方进明与邱岳 [18] 以及金秋等 [19] 研究了层次诱导空间理论. 在此基础上, 作者又做了更为深入的研究. 本节介绍这方面的成果, 但为简化计, 将不涉及范畴论.

在 L-拓扑学中, 诱导空间是一个基本而又重要的概念, 它是沟通分明拓扑学与 L-拓扑学的桥梁, 并在检验一条拓扑性质是否为 "好的推广" 之过程中发挥了不可替代的作用.

定义 2.4.1 设 (X,Θ) 是分明拓扑空间, L 是 F 格, $r \in P(L)$. 称 $A : X \to L$ 为 X 上的 r-下半连续函数, 若

$$\xi_r(A) = \{x \in X : A(x) \leqslant r\} \in \Theta',$$

这里 Θ' 表示 (X,Θ) 中的全体闭集之族.

注意, 若令 $\iota_r(A) = \{x \in X : A(x) \not\leqslant r\}$, 则 $\iota_r(A) = (\xi_r(A))'$, 因此 A 是 r-下半连续函数当且仅当 $\iota_r(A) \in \Theta$.

此外, $\iota_r(A)$ 就是前面出现过的记号 $A_{(r)}$, 即 $\iota_r(A) = A_{(r)}$.

例 2.4.1 设 $X = \{1,2,3,4,5\}$, $\Theta = \{\varnothing, X, \{1\}, \{1,2\}, \{1,2,3\}, \{1,2,3,4\}\}$, 则 (X,Θ) 是分明拓扑空间, 其闭集族 $\Theta' = \{\varnothing, X, \{2,3,4,5\}, \{3,4,5\}, \{4,5\}, \{5\}\}$. 取 $L = [0,1]$, $r = 0.5$ 构造 $A, B \in L^X$ 为

$$A(x) = \begin{cases} 1.0, & x = 1, \\ 0.8, & x = 2, \\ 0.6, & x = 3, \\ 0.4, & x = 4, \\ 0.2, & x = 5, \end{cases} \qquad B(x) = \begin{cases} 0.2, & x = 1, \\ 0.4, & x = 2, \\ 0.6, & x = 3, \\ 0.8, & x = 4, \\ 1.0, & x = 5. \end{cases}$$

则

$$\xi_{0.5}(A) = \{x \in X : A(x) \leqslant 0.5\} = \{4,5\} \in \Theta',$$

$$\xi_{0.5}(B) = \{x \in X : B(x) \leqslant 0.5\} = \{1,2\} \notin \Theta'.$$

所以 A 是 r-下半连续函数, 而 B 不是.

定理 2.4.1 设 (X,Θ) 是分明拓扑空间, L 是 F 格, $r \in P(L)$, 以 $\omega_r(\Theta)$ 表示 X 上的全体 r-下半连续函数之集, 则

(1) X 上每个在 L 上取常值的函数属于 $\omega_r(\Theta)$.

(2) 若 $A, B \in \omega_r(\Theta)$, 则 $A \wedge B \in \omega_r(\Theta)$.

(3) 若 $\psi \subset \omega_r(\Theta)$, 则 $\vee \psi \in \omega_r(\Theta)$.

证 (1) 对在 X 上取常值 $\lambda \in L$ 的常值函数 λ_X 而言,

$$\xi_r(\lambda_X) = \{x \in X : \lambda_X(x) \leqslant r\} = \begin{cases} X, & \lambda \leqslant r, \\ \varnothing, & \lambda \not\leqslant r. \end{cases}$$

由于 $X, \varnothing \in \Theta'$, 所以 $\lambda_X \in \omega_r(\Theta)$.

(2) 设 $A, B \in \omega_r(\Theta)$, 则 $\xi_r(A), \xi_r(B) \in \omega_r(\Theta)$. 由 r 是素元得

$$\xi_r(A \wedge B) = \{x \in X : (A \wedge B)(x) \leqslant r\}$$

$$=\{x \in X : A(x) \wedge B(x) \leqslant r\}$$

$$=\{x \in X : A(x) \leqslant r 或 (x) \leqslant r\}$$

$$=\{x \in X : A(x) \leqslant r\} \cup \{x \in X : B(x) \leqslant r\}$$

$$=\xi_r(A) \cup \xi_r(B) \in \Theta',$$

所以 $A \wedge B \in \omega_r(\Theta)$.

(3) 设 $\Psi \subset \omega_r(\Theta)$, 不妨设 $\Psi \neq \varnothing$ 由于 $(\bigvee \Psi)(x) = \bigvee\{A(x) : A \in \Psi\} \leqslant r$ 当且仅当对每个 $A \in \Psi$ 均有 $A(x) \leqslant r$, 所以

$$\xi_r\left(\bigvee \Psi\right) = \{x \in X : \left(\bigvee \Psi\right)(x) \leqslant r\} = \bigcap_{A \in \Psi}\{x \in X : A(x) \leqslant r\} = \bigcap_{A \in \Psi} \xi_r(A) \in \Theta',$$

因此 $\vee \psi \in \omega_r(\Theta)$.

推论 2.4.1　设 (X, Θ) 是分明拓扑空间, L 是 F 格, $r \in P(L)$, 则 $\omega_r(\Theta)$ 是 X 上的 L-拓扑, 叫做 Θ 在 L^X 上诱导的 r-诱导拓扑, $(X, \omega_r(\Theta))$ 叫做由 (X, Θ) 诱导的 r-诱导拓扑空间.

定理 2.4.2　设 (X, Θ) 是分明拓扑空间, L 是 F 格, $r \in P(L)$, E 是 X 的子集, 则 $E \in \Theta$ 当且仅当 $\chi_E \in \omega_r(\Theta)$, 这里 χ_E 是 E 的特征函数.

证　由于 $\xi_r(\chi_E) = \{x \in X : \chi_E(x) \leqslant r\} = E'$, 因此 $\xi_r(\chi_E) \in \Theta'$ 当且仅当 $E \in \Theta$, 即 $\chi_E \in \omega_r(\Theta)$ 当且仅当 $E \in \Theta$.

由定理 2.4.2 很容易想到下面的定理.

定理 2.4.3　设 (X, δ) 是 L-拓扑空间, $A \in L^X$, $\alpha \in M(L)$, $r \in P(L)$.

(1) 若 $\chi_{A_{[\alpha]}} \in \delta'$, 则 $A \in D_\alpha(\delta)$.

(2) 若 $\chi_{A_{(r)}} \in \delta$, 则 $A \in I_r(\delta)$.

证　以 (1) 为例. 由 $\chi_{A_{[\alpha]}} \in \delta'$ 以及 $\left(\chi_{A_{[\alpha]}}\right)_{[\alpha]} = A_{[\alpha]}$ 知道

$$(D_\alpha(A))_{[\alpha]} = \bigcap\{G_{[\alpha]} : G \in \delta', G_{[\alpha]} \supset A_{[\alpha]}\} \subset A_{[\alpha]},$$

这表明 A 是 D_α-闭集.

正如下例所示, 这个定理之逆不成立.

例 2.4.2　取 $X = L = [0\ 1]$, 构造 $A \in L^X$ 为

$$\forall x \in X, \quad A(x) = \begin{cases} 2x, & x \in [0, 0.25], \\ 0.5, & x \in [0.25, 0.75], \\ 2 - 2x, & x \in [0.75, 1]. \end{cases}$$

令 $\delta' = \{0_X, 1_X, A\}$, 则 (X, δ) 是 L-拓扑空间.

(1) 构造 $B \in L^X$ 为

$$\forall x \in X, B(x) = \begin{cases} 2x, & x \in [0, 0.5], \\ 2 - 2x, & x \in [0.5, 1]. \end{cases}$$

取 $\alpha = 0.5 \in M(L)$, 则 $B_{[\alpha]} = [0.25, 0.75]$, $A_{[\alpha]} = [0.25, 0.75]$,

$$D_\alpha(B) = \bigwedge \{G \in \delta' : G_{[\alpha]} \supset [0.25, 0.75]\} = A,$$

$$(D_\alpha(B))_{[\alpha]} = A_{[\alpha]} = [0.25, 0.75] = B_{[\alpha]}.$$

因此, B 是 D_α-闭集. 但 $\chi_{B_{[\alpha]}} = \begin{cases} 1, & x \in [0.25, 0.75], \\ 0, & x \in [0, 0.25) \cup (0.75, 1] \end{cases} \notin \delta'$.

(2) 取 A 如 (1) 所示, 则 $A' \in L^X$ 为

$$\forall x \in X, A'(x) = \begin{cases} 1 - 2x, & x \in [0, 0.25], \\ 0.5, & x \in [0.25, 0.75], \\ 2x - 1, & x \in [0.75, 1], \end{cases}$$

其图像为图 2.4.1.

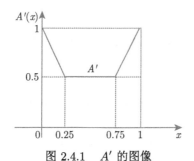

图 2.4.1 A' 的图像

L-拓扑为 $\delta = \{0_X, 1_X, A'\}$. 构造 $B \in L^X$ 为

$$\forall x \in X, \quad B(x) = \begin{cases} 0.8, & x \in [0, 0.25), \\ 0, & x \in [0.25, 0.75], \\ 0.8, & x \in (0.75, 1]. \end{cases}$$

取 $r = 0.5 \in P(L)$, 则

$$B_{(r)} = [0, 0.25) \cup (0.75, 1],$$

$$I_r(B) = \bigvee \{H \in \delta : H_{(r)} \subset B_{(r)}\} = A',$$

$$(I_r(B))_{(r)} = (A')_{(r)} = [0,\ 0.25) \cup (0.75,\ 1] = B_{(r)}.$$

因此 B 是 I_r-开集. 但

$$\chi_{B_{(r)}} = \begin{cases} 1, & x \in [0, 0.25), \\ 0, & x \in [0.25, 0.75] \notin \delta, \\ 1, & x \in (0.75, 1]. \end{cases}$$

下面的定理表明, 映射的连续性是一种 "好的推广".

定理 2.4.4　设 (X, Θ) 和 (Y, Λ) 是分明拓扑空间, L 是 F 格, $r \in P(L)$, 则分明映射 $f : (X, \Theta) \to (Y, \Lambda)$ 连续当且仅当 L-映射

$$f^{\to} : (X, \omega_r(\Theta)) \to (Y, \omega_r(\Lambda))$$

是连续的.

证　首先注意, 若 $B \in \omega_r(\Lambda)$, 则 $f^{-1}(\xi_r(B)) = \xi_r(f^{\gets}(B))$.

事实上, 对任意的 $x \in X$ 我们有

$$x \in f^{-1}(\xi_r(B)) \Leftrightarrow f(x) \in \xi_r(B) \Leftrightarrow B(f(x)) = f^{\gets}(B)(x) \leqslant r \Leftrightarrow x \in \xi_r(f^{\gets}(B)),$$

因此 $f^{-1}(\xi_r(B)) = \xi_r(f^{\gets}(B))$.

现设 $f : (X, \Theta) \to (Y, \Lambda)$ 是连续映射. 对任意的 $B \in \omega_r(\Lambda)$, 则 $\xi_r(B) \in \Lambda'$, 从而 $\xi_r(f^{\gets}(B)) = f^{-1}(\xi_r(B)) \in \Theta'$, 进而 $f^{\gets}(B) \in \omega_r(\Theta)$, 这证明 L-映射 $f^{\to}$ 是连续的.

反过来, 设 L-映射 $f^{\to}$ 是连续的. 对每个 $B \in \Lambda$, 因

$$\xi_r(\chi_B) = \{y \in Y : \chi_B(y) \leqslant r\} = B' \in \Lambda'$$

故 $\chi_B \in \omega_r(\Lambda)$. 由 $f^{\to}$ 的连续性得 $f^{\gets}(\chi_B) \in \omega_r(\Theta)$, 从而

$$\xi_r(f^{\gets}(\chi_B)) = f^{-1}(\xi_r(\chi_B)) = f^{-1}(B') = (f^{-1}(B))' \in \Theta',$$

于是 $f^{-1}(B) \in \Theta$. 这证明分明映射 f 是连续的.

下述定理揭示了层次诱导拓扑与诱导拓扑之间的内在联系.

定理 2.4.5　设 (X, Θ) 是分明拓扑空间, L 是 F 格, 则

$$\bigcap_{r \in P(L)} \omega_r(\Theta) = \omega_L(\Theta).$$

证　由 $\forall r \in P(L), \xi_r(A) \in \Theta' \Leftrightarrow A \in \omega_L(\Theta)$ 直接可得.

由以上讨论可以看出, 对于固定的 $r \in P(L)$, 从 X 上的每个分明拓扑 Θ 出发, 可以得到 X 上的唯一确定的 L-拓扑 $\omega_r(\Theta)$, 而且它还是满层的.

以 $T(X)$ 和 $T_L(X)$ 分别记 X 上所有分明拓扑与所有 L-拓扑之集, 则按包含关系 $T(X)$ 和 $T_L(X)$ 都构成完备格. 对 $\Theta \in T(X)$, 令 $\omega_r(\Theta) \in T_L(X)$ 与之对应, 则得一映射 $\omega_r : T(X) \to T_L(X)$, 称为 r-生成映射.

定理 2.4.6 映射 $\omega_r : T(X) \to T_L(X)$ 保任意交.

证 设 $S \subset T(X)$. 显然 $\forall \Theta \in S$, $\omega_r(\wedge S) = \omega_r(\cap S) \leqslant \omega_r(\Theta)$, 所有 $\omega_r(\wedge S) \leqslant \wedge_{\Theta \in S} \omega_r(\Theta)$. 反过来, 设 $A \in \wedge_{\Theta \in S} \omega_r(\Theta)$, 注意到 $\bigwedge_{\Theta \in S} \omega_r(\Theta) = \bigcap_{\Theta \in S} \omega_r(\Theta)$, 便知 $\forall \Theta \in S$, $A \in \omega_r(\Theta)$, 从而 $\xi_r(A) \in \Theta'$, 所以 $\xi_r(A) \in \bigcap_{\Theta \in S} \Theta' = (\cap S)' = (\wedge S)'$, 这表明 $A \in \omega_r(\wedge S)$. 因此 $\bigwedge_{\Theta \in S} \omega_r(\Theta) \leqslant \omega_r(\wedge S)$.

总之, $\omega_r(\wedge S) = \bigwedge_{\Theta \in S} \omega_r(\Theta)$.

现在考虑相反的问题, 给定一个 L-拓扑空间 (X, δ), 对于固定的 $r \in P(L)$, 令 $\iota_r(\delta) = \{\iota_r(A) : A \in \delta\}$, 则容易验证 $\iota_r(\delta)$ 是 X 上的分明拓扑, 叫做 δ 的 r-截拓扑.

定理 2.4.7 若 L-映射 $f^{\to} : (X, \delta) \to (Y, \mu)$ 是连续的, 则对 $r \in P(L)$, 分明映射 $f : (X, \iota_r(\delta)) \to (Y, \iota_r(\mu))$ 也是连续的.

证 $\forall B \in \mu, \iota_r(B) \in \iota_r(\mu)$, 首先注意到 $f^{-1}(\iota_r(B)) = \iota_r(f^{\leftarrow}(B))$.

事实上, 对任意的 $x \in X$, 我们有

$$x \in f^{-1}(\iota_r(B)) \Leftrightarrow f(x) \in \iota_r(B) \Leftrightarrow B(f(x)) = f^{\leftarrow}(B)(x) \not\leqslant r \Leftrightarrow x \in \iota_r(f^{\leftarrow}(B)),$$

因此 $f^{-1}(\iota_r(B)) = \iota_r(f^{\leftarrow}(B))$.

于是, 由 $f^{\leftarrow}(B) \in \delta$ 得 $\iota_r(f^{\leftarrow}(B)) \in \iota_r(\delta)$, 从而 $f^{-1}(\iota_r(B)) \in \iota_r(\delta)$. 这证明 f 是连续映射.

正如下例所示, 上述定理之逆不成立.

例 2.4.3 取 $X = \{a_1, a_2, a_3, a_4, a_5\}, Y = \{b_1, b_2, b_3\}$, 映射 $f : X \to Y$ 定义为

$$f(a_1) = f(a_2) = b_1, \quad f(a_3) = b_2, \quad f(a_4) = f(a_5) = b_3.$$

取 $L = [0,1]$, $r = 0.5$, 构造 $A \in L^X$ 和 $B \in L^Y$ 为

$$A(x) = \begin{cases} 0.6, & x = a_1, \\ 0.6, & x = a_2, \\ 0.6, & x = a_3, \\ 0.5, & x = a_4, \\ 0.3, & x = a_5, \end{cases} \qquad B(y) = \begin{cases} 0.6, & y = b_1, \\ 0.6, & y = b_2, \\ 0.3, & y = b_3. \end{cases}$$

令 $\delta = \{0_X, 1_X, A\}, \mu = \{0_Y, 1_Y, B\}$，则 (X, δ) 和 (Y, μ) 都是 L-拓扑空间. 此外，

$$\iota_r(A) = \{a_1, a_2, a_3\}, \iota_r(B) = \{b_1, b_2\},$$
$$\iota_r(\delta) = \{\varnothing, X, \iota_r(A)\}, \iota_r(\mu) = \{\varnothing, Y, \iota_r(B)\}.$$

(1) 分明映射 $f : (X, \iota_r(\delta)) \to (Y, \iota_r(\mu))$ 是连续的, 这是因为

$$f^{-1}(\varnothing) = \varnothing, \quad f^{-1}(Y) = X, \quad f^{-1}(\iota_r(B)) = \iota_r(A).$$

(2) L-映射 $f^{\to} : (X, \delta) \to (Y, \mu)$ 不连续, 这是因为

$$f^{\leftarrow}(B)(a_1) = B(f(a_1)) = B(b_1) = 0.6,$$
$$f^{\leftarrow}(B)(a_2) = B(f(a_2)) = B(b_1) = 0.6,$$
$$f^{\leftarrow}(B)(a_3) = B(f(a_3)) = B(b_2) = 0.6,$$
$$f^{\leftarrow}(B)(a_4) = B(f(a_4)) = B(b_3) = 0.3,$$
$$f^{\leftarrow}(B)(a_5) = B(f(a_5)) = B(b_3) = 0.3,$$

显然 $f^{\leftarrow}(B) \notin \delta$.

对于固定的 $r \in P(L)$, 从 X 上的每个 L-拓扑 δ 出发, 我们可以得到 X 上唯一一个分明拓扑 $\iota_r(\delta)$. 这样一来, 对于 $\delta \in T_L(X)$, 令 $\iota_r(\delta)$ 与之对应, 则得一映射 $\iota_r : T_L(X) \to T(X)$, 不妨称为 r-截映射.

定理 2.4.8　设 ω_r 和 ι_r 分别是 r-生成映射和 r-截映射, 则

(1) $\forall \Theta \in T(L), \iota_r \circ \omega_r(\Theta) = \Theta$.

(2) $\forall \delta \in T_L(X), \delta \subset \omega_r \circ \iota_r(\delta)$, 且 $\omega_r \circ \iota_r(\delta) = \delta$ 当且仅当 δ 是由某个分明拓扑 r-诱导的.

证　(1) 设 $\Theta \in T(X)$. 首先注意 $A \in \omega_r(\Theta)$ 当且仅当 $\iota_r(A) \in \Theta$. 由此得

$$\iota_r \circ \omega_r(\Theta) = \{\iota_r(A) : A \in \omega_r(\Theta)\} \subset \Theta.$$

反过来, 设 $B \in \Theta$, 则 $\chi_B \in \omega_r(\Theta)$, 从而 $B = \iota_r(\chi_B) \in \iota_r(\omega_r(\Theta)) = \iota_r \circ \omega_r(\Theta)$, 所以 $\Theta \subset \iota_r \circ \omega_r(\Theta)$.

综上即得 $\iota_r \circ \omega_r(\Theta) = \Theta$.

(2) 设 $\delta \in T_L(X)$. $\forall A \in \delta$, 有 $\iota_r(A) \in \iota_r(\delta)$, 从而 $A \in \omega_r(\iota_r(\delta)) = \omega_r \circ \iota_r(\delta)$, 因此 $\delta \subset \omega_r \circ \iota_r(\delta)$.

若 δ 是由某个分明拓扑 r-诱导的, 则存在 $\Theta \in T(L)$ 使得 $\delta = \omega_r(\Theta)$, 从而 $\omega_r \circ \iota_r(\delta) = \omega_r \circ \iota_r(\omega_r(\Theta)) = \omega_r(\iota_r \circ \omega_r(\Theta)) = \omega_r(\Theta) = \delta$.

若 $\omega_r \circ \iota_r(\delta) = \delta$, 则 δ 就是由分明拓扑 $\iota_r(\delta)$ r-诱导的.

设 $f: X \to Y$ 是分明映射, Λ 是 Y 上的分明拓扑. 令

$$f^{-1}(\Lambda) = \{E \in 2^X : \exists F \in \Lambda, E = f^{-1}(F)\},$$

则容易验证 $f^{-1}(\Lambda)$ 是 X 上的分明拓扑.

现以 $T(X)$ 与 $T(Y)$ 分别记 X 与 Y 上的全体分明拓扑之集, 对于给定的映射 $f: X \to Y$ 以及每个 $\Lambda \in T(Y)$, 令 $f^{-1}(\Lambda)$ 与之对应, 则我们可以得到一个映射 $f^{-1}: T(Y) \to T(X)$.

又, f 诱导一个 L-映射 $f^{\to}: L^X \to L^Y$. 设 μ 是 Y 上的 L-拓扑, 令

$$f^{\leftarrow}(\mu) = \{A \in L^X : \exists B \in \mu, A = f^{\leftarrow}(B)\},$$

则容易验证 $f^{\leftarrow}(\mu)$ 是 X 上的 L-拓扑.

现以 $T_L(X)$ 与 $T_L(Y)$ 分别记 X 与 Y 上的全体 L-拓扑之集, 对于给定的映射 $f: X \to Y$ 以及每个 $\mu \in T_L(Y)$, 令 $f^{\leftarrow}(\mu)$ 与之对应, 则可得一映射 $f^{\leftarrow}: T_L(Y) \to T_L(X)$.

定理 2.4.9 图 2.4.2 是交换的.

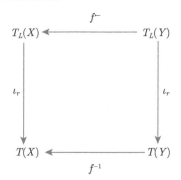

图 2.4.2 截映射的交换图

即, 对每个 $\mu \in T_L(Y)$, $f^{-1}(\iota_r(\mu)) = \iota_r(f^{\leftarrow}(\mu))$.

证 设 $\mu \in T_L(Y)$. 对任意的 $A \in f^{-1}(\iota_r(\mu))$, 存在 $B \in \iota_r(\mu)$ 使得 $A = f^{-1}(B)$, 进而存在 $E \in \mu$ 使得 $B = \iota_r(E)$. 因此 $A = f^{-1}(\iota_r(E)) = \iota_r(f^{\leftarrow}(E))$, 所以 $A \in \iota_r(f^{\leftarrow}(\mu))$. 这证明 $f^{-1}(\iota_r(\mu)) \subset \iota_r(f^{\leftarrow}(\mu))$.

反过来, 设 $A \in \iota_r(f^{\leftarrow}(\mu))$, 则存在 $B \in f^{\leftarrow}(\mu)$ 使得 $A = \iota_r(B)$, 进而存在 $E \in \mu$ 使得 $B = f^{\leftarrow}(E)$. 因此 $A = \iota_r(f^{\leftarrow}(E)) = f^{-1}(\iota_r(E))$, 所以 $A \in f^{-1}(\iota_r(\mu))$. 这证明 $\iota_r(f^{\leftarrow}(\mu)) \subset f^{-1}(\iota_r(\mu))$.

综上所述得 $f^{-1}(\iota_r(\mu)) = \iota_r(f^{\leftarrow}(\mu))$.

注 2.4.1 正如下例所示, 图 2.4.2 中的 ι_r 不能换成 ω_r, 即图 2.4.3 不可交换.

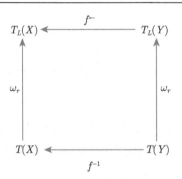

图 2.4.3　生成映射的不可交换图

例 2.4.4　取 $X = \{a_1, a_2, a_3, a_4, a_5\}, Y = \{b_1, b_2, b_3\}$. 映射 $f : X \to Y$ 定义为 $f(a_1) = f(a_2) = b_1, f(a_3) = b_2, f(a_4) = f(a_5) = b_3$. 令 $\Lambda = \{\varnothing, Y, \{b_1\}, \{b_2, b_3\}\}$, 则 (Y, Λ) 为分明拓扑空间. 因 $f^{-1}(\{b_1\}) = \{a_1, a_2\}, f^{-1}(\{b_2, b_3\}) = \{a_3, a_4, a_5\}$, 故 $f^{-1}(\Lambda) = \{\varnothing, X, \{a_1, a_2\}, \{a_3, a_4, a_5\}\}$.

取 $L = \{0.4, 0.5, 0.6\}$, 定义 L 的逆序对合对应 "′" 为

$$0.4' = 0.6, \quad 0.5' = 0.5, \quad 0.6' = 0.4,$$

则在实数间的小于等于关系 $\leqslant$ 之下, $(L, \leqslant, ')$ 构成 F 格, 其最大元为 0.6, 最小元为 0.4. 此外, L 中的每个元既是分子也是素元. 取 $r = 0.5$.

构造 $B_i \in L^Y (i = 1, 2, \cdots, 9)$ 如下:

$$B_1(y) = \begin{cases} 0.6, & y = b_1, \\ 0.5, & y = b_2, \\ 0.4, & y = b_3, \end{cases} \quad B_2(y) = \begin{cases} 0.6, & y = b_1, \\ 0.4, & y = b_2, \\ 0.5, & y = b_3, \end{cases} \quad B_3(y) = \begin{cases} 0.6, & y = b_1, \\ 0.5, & y = b_2, \\ 0.5, & y = b_3, \end{cases}$$

$$B_4(y) = \begin{cases} 0.6, & y = b_1, \\ 0.4, & y = b_2, \\ 0.4, & y = b_3, \end{cases} \quad B_5(y) = \begin{cases} 0.6, & y = b_1, \\ 0.6, & y = b_2, \\ 0.6, & y = b_3, \end{cases} \quad B_6(y) = \begin{cases} 0.5, & y = b_1, \\ 0.5, & y = b_2, \\ 0.5, & y = b_3, \end{cases}$$

$$B_7(y) = \begin{cases} 0.4, & y = b_1, \\ 0.4, & y = b_2, \\ 0.4, & y = b_3, \end{cases} \quad B_8(y) = \begin{cases} 0.4, & y = b_1, \\ 0.6, & y = b_2, \\ 0.6, & y = b_3, \end{cases} \quad B_9(y) = \begin{cases} 0.5, & y = b_1, \\ 0.6, & y = b_2, \\ 0.6, & y = b_3. \end{cases}$$

容易看出 $\omega_r(\Lambda) = \{B_1, B_2, \cdots, B_9\}$.

分明映射 $f : X \to Y$ 诱导出一个 L-映射 $f^{\to} : L^X \to L^Y$.

现在计算 $A_i = f^{\leftarrow}(B_i) \in L^X, i = 1, 2, \cdots, 9$.

注意到 $\forall x \in X, f^{\leftarrow}(B_i)(x) = B_i(f(x))$, 我们有

$$A_1(x) = \begin{cases} 0.6, & x = a_1, \\ 0.6, & x = a_2, \\ 0.5, & x = a_3, \\ 0.4, & x = a_4, \\ 0.4, & x = a_5, \end{cases} \quad A_2(x) = \begin{cases} 0.6, & x = a_1, \\ 0.6, & x = a_2, \\ 0.4, & x = a_3, \\ 0.5, & x = a_4, \\ 0.5, & x = a_5, \end{cases} \quad A_3(x) = \begin{cases} 0.6, & x = a_1, \\ 0.6, & x = a_2, \\ 0.5, & x = a_3, \\ 0.5, & x = a_4, \\ 0.5, & x = a_5, \end{cases}$$

$$A_4(x) = \begin{cases} 0.6, & x = a_1, \\ 0.6, & x = a_2, \\ 0.4, & x = a_3, \\ 0.4, & x = a_4, \\ 0.4, & x = a_5, \end{cases} \quad A_5(x) = \begin{cases} 0.6, & x = a_1, \\ 0.6, & x = a_2, \\ 0.6, & x = a_3, \\ 0.6, & x = a_4, \\ 0.6, & x = a_5, \end{cases} \quad A_6(x) = \begin{cases} 0.5, & x = a_1, \\ 0.5, & x = a_2, \\ 0.5, & x = a_3, \\ 0.5, & x = a_4, \\ 0.5, & x = a_5, \end{cases}$$

$$A_7(x) = \begin{cases} 0.4, & x = a_1, \\ 0.4, & x = a_2, \\ 0.4, & x = a_3, \\ 0.4, & x = a_4, \\ 0.4, & x = a_5, \end{cases} \quad A_8(x) = \begin{cases} 0.4, & x = a_1, \\ 0.4, & x = a_2, \\ 0.6, & x = a_3, \\ 0.6, & x = a_4, \\ 0.6, & x = a_5, \end{cases} \quad A_9(x) = \begin{cases} 0.5, & x = a_1, \\ 0.5, & x = a_2, \\ 0.6, & x = a_3, \\ 0.6, & x = a_4, \\ 0.6, & x = a_5. \end{cases}$$

由此得 $f^{\leftarrow}(\omega_r(\Lambda)) = \{A_1, A_2, \cdots, A_9\}$.

现在计算 $\omega_r(f^{-1}(\Lambda))$.

构造 $E \in L^X$ 如下:

$$E(x) = \begin{cases} 0.6, & x = a_1, \\ 0.6, & x = a_2, \\ 0.4, & x = a_3, \\ 0.4, & x = a_4, \\ 0.5, & x = a_5. \end{cases}$$

因 $\omega_r(E) = \{a_1, a_2\} \in f^{-1}(\Lambda)$, 故 $E \in \omega_r(f^{-1}(\Lambda))$. 然而 $E \neq A_i$, $i = 1$, $2, \cdots, 9$, 所以 $E \notin f^{\leftarrow}(\omega_r(\Lambda))$. 这表明

$$\omega_r(f^{-1}(\Lambda)) \neq f^{\leftarrow}(\omega_r(\Lambda)),$$

即图 2.4.3 是不可交换的.

下面的定理给出了图 2.4.3 可交换的条件.

定理 2.4.10 设 $\Lambda \in T(Y)$, $f : X \to Y$ 是分明映射, 则

(1)$f^{\leftarrow}(\omega_r(\Lambda)) \subset \omega_r(f^{-1}(\Lambda))$.

(2) 当 f 既是一一的又是满射时, $f^{\leftarrow}(\omega_r(\Lambda)) = \omega_r(f^{-1}(\Lambda))$.

证　(1) 设 $A \in f^{\leftarrow}(\omega_r(\Lambda))$, 则存在 $B \in \omega_r(\Lambda)$ 使得 $A = f^{\leftarrow}(B)$, 从而 $\iota_r(A) = \iota_r(f^{\leftarrow}(B)) = f^{-1}(\iota_r(B))$. 注意到 $B \in \omega_r(\Lambda)$ 便有 $\iota_r(B) \in \Lambda$, 由此得 $\iota_r(A) \in f^{-1}(\Lambda)$, 因此 $A \in \omega_r(f^{-1}(\Lambda))$. 这就证明了 $f^{\leftarrow}(\omega_r(\Lambda)) \subset \omega_r(f^{-1}(\Lambda))$.

(2) 只需证 $\omega_r(f^{-1}(\Lambda)) \subset f^{\leftarrow}(\omega_r(\Lambda))$.

设 $A \in \omega_r(f^{-1}(\Lambda))$, 则 $\iota_r(A) \in f^{-1}(\Lambda)$, 从而存在 $B \in \Lambda$ 使得 $\iota_r(A) = f^{-1}(B)$. 由于 f 是满射, 所以 $B = f(f^{-1}(B)) = f(\iota_r(A))$.

我们断言 $f(\iota_r(A)) = \iota_r(f^{\rightarrow}(A))$.

事实上, $\forall y \in f(\iota_r(A))$, $\exists x \in \iota_r(A)$, 使得 $y = f(x)$, 从而 $A(x) \nleq r$, 进而 $f^{\rightarrow}(A)(y) = \bigvee\{A(x) : f(x) = y\} \nleq r$, 因此 $y \in \iota_r(f^{\rightarrow}(A))$. 这证明 $f(\iota_r(A)) \subset\subset \iota_r(f^{\rightarrow}(A))$. 反过来, 设 $y \in \iota_r(f^{\rightarrow}(A))$, 则 $f^{\rightarrow}(A)(y) \nleq r$, 从而存在 $x \in X$ 且 $y = f(x)$ 使得 $A(x) \nleq r$, 于是 $x \in \iota_r(A), y = f(x) \in f(\iota_r(A))$, 所以 $\iota_r(f^{\rightarrow}(A)) \subset f(\iota_r(A))$. 综之得 $f(\iota_r(A)) = \iota_r(f^{\rightarrow}(A))$.

因此 $B = \iota_r(f^{\rightarrow}(A))$. 由 $B \in \Lambda$ 得 $\iota_r(f^{\rightarrow}(A)) \in \Lambda$, 从而 $f^{\rightarrow}(A) \in \omega_r(\Lambda)$. 因 f 是一一映射, 故它诱导的 L-映射 $f^{\rightarrow}$ 也是一一的, 于是 $A = f^{\leftarrow}(f^{\rightarrow}(A)) \in f^{\leftarrow}(\omega_r(\Lambda))$. 这证明 $\omega_r(f^{-1}(\Lambda)) \subset f^{\leftarrow}(\omega_r(\Lambda))$.

现在我们考虑在某种意义下以上问题的反问题.

设 $f : X \to Y$ 是分明满射, Θ 是 X 上的分明拓扑, 则 Y 上有一个分明拓扑 Θ/f, 它是 Θ 关于 f 的商拓扑, 即 $\Theta/f = \{B \in 2^Y : f^{-1}(B) \in \Theta\}$.

对每个 $\Theta \in T(X)$, 令 $\Theta/f \in T(Y)$ 与之对应, 便到一映射

$$1/f : T(X) \to T(Y).$$

又, 这时 f 诱导的 L-映射 $f^{\rightarrow} : L^X \to L^Y$ 也是满射, 所以对 X 上的每个 L 拓扑 δ, 可得 Y 上的 L 拓扑 $\delta/f^{\rightarrow}$, 它是 δ 关于 $f^{\rightarrow}$ 的商拓扑. 如此, 对每个 $\delta \in T_L(X)$, 令 $\delta/f^{\rightarrow} \in T_L(Y)$ 与之对应, 则得一映射

$$1/f^{\rightarrow} : T_L(X) \to T_L(Y).$$

我们断言, 下面的图 2.4.4 是可以交换的.

即, 下面的定理成立:

定理 2.4.11　设 (X, Θ) 是分明拓扑空间, $f : X \to Y$ 是满射, 则 (X, Θ) 关于 f 的商空间所 r-诱导的 L-拓扑空间等于 (X, Θ) 所 r-诱导的 L-拓扑空间关于 $f^{\rightarrow}$ 的商空间.

证　只需证

$$\forall \Theta \in T(X)\,, \; \omega_r(\Theta)/f^{\rightarrow} = \omega_r(\Theta/f).$$

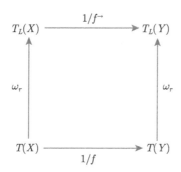

图 2.4.4 生成映射的可交换图

对任意的 $B \in L^Y$, 因为

$$B \in \omega_r(\Theta)/f^{\rightarrow} \Leftrightarrow f^{\leftarrow}(B) \in \omega_r(\Theta) \Leftrightarrow f^{-1}(\iota_r(B)) = \iota_r(f^{\leftarrow}(B)) \in \Theta$$
$$\Leftrightarrow \iota_r(B) \in \Theta/f \Leftrightarrow B \in \omega_r(\Theta/f),$$

所以 $\omega_r(\Theta)/f^{\rightarrow} = \omega_r(\Theta/f)$.

注 2.4.2 正如下例所示, 下面的图 2.4.5 不可交换.

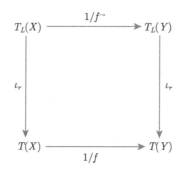

图 2.4.5 截映射的不可交换图

即, 存在 $\delta \in T_L(X)$ 使得 $\iota_r(\delta/f^{\rightarrow}) \neq \iota_r(\delta)/f$.

例 2.4.5 取 X, Y, L, r 如例 2.4.4. 定义分明映射 $f : X \to Y$ 为

$$f(a_1) = b_1, \quad f(a_2) = f(a_3) = b_2, \quad f(a_4) = f(a_5) = b_3.$$

构造 $F \in L^X$ 为

$$F(x) = \begin{cases} 0.6, & x = a_1, \\ 0.5, & x = a_2, \\ 0.4, & x = a_3, \\ 0.6, & x = a_4, \\ 0.6, & x = a_5. \end{cases}$$

令 $\delta = \{0.4_X, 0.6_X, F\}$, 则 δ 是 X 上的 L-拓扑.

(1) $\delta/f^{\rightarrow} = \{ E \in L^Y : f^{\leftarrow}(E) \in \delta \} = \{ 0.4_Y , 0.6_Y \}$.

事实上, 若存在 $E \in L^Y$ 使得 $f^{\leftarrow}(E) = F \in \delta$, 则

$$0.5 = F(a_2) = f^{\leftarrow}(E)(a_2) = E(f(a_2)) = E(b_2),$$

$$0.4 = F(a_3) = f^{\leftarrow}(E)(a_3) = E(f(a_3)) = E(b_2),$$

矛盾. 这说明满足 $f^{\leftarrow}(E) = F$ 的 $E \in L^Y$ 并不存在, 所以 $\delta/f^{\rightarrow}$ 仅包含两个常值 L-集: 最小元 0.4_Y 和最大元 0.6_Y.

如此一来, 便得 $\iota_r(\delta/f^{\rightarrow}) = \{\varnothing, Y\}$.

(2) $\iota_r(\delta) = \{ \iota_r(0.4_X) , \iota_r(0.6_X) , \iota_r(F) \} = \{\varnothing, X, \{a_1 , a_4 , a_5\} \}$,

$$\iota_r(\delta)/f = \{H \in 2^Y : f^{-1}(H) \in \iota_r(\delta)\} = \{\varnothing, Y, \{b_1, b_3\}\}.$$

显然 $\iota_r(\delta/f^{\rightarrow}) \neq \iota_r(\delta)/f$.

下面的定理给出了图 2.4.5 可交换的条件.

定理 2.4.12 设 $\delta \in T_L(X)$, $f : X \rightarrow Y$ 是分明映射, 则

(1) 当 f 是满射时, $\iota_r(\delta/f^{\rightarrow}) \subset \iota_r(\delta)/f$.

(2) 当 f 既是满射又是一一映射时, $\iota_r(\delta/f^{\rightarrow}) = \iota_r(\delta)/f$.

证 (1) 设 $E \in \iota_r(\delta/f^{\rightarrow})$, 则存在 $F \in \delta/f^{\rightarrow}$ 使得 $E = \iota_r(F)$, 从而

$$f^{-1}(E) = f^{-1}(\iota_r(F)) = \iota_r(f^{\leftarrow}(F)).$$

由 $F \in \delta/f^{\rightarrow}$ 知 $f^{\leftarrow}(F) \in \delta$, 所以 $f^{-1}(E) \in \iota_r(\delta)$, 进而 $E \in \iota_r(\delta)/f$. 这就证明了 $\iota_r(\delta/f^{\rightarrow}) \subset \iota_r(\delta)/f$.

(2) 只需证明 $\iota_r(\delta)/f \subset \iota_r(\delta/f^{\rightarrow})$.

设 $E \in \iota_r(\delta)/f$, 则 $f^{-1}(E) \in \iota_r(\delta)$, 从而存在 $F \in \delta$ 使得 $f^{-1}(E) = \iota_r(F)$. 因 f 是满射, 故 $f(f^{-1}(E)) = E$, 所以 $E = f(\iota_r(F)) = \iota_r(f^{\rightarrow}(F))$. 因 f 是一一映射, 故 $F = f^{\leftarrow}(f^{\rightarrow}(F))$. 注意到 $F \in \delta$ 我们便得 $f^{\rightarrow}(F) \in \delta/f^{\rightarrow}$. 由此得 $E \in \iota_r(\delta/f^{\rightarrow})$. 这就证明了

$$\iota_r(\delta)/f \subset \iota_r(\delta/f^{\rightarrow}).$$

下面的定理反映了 r-诱导拓扑与层次拓扑之间关系.

定理 2.4.13 设 L 是 F 格, $r \in P(L)$, $(X, \omega_r(\Theta))$ 是由分明拓扑空间 (X, Θ) 所诱导的 r-诱导拓扑空间, $I_r(\omega_r(\Theta))$ 是 $(X, \omega_r(\Theta))$ 的所有 I_r-开集所形成的层次拓扑, 则 $I_r(\omega_r(\Theta)) = \omega_r(\Theta)$.

证 设 $A \in I_r(\omega_r(\Theta))$, 则 $(I_r(A))_{(r)} = A_{(r)}$, 或者用现在的记号, $\iota_r(I_r(A)) = \iota_r(A)$. 注意 $I_r(A) = \bigvee\{H \in \omega_r(\Theta) : \iota_r(H) \subset \iota_r(A)\}$, 即 $I_r(A) \in \omega_r(\Theta)$, 因此 $\iota_r(I_r(A)) \in \Theta$, 从而 $\iota_r(A) \in \Theta$, 所以 $A \in \omega_r(\Theta)$. 这证明 $I_r(\omega_r(\Theta)) \subset \omega_r(\Theta)$.

反过来, 设 $A \in \omega_r(\Theta)$, 则 $A \in \{H \in \omega_r(\Theta) : \iota_r(H) \subset \iota_r(A)\}$, 从而 $I_r(A) \geqslant A$, 进而 $\iota_r(I_r(A)) \supset \iota_r(A)$, 所以 $\iota_r(I_r(A)) = \iota_r(A)$, 即 $A \in I_r(\omega_r(\Theta))$. 这证明 $\omega_r(\Theta) \subset I_r(\omega_r(\Theta))$.

综上所述得 $I_r(\omega_r(\Theta)) = \omega_r(\Theta)$.

给定一个 X 上的 L-拓扑空间 δ, 对于固定的 $r \in P(L)$, 我们可以得到由 δ 的所有 I_r-开集所形成的 r-层次 L-拓扑 $I_r(\delta)$.

定理 2.4.14 若 L-映射 $f^{\rightarrow} : (X, \delta) \to (Y, \mu)$ 是连续的, 则对每个 $r \in P(L)$, $f^{\rightarrow} : (X, I_r(\delta)) \to (Y, I_r(\mu))$ 也是连续的.

证 只需证 $\forall B \in I_r(\mu)$, $f^{\leftarrow}(B) \in I_r(\delta)$, 即 $(I_r(f^{\leftarrow}(B)))_{(r)} = (f^{\leftarrow}(B))_{(r)}$.

由于 $I_r(f^{\leftarrow}(B)) = \bigvee\{G \in \delta : G_{(r)} \subset (f^{\leftarrow}(B))\}$, 故 $(I_r(f^{\leftarrow}(B)))_{(r)} \subset (f^{\leftarrow}(B))_{(r)}$.

反过来,

$$
\begin{aligned}
(f^{\leftarrow}(B))_{(r)} &= f^{-1}(B_{(r)}) = f^{-1}((I_r(B))_{(r)}) = f^{-1}\left(\left(\bigvee\{G \in \mu : G_{(r)} \subset B_{(r)}\}\right)_{(r)}\right) \\
&= f^{-1}\left(\bigcup\{G_{(r)} : G \in \mu, G_{(r)} \subset B_{(r)}\}\right) \\
&= \bigcup\{f^{-1}(G_{(r)}) : G \in \mu, G_{(r)} \subset B_{(r)}\} \\
&= \bigcup\{(f^{-1}(G))_{(r)} : G \in \mu, G_{(r)} \subset B_{(r)}\} \\
&\subset \bigcup\{(f^{-1}(G))_{(r)} : G \in \mu, (f^{-1}(G))_{(r)} \\
&= f^{-1}(G_{(r)}) \subset f^{-1}(B_{(r)}) = (f^{\leftarrow}(B))_{(r)}\} \\
&\subset \bigcup\{H_{(r)} : H \in \delta, H_{(r)} \subset (f^{\leftarrow}(B))_{(r)}\} \\
&= (I_r(f^{\leftarrow}(B)))_{(r)}.
\end{aligned}
$$

综上所述得 $(I_r(f^{\leftarrow}(B)))_{(r)} = (f^{\leftarrow}(B))_{(r)}$.

用 $T_L^r(X)$ 表示 X 上的所有 r-层次 L-拓扑所形成的集合. 对每个 $\delta \in T_L(X)$, 令 $I_r(\delta) \in T_L^r(X)$ 与之对应, 则得一映射

$$
I_r : T_L(X) \to T_L^r(X).
$$

注意, $I_r(\delta)$ 是满层的. 因此, 若用 $T_LS(X)$ 表示 X 上的所有满层 L-拓扑所构成的集合, 则也可将上述的映射记为

$$I_r : T_L(X) \to T_LS(X).$$

定理 2.4.15　图 2.4.6 可交换.

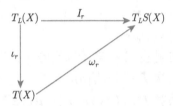

图 2.4.6　I_r, ι_r 和 ω_r 的关系图

即, $I_r = \omega_r \circ \iota_r$.

证　只需证: $\forall \delta \in T_L(X)$, $I_r(\delta) = \omega_r(\iota_r(\delta))$.

设 $A \in I_r(\delta)$, 则

$$
\begin{aligned}
A_{(r)} = (I_r(A))_{(r)} &= \bigcup\{B_{(r)} : B_{(r)} \subset A_{(r)}, B \in \delta\} \\
&= \bigcup\{B_{(r)} : B_{(r)} \subset A_{(r)}, B_{(r)} \in \iota_r(\delta)\} \\
&= \bigcup\{G \in \iota_r(\delta) : G \subset A_{(r)}\},
\end{aligned}
$$

从而 $A_{(r)} \in \iota_r(\delta)$, 进而 $A \in \omega_r(\iota_r(\delta))$. 这证明 $I_r(\delta) \subset \omega_r(\iota_r(\delta))$.

反过来, 设 $A \in \omega_r(\iota_r(\delta))$, 则 $A_{(r)} \in \iota_r(\delta)$. 再由

$$(I_r(A))_{(r)} = \bigcup\{G \in \iota_r(\delta) : G \subset A_{(r)}\}$$

知 $(I_r(A))_{(r)} \supset A_{(r)}$. 从而 $A_{(r)} = (I_r(A))_{(r)}$. 即 $A \in I_r(\delta)$. 所以 $\omega_r(\iota_r(\delta)) \subset I_r(\delta)$.

综上所述得 $I_r(\delta) = \omega_r(\iota_r(\delta))$.

注 2.4.3　给定 L-拓扑空间 (X, δ), $\forall r \in P(L)$, 有 $\delta \subset I_r(\delta)$, 而且 $I_r(\delta)$ 一定还是满层的, 这说明:

(1) $\delta = I_r(\delta)$ 一般不成立.

(2) $\delta = \bigcap\limits_{r \in P(L)} I_r(\delta)$ 一般不成立, 即对 $A \in L^X$, 即使 $\forall r \in P(L)$ 都有 $A \in I_r(\delta)$, 也不一定有 $A \in \delta$.

下面探讨上两式成立的条件.

定理 2.4.16　设 (X, δ) 是 L-拓扑空间, $r \in P(L)$, 则 $\delta = I_r(\delta)$ 当且仅当 δ 是 r-诱导的.

证 设 $\delta = I_r(\delta)$, 则由定理 2.4.15 知 $\delta = I_r(\delta) = \omega_r(\iota_r(\delta))$, 因此 δ 是由分明拓扑 $\iota_r(\delta)$ 所 r-诱导的.

反过来, 设 δ 是由分明拓扑 Θ 所 r-诱导的, 则 $\delta = \omega_r(\Theta)$. 由定理 2.4.15 及定理 2.4.8(1) 得

$$I_r(\delta) = (\omega_r \circ \iota_r)(\omega_r(\Theta)) = \omega_r\left((\iota_r \circ \omega_r)(\Theta)\right) = \omega_r(\Theta) = \delta.$$

定理 2.4.17 设 (X, δ) 是 L-拓扑空间, 若 δ 是由分明拓扑 Θ 所诱导的, 即 $\delta = \omega_L(\Theta)$, 则 $\delta = \bigcap\limits_{r \in P(L)} I_r(\delta)$.

证 首先, 因 $\forall r \in P(L)$ 有 $\delta \subset I_r(\delta)$, 故 $\delta \subset \bigcap\limits_{r \in P(L)} I_r(\delta)$.

其次, $\forall r \in P(L)$, 由定理 2.4.15 及定理 2.4.8(1) 得

$$I_r(\delta) = \omega_r(\iota_r(\delta)) = \omega_r\left(\iota_r(\omega_L(\Theta))\right) \subset \omega_r\left(\iota_r(\omega_r(\Theta))\right) = \omega_r(\Theta),$$

于是由定理 2.4.5 得

$$\bigcap_{r \in P(L)} I_r(\delta) \subset \bigcap_{r \in P(L)} \omega_r(\Theta) = \omega_L(\Theta) = \delta.$$

综之得 $\delta = \bigcap\limits_{r \in P(L)} I_r(\delta)$.

Rodabaugh 在文献 [20] 中给出了一个映射

$$G_K^L : T_L(X) \to T_L S(X),$$

$\forall \delta \in T_L(X), G_K^L(\delta) = \delta \cup \{a_X : a \in L\}$.

由于 $\forall r \in P(L)$ 有 $\delta \subset I_r(\delta)$, 且 $I_r(\delta)$ 还是满层的, 因此 $G_K^L(\delta) \subset I_r(\delta)$. 但下例表明相反的包含一般不成立.

例 2.4.6 取 $X = \{x, y\}, L = \{0, a, b, 1\}$ 为菱形格 (图 2.4.7), $r = a$. 令 $A \in L^X$ 为 $A(x) = a, A(y) = b$, 则 $A_{(r)} = \{y\}$. 取 $\delta = \{0_X, 1_X, \chi_{\{y\}}\}$, 其中 $\chi_{\{y\}}$ 是单点集 $\{y\}$ 的特征函数, 则 $I_r(A) = \chi_{\{y\}}, (I_r(A))_{(r)} = \{y\}$, 从而 $A \in I_r(\delta)$. 但 $G_K^L(\delta) = \{0_X, 1_X, \chi_{\{y\}}, a_X, b_X\}$, 故 $A \notin G_K^L(\delta)$.

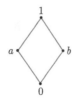

图 2.4.7 菱形格

第 3 章 层次闭包空间

HAPTER 3

在拓扑学中, 闭包空间是个很重要的概念, 它是由 Mashhour 和 Ghanim 于 1983 年引入的 (文献 [21]). 两年后, 他俩又将其拓展到模糊拓扑学中 (文献 [22]). 后来, 尤飞和李洪兴在 L-拓扑空间中对这类空间进行了深入的研究 (文献 [23,24]). 层次 L-fuzzy 拓扑空间引入以后, 多位学者又建立了层次闭包空间理论. 本章论述这方面的成果, 主要包括层次闭包空间的收敛理论和连通性 (文献 [25,26]).

3.1 层次闭包空间

定义 3.1.1 设 X 为非空分明集, L 为 F 格. 若 L-映射 $\sim : L^X \to L^X$ 满足 $\forall A, B \in L^X$ 有

(1) $0_X = 0_X^\sim$,

(2) $A \leqslant A^\sim$,

(3) $(A \vee B)^\sim = A^\sim \vee B^\sim$,

则称 $\sim$ 为 L^X 上的 Čech 闭包算子, 且称 $(X, \sim)$ 为 L-闭包空间.

特别地, 当 $L=\{0,1\}$ 时, 称 $(X, \sim)$ 为分明闭包空间.

称 Čech 闭包算子 $\sim$ 为 L^X 上的 Kuratowsik 闭包算子, 简称 K-闭包算子, 若它还满足

(4) 幂等性: $A^{\sim\sim} = A^\sim$.

例 3.1.1 (1) 定义 $\sim : L^X \to L^X$ 为 $\forall A \in L^X, A^\sim = \chi_{A_{(0)}}$, 这里 $\chi_{A_{(0)}}$ 表示 A 的承集 $A_{(0)}$ 之特征函数. 容易验证 $\sim$ 是 Čech 闭包算子.

(2) 定义 $\sim : L^X \to L^X$ 为 $\forall A \in L^X, A^\sim = A$, 则容易验证 $\sim$ 是 Čech 闭包算子.

定义 3.1.2 设 X 是非空集, L 是 F 格, $\alpha \in M(L)$. 若映射 $C_\alpha : L^X \to L^X$ 满足 $\forall A, B \in L^X$,

(C1) $C_\alpha(0_X) = 0_X$,

(C2) $A_{[\alpha]} \subset (C_\alpha(A))_{[\alpha]}$,

(C3) $C_\alpha(A \vee B) = C_\alpha(A) \vee C_\alpha(B)$,

则称 C_α 是 L^X 上的一个 C_α-闭包算子, 称 (X, C_α) 为 C_α-闭包空间.

注 3.1.1 (1) L-拓扑空间中的 Kuratowsik 闭包算子显然满足定义 3.3.1 中的条件, 因此 L-拓扑空间 $\subset L$-闭包空间.

(2) Čech 闭包算子~显然满足定义 3.1.2 中的条件, 因此 L-闭包空间 $\subset C_\alpha$-闭包空间.

(3) 设 (X,δ) 是 L-拓扑空间, $\alpha \in M(L)$, $D_\alpha : L^X \to \delta' \subset L^X$ 是定义 1.2.1 中的层次闭包算子, 则 D_α 显然满足定义 3.1.2 中的条件, 因此它是 C_α-闭包算子. 若称 (X, D_α) 为 D_α-闭包空间, 则 D_α-闭包空间 $\subset C_\alpha$-闭包空间.

例 3.1.2 (1) 定义 $C_\alpha : L^X \to L^X$ 为

$$\forall A \in L^X, \quad C_\alpha(A) = 0_X,$$

则 C_α 是 C_α-闭包算子.

(2) 定义 $C_\alpha : L^X \to L^X$ 为

$$\forall A \in L^X, \quad D_\alpha(A) = \begin{cases} 0_X, & A = 0_X, \\ 1_X, & A \neq 0_X. \end{cases}$$

则 C_α 是 C_α-闭包算子.

定义 3.1.3 设 $C_\alpha : L^X \to L^X$ 为 C_α- 闭包算子. 称 C_α 为

(1) 幂等的, 若 $\forall A \in L^X, C_\alpha(C_\alpha(A)) = C_\alpha(A)$;

(2) α-幂等的, 若 $\forall A \in L^X, (C_\alpha(C_\alpha(A)))_{[\alpha]} = (C_\alpha(A))_{[\alpha]}$;

(3) 强 α-幂等的, 若

$$\forall A, B \in L^X, \quad A_{[\alpha]} \subset (C_\alpha(B))_{[\alpha]} \Rightarrow (C_\alpha(A))_{[\alpha]} \subset (C_\alpha(B))_{[\alpha]}.$$

例 3.1.3 设 $L = \{0, 1\}$, $X = \{a, b, d\}$, 此时 $L^X = 2^X$. 定义 C_α 为

$$C_\alpha(\varnothing) = \varnothing, \quad C_\alpha(\{a\}) = \{a, b\}, \quad C_\alpha(\{b\}) = \{b, d\}, \quad C_\alpha(\{d\}) = \{d\},$$
$$C_\alpha(\{b, d\}) = \{b, d\}, \quad C_\alpha(\{a, b\}) = C_\alpha(\{a, d\}) = C_\alpha(X) = X.$$

则容易验证 C_α 是 C_α-闭包算子, 但不是幂等算子, 也不是 α-幂等算子, 因为

$$C_\alpha(C_\alpha(\{a\})) = C_\alpha(\{a, b\}) = X \neq \{a, b\} = C_\alpha(\{a\}),$$

当 $\alpha = 1$ 时, $(C_\alpha(C_\alpha(\{a\})))_{[\alpha]} = X \neq \{a, b\} = (C_\alpha(\{a\}))_{[\alpha]}$.

注 3.1.2 (1) 显然, 幂等 $\Rightarrow \alpha$-幂等.

(2) 强 α-幂等 $\Rightarrow \alpha$-幂等. 这是因为由 (C2) 直接可得

$$(C_\alpha(C_\alpha(A)))_{[\alpha]} \supset (C_\alpha(A))_{[\alpha]}.$$

此外, 由 $(C_\alpha(A))_{[\alpha]} \subset (C_\alpha(A))_{[\alpha]}$ 及强 α-幂等条件可得

$$(C_\alpha(C_\alpha(A)))_{[\alpha]} \subset (C_\alpha(A))_{[\alpha]},$$

所以 $(C_\alpha(C_\alpha(A)))_{[\alpha]} = (C_\alpha(A))_{[\alpha]}$.

例 3.1.4　α-幂等不蕴含幂等.

取 $X = \{x\}$, $L = \{0.2, 0.4, 0.5, 0.6, 0.8\}$, L 的逆序对合对应 $(-)'$ 定义为

$$0.2' = 0.8, \quad 0.4' = 0.6, \quad 0.5' = 0.5, \quad 0.6' = 0.4, \quad 0.8' = 0.2,$$

则在实数的小于等于关系 $\leqslant$ 之下, $(L, \leqslant, (-)')$ 形成一个 F 格. 定义 $A_i \in L^X$ 为

$$A_1(x) = 0.2, \quad A_2(x) = 0.4, \quad A_3(x) = 0.5, \quad A_4(x) = 0.6, \quad A_5(x) = 0.8,$$

则 $L^X = \{A_i : i = 1, 2, \cdots, 5\}$. 取 $\alpha = 0.5 \in M(L)$, 定义 $D_\alpha : L^X \to L^X$ 为

$$C_\alpha(A_1) = A_1, \quad C_\alpha(A_5) = A_5, \quad C_\alpha(A_j) = A_{j+1}, \quad j = 2, 3, 4.$$

(1) 则 C_α 是 C_α-闭包算子. 事实上,

① $C_\alpha(0.2_X) = 0.2_X$, (C1) 被满足.

② $(A_1)_{[\alpha]} = \varnothing = (D_\alpha(A_1))_{[\alpha]}$,
$(A_2)_{[\alpha]} = \varnothing \subset \{x\} = (A_3)_{[\alpha]} = (C_\alpha(A_2))_{[\alpha]}$,
$(A_j)_{[\alpha]} = \{x\} = (C_\alpha(A_j))_{[\alpha]}$, $j = 3, 4, 5$.

所以 (C2) 被满足.

③ $\forall i, j \in \{1, 2, \cdots, 7\}$, 不妨设 $i \leqslant j$, 则显然 $A_i \leqslant A_j, C_\alpha(A_i) \leqslant C_\alpha(A_j)$, 于是 $C_\alpha(A_i \vee A_j) = C_\alpha(A_j) = C_\alpha(A_i) \vee C_\alpha(A_j)$. 所以 (C3) 被满足.

综之, C_α 是 C_α-闭包算子.

(2) C_α 是 α-幂等算子.

$$(C_\alpha(C_\alpha(A_1)))_{[\alpha]} = (C_\alpha(A_1))_{[\alpha]},$$
$$(C_\alpha(C_\alpha(A_2)))_{[\alpha]} = (C_\alpha(A_3))_{[\alpha]} = (A_4)_{[\alpha]} = \{x\} = (A_3)_{[\alpha]} = (C_\alpha(A_2))_{[\alpha]},$$
$$(C_\alpha(C_\alpha(A_3)))_{[\alpha]} = (C_\alpha(A_4))_{[\alpha]} = (A_5)_{[\alpha]} = \{x\} = (A_4)_{[\alpha]} = (C_\alpha(A_3))_{[\alpha]},$$
$$(C_\alpha(C_\alpha(A_4)))_{[\alpha]} = (C_\alpha(A_5))_{[\alpha]} = (A_5)_{[\alpha]} = (C_\alpha(A_4))_{[\alpha]},$$
$$(C_\alpha(C_\alpha(A_5)))_{[\alpha]} = (C_\alpha(A_5))_{[\alpha]}.$$

(3) C_α 不是幂等算子.

$$C_\alpha(C_\alpha(A_2)) = C_\alpha(A_3) = A_4 \neq A_3 = C_\alpha(A_2).$$

例 3.1.5 α-幂等不蕴含强 α-幂等.

取 $X = L = [0, 1]$, $\alpha = 0.5 \in M(L)$. 定义 $C_\alpha : L^X \to L^X$ 为

$$\forall A \in L^X, \quad C_\alpha(A) = \chi_{A_{(0)}},$$

这里 $\chi_{A_{(0)}}$ 是 $A_{(0)}$ 的特征函数, 而 $A_{(0)}$ 则是 A 的承集.

(1) C_α 是 C_α-闭包算子.

对任意的 $A, B \in L^X$, 我们有

$$C_\alpha(0_X) = \chi_{(0_X)_{(0)}} = \chi_\varnothing = 0_X,$$

$$(C_\alpha(A))_{[\alpha]} = (\chi_{A_{(0)}})_{[\alpha]} = A_{(0)} \supset A_{[\alpha]},$$

$$C_\alpha(A \vee B) = \chi_{(A \vee B)_{(0)}} = \chi_{A_{(0)} \cup B_{(0)}} = \chi_{A_{(0)}} \vee \chi_{B_{(0)}} = C_\alpha(A) \vee C_\alpha(B),$$

因此 C_α 是 C_α-闭包算子.

(2) C_α 是 α-幂等算子.

对任意的 $A \in L^X$, 我们有

$$C_\alpha(C_\alpha(A)) = C_\alpha(\chi_{A_{(0)}}) = \chi_{(\chi_{A_{(0)}})_{(0)}} = \chi_{A_{(0)}} = C_\alpha(A),$$

因此

$$(C_\alpha(C_\alpha(A)))_{[\alpha]} = (C_\alpha(A))_{[\alpha]}.$$

特别指出, 我们实际上已经证明了 C_α 是幂等算子.

(3) C_α 不是强 α-幂等算子.

构造 $A, B \in L^X$ 如下:

$$\forall x \in X, \quad A(x) = \begin{cases} 0.4, & x \in [0, 0.5], \\ 0, & x \in (0.5, 1], \end{cases} \qquad B(x) = \begin{cases} 0.6, & x \in [0, 0.2], \\ 0, & x \in (0.2, 1]. \end{cases}$$

则

$$D_\alpha(A) = \chi_{A_{(0)}} = \begin{cases} 1, & x \in [0, 0.5], \\ 0, & x \in (0.5, 1], \end{cases} \qquad D_\alpha(B) = \chi_{B_{(0)}} = \begin{cases} 1, & x \in [0, 0.2], \\ 0, & x \in (0.2, 1]. \end{cases}$$

于是

$$(C_\alpha(A))_{[\alpha]} = [0, 0.5], \quad (C_\alpha(B))_{[\alpha]} = [0, 0.2], \quad A_{[\alpha]} = \varnothing.$$

因此

$$A_{[\alpha]} \subset (C_\alpha(B))_{[\alpha]}, \quad (C_\alpha(A))_{[\alpha]} \not\subset (C_\alpha(B))_{[\alpha]}.$$

这证明了 C_α 不是强 α-幂等算子.

例 3.1.6　幂等算子与强 α-幂等算子互不蕴含.

(1) 幂等算子不蕴含强 α-幂等算子.

实例见例 3.1.5.

(2) 强 α-幂等算子不蕴含幂等算子.

取 $X = \{x\}, L = \{0, 0.2, 0.4, 0.6, 0.8, 1\}$, L 的逆序对合对应 $(-)'$ 定义为

$$0' = 1, \quad 0.2' = 0.8, \quad 0.4' = 0.6, \quad 0.6' = 0.4, \quad 0.8' = 0.2, \quad 1' = 0,$$

则在实数的小于等于关系 $\leqslant$ 之下, $(L, \leqslant, (-)')$ 形成一个 F 格. 定义 $A_i \in L^X$ $(i = 1, 2, \cdots, 6)$ 为

$$A_1(x) = 0, \quad A_2(x) = 0.2, \quad A_3(x) = 0.4,$$

$$A_4(x) = 0.6, \quad A_5(x) = 0.8, \quad A_6(x) = 1,$$

则 $L^X = \{A_i : i = 1, 2, \cdots, 6\}$. 取 $\alpha = 0.4 \in M(L)$, 定义 $D_\alpha : L^X \to L^X$ 为

$$C_\alpha(A_1) = A_1, \quad C_\alpha(A_2) = A_2, \quad C_\alpha(A_6) = A_6,$$

$$C_\alpha(A_j)(x) = A_j(x) + 0.2 = A_{j+1}(x), \quad j = 3, 4, 5.$$

(1) C_α 是 C_α-闭包算子.

$C_\alpha(A_1) = A_1$ 就是 $C_\alpha(0_X) = 0_X$.

显然 $C_\alpha(A_i) \geqslant A_i$, 因此 $(C_\alpha(A_i))_{[\alpha]} \supset (A_i)_{[\alpha]}, i = 1, 2, \cdots, 6$.

对任意的 $A_i, A_j \in L^X$, 不妨设 $A_i \geqslant A_j$, 则易见 $C_\alpha(A_i) \geqslant C_\alpha(A_j)$, 从而

$$C_\alpha(A_i \vee A_j) = C_\alpha(A_i) = C_\alpha(A_i) \vee C_\alpha(A_j).$$

综上, C_α 是 C_α-闭包算子.

(2) C_α 不是幂等算子.

$$C_\alpha(C_\alpha(A_3)) = C_\alpha(A_4) \neq C_\alpha(A_3).$$

(3) C_α 是强 α-幂等算子.

$\forall A_i, A_j \in L^X$, 设 $(A_i)_{[\alpha]} \subset (C_\alpha(A_j))_{[\alpha]}$.

若 $(A_i)_{[\alpha]} = \varnothing$, 则 $A_i = A_1$ 或 A_2, 于是 $C_\alpha(A_i) = A_i$, 从而 $(C_\alpha(A_i))_{[\alpha]} = \varnothing$, 所以 $(C_\alpha(A_i))_{[\alpha]} \subset (C_\alpha(A_j))_{[\alpha]}$.

若 $(A_i)_{[\alpha]} \neq \varnothing$, 则 $(C_\alpha(A_j))_{[\alpha]} = \{x\}$. 此时 $(C_\alpha(A_i))_{[\alpha]} = \{x\} = (C_\alpha(A_j))_{[\alpha]}$.

综上, $(C_\alpha(A_i))_{[\alpha]} \subset (C_\alpha(A_j))_{[\alpha]}$. 这证明 C_α 是强 α-幂等算子.

定理 3.1.1　设 (X, δ) 是 L-空间, $\alpha \in M(L)$, 若 $D_\alpha : L^X \to \delta'$ 为定义 1.2.1 中的层次闭包算子, 则 D_α 既是幂等算子, 又是 α-幂等算子, 还是强 α-幂等算子.

证 $\forall A, B \in L^X$, $D_\alpha(D_\alpha(A)) = D_\alpha(A)$ 是层次闭包算子 D_α 所固有的性质 (见定理 1.2.1), 从而 $(D_\alpha(D_\alpha(A)))_{[\alpha]} = (D_\alpha(A))_{[\alpha]}$. 因此, D_α 既是幂等算子, 又是 α-幂等算子.

若 $A_{[\alpha]} \subset (D_\alpha(B))_{[\alpha]}$, 则由 $D_\alpha(B) \in \delta'$ 及 $D_\alpha(A)$ 之定义

$$D_\alpha(A) = \bigwedge \{G \in \delta' : A_{[\alpha]} \subset G_{[\alpha]}\}$$

得到 $D_\alpha(A) \leqslant D_\alpha(B)$, 从而 $(D_\alpha(A))_{[\alpha]} \subset (D_\alpha(B))_{[\alpha]}$. 这证明 D_α 还是强 α-幂等算子.

现以 $C_\alpha(L^X)$ 记 L^X 上全体 C_α-闭包算子的集合.

定义 3.1.4 设 $C, \tilde{C} \in C_\alpha(L^X)$. 若 $\forall A \in L^X$ 均有 $(C(A))_{[\alpha]} \subset (\tilde{C}(A))_{[\alpha]}$, 则称 C 比 $\tilde{C}$ 精细, 或 $\tilde{C}$ 比 C 粗糙, 记作 $C \leqslant_\alpha \tilde{C}$.

若 $C \leqslant_\alpha \tilde{C}$ 和 $\tilde{C} \leqslant_\alpha C$ 同时成立, 则称 C 和 $\tilde{C}$ 相等, 记作 $C =_\alpha \tilde{C}$.

显然 $(C_\alpha(L^X), \leqslant_\alpha)$ 形成一偏序集.

定理 3.1.2 $(C_\alpha(L^X), \leqslant_\alpha)$ 是完备格.

证 首先证明 $(C_\alpha(L^X), \leqslant_\alpha)$ 具有最大元.

定义 $C^{(1)} \in L^X$ 为

$$\forall A \in L^X, \quad C^{(1)}(A) = \begin{cases} 1_X, & A \neq 0_X, \\ 0_X, & A = 0_X. \end{cases}$$

则容易验证 $C^{(1)}$ 是 C_α-闭包算子, 从而 $C^{(1)} \in C_\alpha(L^X)$.

此外, $\forall C \in C_\alpha(L^X)$, $\forall A \in L^X$, 我们有

当 $A \neq 0_X$ 时 $(C(A))_{[\alpha]} \subset X = (1_X)_{[\alpha]} = (C^{(1)}(A))_{[\alpha]}$,

当 $A = 0_X$ 时 $(C(A))_{[\alpha]} = \varnothing = (C^{(1)}(A))_{[\alpha]}$,

所以 $C \leqslant_\alpha C^{(1)}$ 这表明 $C^{(1)}$ 是 $(C_\alpha(L^X), \leqslant_\alpha)$ 最大元.

其次证明 "下确界" 存在.

设 $\{C_t : t \in T\} \subset C_\alpha(L^X)$, 构造 $C : L^X \to L^X$ 如下:

$$\forall A \in L^X, \quad C(A) = \bigwedge_{t \in T} C_t(A),$$

则 C 是 C_α-闭包算子, 即 $C \in C_\alpha(L^X)$. 事实上,

① $C(0_X) = \bigwedge_{t \in T} C_t(0_X) = 0_X$.

② $(C(A))_{[\alpha]} = \left(\bigwedge_{t \in T} C_t(A)\right)_{[\alpha]} = \bigcap_{t \in T} (C_t(A))_{[\alpha]} \supset A_{[\alpha]}$.

③ $\forall B \in L^X, C(A \vee B) = \bigwedge_{t \in T} C_t(A \vee B) = \left(\bigwedge_{t \in T} C_t(A)\right) \vee \left(\bigwedge_{t \in T} C_t(B)\right) = C(A) \vee C(B)$. 所以 C 是 C_α-闭包算子.

由于对任意的 $t \in T$, 我们有

$$(C(A))_{[\alpha]} = \left(\bigwedge_{t \in T} C_t(A)\right)_{[\alpha]} = \bigcap_{t \in T} (C_t(A))_{[\alpha]} \subset (C_t(A))_{[\alpha]},$$

所以 $C \leqslant_\alpha C_t$, 这说明 C 是 $\{C_t : t \in T\}$ 的下界.

设 $\tilde{C} \in C_\alpha(X)$ 使得 $\forall t \in T,\ \tilde{C} \leqslant_\alpha C_t$, 则 $\forall A \in L^X, \tilde{C}(A))_{[\alpha]} \subset (C_t(A))_{[\alpha]}$, 从而

$$(C(A))_{[\alpha]} = \left(\bigwedge_{t \in T} C_t(A)\right)_{[\alpha]} = \bigcap_{t \in T} (C_t(A))_{[\alpha]} \supset (\tilde{C}(A))_{[\alpha]},$$

所以 $\tilde{C} \leqslant_\alpha C$. 这证明 C 是 $\{C_t : t \in T\}$ 的下确界. 因此由 [6] 的定理 1.2.1 得到 $(C_\alpha(X), \leqslant_\alpha)$ 是完备格.

现在讨论 C_α-闭包空间的子空间和诱导的 C_α-闭包空间.

定义 3.1.5 设 X 是非空集合, Y 是 X 的非空子集, L 是 F 格, $\alpha \in M(L)$, $C_\alpha : L^X \to L^X$ 为 C_α-闭包算子. 定义 $C_\alpha | Y\colon L^Y \to L^Y$ 为

$$\forall A \in L^Y, \quad (C_\alpha | Y)(A) = C_\alpha(A^*) | Y,$$

这里 A^* 是 A 的单星扩张 (见定义 0.4.1).

引理 3.1.1 (X, C_α) 是 C_α-闭包空间, $Y \subset X$, 则

(1) $\forall A \in L^X,\ ((C_\alpha(A)) | Y)_{[\alpha]} = (C_\alpha(A))_{[\alpha]} \cap Y$.

(2) $\forall B \in L^Y,\ ((C_\alpha | Y)(B))_{[\alpha]} = ((C_\alpha(B^*)) | Y)_{[\alpha]} = (C_\alpha(B^*))_{[\alpha]} \cap Y$.

证 根据 L-集的限制和单星扩张之定义立得.

定理 3.1.3 若 (X, C_α) 是 C_α-闭包空间, 则 $(Y, C_\alpha | Y)$ 也是 C_α-闭包空间, 称为 (X, C_α) 的子 C_α-闭包空间.

证 (1) $(C_\alpha | Y)(0_Y) = C_\alpha(0_Y^*) | Y = C_\alpha(0_X) | Y = 0_X | Y = 0_Y$.

(2) $\forall A \in L^Y$, 我们有

$$((C_\alpha | Y)(A))_{[\alpha]} = (C_\alpha(A^*) | Y)_{[\alpha]} = (C_\alpha(A^*))_{[\alpha]} \cap Y \supset (A^*)_{[\alpha]} \cap Y = A_{[\alpha]} \cap Y = A_{[\alpha]}.$$

(3) $\forall A, B \in L^Y$, 我们有

$$(C_\alpha | Y)(A \vee B) = (C_\alpha(A \vee B)^*) | Y = (C_\alpha(A^* \vee B^*)) | Y = (C_\alpha(A^*) \vee C_\alpha(B^*)) | Y$$
$$= ((C_\alpha(A^*)) | Y) \vee ((C_\alpha(B^*)) | Y) = (C_\alpha | Y)(A) \vee (C_\alpha | Y)(B).$$

所以 $(Y, C_\alpha | Y)$ 是 C_α-闭包空间.

定理 3.1.4　设 (X, C) 是分明闭包空间, L 是 F 格, $\alpha \in M(L)$, 定义 $\omega_\alpha(C)$:
$L^X \to L^X$ 如下:

$$\forall A \in L^X, \ \omega_\alpha(C)(A) = \bigwedge\{r_X \vee \chi_{C(E)} : A_{[\alpha]} \subset C(E), E \subset X, r \in L\}$$

则 $(X, \omega_\alpha(C))$ 是 C_α-闭包空间, 称之为由 (X, C) 诱导的 C_α-闭包空间.

　　证　(1) 因为

$$\omega_\alpha(C)(0_X) = \bigwedge\{r_X \vee \chi_{C(E)} : (0_X)_{[\alpha]} \subset C(E), E \subset X, r \in L\}$$

$$\leqslant \bigwedge\{r_X \vee \chi_\phi : r \in L\} = \bigwedge\{r_X : r \in L\} = 0_X.$$

所以 $\omega_\alpha(C)(0_X) = 0_X$.

　　(2) $(\omega_\alpha(C)(A))_{[\alpha]} = \bigcap\{(r_X)_{[\alpha]} \cup C(E) : A_{[\alpha]} \subset C(E), E \subset X, r \in L\}$

$$\supset \bigcap\{(r_X)_{[\alpha]} \cup A_{[\alpha]} : r \in L\} \supset A_{[\alpha]}.$$

　　(3) 首先注意, 若 $A \leqslant B$, 则 $\omega_\alpha(C)(A) \leqslant \omega_\alpha(C)(B)$, 即映射 $\omega_\alpha(C)$ 是保序的. 于是

$$\omega_\alpha(C)(A \vee B) \geqslant \omega_\alpha(C)(A) \vee \omega_\alpha(C)(B).$$

另一方面, 由定义可得

$\omega_\alpha(C)(A) \vee \omega_\alpha(C)(B)$

$= (\bigwedge\{r_X \vee \chi_{C(E)} : A_{[\alpha]} \subset C(E), E \subset X, r \in L\})$

　　$\vee (\wedge\{s_X \vee \chi_{C(F)}, B_{[\alpha]} \subset C(F), F \subset X, s \in L\})$

$= \bigwedge\{r_X \vee s_X \vee \chi_{C(E)} \vee \chi_{C(F)} : A_{[\alpha]} \subset C(E), B_{[\alpha]} \subset C(F), E, F \subset X, r, s \in L\}.$

由于算子 C 保并, 所以

$$(A \vee B)_{[\alpha]} = A_{[\alpha]} \cup B_{[\alpha]} \subset C(E) \cup C(F) = C(E \cup F).$$

因此

$\omega_\alpha(C)(A) \vee \omega_\alpha(C)(B)$

$\geqslant \bigwedge\{r_X \vee s_X \vee \chi_{C(E \cup F)} : (A \vee B)_{[\alpha]} \subset C(E \cup F), E, F \subset X, r, s \in L\}$

$= \omega_\alpha(C)(A \vee B).$

这就证明了

$$\omega_\alpha(C)(A) \vee \omega_\alpha(C)(B) = \omega_\alpha(C)(A \vee B).$$

综之, $(X, \omega_\alpha(C))$ 是 C_α-闭包空间.

定理 3.1.5 设 (X, C) 是分明闭包空间, 则 $(X, \omega_\alpha(C))$ 是强 α-幂等的 C_α-闭包空间.

证 $\forall A, B \in L^X$, 假设 $A_{[\alpha]} \subset (\omega_\alpha(C)(B))_{[\alpha]}$, 则由 $\omega_\alpha(C)$ 的定义得

$$
\begin{aligned}
(\omega_\alpha(C)(B))_{[\alpha]} &= \bigcap\{(r_X)_{[\alpha]} \cup (\chi_{C(E)})_{[\alpha]} : B_{[\alpha]} \subset C(E), E \subset X, r \in L\} \\
&= \left(\bigcap\{(r_X)_{[\alpha]} \cup (\chi_{C(E)})_{[\alpha]} : B_{[\alpha]} \subset C(E), E \subset X, r \not\geqslant \alpha, r \in L\}\right) \\
&\quad \cap \left(\bigcap\{(r_X)_{[\alpha]} \cup (\chi_{C(E)})_{[\alpha]} : B_{[\alpha]} \subset C(E), E \subset X, r \geqslant \alpha, r \in L\}\right) \\
&= \left(\bigcap\{C(E) : B_{[\alpha]} \subset C(E), E \subset X\}\right) \cap X \\
&= \bigcap\{C(E) : B_{[\alpha]} \subset C(E), E \subset X\} \\
&\supset A_{[\alpha]},
\end{aligned}
$$

这意味着对任意满足条件 $B_{[\alpha]} \subset C(E)$ 之 E 都有 $A_{[\alpha]} \subset C(E)$. 于是

$$
\begin{aligned}
(\omega_\alpha(C)(A))_{[\alpha]} &= \bigcap\{(r_X)_{[\alpha]} \cup (\chi_{C(E)})_{[\alpha]} : A_{[\alpha]} \subset C(E), E \subset X, r \in L\} \\
&= \bigcap\{C(E) : A_{[\alpha]} \subset C(E), E \subset X\} \\
&\subset \bigcap\{C(E) : B_{[\alpha]} \subset C(E), E \subset X\} \\
&= (\omega_\alpha(C)(B))_{[\alpha]}.
\end{aligned}
$$

这证明 $\omega_\alpha(C)$ 是强 α-幂等算子, 因而 $(X, \omega_\alpha(C))$ 是强 α-幂等的 C_α- 闭包空间.

定理 3.1.6 设 (X, C) 是幂等的分明闭包空间, 则 $\forall D \subset X$ 都有

$$
(\omega_\alpha(C)(\chi_D))_{[\alpha]} = C(D).
$$

证 根据 $\omega_\alpha(C)$ 之定义并注意到 $D \subset C(D)$, 便得

$$
\begin{aligned}
(\omega_\alpha(C)(\chi_D))_{[\alpha]} &= \left(\bigwedge\{r_X \vee \chi_{C(E)} : (\chi_D)_{[\alpha]} \subset C(E), E \subset X, r \in L\}\right)_{[\alpha]} \\
&= \bigcap\{(r_X)_{[\alpha]} \cup (\chi_{C(E)})_{[\alpha]} : (\chi_D)_{[\alpha]} \subset C(E), E \subset X, r \in L\} \\
&= \bigcap\{C(E) : D \subset C(E), E \subset X\} \\
&\subset C(D).
\end{aligned}
$$

另一方面, 由 (X, C) 是幂等的知: 若 $D \subset C(E)$, 则

$$
C(D) \subset C(C(E)) = C(E).
$$

于是

$$(\omega_\alpha(C)(\chi_D))_{[\alpha]} = \bigcap\{C(E) : D \subset C(E), E \subset X\}$$
$$\supset \bigcap\{C(E) : C(D) \subset C(E), E \subset X\}$$
$$\supset C(D).$$

综之得 $(\omega_\alpha(C)(\chi_D))_{[\alpha]} = C(D)$.

3.2 层次闭包算子与 L-拓扑

定理 3.2.1 对 F 格 L 和 $\alpha \in M(L)$, 设 (X, C_α) 是 C_α-闭包空间, 令

$$\delta_{C_\alpha} = \{A \in L^X : (C_\alpha(A))_{[\alpha]} = A_{[\alpha]}\}.$$

则 (1) δ_{C_α} 是 X 上的 L-余拓扑.

(2) 若以 C^* 记由 δ_{C_α} 决定的 K-闭包算子, 则 $C_\alpha \leqslant_\alpha C^*$.

证 (1) 因 $(C_\alpha(0_X))_{[\alpha]} = (0_X)_{[\alpha]}$ 和 $X \supset (C_\alpha(1_X))_{[\alpha]} \supset (1_X)_{[\alpha]} = X$, 故 $0_X, 1_X \in \delta_{C_\alpha}$.

设 $A, B \in \delta_{C_\alpha}$, 则 $(C_\alpha(A))_{[\alpha]} = A_{[\alpha]}$, $(C_\alpha(B))_{[\alpha]} = B_{[\alpha]}$, 从而

$$(C_\alpha(A \vee B))_{[\alpha]} = (C_\alpha(A) \vee C_\alpha(B))_{[\alpha]} = (C_\alpha(A))_{[\alpha]} \cup (C_\alpha(B))_{[\alpha]}$$
$$= A_{[\alpha]} \cup B_{[\alpha]} = (A \vee B)_{[\alpha]},$$

因此 $A \vee B \in \delta_{C_\alpha}$.

设 $\{A^t : t \in T\} \subset \delta_{C_\alpha}$, 则 $\forall t \in T$, $(C_\alpha(A^t))_{[\alpha]} = A^t_{[\alpha]}$. 由 C_α 保序得

$$C_\alpha\left(\bigwedge_{t \in T} A^t\right) \leqslant \bigwedge_{t \in T} C_\alpha(A^t),$$

从而

$$\left(C_\alpha\left(\bigwedge_{t \in T} A^t\right)\right)_{[\alpha]} \subset \left(\bigwedge_{t \in T} C_\alpha(A^t)\right)_{[\alpha]} = \bigcap_{t \in T}(C_\alpha(A^t))_{[\alpha]} = \bigcap_{t \in T} A^t_{[\alpha]} = \left(\bigwedge_{t \in T} A^t\right)_{[\alpha]}.$$

另一方面, 由 C_α 的定义直接可

$$\left(C_\alpha\left(\bigwedge_{t \in T} A^t\right)\right)_{[\alpha]} \supset \left(\bigwedge_{t \in T} A^t\right)_{[\alpha]}.$$

于是 $\left(C_\alpha\left(\bigwedge_{t\in T} A^t\right)\right)_{[\alpha]} = \left(\bigwedge_{t\in T} A^t\right)_{[\alpha]}$. 这证明 $\bigwedge_{t\in T} A^t \in \delta_{C_\alpha}$.

综上所述, δ_{C_α} 是 X 上的 L-余拓扑.

(2) $\forall A \in L^X$, 由 K-闭包算子的定义,

$$C^*(A) = \bigwedge\{G \in \delta_{C_\alpha} : G \geqslant A\} = \bigwedge\{G \in L^X : (C_\alpha(G))_{[\alpha]} = G_{[\alpha]}, G \geqslant A\}.$$

注意由 $G \geqslant A$ 可得 $C_\alpha(G) \geqslant C_\alpha(A)$, 进而 $(C_\alpha(G))_{[\alpha]} \supset (C_\alpha(A))_{[\alpha]}$, 于是

$$\begin{aligned}(C^*(A))_{[\alpha]} &= (\bigwedge\{G \in \delta_{C_\alpha} : G \geqslant A\})_{[\alpha]}\\ &= \bigcap\{G_{[\alpha]} \in L^X : (C_\alpha(G))_{[\alpha]} = G_{[\alpha]}, G \geqslant A\}\\ &= \bigcap\{(C_\alpha(G))_{[\alpha]} : G \geqslant A\} \supset (C_\alpha(A))_{[\alpha]}.\end{aligned}$$

这证明 $C_\alpha \leqslant_\alpha C^*$.

如下例所示, 定理 3.2.1 中的 L-余拓扑 δ_{C_α} 可能不是唯一的. 另外, $C_\alpha \neq_\alpha C^*$.

例 3.2.1 取 $X = \{x\}, L = [0,1], \alpha = 0.5$. 对每个 $\lambda \in [0, 1]$, 令 $A^\lambda(x) = \lambda$, 则 $L^X = \{A^\lambda : \lambda \in [0, 1]\}$. 构造 $C_\alpha : L^X \to L^X$ 如下:

$$C_\alpha(A^\lambda) = \begin{cases} 0_X, & \lambda = 0,\\ A^{\lambda+0.1}, & \lambda \in (0, 0.9],\\ 1_X, & \lambda \in (0.9, 1]. \end{cases}$$

则 C_α 是 L^X 上的 C_α-闭包算子.

事实上, ① $C_\alpha(0_X) = 0_X$.

② $(C_\alpha(0_X))_{[\alpha]} = \varnothing = (0_X)_{[\alpha]}$.

当 $\lambda \in (0, 0.5)$ 时, $(C_\alpha(A^\lambda))_{[\alpha]} = \{x\}$, 或者 $(C_\alpha(A^\lambda))_{[\alpha]} = \varnothing$, 但总有 $(A^\lambda)_{[\alpha]} = \varnothing$, 因此 $(C_\alpha(A^\lambda))_{[\alpha]} \supset (A^\lambda)_{[\alpha]}$.

当 $\lambda \in [0.5, 1]$ 时, $(C_\alpha(A^\lambda))_{[\alpha]} = \{x\} = (A^\lambda)_{[\alpha]}$.

总之, $\forall A \in L^X, ((C_\alpha(A^\lambda)))_{[\alpha]} \supset (A^\lambda)_{[\alpha]}$.

③ 对任意的 $A^i, A^j \in L^X$, 不妨设 $i \leqslant j$, 则 $A^i \leqslant A^j$ 且 $C_\alpha(A^i) \leqslant C_\alpha(A^j)$, 从而 $C_\alpha(A^i \vee A^j) = C_\alpha(A^j) = C_\alpha(A^i) \vee C_\alpha(A^j)$.

所以 C_α 是 L^X 上的 C_α-闭包算子.

令 $\delta_{C_\alpha}^1 = \{0_X, 1_X, A^{0.5}\}, \delta_{C_\alpha}^1 = \{0_X, 1_X, A^{0.6}\}$, 则因

$$(C_\alpha(0_X))_{[\alpha]} = (0_X)_{[\alpha]} = \varnothing, \quad (C_\alpha(1_X))_{[\alpha]} = (1_X)_{[\alpha]} = X,$$

$$(C_\alpha(A^{0.5}))_{[\alpha]} = (C_\alpha(A^{0.6}))_{[\alpha]} = A_{[\alpha]}^{0.5} = A_{[\alpha]}^{0.6} = X,$$

故 $\delta_{C_\alpha}^1$ 和 $\delta_{C_\alpha}^2$ 都是由 C_α 决定的 L-余拓扑, 但显然 $\delta_{C_\alpha}^1 \neq \delta_{C_\alpha}^2$.

在余 L-空间 $(X, \delta_{C_\alpha}^1)$ 中, $C_\alpha(A^{0.3}) = A^{0.4}$, $C^*(A^{0.3}) = A^{0.5}$, 因此

$$(C_\alpha(A^{0.3}))_{[\alpha]} = (A^{0.4})_{[\alpha]} = \varnothing, \quad (C^*(A^{0.3}))_{[\alpha]} = (A^{0.5})_{[\alpha]} = X.$$

所以 $C_\alpha \neq_\alpha C^*$.

问题 3.2.1 对定理 3.2.1 中的 C_α 和 C^* 而言, $C_\alpha =_\alpha C^*$ 成立的充要条件是什么?

注 3.2.1 设 δ_{C_α} 是定理 3.2.1 中的 L-余拓扑, 则在 (X, δ_{C_α}) 中可以定义 D_α-闭包算子, 即对任意的 $A \in L^X$ 我们有

$$D_\alpha(A) = \bigwedge \{G \in \delta_{C_\alpha} : G_{[\alpha]} \supset A_{[\alpha]}\}$$
$$= \bigwedge \{G \in L^X : (C_\alpha(G))_{[\alpha]} = G_{[\alpha]}, G_{[\alpha]} \supset A_{[\alpha]}\}.$$

那么在序 $\leqslant_\alpha$ 之下, C_α 与 D_α 无法比较大小.

例如, 对例 3.2.1 中的 $(X, \delta_{C_\alpha}^1)$ 而言, 可以验证 $D_\alpha \leqslant_\alpha C_\alpha$. 而对于例 3.1.3 中的 C_α, 令 $\delta_{C_\alpha} = \{\varnothing, X, \{b, d\}\}$, 则因 $C_\alpha(\{b, d\}) = \{b, d\}$, 故 δ_{C_α} 是由 C_α 决定的 L-余拓扑, 设 D_α 是由 (X, δ_{C_α}) 决定的 D_α-闭包算子, 则容易验证 $C_\alpha \leqslant_\alpha D_\alpha$. 不过, 我们有下述定理:

定理 3.2.2 设 (X, C_α) 是 C_α-闭包空间, (X, δ_{C_α}) 是由 C_α 决定的 L-余拓扑空间, D_α 是由 (X, δ_{C_α}) 决定的 D_α-闭包算子. 若 C_α 是 α-幂等算子, 则 $D_\alpha \leqslant_\alpha C_\alpha$.

证 对任意的 $A \in L^X$, 由 $(C_\alpha(C_\alpha(A)))_{[\alpha]} = (C_\alpha(A))_{[\alpha]} \supset A_{[\alpha]}$ 得

$$(D_\alpha(A))_{[\alpha]} = \bigcap \{G_{[\alpha]} : G \in L^X, (C_\alpha(G))_{[\alpha]} = G_{[\alpha]}, G_{[\alpha]} \supset A_{[\alpha]}\} \subset (C_\alpha(A))_{[\alpha]},$$

所以 $D_\alpha \leqslant_\alpha C_\alpha$.

注 3.2.2 定理 3.2.2 之逆不成立. 例如, 在例 3.2.1 中, 对 $(X, \delta_{C_\alpha}^1)$ 而言, 有 $D_\alpha \leqslant_\alpha C_\alpha$, 但

$$C_\alpha(A^{0.3}) = A^{0.4}, \quad C_\alpha(C_\alpha(A^{0.3})) = C_\alpha(A^{0.4}) = A^{0.5},$$

从而

$$(C_\alpha(C_\alpha(A^{0.3})))_{[\alpha]} = \{x\} \neq \varnothing = (C_\alpha(A^{0.3}))_{[\alpha]},$$

所以 C_α 不是 α-幂等算子.

下一个定理进一步揭示了 C_α 和 D_α 这两个算子之间的关系.

定理 3.2.3 设 (X, C_α) 是 C_α-闭包空间, (X, δ_{C_α}) 是由 C_α 决定的 L-余拓扑空间, D_α 是由 (X, δ_{C_α}) 决定的 D_α-闭包算子. 则

(1) $D_\alpha =_\alpha C_\alpha \circ D_\alpha$;

(2) $C_\alpha \leqslant_\alpha D_\alpha \circ C_\alpha$.

证 (1) 对任意的 $A \in L^X$, 因为 $D_\alpha(A)$ 是 (X, δ_{C_α}) 的闭集, 所以

$$(C_\alpha(D_\alpha(A)))_{[\alpha]} = (D_\alpha(A))_{[\alpha]},$$

因此 $D_\alpha =_\alpha C_\alpha \circ D_\alpha$.

(2) 对任意的 $A \in L^X$, 由 D_α 的定义直接得

$$(D_\alpha(C_\alpha(A)))_{[\alpha]} \supset (C_\alpha(A))_{[\alpha]},$$

所以 $C_\alpha \leqslant_\alpha D_\alpha \circ C_\alpha$.

注 3.2.3 上述定理中 (2) 中的 "$\leqslant_\alpha$" 不能改为 "$=_\alpha$". 例如在例 3.1.3 中, 由于 $C_\alpha(\{b,d\}) = \{b,d\}$, 故 $\delta_{C_\alpha} = \{\varnothing, X, \{b,d\}\}$ 是由 C_α 决定的余 L-拓扑. 现考虑 $\{a\}$. 因为 $C_\alpha(\{a\}) = \{a,b\}$, 所以 $D_\alpha(C_\alpha(\{a\})) = D_\alpha(\{a,b\}) = X$. 因此, 若取 $\alpha = 1$, 则

$$(C_\alpha(\{a\}))_{[\alpha]} = \{a,b\} \neq X = (D_\alpha(C_\alpha(\{a\})))_{[\alpha]}.$$

可见 $C_\alpha \neq_\alpha D_\alpha \circ C_\alpha$.

下面的定理提供了一个 $C_\alpha =_\alpha D_\alpha \circ C_\alpha$ 的充分条件.

定理 3.2.4 算子 C_α 和 D_α 如定理 3.2.3, 则当 C_α 时 α-幂等算子时, $C_\alpha =_\alpha D_\alpha \circ C_\alpha$.

证 对任意的 $A \in L^X$, 设 $(C_\alpha(C_\alpha(A)))_{[\alpha]} = (C_\alpha(A))_{[\alpha]}$, 则 $C_\alpha(A)$ 是 (X, δ_{C_α}) 中的闭集, 且 $C_\alpha(A) \in \{G \in \delta_{C_\alpha} : G_{[\alpha]} \supset (C_\alpha(A))_{[\alpha]}\}$, 从而

$$((D_\alpha \circ C_\alpha)(A))_{[\alpha]} = (D_\alpha(C_\alpha(A)))_{[\alpha]} = (\wedge\{G \in \delta_{C_\alpha} : G_{[\alpha]} \supset (C_\alpha(A))_{[\alpha]}\})_{[\alpha]}$$
$$= \cap\{G_{[\alpha]} : G \in \delta_{C_\alpha}, G_{[\alpha]} \supset (C_\alpha(A))_{[\alpha]}\}$$
$$\subset (C_\alpha(A))_{[\alpha]},$$

所以 $D_\alpha \circ C_\alpha \leqslant_\alpha C_\alpha$. 再由定理 3.2.3(2) 就可得到 $D_\alpha \circ C_\alpha =_\alpha C_\alpha$.

问题 3.2.2 等式 $D_\alpha \circ C_\alpha =_\alpha C_\alpha$ 成立的充要条件是什么?

对于给定的 L^X 上的 C_α-闭包算子 C_α, 即 $C_\alpha \in C_\alpha(X)$, 如定理 3.2.1 所述, 总有一个 X 上 L-余拓扑 δ_{C_α}(可能不唯一) 与之对应. 以 $TL(X)$ 记 X 上的全体 L-余拓扑之集. 建立映射

$$\pi : C_\alpha(X) \to TL(X),$$

对任意的 $C_\alpha \in C_\alpha(X)$, 选定一个 δ_{C_α}, 令 $\pi(C_\alpha) = \delta_{C_\alpha}$. 我们现在研究这个映射的性质.

约定: 对 $\delta_1, \delta_2 \in TL(X)$, 若 $\delta_1 \subset \delta_2$, 则记作 $\delta_1 \leqslant \delta_2$. 如此一来, L-离散余拓扑便是 $TL(X)$ 的最大元.

在定理 3.1.2 中我们已给出了 $(C_\alpha, \leqslant_\alpha)$ 的最大元 $C^{(1)}$, 现在定义 $C^{(0)} : L^X \to L^X : \forall A \in L^X, C^{(0)}(A) = A$. 容易看出 $C^{(0)} \in C_\alpha(X)$, 且 $\forall \tilde{C} \in C_\alpha(X)$, 有 $(C^{(0)}(A))_{[\alpha]} = A_{[\alpha]} \subset (\tilde{C}(A))_{[\alpha]}$, 因此 $C^{(0)} \leqslant_\alpha \tilde{C}$. 这说明 $C^{(0)}$ 是 $C_\alpha(X)$ 的最小元.

定理 3.2.5 设映射 $\pi : C_\alpha(X) \to TL(X)$ 如上所述, 则

(1) $\forall C_1, C_2 \in C_\alpha(X), C_1 \leqslant_\alpha C_2 \Rightarrow \pi(C_2) \leqslant \pi(C_1)$ (反序性);

(2) $\forall C_1, C_2, \cdots, C_n \in C_\alpha(X), \pi\left(\bigvee_{i=1}^{n} C_i\right) = \bigcap_{i=1}^{n} \pi(C_i)$ (保有限并交);

(3) $\pi(C^{(0)})$ 是 X 上的 L-余离散拓扑, 即 $C_\alpha(X)$ 的最小元对应着 $TL(X)$ 的最大元;

(4) $\pi(C^{(1)}) = \{A \in L^X : A \geqslant \alpha_X\} \cup \{0_X\}$. 如果用 α 去截这个 $\pi(C^{(1)})$, 即

$$\left(\pi(C^{(1)})\right)_{[\alpha]} = \{A_{[\alpha]} : A \in L^X, A \geqslant \alpha_X\} \cup \{(0_X)_{[\alpha]}\},$$

则 $\left(\pi(C^{(1)})\right)_{[\alpha]} = \{X, \varnothing\}$ 从这种意义上说, $\pi(C^{(1)})$ 是 $TL(X)$ 的 "最小元". 因此, 这条性质可以被叙述成: $C_\alpha(X)$ 的最大元对应着 $TL(X)$ 的 "最小元".

证 (1) 设 $\pi(C_1) = \delta_{C_1}, \pi(C_2) = \delta_{C_2}. \forall A \in \delta_{C_2}$, 有 $(C_2(A))_{[\alpha]} = A_{[\alpha]}$. 由 $C_1 \leqslant_\alpha C_2$ 得 $(C_1(A))_{[\alpha]} \subset (C_2(A))_{[\alpha]}$, 从而 $(C_1(A))_{[\alpha]} \subset A_{[\alpha]}$, 于是 $(C_1(A))_{[\alpha]} = A_{[\alpha]}$. 这表明 $A \in \delta_{C_1}$, 所以 $\delta_{C_2} \subset \delta_{C_1}$, 于是 $\delta_{C_2} \leqslant \delta_{C_1}$, 即 $\pi(C_2) \leqslant \pi(C_1)$.

(2) 设 $\pi(C_i) = \delta_{C_i}, i = 1, 2, \cdots, n, \bigvee_{i=1}^{n} C_i = \tilde{C}, \pi(\tilde{C}) = \delta_{\tilde{C}}$, 只需证明

$$\delta_{\tilde{C}} = \bigcap_{i=1}^{n} \delta_{C_i}.$$

$\forall A \in \delta_{\tilde{C}}$, 有

$$(\tilde{C}(A))_{[\alpha]} = \left(\left(\bigvee_{i=1}^{n} C_i\right)(A)\right)_{[\alpha]} = \left(\bigvee_{i=1}^{n} C_i(A)\right)_{[\alpha]} = \bigcup_{i=1}^{n} (C_i(A))_{[\alpha]} = A_{[\alpha]},$$

从而 $\forall i \in \{1, 2, \cdots, n\}$, 均有 $(C_i(A))_{[\alpha]} \subset \bigcup_{i=1}^{n} (C_i(A))_{[\alpha]} = A_{[\alpha]}$, 这意味着 $(C_i(A))_{[\alpha]} = A_{[\alpha]}$, 因此 $A \in \delta_{C_i}$, 于是 $A \in \bigcap_{i=1}^{n} \delta_{C_i}$. 这证明 $\delta_{\tilde{C}} \subset \bigcap_{i=1}^{n} \delta_{C_i}$.

反过来, 设 $A \in \bigcap_{i=1}^{n} \delta_{C_i}$, 则 $\forall i \in \{1, 2, \cdots, n\}, A \in \delta_{C_i}$, 从而 $(C_i(A))_{[\alpha]} = A_{[\alpha]}$, 进而

$$(\tilde{C}(A))_{[\alpha]} = \left(\left(\bigvee_{i=1}^{n} C_i\right)(A)\right)_{[\alpha]} = \left(\bigvee_{i=1}^{n} C_i(A)\right)_{[\alpha]} = \bigcup_{i=1}^{n}(C_i(A))_{[\alpha]} = A_{[\alpha]},$$

所以 $A \in \delta_{\tilde{C}}$. 这表明 $\bigcap_{i=1}^{n} \delta_{C_i} \subset \delta_{\tilde{C}}$.

综上所述, 得 $\delta_{\tilde{C}} = \bigcap_{i=1}^{n} \delta_{C_i}$.

(3) 设 $\pi(C^{(0)}) = \delta_{C^{(0)}}, \forall A \in L^X$, 由于 $C^{(0)}(A) = A$, 故 $(C^{(0)}(A))_{[\alpha]} = A_{[\alpha]}$, 即 $A \in \delta_{C^{(0)}}$, 所以 $\delta_{C^{(0)}}$ 是离散拓扑.

(4) 设 $\pi(C^{(1)}) = \delta_{C^{(1)}}$. 若 $A \neq 0_X$, 则因 $C^{(1)}(A) = 1_X$, 故 $(C^{(1)}(A))_{[\alpha]} = X$. 在这种情况下, 要使 $A \in \delta_{C^{(1)}}$, 必须 $(C^{(1)}(A))_{[\alpha]} = X = A_{[\alpha]}$, 这只能是 $A \geqslant \alpha_X$, 即对每个 $x \in X, A(x) \geqslant \alpha$. 于是 $\delta_{C^{(1)}} = \{A \in L^X : A \geqslant \alpha_X\} \cup \{0_X\}$.

现在考虑这样一个问题: 给定一个 C_α-闭包空间, 如何制作一个分明闭包空间?

先明确一下, 何为分明闭包算子, 何为分明闭包空间.

所谓非空集合 X 上的一个分明闭包算子, 其实就是一个满足下列条件的映射 $C : 2^X \to 2^X$:

(F1) $C(\varnothing) = \varnothing$;

(F2) $\forall E \in 2^X, C(E) \supset E$;

(F3) $\forall E, F \in 2^X, C(E \cup F) = C(E) \cup C(F)$;

序对 (X, C) 称为分明闭包空间.

定理 3.2.6 设 (X, Δ) 是 C_α-闭包空间, 则映射

$$\Delta^\alpha : 2^X \to 2^X, \quad \forall E \in 2^X, \Delta^\alpha(E) = (\Delta(\alpha\chi_E))_{[\alpha]}$$

是分明闭包算子, 其中 $\alpha\chi_E \in L^X$ 为 $\alpha\chi_E(x) = \begin{cases} \alpha, & x \in E, \\ 0, & x \notin E. \end{cases}$

证 (1) $\Delta^\alpha(\varnothing) = (\Delta(\alpha\chi_\phi))_{[\alpha]} = (\Delta(0_X))_{[\alpha]} = (0_X)_{[\alpha]} = \varnothing$.

(2) $\forall E \in 2^X, \Delta^\alpha(E) = (\Delta(\alpha\chi_E))_{[\alpha]} \supset (\alpha\chi_E)_{[\alpha]} = E$.

(3) $\forall E, F \in 2^X$,

$$\begin{aligned} \Delta^\alpha(E \cup F) &= (\Delta(\alpha\chi_{E \cup F}))_{[\alpha]} = (\Delta(\alpha(\chi_E \vee \chi_F)))_{[\alpha]} \\ &= (\Delta(\alpha\chi_E \vee \alpha\chi_F))_{[\alpha]} = (\Delta(\alpha\chi_E) \vee \Delta(\alpha\chi_F))_{[\alpha]} \\ &= (\Delta(\alpha\chi_E))_{[\alpha]} \cup (\Delta(\alpha\chi_F))_{[\alpha]} = \Delta^\alpha(E) \cup \Delta^\alpha(F). \end{aligned}$$

所以 Δ_α 是分明闭包算子.

现以 $C(X)$ 记 X 上全体分明闭包算子所成的集合.

设 $C_1, C_2 \in C(X)$, 若 $\forall E \in 2^X, C_1(E) \subset C_2(E)$, 则记为 $C_1 \leqslant C_2$. 显然 $(C(X), \leqslant)$ 是偏序集. 定义 $C_1 \vee C_2$ 和 $C_1 \wedge C_2$ 如下:

$$\forall E \in 2^X, (C_1 \vee C_2)(E) = C_1(E) \cup C_2(E), \quad (C_1 \wedge C_2)(E) = C_1(E) \cap C_2(E).$$

如此, 则 $(C(X), \leqslant)$ 形成一个格, 且具有最小元 C^I 和最大元 C^J:

$$\forall E \in 2^X, \quad C^I(E) = E; \quad C^J(E) = \begin{cases} \varnothing, & E = \varnothing, \\ X, & E \neq \varnothing. \end{cases}$$

定理 3.2.7 $(C(X), \leqslant)$ 形成一完备格.

证 因 $(C(X), \leqslant)$ 具有最小元 C^I, 只需证明它对非空并运算关闭即可. 设 $\{\Delta_t : t \in T\} \subset C(X)$, 定义 $\tilde{\Delta} : 2^X \to 2^X$ 如下:

$$\forall E \in 2^X, \quad \tilde{\Delta}(E) = \bigcup_{t \in T} \Delta_t(E).$$

容易验证 $\tilde{\Delta} \in C(X)$.

因为对每个 $t \in T, \Delta_t(E) \subset \bigcup_{t \in T} \Delta_t(E) = \tilde{\Delta}(E)$, 所以 $\Delta_t \leqslant \tilde{\Delta}$, 这说明 $\tilde{\Delta}$ 是 $\{\Delta_t : t \in T\}$ 的一个上界. 再设 $\Delta^* \in C(X)$ 是 $\{\Delta_t : t \in T\}$ 的任一上界, 即对每个 $t \in T, \Delta_t \leqslant \Delta^*$, 从而 $\forall E \in 2^X, \Delta_t(E) \subset \Delta^*(E)$, 进而 $\tilde{\Delta}(E) = \bigcup_{t \in T} \Delta_t(E) \subset \Delta^*(E)$, 于是 $\tilde{\Delta} \leqslant \Delta^*$. 这证明 $\tilde{\Delta}$ 是 $\{\Delta_t : t \in T\}$ 的上确界, 记为 $\tilde{\Delta} = \bigvee_{t \in T} \Delta_t$.

$\forall \Delta \in C_\alpha(X)$, 令 Δ^α 与之对应, 则得一映射 $\mu : C_\alpha(X) \to C(X)$.

定理 3.2.8 映射 $\mu : C_\alpha(X) \to C(X)$ 具有如下性质:

(1) $\forall \Delta_1, \Delta_2 \in C_\alpha(X)$, 若 $\Delta_1 \leqslant_\alpha \Delta_2$, 则 $\mu(\Delta_1) \leqslant \mu(\Delta_2)$ (保序性).

(2) $\forall \Delta_i \in C_\alpha(X), i = 1, 2, \cdots, n, \mu\left(\bigvee_{i=1}^n \Delta_i\right) = \bigcup_{i=1}^n \mu(\Delta_i)$ (保有限并).

(3) 设 $\{\Delta_t : t \in T\} \subset C_\alpha(X)$, 则 $\mu\left(\bigwedge_{t \in T} \Delta_t\right) = \bigcap_{t \in T} \mu(\Delta_t)$ (保无限交).

(4) 设 $C^{(0)}$ 是 $C_\alpha(X)$ 的最小元, 则 $\mu(C^{(0)}) = C^I$ (保最小性).

(5) 设 $C^{(1)}$ 是 $C_\alpha(X)$ 的最大元, 则 $\mu(C^{(1)}) = C^J$ (保最大性).

证 (1) $\forall E \in 2^X$, 由 $\leqslant_\alpha$ 的定义可得

$$\mu(\Delta_1)(E) = \Delta_1^\alpha(E) = (\Delta_1(\alpha\chi_E))_{[\alpha]} \subset (\Delta_2(\alpha\chi_E))_{[\alpha]} = \Delta_2^\alpha(E) = \mu(\Delta_2)(E),$$

所以 $\mu(\Delta_1) \leqslant \mu(\Delta_2)$.

(2) $\forall E \in 2^X$, 我们有

$$\mu\left(\bigvee_{i=1}^n \Delta_i\right)(E) = \left(\bigvee_{i=1}^n \Delta_i\right)^\alpha (E) = \left(\left(\bigvee_{i=1}^n \Delta_i\right)(\alpha\chi_E)\right)_{[\alpha]}$$

$$= \left(\bigvee_{i=1}^{n} \Delta_i(\alpha\chi_E) \right)_{[\alpha]} = \bigcup_{i=1}^{n} (\Delta_i(\alpha\chi_E))_{[\alpha]}$$

$$= \bigcup_{i=1}^{n} \Delta_i^{\alpha}(E) = \bigcup_{i=1}^{n} (\mu(\Delta_i)(E))$$

$$= \left(\bigcup_{i=1}^{n} \mu(\Delta_i) \right)(E))$$

所以 $\mu\left(\bigvee_{i=1}^{n} \Delta_i \right) = \bigcup_{i=1}^{n} \mu(\Delta_i)$.

(3) $\forall E \in 2^X$, 我们有

$$\mu\left(\bigwedge_{t\in T} \Delta_t \right)(E) = \left(\bigwedge_{t\in T} \Delta_t \right)^{\alpha}(E) = \left(\left(\bigwedge_{t\in T} \Delta_t \right)(\alpha\chi_E) \right)_{[\alpha]}$$

$$= \left(\bigwedge_{t\in T} \Delta_t(\alpha\chi_E) \right)_{[\alpha]} = \bigcap_{t\in T} (\Delta_t(\alpha\chi_E))_{[\alpha]}$$

$$= \bigcap_{t\in T} \Delta_t^{\alpha}(E) = \bigcap_{t\in T} \mu(\Delta_t)(E)$$

$$= \left(\bigcap_{t\in T} \mu(\Delta_t) \right)(E),$$

所以 $\mu\left(\bigwedge_{t\in T} \Delta_t \right) = \bigcap_{t\in T} \mu(\Delta_t)$.

(4) 因为对任意的 $E \in 2^X$, 有

$$\mu(C^{(0)})(E) = (C^{(0)})^{\alpha}(E) = (C^{(0)}(\alpha\chi_E))_{[\alpha]} = (\alpha\chi_E)_{[\alpha]} = E = C^I(E),$$

所以 $\mu(C^{(0)}) = C^I$.

(5) 因为对任意的 $E \in 2^X$,

当 $E = \varnothing$ 时, $\mu(C^{(1)})(\varnothing) = (C^{(1)})^{\alpha}(\varnothing) = (C^{(1)}(\alpha\chi_{\varnothing}))_{[\alpha]} = (0_X)_{[\alpha]} = \varnothing = C^I(\varnothing)$;

当 $E \neq \varnothing$ 时, $\mu(C^{(1)})(E) = (C^{(1)})^{\alpha}(E) = (C^{(1)}(\alpha\chi_E))_{[\alpha]} = (1_X)_{[\alpha]} = X = C^I(E)$, 所以 $\mu(C^{(1)}) = C^J$.

3.3　层次闭包空间的收敛理论

本节中用到的 X, Y 均为非空集合, L 为 F 格, $\alpha \in M(L)$, 不再每次说明.

定义 3.3.1 设 (X, C_α) 为 C_α-闭包空间, $A \in L^X, x \in X$.

(1) 称 $P \in L^X$ 是 x_α 的 C_α-包域, 若 $x \notin (C_\alpha(P))_{[\alpha]}$. x_α 的一切 C_α-包域记作 $C_\alpha(x)$.

(2) 称 x_α 为 A 的 C_α-附着点, 若 $\forall P \in C_\alpha(x)$ 有 $A_{[\alpha]} \not\subset (C_\alpha(P))_{[\alpha]}$.

定理 3.3.1 设 (X, C_α) 为 C_α-闭包空间, $x \in X$, 则 $C_\alpha(x)$ 形成一理想.

证 (1) 因为 $x \in X = (1_X)_{[\alpha]} \subset (C_\alpha(1_X))_{[\alpha]}$, 所以 $1_X \notin C_\alpha(x)$.

(2) $C_\alpha(x)$ 是下集.

设 $P, Q \in L^X$ 且 $P \in C_\alpha(x)$, $Q \leqslant P$, 则 $x \notin (C_\alpha(P))_{[\alpha]} \supset (C_\alpha(Q))_{[\alpha]}$, 从而 $x \notin (C_\alpha(Q))_{[\alpha]}$, 所以 $Q \in C_\alpha(x)$. 这证明 $C_\alpha(x)$ 是下集.

(3) $C_\alpha(x)$ 是上定向集.

设 $P, Q \in C_\alpha(x)$, 则 $x \notin (C_\alpha(P))_{[\alpha]}, x \notin (C_\alpha(Q))_{[\alpha]}$, 从而

$$x \notin (C_\alpha(P))_{[\alpha]} \cup (C_\alpha(Q))_{[\alpha]} = (C_\alpha(P) \vee C_\alpha(Q))_{[\alpha]} = (C_\alpha(P \vee Q))_{[\alpha]},$$

所以 $P \vee Q \in C_\alpha(x)$, 再由 $P \leqslant P \vee Q$, $Q \leqslant P \vee Q$ 得到 $C_\alpha(x)$ 是上定向集.

综上所述, $C_\alpha(x)$ 是个理想.

定义 3.3.2 设 (X, C_α) 是 C_α-闭包空间, $x \in X$, $S = \{x_\alpha^n, n \in D\}$ 是 L^X 中的常值 α-网.

(1) 若 $\forall P \in C_\alpha(x), \exists n_0 \in D$, 使得当 $n \in D$ 且 $n \geqslant n_0$ 时, $x^n \notin (C_\alpha(P))_{[\alpha]}$, 即 $S_{[\alpha]} = \{x^n, n \in D\}$ 最终不在 $(C_\alpha(P))_{[\alpha]}$ 中, 则称 S 收敛于 x_α, 或称 x_α 为 S 的极限点. S 的一切极限点之并记作 $\lim S$.

(2) 若 $\forall P \in C_\alpha(x), \forall n_0 \in D$, 存在 $n \in D$ 且 $n \geqslant n_0$, 使得 $x^n \notin (C_\alpha(P))_{[\alpha]}$, 即 $S_{[\alpha]}$ 经常不在 $(C_\alpha(P))_{[\alpha]}$ 中, 则称 S 聚于 x_α, 或称 x_α 为 S 的聚点. S 的一切聚点之并记作 $\mathrm{ad}\, S$.

(3) 若 $\forall P \in C_\alpha(x), \exists n_0 \in D$, 使得当 $n \in D$ 且 $n \geqslant n_0$ 时, $x^n \in (C_\alpha(P))_{[\alpha]}$, 则称 $S_{[\alpha]}$ 最终在 $(C_\alpha(P))_{[\alpha]}$ 中.

定理 3.3.2 设 (X, C_α) 是 C_α-闭包空间, $x \in X$, $S = \{x_\alpha^n, n \in D\}$ 是 L^X 中的常值 α-网, 则

(1) S 收敛于 x_α 当且仅当 $x_\alpha \leqslant \lim S$;

(2) S 聚于 x_α 当且仅当 $x_\alpha \leqslant \mathrm{ad} S$;

(3) 若 S 收敛于 x_α, 则 S 聚于 x_α.

证 (1) 设 S 收敛于 x_α, 则由 $\lim S$ 的定义直接可得 $x_\alpha \leqslant \lim S$.

反过来, 设 $x_\alpha \leqslant \lim S$. 对任意的 $P \in C_\alpha(x)$, 则 $x \notin (C_\alpha(P))_{[\alpha]}$, 从而 $(\lim S)_{[\alpha]} \not\subset (C_\alpha(P))_{[\alpha]}$, 于是存在 S 的极限点 y_α 使得 $y \notin (C_\alpha(P))_{[\alpha]}$. 注意 $P \in C_\alpha(y)$, 因此 $S_{[\alpha]}$ 最终不在 $(C_\alpha(P))_{[\alpha]}$ 中. 这证明 S 收敛于 x_α.

(2) 与 (1) 类似.

(3) 容易.

定理 3.3.3　设 (X, C_α) 是 C_α-闭包空间, $x \in X$, $S = \{S(n), n \in D\} = \{x_\alpha^n, n \in D\}$ 是 L^X 中的常值 α-网, 则 x_α 是 S 的聚点当且仅当 S 有子网 T 收敛于 x_α.

证　设 $T = \{T(m), m \in E\} = \{x_\alpha^m, m \in E\}$ 是 S 的子网且 T 收敛于 x_α, $P \in C_\alpha(x)$, $n_0 \in D$. 由子网的定义知存在映射 $N : E \to D$ 以及 $m_0 \in E$, 使当 $m \in E$ 且 $m \geqslant m_0$ 时, $N(m) \geqslant n_0(N(m) \in D)$. 由 T 收敛于 x_α 知存在 $m_1 \in E$, 使当 $m \geqslant m_1(m \in E)$ 时 $x^m \notin (C_\alpha(P))_{[\alpha]}$. 因为 E 是定向集, 存在 $m_2 \in E$ 使 $m_2 \geqslant m_0$ 且 $m_2 \geqslant m_1$. 这时 $x^{m_2} \notin (C_\alpha(P))_{[\alpha]}$ 且 $N(m_2) \geqslant n_0$. 令 $N(m_2) = n$, 则 $(S(n))_{[\alpha]} = (S(N(m_2)))_{[\alpha]} = (T(m_2))_{[\alpha]} = x^{m_2} \notin (C_\alpha(P))_{[\alpha]}$, 且 $n \geqslant n_0$. 这证明 $S_{[\alpha]}$ 经常不在 $(C_\alpha(P))_{[\alpha]}$ 中, 所以 x_α 是 S 的聚点.

反过来, 设 x_α 是 S 的聚点. $\forall P \in C_\alpha(x), \forall n \in D, \exists k \in D, k \geqslant n$, 使 $(S(k))_{[\alpha]} = x^k \notin (C_\alpha(P))_{[\alpha]}$. 固定一个这样的 k, 并把它记作 $k = N((n, P))$, 则得一映射

$$N : D \times C_\alpha(x) \to D,$$

且 $(S(N(n, P)))_{[\alpha]} \notin (C_\alpha(P))_{[\alpha]}$.

令 $E = D \times C_\alpha(x)$, 且在 E 中规定

$$(n_1, P_1) \geqslant (n_2, P_2) \text{ 当且仅当 } n_1 \geqslant n_2 \text{ 且 } P_1 \geqslant P_2,$$

则由 D 为定向集及 $C_\alpha(x)$ 为理想知 E 构成定向集. 对任意的 $(n, P) \in E$, 令 $T((n, P)) = S(N(n, P))$, 则得一分子网 $T = \{T((n, P)), (n, P) \in E\}$. 不难验证 T 是 S 的子网, 且 $\forall Q \in C_\alpha(x)$, 取 $(k, Q) \in E$, 这里 k 是 D 中任一元, 则当 $(n, P) \geqslant (k, Q)$ 时, 由 $(T((n, P)))_{[\alpha]} = (S(N(n, P)))_{[\alpha]} \notin (C_\alpha(P))_{[\alpha]}$ 及 $Q \leqslant P$ 得 $(T((n, P)))_{[\alpha]} \notin (C_\alpha(Q))_{[\alpha]}$. 这证明 $T_{[\alpha]}$ 最终不在 $(C_\alpha(Q))_{[\alpha]}$ 中, 从而 T 收敛于 x_α.

定理 3.3.4　设 (X, C_α) 是 C_α-闭包空间, $A \in L^X$.

(1) 若 x_α 是 A 的 C_α-附着点, 则 $x \in (C_\alpha(A))_{[\alpha]}$.

(2) 若 C_α 是强 α-幂等的, 则 $x \in (C_\alpha(A))_{[\alpha]}$ 蕴含着 x_α 是 A 的 C_α-附着点.

证　(1) $x \notin (C_\alpha(A))_{[\alpha]}$, 则 $A \in C_\alpha(x)$. 由 $A_{[\alpha]} \subset (C_\alpha(A))_{[\alpha]}$ 知 x_α 不是 A 的 C_α-附着点.

(2) 若 x_α 不是 A 的 C_α-附着点, 则有 $P \in C_\alpha(x)$ 使得 $A_{[\alpha]} \subset (C_\alpha(P))_{[\alpha]}$. 由 C_α 的强 α-幂等性得 $(C_\alpha(A))_{[\alpha]} \subset (C_\alpha(P))_{[\alpha]}$, 再由 $x \notin (C_\alpha(P))_{[\alpha]}$ 知 $x \notin (C_\alpha(A))_{[\alpha]}$, 矛盾. 因此 x_α 是 A 的 C_α-附着点.

推论 3.3.1　设 (X, C_α) 是 C_α-闭包空间, 且 C_α 是强 α-幂等算子, $A \in L^X$. 则 x_α 是 A 的 C_α-附着点当且仅当 $x \in (C_\alpha(A))_{[\alpha]}$.

例 3.3.1 定理 3.3.4 (2) 中的强 α-幂等性是必需的.

取 $L = X = [0,1]$, $\alpha = 0.5$, 构造算子 $\tilde{C}_\alpha : L^X \to L^X$ 如下:

$$\forall A \in L^X, \ \tilde{C}_\alpha(A) = \chi_{A_{(0)}},$$

这里 $A_{(0)} = \{x \in X : A(x) > 0\}$. 从几何上看, 算子 $\tilde{C}_\alpha$ 的作用就是将 L-集 A 的非零值部分提升到 1, 见图 3.3.1.

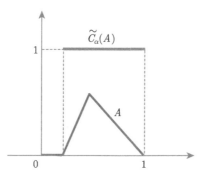

图 3.3.1 算子 $\tilde{C}_\alpha$ 的图像

则容易验证 $\tilde{C}_\alpha$ 是 C_α-闭包算子, 但它不具有强 α-幂等性.

事实上, 取 $A = 0.4_X$ (常值 L-集), B 为 L-点 $\tilde{x}_{0.7}$, 这里 $\tilde{x} = 0.6 \in X$. 则 $\tilde{C}_\alpha(A) = 1_X$, $\tilde{C}_\alpha(B) = \tilde{x}_1$, 故 $A_{[\alpha]} = \varnothing \subset \{\tilde{x}\} = (\tilde{C}_\alpha(B))_{[\alpha]}$, 但

$$(\tilde{C}_\alpha(A))_{[\alpha]} = X \not\subset \{\tilde{x}\} = (\tilde{C}_\alpha(B))_{[\alpha]},$$

因此证 $\tilde{C}_\alpha$ 不具有强 α-幂等性.

取 $x^* = 0.9 \in X$, 对分子 x_α^* 而言, 我们有

(1) $x^* \in (\tilde{C}_\alpha(A))_{[\alpha]} = X$;

(2) x_α^* 不是 A 的 $\tilde{C}_\alpha$-附着点. 事实上, 由于 $x^* \notin (\tilde{C}_\alpha(B))_{[\alpha]} = \{\tilde{x}\}$, 所以 $B \in \tilde{C}_\alpha(x^*)$, 但 $A_{[\alpha]} = \varnothing \subset (\tilde{C}_\alpha(B))_{[\alpha]} = \{\tilde{x}\}$.

定理 3.3.5 设 (X, C_α) 是 C_α-闭包空间, 且 C_α 是强 α-等幂的, $A \in L^X$, 则 $x \in (C_\alpha(A))_{[\alpha]}$ 当且仅当存在 A 中的常值 α-网收敛于 x_α.

证 设 $x \in (C_\alpha(A))_{[\alpha]}$, 则由推论 3.3.1 知 x_α 是 A 的 C_α-附着点, 即对任意的 $P \in C_\alpha(x)$, $A_{[\alpha]} \not\subset (C_\alpha(P))_{[\alpha]}$, 从而存在 $y^P \in A_{[\alpha]}$ 使得 $y^P \notin (C_\alpha(P))_{[\alpha]}$. 由于 $C_\alpha(x)$ 是理想, 自然是定向集, 于是 $S = \{y_\alpha^P, P \in C_\alpha(x)\}$ 是 A 中的常值 α-网. $\forall Q \in C_\alpha(x)$, 当 $\forall P \in C_\alpha(x)$ 且 $P \geqslant Q$ 时, 有 $(C_\alpha(P))_{[\alpha]} \supset (C_\alpha(Q))_{[\alpha]}$, 再由 $y^P \notin (C_\alpha(P))_{[\alpha]}$ 得 $y^P \notin (C_\alpha(Q))_{[\alpha]}$, 所以 S 收敛于 x_α.

反过来, 设 $S = \{y_\alpha^n, n \in D\}$ 是 A 中收敛于 x_α 的分子网. $\forall P \in C_\alpha(x)$, $\exists n_0 \in D$, 当 $n \in D$ 且 $n \geqslant n_0$ 时, $y^n \notin (C_\alpha(P))_{[\alpha]}$. 但 $y^n \in A_{[\alpha]}$, 故 $A_{[\alpha]} \not\subset (C_\alpha(P))_{[\alpha]}$, 所以 x_α 是 A 的 C_α-附着点. 再由推论 3.3.1 便得 $x \in (C_\alpha(A))_{[\alpha]}$.

现在, 介绍分子网收敛理论在分离性以及紧性方面的一些简单应用到.

定义 3.3.3　设 (X, C_α) 是 C_α-闭包空间. 若 $\forall x, y \in X$ 且 $x \neq y$, $\exists P \in C_\alpha(x)$ 及 $Q \in C_\alpha(y)$, 使得 $(C_\alpha(P))_{[\alpha]} \cup (C_\alpha(Q))_{[\alpha]} = X$, 则称 (X, C_α) 是 C_α-T_2 空间.

例 3.3.2　取 $L = X = [0, 1]$, $\alpha = 0.5$.

(1) 构造算子

$$\tilde{C}_\alpha : L^X \to L^X, \quad \forall A \in L^X, \quad \tilde{C}_\alpha(A) = A \vee \chi_{A_{[\alpha]}},$$

则 $\tilde{C}_\alpha$ 是 C_α-闭包算子. 事实上,

① $\tilde{C}_\alpha(0_X) = 0_X \vee \chi_{0_{[\alpha]}} = 0_X \vee \chi_\varnothing = 0_X \vee 0_X = 0_X$.

② $(\tilde{C}_\alpha(A))_{[\alpha]} = (A \vee \chi_{A_{[\alpha]}})_{[\alpha]} = A_{[\alpha]} \cup A_{[\alpha]} = A_{[\alpha]}$.

③ $\forall A, B \in L^X$ 有

$$\begin{aligned}
\tilde{C}_\alpha(A \vee B) &= (A \vee B) \vee \chi_{(A \vee B)_{[\alpha]}} = (A \vee B) \vee \chi_{A_{[\alpha]} \cup B_{[\alpha]}} \\
&= (A \vee B) \vee (\chi_{A_{[\alpha]}} \vee \chi_{B_{[\alpha]}}) = (A \vee \chi_{A_{[\alpha]}}) \vee (B \vee \chi_{B_{[\alpha]}}) \\
&= \tilde{C}_\alpha(A) \vee \tilde{C}_\alpha(B).
\end{aligned}$$

下证 $(X, \tilde{C}_\alpha)$ 是 C_α-T_2 空间.

对任意的 $\tilde{x}, \tilde{y} \in X$ 且 $\tilde{x} \neq \tilde{y}$, 构造 $P, Q \in L^X$ 如下:

$$P(x) = \begin{cases} 0, & x = \tilde{x}, \\ \alpha, & x \neq \tilde{x}, \end{cases} \qquad Q(x) = \begin{cases} 0, & x = \tilde{y}, \\ \alpha, & x \neq \tilde{y}, \end{cases}$$

则

$$\tilde{C}_\alpha(P)(x) = \begin{cases} 0, & x = \tilde{x}, \\ 1, & x \neq \tilde{x}, \end{cases} \qquad \tilde{C}_\alpha(Q)(x) = \begin{cases} 0, & x = \tilde{y}, \\ 1, & x \neq \tilde{y}, \end{cases}$$

从而 $\tilde{x} \notin (\tilde{C}_\alpha(P))_{[\alpha]} = X \sim \{\tilde{x}\}$, $\tilde{y} \notin (\tilde{C}_\alpha(Q))_{[\alpha]} = X \sim \{\tilde{y}\}$, 所以 $P \in \tilde{C}_\alpha(\tilde{x})$, $Q \in \tilde{C}_\alpha(\tilde{y})$. 又, $(\tilde{C}_\alpha(P))_{[\alpha]} \cup (\tilde{C}_\alpha(Q))_{[\alpha]} = (X \sim \{\tilde{x}\}) \cup (X \sim \tilde{y}) = X$. 因此 $(X, \tilde{C}_\alpha)$ 是 C_α-T_2 空间.

(2) 构造算子

$$C_\alpha^* : L^X \to L^X, \quad \forall A \in L^X, \quad C_\alpha^*(A) = \begin{cases} 0_X, & A = 0_X, \\ 1_X, & A \neq 0_X, \end{cases}$$

则容易看出 C_α^* 是 C_α-闭包算子. 但 (X, C_α^*) 不是 C_α-T_2 空间.

事实上, 取 $x^*, y^* \in X$, 且 $x^* \neq y^*$. 因为对任何的 $A \in L^X$, 只要 $A \neq 0_X$, 就有 $C_\alpha^*(A) = 1_X$, 从而 $(C_\alpha^*(A))_{[\alpha]} = X$, 所以 $x^*, y^* \in (C_\alpha^*(A))_{[\alpha]}$. 这就是说任何非零的 L-集 A 都不是 x^* 的 C_α^*-包域, 因此 (X, C_α^*) 不是 C_α-T_2 空间.

定理 3.3.6 设 (X, C_α) 是 C_α-闭包空间, 则 (X, C_α) 是 C_α-T_2 空间当且仅当每个常值 α-网 S, 都有 $|(\lim S)_{[\alpha]}| \leqslant 1$.

证 设 (X, C_α) 是 C_α-T_2 空间, $S = \{x_\alpha^n, n \in D\}$ 是 L^X 中的常值 α-网且 $y, z \in (\lim S)_{[\alpha]}$. 若 $y \neq z$, 则有 $P \in C_\alpha(y), Q \in C_\alpha(z)$ 使得 $(C_\alpha(P))_{[\alpha]} \cup (C_\alpha(Q))_{[\alpha]} = X$. 因为 S 收敛于 y_α, 所以存在 $m_1 \in D$, 使得当 $n \in D$ 且 $n \geqslant m_1$ 时 $x^n \notin (C_\alpha(P))_{[\alpha]}$. 又, S 收敛于 z_α, 所以存在 $m_2 \in D$, 使得当 $n \in D$ 且 $n \geqslant m_2$ 时 $x^n \notin (C_\alpha(Q))_{[\alpha]}$. 取 $m \in D$ 使 $m \geqslant m_1$ 且 $m \geqslant m_2$, 则当 $n \geqslant m$ 时 $x^n \notin (C_\alpha(P))_{[\alpha]} \cup (C_\alpha(Q))_{[\alpha]} = X$, 矛盾! 所以 $y = z$, 即 $|(\lim S)_{[\alpha]}| \leqslant 1$.

反过来, 假如 (X, C_α) 不是 C_α-T_2 空间, 则存在 $x, y \in X$ 且 $x \neq y$, 对任意的 $P \in C_\alpha(x)$ 和 $Q \in C_\alpha(y)$ 有 $(C_\alpha(P))_{[\alpha]} \cup (C_\alpha(Q))_{[\alpha]} \neq X$.

令 $D = C_\alpha(x) \times C_\alpha(y)$, $\forall (P_1, Q_1), (P_2, Q_2) \in D$, 规定 $(P_1, Q_1) \leqslant (P_2, Q_2)$ 当且仅当 $(P_1)_{[\alpha]} \subset (P_2)_{[\alpha]}$ 且 $(Q_1)_{[\alpha]} \subset (Q_2)_{[\alpha]}$, 则 D 成为定向集. 任取 $(P, Q) \in D$, 因为 $(C_\alpha(P))_{[\alpha]} \cup (C_\alpha(Q))_{[\alpha]} \neq X$, 故可取 $x^{(P,Q)} \in X$ 使得 $x^{(P,Q)} \notin (C_\alpha(P))_{[\alpha]} \cup (C_\alpha(Q))$.

令 $S = \{x_\alpha^{(P,Q)}, (P, Q) \in D\}$, 则 S 同时收敛于 x_α 和 y_α. 事实上, 任取 $P_0 \in C_\alpha(x)$, $Q_0 \in C_\alpha(y)$, 当 $(P, Q) \in D$ 且 $(P, Q) \geqslant (P_0, Q_0)$ 时, 由 $x^{(P,Q)} \notin (C_\alpha(P))_{[\alpha]} \cup (C_\alpha(Q))_{[\alpha]}$ 知 $x^{(P,Q)} \notin (C_\alpha(P_0))_{[\alpha]} \cup (C_\alpha(Q_0))_{[\alpha]}$, 这表明 S 同时收敛于 x_α 和 y_α, 从而 $|(\lim S)_{[\alpha]}| \geqslant 2$.

定义 3.3.4 设 (X, C_α) 是 C_α-闭包空间, $A \in L^X$. 称 $\Omega \subset L^X$ 为 A 的 C_α-包域族, 若 $\forall x \in A_{[\alpha]}, \exists Q \in \Omega$, 使得 $Q \in C_\alpha(x)$.

定义 3.3.5 设 (X, C_α) 是 C_α-闭包空间, $A \in L^X$. 如果对 A 的每个 C_α-包域族 Ω, 都存在 Ω 的有限子族 Ψ (记为 $\Psi \in 2^{(\Omega)}$) 也构成 A 的 C_α-包域族, 则称 A 是强 F 紧集.

若 $A = 1_X$ 是强 F 紧集, 则称 (X, C_α) 是强 F 紧空间.

定理 3.3.7 设 (X, C_α) 是 C_α-闭包空间, $A \in L^X$. 则 A 是强 F 紧集, 当且仅当 A 中每个常值 α-网在 A 中都有一高度等于 α 的聚点.

证 充分性. 假设 A 不是强 F 紧集, 则存在 A 的 C_α-包域族 Ω, $\forall \Psi \in 2^{(\Omega)}$, Ψ 都不是 A 的 C_α-包域族, 那么必有 A 中的分子 x_α, 使得 $\forall Q \in \Psi$, 均有 $x_\alpha \leqslant C_\alpha(Q)$, 从而 $x_\alpha \leqslant \bigwedge_{Q \in \Psi} C_\alpha(Q)$. 记此 x_α 为 $(x(\Psi))_\alpha$. 因为 $2^{(\Omega)}$ 按包含关系构成一定向集, 所以 $S = \{(x(\Psi))_\alpha, \Psi \in 2^{(\Omega)}\}$ 是 A 中的常值 α-网. 今设 y_α 是 A 中任

一高度等于 α 的分子. 因为 Ω 是 A 的 C_α-包域族, 有 $P \in \Omega$ 使 $P \in C_\alpha(y)$. 这时 $\forall \Psi \in 2^{(\Omega)}$, 只要 $\Psi \geqslant \{P\}$ (即 $P \in \Psi$), 就有

$$(x(\Psi))_\alpha \leqslant \bigwedge_{Q \in \Psi} C_\alpha(Q) \leqslant C_\alpha(P),$$

从而 $x(\Psi) \in (C_\alpha(P))_{[\alpha]}$, 这表明 $S_{[\alpha]}$ 最终在 $(C_\alpha(P))_{[\alpha]}$ 中, 所以 y_α 不是 A 的聚点. 由 y_α 的任意性知, S 在 A 中没有高度等于 α 的聚点.

必要性. 设 A 中有常值 α-网 $S = \{x_\alpha^n, n \in D\}$, 在 A 中没有任何高度等于 α 的聚点, 则 $\forall y \in A_{[\alpha]}$, 有 $P(y) \in C_\alpha(y)$ 使 $S_{[\alpha]}$ 最终在 $(C_\alpha(P(y)))_{[\alpha]}$ 中. 令 $\Omega = \{P(y) : y \in A_{[\alpha]}\}$, 则 Ω 构成 A 的 C_α-包域族. 今设 $\Psi = \{P(y_i) : i = 1, \cdots, k\}$ 是 Ω 的任意有限子族, 则 $\forall i \leqslant k$, 有 $n_i \in D$ 使当 $n \geqslant n_i$ 时 $x^n \in (C_\alpha(P(y_i)))_{[\alpha]}$. 取 $n_0 \in D$ 使 $n_0 \geqslant n_1, \cdots, n_0 \geqslant n_k$. 则当 $n \geqslant n_0$ 时

$$x^n \in (C_\alpha(P(y_1)))_{[\alpha]} \cap \cdots \cap (C_\alpha(P(y_k)))_{[\alpha]}.$$

任取这样一个 n 使上式成立, 则 Ψ 中没有 x_α^n 的 C_α-包域, 所以 Ψ 不是 A 的 C_α-包域族. 这与 A 的强 F 紧性矛盾.

定理 3.3.8 设 (X, C_α) 是强 α-等幂的 C_α-T_2 空间. 若 $A \in L^X$ 是强 F 紧集, 则 $(C_\alpha(A))_{[\alpha]} = A_{[\alpha]}$.

证 设 $x \in (C_\alpha(A))_{[\alpha]}$, 由定理 3.3.5 知 A 中有常值 α-网 S 收敛于 x_α. 据定理 3.3.7, S 在 A 中有高度等于 α 的聚点 y_α. 由定理 3.3.3, S 有子网 T 收敛于 y_α. 注意到 T 也收敛于 x_α, 再由定理 3.3.6 就得 $x = y \in A_{[\alpha]}$. 所以 $(C_\alpha(A))_{[\alpha]} \subset A_{[\alpha]}$. 而 $(C_\alpha(A))_{[\alpha]} \supset A_{[\alpha]}$ 是算子 C_α 的定义所致, 因此 $(C_\alpha(A))_{[\alpha]} = A_{[\alpha]}$.

定理 3.3.9 设 (X, C_α) 是强 α-幂等的 C_α-闭包空间. 若 $A \in L^X$ 是强 F 紧集且 $B \in L^X$, 则 $A \wedge C_\alpha(B)$ 是强 F 紧集.

证 设 S 是 $A \wedge C_\alpha(B)$ 中的常值 α-网, 则 S 自然是 A 中的常值 α-网, 于是由定理 3.3.7, S 在 A 中有高等于 α 的聚点 x_α, 即 $x \in A_{[\alpha]}$. 但 S 也是 $C_\alpha(B)$ 中的常值 α-网, 且以 x_α 为其聚点. 由定理 3.3.3, S 有子网 T 收敛于 x_α. T 当然是 $C_\alpha(B)$ 中的常值 α-网, 由定理 3.3.5, $x \in (C_\alpha(B))_{[\alpha]}$. 所以 $x \in A_{[\alpha]} \cap (C_\alpha(B))_{[\alpha]} = (A \wedge C_\alpha(B))_{[\alpha]}$, 这表明 S 在 $A \wedge C_\alpha(B)$ 中有高等于 α 的聚点, 因此 $A \wedge C_\alpha(B)$ 是强 F 紧集.

定理 3.3.10 设 (X, C_α) 是 C_α- 闭包空间. 若 (X, C_α) 是强 F 紧空间, 则对任意的 $A \in L^X$, $C_\alpha(A)$ 都是强 F 紧集.

证 设 S 是 $C_\alpha(A)$ 中的常值 α-网, 则 S 自然是 (X, C_α) 中的常值 α-网, 由定理 3.3.7, S 在 (X, C_α) 中有高等于 α 的聚点 x_α. 若 $x \notin (C_\alpha(A))_{[\alpha]}$, 则 $A \in C_\alpha(x)$, 从而 $S_{[\alpha]}$ 经常不在 $(C_\alpha(A))_{[\alpha]}$ 中, 这与 S 是 $C_\alpha(A)$ 中的常值 α-网相矛盾, 所以

$x \in (C_\alpha(A))_{[\alpha]}$. 这表明 S 在 $C_\alpha(A)$ 中有高等于 α 的聚点, 因此, $C_\alpha(A)$ 是强 F 紧集.

3.4 层次闭包空间的连通性

定义 3.4.1 设 (X, C_α) 是 C_α-闭包空间, $A, B \in L^X$. 若

$$(C_\alpha(A))_{[\alpha]} \cap B_{[\alpha]} = A_{[\alpha]} \cap (C_\alpha(B))_{[\alpha]} = \varnothing,$$

则称 A 与 B 是 C_α-隔离的.

例 3.4.1 取 $L = X = [0,1], \alpha = 0.5$, 构造算子 $C^* : L^X \to L^X$ 如下:

$$C^*(A) = \begin{cases} 0_X, & A = 0_X, \\ A \vee \alpha_X, & A \neq 0_X. \end{cases}$$

则容易验证 C^* 是 C_α-闭包算子. 取 $A = 0.3_X, B = 0.4_X$, 则

$$C^*(A) = C^*(B) = \alpha_X, \quad A_{[\alpha]} = B_{[\alpha]} = \varnothing, \quad (C^*(A))_{[\alpha]} = (C^*(B))_{[\alpha]} = X,$$

从而 $(C^*(A))_{[\alpha]} \cap B_{[\alpha]} = A_{[\alpha]} \cap (C^*(B))_{[\alpha]} = \varnothing$, 所以 A 与 B 是 C_α-隔离的.

值得注意的是, 尽管 $A \wedge B = 0.3_X \neq 0_X$, 即 A 与 B 相交, 但它们却是 C_α-隔离的, 这反映了层次隔离的特点.

约定 对 $A \in L^X$, 若 $A_{[\alpha]} \neq \varnothing$, 则称 A 是 α- 非空的.

定义 3.4.2 设 (X, C_α) 是 C_α-闭包空间, $A \in L^X$. 如果不存在 α-非空的 C_α-隔离 B 与 C 使得 $A_{[\alpha]} = B_{[\alpha]} \cup C_{[\alpha]}$, 则称 A 为 C_α-连通集. 否则, 就称 A 为 C_α-不连通集.

特别地, 若最大元 1_X 是 C_α-连通集 (C_α-不连通集), 则称 (X, C_α) 是 C_α-连通空间 (C_α-不连通空间).

例 3.4.2 在例 3.4.1 中, 对任何两个 α-非空的 L-集 A 与 B 而言, 均有 $(C^*(A))_{[\alpha]} = (C^*(B))_{[\alpha]} = X$, 因此

$$(A_{[\alpha]} \cap (C^*(B))_{[\alpha]}) \cup ((C^*(A))_{[\alpha]} \cap B_{[\alpha]}) = A_{[\alpha]} \cup B_{[\alpha]} \neq \varnothing,$$

所以 A 与 B 不是 C_α-隔离的. 这表明 (X, C^*) 是 C_α-连通空间.

例 3.4.3 在例 3.3.2 (1) 中, 即 $L = X = [0,1], \alpha = 0.5, \forall A \in L^X, \tilde{C}_\alpha(A) = A \vee \chi_{A_{[\alpha]}}$. 取 $A, B \in L^X$ 为

$$A(x) = \begin{cases} 1, & x \in [0, 0.6], \\ 0, & x \in (0.6, 1], \end{cases} \qquad B(x) = \begin{cases} 0, & x \in [0, 0.6], \\ 1, & x \in (0.6, 1]. \end{cases}$$

则

$$A_{[\alpha]} = [0, 0.6] \neq \varnothing, \quad B_{[\alpha]} = (0.6, 1] \neq \varnothing, \quad (\tilde{C}_\alpha(A))_{[\alpha]} = A_{[\alpha]}, \quad (\tilde{C}_\alpha(B))_{[\alpha]} = B_{[\alpha]}.$$

所以

$$(A_{[\alpha]} \cap (\tilde{C}_\alpha(B))_{[\alpha]}) \cup ((\tilde{C}_\alpha(A))_{[\alpha]} \cap B_{[\alpha]}) = A_{[\alpha]} \cap B_{[\alpha]} = [0, 0.6] \cap (0.6, 1] = \varnothing,$$

可见 A 与 B 是 α-非空的 C_α-隔离子集. 再由

$$A_{[\alpha]} \cup B_{[\alpha]} = [0, 0.6] \cup (0.6, 1] = [0, 1] = X = (1_X)_{[\alpha]}$$

便得到 $(X, \tilde{C}_\alpha)$ 是 C_α-不连通空间.

定理 3.4.1 设 (X, C_α) 是 C_α-闭包空间, 则 $E \in L^X$ 是 C_α-不连通集的充要条件是: 存在 α-非空的 $A, B \in L^X$, 使得

$$E_{[\alpha]} = A_{[\alpha]} \cup B_{[\alpha]}, A_{[\alpha]} \cap B_{[\alpha]} = \varnothing, \quad A_{[\alpha]} = (C_\alpha(A))_{[\alpha]} \cap E_{[\alpha]}, \quad B_{[\alpha]} = (C_\alpha(B))_{[\alpha]} \cap E_{[\alpha]}.$$

证 必要性. 设 E 是 C_α-不连通集, 则存在 α-非空的 C_α-隔离集 $A, B \in L^X$, 使得 $E_{[\alpha]} = A_{[\alpha]} \cup B_{[\alpha]}$, 即 $(C_\alpha(A))_{[\alpha]} \cap B_{[\alpha]} = A_{[\alpha]} \cap (C_\alpha(B))_{[\alpha]} = \varnothing$. 因为 $A_{[\alpha]} \subset (C_\alpha(A))_{[\alpha]}$, 所以 $A_{[\alpha]} \cap B_{[\alpha]} = \varnothing$. 此外,

$$\begin{aligned}
(C_\alpha(A))_{[\alpha]} \cap E_{[\alpha]} &= (C_\alpha(A))_{[\alpha]} \cap (A_{[\alpha]} \cup B_{[\alpha]}) \\
&= ((C_\alpha(A))_{[\alpha]} \cap A_{[\alpha]}) \cup ((C_\alpha(A))_{[\alpha]} \cap B_{[\alpha]}) \\
&= (C_\alpha(A))_{[\alpha]} \cap A_{[\alpha]} \\
&= A_{[\alpha]}.
\end{aligned}$$

同理 $(C_\alpha(B))_{[\alpha]} \cap E_{[\alpha]} = B_{[\alpha]}$.

充分性. 只需证明 A 与 B 是 C_α-隔离集. 事实上,

$$\begin{aligned}
(C_\alpha(A))_{[\alpha]} \cap B_{[\alpha]} &= (C_\alpha(A))_{[\alpha]} \cap (C_\alpha(B))_{[\alpha]} \cap E_{[\alpha]}) \\
&= ((C_\alpha(A))_{[\alpha]} \cap E_{[\alpha]}) \cap (C_\alpha(B))_{[\alpha]} \cap E_{[\alpha]}) \\
&= A_{[\alpha]} \cap B_{[\alpha]} \\
&= \varnothing.
\end{aligned}$$

同理 $A_{[\alpha]} \cap (C_\alpha(B))_{[\alpha]} = \varnothing$.

推论 3.4.1 C_α-闭包空间 (X, C_α) 是 C_α-不连通空间的充要条件是存在 C_α-非空的 $A, B \in L^X$ 使得

$$A_{[\alpha]} \cup B_{[\alpha]} = X, \quad A_{[\alpha]} \cap B_{[\alpha]} = \varnothing, \quad (C_\alpha(A))_{[\alpha]} = A_{[\alpha]}, \quad (C_\alpha(B))_{[\alpha]} = B_{[\alpha]}.$$

在 L-闭包空间 (见定义 3.1.1) 中, 尤飞引入了一种连通性 (文献 [23]). 现在将其与 C_α-连通性进行比较.

定理 3.4.2[23] 设 $(X,\sim)$ 是 L-闭包空间, 则 $E \in L^X$ 是不连通集的充要条件是: 存在隔离的 $A, B \in L^X/\{0_X\}$ (即 $(A \wedge B^\sim) \vee (A^\sim \wedge B) = 0_X$) 使得

$$A \vee B = E, \quad A \wedge B = 0_X, \quad A = A^\sim \wedge E, \quad B = B^\sim \wedge E.$$

特别地, $(X,\sim)$ 是不连通空间的充要条件是: 存在非零的 $A, B \in L^X$ 使得 $A \vee B = 1_X, A \wedge B = 0_X, A = A^\sim, B = B^\sim$.

定理 3.4.3 设 $(X,\sim)$ 是 L-闭包空间, $A \in L^X$. 若 0 是 L 的素元且 $\forall \alpha \in M(L)$, A 都是 C_α-连通集, 则 A 是 $(X,\sim)$ 中的连通集.

证 假设 A 是不连通集, 则存在异于 0_X 的隔离集 B 与 C 使得

$$A = B \vee C, \quad B \wedge C = 0_X, \quad B = B^\sim \wedge A, \quad C = C^\sim \wedge A. \tag{3.1}$$

由 B 与 C 异于 0_X, 存在 $x, y \in X$ 使得 $B(x) \neq 0, C(y) \neq 0$, 所以 $B(x) \wedge C(y) \neq 0$ (否则, 由 0 是 L 的素元知 $B(x) = 0$ 或 $C(y) = 0$. 矛盾!). 取 L 的分子 $\alpha \leqslant B(x) \wedge C(y)$, 于是 $x \in B_{[\alpha]}, y \in C_{[\alpha]}$, 即 B 与 C 都是 α-非空集. 此外, L-闭包空间 $(X,\sim)$ 自然也是 C_α-闭包空间. 由 (1) 式可得

$$A_{[\alpha]} = B_{[\alpha]} \cup C_{[\alpha]}, \quad B_{[\alpha]} \cap C_{[\alpha]} = \varnothing, \quad B_{[\alpha]} = (B^\sim)_{[\alpha]} \cap A_{[\alpha]}, C_{[\alpha]} = (C^\sim)_{[\alpha]} \cap A_{[\alpha]},$$

由定理 3.4.1 知 A 是 C_α-不连通集, 这与已知矛盾. 所以 A 是 $(X,\sim)$ 中的连通集.

下例表明定理 3.4.3 中的条件 "0 是 L 的素元" 不能去掉!

例 3.4.4 设 $L = \{0, a, b, 1\}$ 为菱形格, $X = \{x\}$, $\delta \subset L^X$ 为离散拓扑. 令 $\sim: L^X \to L^X$ 为 (X,δ) 对应的闭包算子, 则 $(X,\sim)$ 为 L-闭包空间. 取 $A, B \in L^X$ 为 $A(x) = a, B(x) = b$, 则

$$A \vee B = 1_X, \quad A \wedge B = A \wedge B^\sim = A^\sim \wedge B = 0_X,$$

所以 $(X,\sim)$ 是不连通空间. 但 $\forall \alpha \in M(L), (X,\sim)$ 却是 C_α-连通空间. 事实上, 由于 $X = \{x\}$, 所以 X 无法表成两个 α-非空的 C_α-隔离子集的并. 因此 $(X,\sim)$ 是 C_α-连通空间.

下例表明定理 3.4.3 的结论反过来是不成立的.

例 3.4.5 设 $X = L = [0,1], \delta = \{0_X, 1_X, A, B, A \vee B\}$, 其中 $A, B \in L^X$ 为

$$A(x) = \begin{cases} 1, & x \in [0, 0.5], \\ 0, & x \in (0.5, 1], \end{cases} \quad B(x) = \begin{cases} 0, & x \in [0, 0.5], \\ 0.7, & x \in (0.5, 1], \end{cases}$$

则 δ 是 X 的一个 L-余拓扑 (注意 $A \wedge B = 0_X$). 设 $\sim: L^X \to L^X$ 是与 δ 相对于的闭包算子, 则 $(X, \sim)$ 自然是 L-闭包空间. 因为在 $(X, \sim)$ 中只有 A 与 B 满足:

$$A \neq 0_X, \quad B \neq 0_X, \quad A \wedge B = 0_X, \quad A^\sim = A, \quad B^\sim = B,$$

但却有 $A \vee B \neq 1_X$. 因此, 根据定理 3.4.2, $(X, \sim)$ 是连通空间. 但它却不是 C_α-连通空间. 事实上, 取 $\alpha = 0.4$, 则 $A_{[\alpha]} = [0, 0.5], B_{[\alpha]} = (0.5, 1]$, 于是

$$A_{[\alpha]} \cup B_{[\alpha]} = X, \quad A_{[\alpha]} \cap B_{[\alpha]} = \varnothing,$$

由推论 3.4.1$(X, \sim)$ 是 C_α-不连通空间.

定义 3.4.3　称 C_α-闭包算子 C_α 是 α-保序的, 若 $\forall A, B \in L^X$ 总有

$$A_{[\alpha]} \subset B_{[\alpha]} \Rightarrow (C_\alpha(A))_{[\alpha]} \subset (C_\alpha(B))_{[\alpha]}.$$

现在来看 α-保序性在分明闭包空间的情形. 所谓分明闭包空间 (X, Λ), 其实就是在 2^X 上给出了一个闭包算子 $\Lambda: 2^X \to 2^X$:

① $\Lambda(\varnothing) = \varnothing$;

② $\forall A \in 2^X, \Lambda(A) \supset A$;

③ $\forall A, B \in 2^X, \Lambda(A \cup B) = \Lambda(A) \cup \Lambda(B)$.

对于任意的 $A, B \in 2^X$, 若 $A \subset B$, 则 $\Lambda(B) = \Lambda(A \cup B) = \Lambda(A) \cup \Lambda(B)$, 因此 $\Lambda(A) \subset \Lambda(B)$. 这表明在分明闭包空间中, α-保序性是天然的.

第 2 章在 L-空间 (X, δ) 中定义的算子

$$D_\alpha: L^X \to \delta', \quad \forall A \in L^X, \quad D_\alpha(A) = \bigwedge \{G \in \delta' : G_{[\alpha]} \supset A_{[\alpha]}\}$$

也具有 α-保序性. 事实上, $\forall A, B \in L^X$, 若 $A_{[\alpha]} \subset B_{[\alpha]}$, 则 $\forall G \in L^X$, 由 $G_{[\alpha]} \supset B_{[\alpha]}$ 可得 $G_{[\alpha]} \supset A_{[\alpha]}$, 因此

$$(D_\alpha(A))_{[\alpha]} = \bigcap \{G_{[\alpha]} : G \in \delta', G_{[\alpha]} \supset A_{[\alpha]}\} \subset \bigcap \{G_{[\alpha]} : G \in \delta', G_{[\alpha]} \supset B_{[\alpha]}\}$$
$$= (D_\alpha(B))_{[\alpha]}.$$

自然也存在不具有 α-保序性的 C_α-闭包算子, 请看下例.

例 3.4.6　取 $X = L = [0, 1], \alpha = 0.5$, 定义算子

$$W_\alpha: L^X \to L^X, \quad \forall A \in L^X, W_\alpha(A) = A \vee \chi_{A_{[0.3]}},$$

这里 $A_{[0.3]} = \{x \in X : A(x) \geqslant 0.3\}$ 是 A 的 0.3-截集, W_α 的图像如图 3.4.1.

容易验证 W_α 是 C_α-闭包算子.

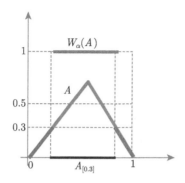

图 3.4.1 W_α 的图像

取 $A = 0.4_X$, $B(x) = \begin{cases} 0.6, & x \in [0, 0.5], \\ 0, & x \in (0.5, 1], \end{cases}$ 则

$$W_\alpha(A) = A \vee \chi_{A_{[0.3]}} = A \vee \chi_X = A \vee 1_X = 1_X,$$

$$W_\alpha(B)(x) = (B \vee \chi_{B_{[0.3]}})(x) = (B \vee \chi_{[0, 0.5]})(x) = \begin{cases} 1, & x \in [0, 0.5], \\ 0, & x \in (0.5, 1], \end{cases}$$

从而

$$A_{[\alpha]} = \varnothing, \quad B_{[\alpha]} = [0, 0.5], \quad (W_\alpha(A))_{[\alpha]} = X, \quad (W_\alpha(B))_{[\alpha]} = [0, 0.5].$$

因此 $A_{[\alpha]} \subset B_{[\alpha]}$, 但 $(W_\alpha(A))_{[\alpha]} \not\subset (W_\alpha(B))_{[\alpha]}$. 所以 W_α 不具有 α-保序性.

定理 3.4.4 设 (X, C_α) 是 C_α-闭包空间, 且算子 C_α 具有 α-保序性, $A, B \in L^X$. 若 A 是 C_α-连通集, 且 $A_{[\alpha]} \subset B_{[\alpha]} \subset (C_\alpha(A))_{[\alpha]}$, 则 B 也是 C_α-连通集.

证 设 $E, F \in L^X/\{0_X\}$, 且

$$B_{[\alpha]} = E_{[\alpha]} \cup F_{[\alpha]}, \quad (C_\alpha(E))_{[\alpha]} \cap F_{[\alpha]} = E_{[\alpha]} \cap (C_\alpha(F))_{[\alpha]} = \varnothing.$$

令 $\tilde{E} = A \wedge E$, $\tilde{F} = A \wedge F$, 则 $\tilde{E}_{[\alpha]} = A_{[\alpha]} \cap E_{[\alpha]}$, $\tilde{F}_{[\alpha]} = A_{[\alpha]} \cap F_{[\alpha]}$, 且由 $A_{[\alpha]} \subset B_{[\alpha]}$ 易得 $A_{[\alpha]} = \tilde{E}_{[\alpha]} \cup \tilde{F}_{[\alpha]}$. 此外,

$$(C_\alpha(\tilde{E}))_{[\alpha]} \cap \tilde{F}_{[\alpha]} = (C_\alpha(A \wedge E))_{[\alpha]} \cap A_{[\alpha]} \cap F_{[\alpha]} \subset (C_\alpha(E))_{[\alpha]} \cap F_{[\alpha]} = \varnothing,$$

于是 $(C_\alpha(\tilde{E}))_{[\alpha]} \cap \tilde{F}_{[\alpha]} = \varnothing$. 同理 $\tilde{E}_{[\alpha]} \cap (C_\alpha(\tilde{F}))_{[\alpha]} = \varnothing$. 因为 A 是 C_α-连通的, 所以 $\tilde{E}_{[\alpha]} = \varnothing$ 或 $\tilde{F}_{[\alpha]} = \varnothing$. 不妨设 $\tilde{E}_{[\alpha]} = \varnothing$, 则 $A_{[\alpha]} = \tilde{F}_{[\alpha]} = A_{[\alpha]} \cap F_{[\alpha]}$, 因此 $A_{[\alpha]} \subset F_{[\alpha]}$. 由 C_α 的 α-保序性得 $(C_\alpha(A))_{[\alpha]} \subset (C_\alpha(F))_{[\alpha]}$. 由 $E_{[\alpha]} \subset B_{[\alpha]} \subset (C_\alpha(A))_{[\alpha]}$,

$$E_{[\alpha]} = E_{[\alpha]} \cap (C_\alpha(A))_{[\alpha]} \subset E_{[\alpha]} \cap (C_\alpha(F))_{[\alpha]} = \varnothing,$$

所以 $E_{[\alpha]} = \varnothing$. 这证明 B 是 C_α-连通集.

正如下例所示, 上述定理中的条件 "算子 C_α 具有 α-保序性" 是必须的. 值得注意的是, 在 L-闭包空间连通性的相似定理中, 并不需要这个条件限制, 这显示出层次连通性与其他连通性的差别.

例 3.4.7　在例 3.4.6 中, 已经证明 C_α-闭包算子 W_α 不具有 α-保序性. 现取
$$A = 0.4_X, B(x) = \begin{cases} 0.9, & x \in [0, 0.2] \cup [0.8, 1], \\ 0, & x \in (0.2, 0.8), \end{cases} \quad \text{则}$$

$$A_{[\alpha]} = \varnothing \subset B_{[\alpha]} = [0, 0.2] \cup [0.8, 1] \subset X = (W_\alpha(A))_{[\alpha]}.$$

由于 $A_{[\alpha]} = \varnothing$, $A_{[\alpha]}$ 自然无法表示成两个 α-非空的 C_α-隔离子集之并, 所以 A 是 C_α-连通集. 但 B 却是 C_α-不连通集. 事实上, 取 $E, F \in L^X$:

$$E(x) = \begin{cases} 0.9, & x \in [0, 0.2], \\ 0, & x \in (0.2, 1], \end{cases} \quad F(x) = \begin{cases} 0, & x \in [0, 0.8), \\ 0.9, & x \in [0.8, 1], \end{cases}$$

则

$$W_\alpha(E)(x) = \begin{cases} 1, & x \in [0, 0.2], \\ 0, & x \in (0.2, 1], \end{cases} \quad W_\alpha(F)(x) = \begin{cases} 0, & x \in [0, 0.8), \\ 1, & x \in [0.8, 1], \end{cases}$$

从而

$$E_{[\alpha]} = (W_\alpha(E))_{[\alpha]} = [0, 0.2], \quad F_{[\alpha]} = (W_\alpha(F))_{[\alpha]} = [0.8, 1],$$

$$E_{[\alpha]} \cap (W_\alpha(F))_{[\alpha]} = (W_\alpha(E))_{[\alpha]} \cap F_{[\alpha]} = [0, 0.2] \cap [0.8, 1] = \varnothing.$$

这说明 E 与 F 是 α-非空的 C_α-隔离子集. 此外, $B_{[\alpha]} = E_{[\alpha]} \cup F_{[\alpha]}$. 所以 B 是 C_α-不连通集.

推论 3.4.2　设 (X, C_α) 是 C_α-闭包空间, 且算子 C_α 具有 α-保序性. 若 $A \in L^X$ 是 C_α-连通集, 则 $C_\alpha(A)$ 也是 C_α-连通集.

定理 3.4.5　设 (X, C_α) 是 C_α-闭包空间. 算子 C_α 具有 α-保序性, 且 $\{A^i : i = 1, 2, \cdots, n\} \subset L^X$ 是其中的一族 C_α-连通集, 若存在 $j \in \{1, \cdots, n\}$ 使得 $\forall i \in \{1, \cdots, n\}$, A^j 与 A^i 都不是 C_α-隔离的, 则 $A = \bigvee\limits_{i=1}^{n} A^i$ 是 C_α-连通集.

证　设 $E, F \in L^X$ 是 α-非空集, 且

$$A_{[\alpha]} = E_{[\alpha]} \cup F_{[\alpha]}, \quad E_{[\alpha]} \cap (C_\alpha(F))_{[\alpha]} = (C_\alpha(E))_{[\alpha]} \cap F_{[\alpha]} = \varnothing.$$

$\forall i \in \{1, \cdots, n\}$, 设 $E^i, F^i \in L^X$, 且 $E^i_{[\alpha]} = E_{[\alpha]} \cap A^i_{[\alpha]}$, $F^i_{[\alpha]} = F_{[\alpha]} \cap A^i_{[\alpha]}$, 则

$$E^i_{[\alpha]} \cup F^i_{[\alpha]} = (E_{[\alpha]} \cap A^i_{[\alpha]}) \cup (F_{[\alpha]} \cap A^i_{[\alpha]}) = (E_{[\alpha]} \cup F_{[\alpha]}) \cap A^i_{[\alpha]}$$

$$= A_{[\alpha]} \cap A^i_{[\alpha]} = \left(\bigvee_{t \in T} A^i\right)_{[\alpha]} \cap A^i_{[\alpha]} = \left(\left(\bigvee_{t \in T} A^i\right) \wedge A^i\right)_{[\alpha]}$$

$$= A^i_{[\alpha]}.$$

此外, 由 $F^i_{[\alpha]} = F_{[\alpha]} \cap A^i_{[\alpha]}$ 得 $F^i_{[\alpha]} \subset F_{[\alpha]}$, 再由 C_α 的 α-保序性得 $(C_\alpha(F^i))_{[\alpha]} \subset (C_\alpha(F))_{[\alpha]}$, 于是

$$E^i_{[\alpha]} \cap (C_\alpha(F^i))_{[\alpha]} = (E_{[\alpha]} \cap A^i_{[\alpha]}) \cap (C_\alpha(F^i))_{[\alpha]} \subset E_{[\alpha]} \cap (C_\alpha(F))_{[\alpha]} = \varnothing.$$

所以 $E^i_{[\alpha]} \cap (C_\alpha(F^i))_{[\alpha]} = \varnothing$. 同理 $F^i_{[\alpha]} \cap (C_\alpha(E^i))_{[\alpha]} = \varnothing$. 因为 A^i 是 C_α-连通的, 所以 $E^i_{[\alpha]} = \varnothing$ 或者 $F^i_{[\alpha]} = \varnothing$, 从而 $A^i_{[\alpha]} = F^i_{[\alpha]} \subset F_{[\alpha]}$ 或者 $A^i_{[\alpha]} = E^i_{[\alpha]} \subset E_{[\alpha]}$. 特别地, $A^j_{[\alpha]} = F^j_{[\alpha]} \subset F_{[\alpha]}$ 或者 $A^j_{[\alpha]} = E^j_{[\alpha]} \subset E_{[\alpha]}$. 不妨设 $A^j_{[\alpha]} = F^j_{[\alpha]} \subset F_{[\alpha]}$, 则对任意的 $i \in \{1, \cdots, n\}$ 且 $i \neq j$, $A^i_{[\alpha]} \subset F_{[\alpha]}$. 事实上, $A^i_{[\alpha]} \not\subset F_{[\alpha]}$, 则 $A^i_{[\alpha]} \subset E_{[\alpha]}$. 注意, 由 $A^i_{[\alpha]} \subset E_{[\alpha]}$ 及 C_α 的 α-保序性可得 $(C_\alpha(A^i))_{[\alpha]} \subset (C_\alpha(E))_{[\alpha]}$. 同理 $(C_\alpha(A^j))_{[\alpha]} \subset (C_\alpha(F))_{[\alpha]}$. 这样一来, 便有

$$A^i_{[\alpha]} \cap (C_\alpha(A^j))_{[\alpha]} \subset E_{[\alpha]} \cap (C_\alpha(F))_{[\alpha]} = \varnothing,$$

$$(C_\alpha(A^i))_{[\alpha]} \cap A^j_{[\alpha]} \subset (C_\alpha(E))_{[\alpha]} \cap F_{[\alpha]} = \varnothing,$$

这说明 A^i 与 A^j 是 C_α-隔离的, 矛盾. 因此, $\forall i \in \{1, \cdots, n\}, A^i_{[\alpha]} \subset F_{[\alpha]}$, 从而

$$A_{[\alpha]} = \left(\bigvee_{i=1}^n A^i\right)_{[\alpha]} = \bigcup_{i=1}^n A^i_{[\alpha]} \subset F_{[\alpha]}, \tag{$*$}$$

进而

$$E_{[\alpha]} = E_{[\alpha]} \cap A_{[\alpha]} \subset E_{[\alpha]} \cap F_{[\alpha]} = \varnothing.$$

这就证明了 A 是 C_α-连通集.

注 3.4.1 对比 L-闭包空间的连通性理论, 可以看出定理 3.4.5 多了两个限制条件, 一个是 C_α-闭包算子的 α-保序性, 另一个是只对有限个集合成立. 第一个限制的作用已在例 3.4.7 中阐明, 第二个限制是因为上面 $(*)$ 式的缘故. 具体地说, 对无限多个 L-集 $\{A^t : t \in T\}$, 由于 α-截集公式

$$\left(\bigvee_{t \in T} A^t\right)_{[\alpha]} \supset \bigcup_{t \in T} A^t_{[\alpha]}$$

中的 "⊃" 一般不能换成 "=", 所以 $(*)$ 式在这种情况下可能不成立. 这再一次反映了层次闭包空间连通性与其他连通性的差别.

例 3.4.8 取 $X = \{x, y\}, L = [0, 1], \alpha = 0.5$, 定义算子

$$\Theta_\alpha : L^X \to L^X, \forall A \in L^X, \Theta_\alpha(A) = A \vee \chi_{A_{[\alpha]}},$$

则 Θ_α 是 C_α-闭包算子 (见例 3.3.2(1)), 且 $(\Theta_\alpha(A))_{[\alpha]} = A_{[\alpha]}$, 因此 Θ_α 是 α-保序的. 定义 $A^n(n \in N), E, F \in L^X$ 如下:

$$A^n(z) = \begin{cases} 0.5, & z = x, \\ 0.5\left(1 - \dfrac{1}{n}\right), & z = y, \end{cases} \quad E(z) = \begin{cases} 0.5, & z = x, \\ 0, & z = y, \end{cases} \quad F(z) = \begin{cases} 0, & z = x, \\ 0.5, & z = y, \end{cases}$$

则

$$\Theta_\alpha(A^n)(z) = \begin{cases} 1, & z = x, \\ 0.5\left(1 - \dfrac{1}{n}\right), & z = y, \end{cases}$$

$$\Theta_\alpha(E)(z) = \begin{cases} 1, & z = x, \\ 0, & z = y, \end{cases}$$

$$\Theta_\alpha(F)(z) = \begin{cases} 0, & z = x, \\ 1, & z = y. \end{cases}$$

从而

$$A = \bigvee_{n \in N} A^n = 0.5_X, \quad A_{[\alpha]} = X, \quad A^n_{[\alpha]} = (\Theta_\alpha(A^n))_{[\alpha]} = \{x\},$$

$$(\Theta_\alpha(E))_{[\alpha]} = E_{[\alpha]} = \{x\}, \quad (\Theta_\alpha(F))_{[\alpha]} = F_{[\alpha]} = \{y\}.$$

由于 $A^n_{[\alpha]}$ 是独点集 $\{x\}$, 它自然不能表为两个 C_α-隔离子集之并, 所以 A^n 是 C_α-连通集. 此外, $\forall m, n \in N$,

$$(\Theta_\alpha(A^m))_{[\alpha]} \cap A^n_{[\alpha]} = A^m_{[\alpha]} \cap A^n_{[\alpha]} = \{x\} \neq \varnothing,$$

所以 A^m 与 A^n 不是 C_α-隔离子集. 这就是说, $\{A^n \in L^X : n \in N\}$ 满足定理 3.4.5 所要求的一切条件, 但 A 却是 C_α-不连通集. 事实上, 由于

$$(\Theta_\alpha(E))_{[\alpha]} \cap F_{[\alpha]} = E_{[\alpha]} \cap F_{[\alpha]} = \{x\} \cap \{y\} = \varnothing,$$

$$E_{[\alpha]} \cap (\Theta_\alpha(F))_{[\alpha]} = E_{[\alpha]} \cap F_{[\alpha]} = \{x\} \cap \{y\} = \varnothing,$$

因此 E 与 F 是 α-非空的 C_α-隔离子集. 再由

$$A_{[\alpha]} = X = \{x\} \cup \{y\} = E_{[\alpha]} \cup F_{[\alpha]}$$

可知 A 是 C_α-不连通集.

下面来看 C_α-连通性在诱导 C_α-闭包空间中的表现, 这需要回忆一下分明闭包空间中的连通性.

在分明闭包空间 (X, C) 中, 所谓 $A \in 2^X$ 不连通, 是指存在 X 的两个非空隔离子集 E 与 F(即 $E \cap C(F) = C(E) \cap F = \varnothing$), 使得 $A = E \cup F$. 否则, 称 A 是连通的.

定理 3.4.6　设 (X, C) 是分明闭包空间. 且算子 C 具有幂等性 (即 $\forall A \in 2^X, C(C(A)) = C(A)$), $\alpha \in M(L)$, $(X, \omega_\alpha(C))$ 是由 (X, C) 诱导的 C_α-闭包空间. 则 $G \in L^X$ 是 $(X, \omega_\alpha(C))$ 中的 C_α-连通集之充要条件 $G_{[\alpha]}$ 是 (X, C) 中的连通集.

证　必要性. 假如 $G_{[\alpha]}$ 不连通. 则存在非空的 $E, F \in 2^X$ 使得

$$G_{[\alpha]} = E \cup F, \quad C(E) \cap F = E \cap C(F) = \varnothing.$$

现在考察 $G = \chi_{G_{[\alpha]}} = \chi_{E \cup F} = \chi_E \vee \chi_F$. 由算子 $\omega_\alpha(C)$ 之定义,

$$\omega_\alpha(C)(\chi_E) = \bigwedge\{r_X \vee \chi_{C(H)} : (\chi_E)_{[\alpha]} \subset C(H), H \in 2^X, r \in L\},$$

$$(\omega_\alpha(C)(\chi_E))_{[\alpha]} = \bigcap\{(r_X)_{[\alpha]} \cup C(H) : (\chi_E)_{[\alpha]} \subset C(H), H \in 2^X, r \in L\}$$
$$= \bigcap\{C(H) : E \subset C(H), H \in 2^X\}.$$

由算子 C 的保序性和幂等性,

$$E \subset C(H) \Rightarrow C(E) \subset C(C(H)) = C(H),$$

因此

$$(\omega_\alpha(C)(\chi_E))_{[\alpha]} \cap (\chi_F)_{[\alpha]} \subset C(E) \cap F = \varnothing.$$

同理

$$(\chi_E)_{[\alpha]} \cap (\omega_\alpha(C)(\chi_F))_{[\alpha]} \subset E \cap C(F) = \varnothing.$$

这说明 χ_E 与 χ_F 是 α-非空的 C_α-隔离子集, 于是 G 是 C_α-不连通集, 矛盾. 所以 $G_{[\alpha]}$ 是 (X, C) 中的连通集.

充分性. 假若 G 是 $(X, \omega_\alpha(C))$ 中的 C_α-不连通集, 则存在 α-非空的 $A, B \in L^X$ 使得

$$G_{[\alpha]} = A_{[\alpha]} \cup B_{[\alpha]}, \quad (\omega_\alpha(C)(A))_{[\alpha]} \cap B_{[\alpha]} = A_{[\alpha]} \cap (\omega_\alpha(C)(B))_{[\alpha]} = \varnothing.$$

注意

$$(\omega_\alpha(C)(A))_{[\alpha]} = \bigcap\{C(H) : A_{[\alpha]} \subset C(H), H \in 2^X\}.$$

由 C 的幂等性, $\forall C(H) \supset A_{[\alpha]}$ 有 $C(H) = C(C(H)) \supset C(A_{[\alpha]})$, 所以

$$C(A_{[\alpha]}) \subset \bigcap \{C(H) : A_{[\alpha]} \subset C(H), H \in 2^X\} = (\omega_\alpha(C)(A))_{[\alpha]},$$

于是

$$C(A_{[\alpha]}) \cap B_{[\alpha]} \subset (\omega_\alpha(C)(A))_{[\alpha]} \cap B_{[\alpha]} = \varnothing.$$

同理 $A_{[\alpha]} \cap C(B_{[\alpha]}) = \varnothing$. 这说明 $A_{[\alpha]}$ 与 $B_{[\alpha]}$ 是 (X, C) 中的非空隔离子集, 所以 $G_{[\alpha]}$ 是 (X, C) 中的不连通集, 矛盾. 因此 G 是 $(X, \omega_\alpha(C))$ 中的 C_α-连通集.

注 3.4.2　在上面的定理中, 若去掉限制条件 "算子 C 具有幂等性", 我们似乎无法证明相应的结论. 这又一次显示了层次闭包空间连通性与其他连通性的差别.

第 4 章　层次连通性

C HAPTER 4

本章介绍两种层次连通性: D_α-连通性和 L_α-连通性, 并比较了它们与其他连通性的异同.

4.1　D_α-连通性

本节用 D_α-闭集定义了一种层次连通性.

定义 4.1.1　设 (X, δ) 是 L-拓扑空间, $\alpha \in M(L), A, B \in L^X$. 称 A, B 是 D_α-隔离的, 若

$$(D_\alpha(A))_{[\alpha]} \cap B_{[\alpha]} = A_{[\alpha]} \cap (D_\alpha(B))_{[\alpha]} = \varnothing.$$

定义 4.1.2　设 A 是 X 上的 L-集, 即 $A \in L^X, \alpha \in M(L)$. 称 A 是 $[\alpha]$-非空的, 若 $A_{[\alpha]} \neq \varnothing$. 称 A 是 (α)-非空的, 若 $A_{(\alpha)} \neq \varnothing$.

定义 4.1.3　设 (X, δ) 是 L-拓扑空间, $\alpha \in M(L), A \in L^X$. 称 A 是 D_α-连通的, 若不存在 $[\alpha]$-非空的 D_α-隔离 L-集 B, C 使得 $A_{[\alpha]} = B_{[\alpha]} \cup C_{[\alpha]}$. 称 A 是 D 层连通的, 若 $\forall \alpha \in M(L), A$ 是 D_α-连通的. 称 (X, δ) 是 D_α-连通的 (分别地, D 层连通的), 若最大 L-集 1 是 D_α-连通的 (分别地, D 层连通的).

定理 4.1.1　设 (X, δ) 是 L-拓扑空间, $\alpha \in M(L)$. 则下列条件等价:

(1) (X, δ) 不是 D_α-连通的;

(2) 存在两个 $[\alpha]$-非空的 D_α-闭集 A, B, 使得

$$A_{[\alpha]} \cup B_{[\alpha]} = X, \quad A_{[\alpha]} \cap B_{[\alpha]} = \varnothing;$$

(3) 存在两个 (α')-非空的 I'_α-开集 A, B, 使得

$$A_{(\alpha')} \cup B_{(\alpha')} = X, \quad A_{(\alpha')} \cap B_{(\alpha')} = \varnothing.$$

证　(1)$\Rightarrow$(2) 设 (X, δ) 不是 D_α-连通的, 则存在两个 $[\alpha]$-非空的 L-集 A, B 使得 $(D_\alpha(A))_{[\alpha]} \cap B_{[\alpha]} = A_{[\alpha]} \cap (D_\alpha(B))_{[\alpha]} = \varnothing$, 且 $A_{[\alpha]} \cup B_{[\alpha]} = X$. 这时,

$$(D_\alpha(A))_{[\alpha]} = (D_\alpha(A))_{[\alpha]} \cap (A_{[\alpha]} \cup B_{[\alpha]}) = (D_\alpha(A))_{[\alpha]} \cap A_{[\alpha]} = A_{[\alpha]},$$

所以 A 是 D_α-闭集. 同理可证 B 也是 D_α-闭集.

(2)⇒(3) 今设 (2) 成立, 则有 $[\alpha]$-非空的 D_α-闭集 E, F 使得

$$E_{[\alpha]} \cup F_{[\alpha]} = X, \quad E_{[\alpha]} \cap F_{[\alpha]} = \varnothing.$$

这时

$$\varnothing = (E_{[\alpha]})' \cap (F_{[\alpha]})' = (E')_{(\alpha')} \cap (F')_{(\alpha')}, \quad (E')_{(\alpha')} \cup (F')_{(\alpha')} = X,$$

且 E' 与 F' 是 (α')-非空的 I'_α-开集. 令 $A = E', B = F'$, 便得 (3).

(3)⇒(1) 设 A, B 是 (3) 中的两个 (α')-非空的 I'_α-开集, 且满足

$$A_{(\alpha')} \cup B_{(\alpha')} = X, \quad A_{(\alpha')} \cap B_{(\alpha')} = \varnothing.$$

于是 $(A')_{[\alpha]} \cap (B')_{[\alpha]} = \varnothing, (A')_{[\alpha]} \cup (B')_{[\alpha]} = X$. 因为 A' 和 B' 是 D_α-闭集, 所以

$$(D_\alpha(A'))_{[\alpha]} \cap (B')_{[\alpha]} = (A')_{[\alpha]} \cap (B')_{[\alpha]} = \varnothing,$$

$$(D_\alpha(B'))_{[\alpha]} \cap (A')_{[\alpha]} = (B')_{[\alpha]} \cap (A')_{[\alpha]} = \varnothing.$$

可见 A' 和 B' 是 D_α-隔离的. 此外, A' 和 B' 显然是 $[\alpha]$-非空的. 所以 (X, δ) 不是 D_α-连通的.

定理 4.1.2 设 (X, δ) 是 L-拓扑空间, $\alpha \in M(L), A, B \in L^X$. 若 A 是 D_α-连通的, 且 $A_{[\alpha]} \subset B_{[\alpha]} \subset (D_\alpha(A))_{[\alpha]}$, 则 B 是 D_α-连通的.

证 设 $B_{[\alpha]} = E_{[\alpha]} \cup F_{[\alpha]}, (D_\alpha(E))_{[\alpha]} \cap F_{[\alpha]} = E_{[\alpha]} \cap (D_\alpha(F))_{[\alpha]} = \varnothing$. 令 $E^*_{[\alpha]} = A_{[\alpha]} \cap E_{[\alpha]}, F^*_{[\alpha]} = A_{[\alpha]} \cap F_{[\alpha]}$, 则易证 $E^*_{[\alpha]} \cup F^*_{[\alpha]} = A_{[\alpha]}$. 此外, 由于

$$D_\alpha(E^*) = \bigwedge \{G \in \delta' : G_{[\alpha]} \supset E^*_{[\alpha]} = A_{[\alpha]} \cap E_{[\alpha]}\}$$
$$\leqslant \bigwedge \{G \in \delta' : G_{[\alpha]} \supset E_{[\alpha]}\} = D_\alpha(E),$$

$(D_\alpha(E^*))_{[\alpha]} \cap F^*_{[\alpha]} \subset (D_\alpha(E))_{[\alpha]} \cap F_{[\alpha]} = \varnothing$. 同理 $E^*_{[\alpha]} \cap (D_\alpha(F^*))_{[\alpha]} = \varnothing$. 可见 E^* 和 F^* 是 D_α-隔离的. 由于 A 是 D_α-连通的, $E^*_{[\alpha]} = \varnothing$ 或 $F^*_{[\alpha]} = \varnothing$. 不妨设 $E^*_{[\alpha]} = \varnothing$. 于是 $A_{[\alpha]} = F^*_{[\alpha]} = A_{[\alpha]} \cap F_{[\alpha]}$, 因此 $A_{[\alpha]} \subset F_{[\alpha]}$. 从而

$$(D_\alpha(A))_{[\alpha]} = \bigcap \{G_{[\alpha]} : G \in \delta', G_{[\alpha]} \supset A_{[\alpha]}\} \subset \bigcap \{G_{[\alpha]} : G \in \delta', G_{[\alpha]} \supset F_{[\alpha]}\}$$
$$= (D_\alpha(F))_{[\alpha]}.$$

又, $E_{[\alpha]} \subset B_{[\alpha]} \subset (D_\alpha(A))_{[\alpha]}$, 所以

$$E_{[\alpha]} = E_{[\alpha]} \cap (D_\alpha(A))_{[\alpha]} \subset E_{[\alpha]} \cap (D_\alpha(F))_{[\alpha]} = \varnothing,$$

从而 $E_{[\alpha]} = \varnothing$. 因此 B 是 D_α-连通的.

定理 4.1.3 设 (X,δ) 是 L-拓扑空间, $\alpha \in M(L)$, $\{A_t\}_{t\in T} \subset L^X$. 如果 $\forall t \in T, A_t$ 是 D_α-连通的, 且有 $s \in T$ 使得 $\forall t \in T - \{s\}, A_t$ 与 A_s 都不是 D_α-隔离的, 则当 $A_{[\alpha]} = \bigcup_{t\in T}(A_t)_{[\alpha]}$ 时, $A = \bigvee_{t\in T} A_t$ 是 D_α-连通的.

证 设 $A_{[\alpha]} = B_{[\alpha]} \cup C_{[\alpha]}$, 且 $(D_\alpha(B))_{[\alpha]} \cap C_{[\alpha]} = B_{[\alpha]} \cap (D_\alpha(C))_{[\alpha]} = \varnothing$. $\forall t \in T$, 设 $(B_t)_{[\alpha]} = (A_t)_{[\alpha]} \cap B_{[\alpha]}$, $(C_t)_{[\alpha]} = (A_t)_{[\alpha]} \cap C_{[\alpha]}$, 则由 $A_{[\alpha]} = \bigcup_{t\in T}(A_t)_{[\alpha]} \supset (A_t)_{[\alpha]}$ 得 $(B_t)_{[\alpha]} \cup (C_t)_{[\alpha]} = (A_t)_{[\alpha]} \cap (B_{[\alpha]} \cup C_{[\alpha]}) = (A_t)_{[\alpha]} \cap A_{[\alpha]} = (A_t)_{[\alpha]}$. 此外, 由

$$D_\alpha(B_t) = \bigwedge\{G \in \delta' : G_{[\alpha]} \supset (B_t)_{[\alpha]} = (A_t)_{[\alpha]} \cap B_{[\alpha]}\}$$
$$\leqslant \bigwedge\{G \in \delta' : G_{[\alpha]} \supset B_{[\alpha]}\} = D_\alpha(B),$$

得 $(D_\alpha(B_t))_{[\alpha]} \cap (C_t)_{[\alpha]} \subset (D_\alpha(B))_{[\alpha]} \cap C_{[\alpha]} = \varnothing$, 所以 $(D_\alpha(B_t))_{[\alpha]} \cap (C_t)_{[\alpha]} = \varnothing$. 同理 $(B_t)_{[\alpha]} \cap (D_\alpha(C_t))_{[\alpha]} = \varnothing$. 由于 A_t 是 D_α-连通的, 所以 $(B_t)_{[\alpha]} = \varnothing$, 或 $(C_t)_{[\alpha]} = \varnothing$. 从而 $(A_t)_{[\alpha]} = (C_t)_{[\alpha]} \subset C_{[\alpha]}$, 或 $(A_t)_{[\alpha]} = (B_t)_{[\alpha]} \subset B_{[\alpha]}$. 特别是 $(A_s)_{[\alpha]} = (C_s)_{[\alpha]} \subset C_{[\alpha]}$, 或 $(A_s)_{[\alpha]} = (B_s)_{[\alpha]} \subset B_{[\alpha]}$. 不妨设 $(A_s)_{[\alpha]} = (C_s)_{[\alpha]} \subset C_{[\alpha]}$, 则 $\forall t \in T - \{s\}$, $(A_t)_{[\alpha]} \subset C_{[\alpha]}$. 事实上, 若 $(A_t)_{[\alpha]} \not\subset C_{[\alpha]}$, 则 $(A_t)_{[\alpha]} \subset B_{[\alpha]}$, 从而, 由

$$D_\alpha(A_s) = \bigwedge\{G \in \delta' : G_{[\alpha]} \supset (A_s)_{[\alpha]} = (C_s)_{[\alpha]}\} = D_\alpha(C_s)$$
$$\leqslant \{G \in \delta' : G_{[\alpha]} \supset C_{[\alpha]} \supset (C_s)_{[\alpha]}\} = D_\alpha(C)$$

以及

$$D_\alpha(A_t) = \bigwedge\{G \in \delta' : G_{[\alpha]} \supset (A_t)_{[\alpha]}\}$$
$$\leqslant \bigwedge\{G \in \delta' : G_{[\alpha]} \supset B_{[\alpha]} \supset (A_t)_{[\alpha]}\} = D_\alpha(B),$$

得到

$$(A_t)_{[\alpha]} \cap (D_\alpha(A_s))_{[\alpha]} = (A_t)_{[\alpha]} \cap (D_\alpha(C_s))_{[\alpha]} \subset B_{[\alpha]} \cap (D_\alpha(C))_{[\alpha]} = \varnothing,$$

$$(D_\alpha(A_t))_{[\alpha]} \cap (A_s)_{[\alpha]} = (D_\alpha(A_t))_{[\alpha]} \cap (C_s)_{[\alpha]} \subset (D_\alpha(B))_{[\alpha]} \cap C_{[\alpha]} = \varnothing.$$

这表明 A_t 与 A_s 是 D_α-隔离的, 矛盾! 所以 $\forall t \in T, (A_t)_{[\alpha]} \subset C_{[\alpha]}$. 由此得 $A_{[\alpha]} \subset C_{[\alpha]}$. 从而 $B_{[\alpha]} = B_{[\alpha]} \cap A_{[\alpha]} \subset B_{[\alpha]} \cap C_{[\alpha]} \subset (D_\alpha(B))_{[\alpha]} \cap C_{[\alpha]} = \varnothing$. 这就证明了 A 是 D_α-连通的.

注 4.1.1 正如下例所示, 定理 4.1.3 中的条件 $A_{[\alpha]} = \bigcup_{t\in T}(A_t)_{[\alpha]}$ 是必不可少的.

例 4.1.1　设 $L = [0,1], X = \{x,y\}, \delta \subset L^X$ 是离散 L-拓扑. 设 N 是自然数集. 对每个 $n \in N$, 取 $A_n, E, F \in L^X$ 如下:

$$A_n(z) = \begin{cases} 1, & z = x, \\ 1 - \dfrac{1}{n}, & z = y, \end{cases} \quad E(z) = \begin{cases} 1, & z = x, \\ 0, & z = y, \end{cases} \quad F(z) = \begin{cases} 0, & z = x, \\ 1, & z = y. \end{cases}$$

令 $A = \bigvee_{n \in N} A_n$, 则 $A = 1_X$. 于是

$$A_{[1]} = \{x,y\}, \quad (A_n)_{[1]} = \{x\}, \quad E_{[1]} = \{x\} \quad F_{[1]} = \{y\}.$$

因为 $(A_n)_{[1]}$ 都是独点集, A_n 是 D_1-连通的. 又, $\forall m, n \in N, A_m, A_n \in \delta' \subset D_1(\delta)$, 故

$$(D_1(A_m))_{[1]} \cap (A_n)_{[1]} = (A_m)_{[1]} \cap (A_n)_{[1]} = \{x\} \neq \varnothing.$$

可见 A_m 和 A_n 不是 D_1-分离的. 但是 A 却不是 D_1-连通的. 事实上, E 和 F 自然是 [1]-非空的. 由 δ 是离散 L-拓扑得

$$(D_1(E))_{[1]} \cap F_{[1]} = E_{[1]} \cap F_{[1]} = E_{[1]} \cap (D_1(F))_{[1]} = \{x\} \cap \{y\} = \varnothing.$$

因此 E 和 F 是 D_1-分离的. 又, $A_{[1]} = E_{[1]} \cup F_{[1]}$. 因此 A 不是 D_1-连通的.

定理 4.1.4　设 (X,δ) 和 (Y,σ) 是 L-拓扑空间, $\alpha \in M(L), f^\to : L^X \to L^Y$ 是可达的 L-映射, A 是 (X,δ) 中的 D_α-连通集. 若 $f^\to : (X,\delta) \to (Y,\sigma)$ 是连续的满 L-映射, 则 $f^\to(A)$ 是 (Y,σ) 的 D_α-连通集.

证　设 $(f^\to(A))_{[\alpha]} = B_{[\alpha]} \cup C_{[\alpha]}$, 且 $(D_\alpha(B))_{[\alpha]} \cap C_{[\alpha]} = B_{[\alpha]} \cap (D_\alpha(C))_{[\alpha]} = \varnothing$. 令 $E_{[\alpha]} = (f^\gets(B))_{[\alpha]}, F_{[\alpha]} = (f^\gets(C))_{[\alpha]}$, 则

$$A_{[\alpha]} \subset (f^\gets(f^\to(A)))_{[\alpha]} = (f^\gets(B))_{[\alpha]} \cup (f^\gets(C))_{[\alpha]} = E_{[\alpha]} \cup F_{[\alpha]}.$$

由 $f^\to$ 是满 L-映射且 $f^\gets$ 保交,

$$f^\gets(D_\alpha(B)) = f^\gets(\wedge\{G \in \sigma' : G_{[\alpha]} \supset B_{[\alpha]}\}) = \bigwedge\{f^\gets(G) : G \in \sigma', G_{[\alpha]} \supset B_{[\alpha]}\}$$
$$= \bigwedge\{f^\gets(G) : G \in \sigma', f^\gets(G_{[\alpha]}) \supset f^\gets(B_{[\alpha]})\}$$
$$= \bigwedge\{f^\gets(G) : G \in \sigma', (f^\gets(G))_{[\alpha]} \supset (f^\gets(B))_{[\alpha]}\},$$

从而

$$(f^\gets(D_\alpha(B)))_{[\alpha]} = \bigcap\{(f^\gets(G))_{[\alpha]} : G \in \sigma', (f^\gets(G))_{[\alpha]} \supset (f^\gets(B))_{[\alpha]}\}.$$

因为 $f^\to$ 是连续的, 故 $\forall G \in \sigma', f^\gets(G) \in \delta'$. 于是

$$(D_\alpha(f^\gets(B)))_{[\alpha]} = \bigcap\{H_{[\alpha]} : H \in \delta', H_{[\alpha]} \supset (f^\gets(B))_{[\alpha]}\} \subset (f^\gets(D_\alpha(B)))_{[\alpha]}.$$

此外, 由

$$D_\alpha(E) = \bigwedge\{G \in \delta' : G_{[\alpha]} \supset E_{[\alpha]} = (f^\leftarrow(B))_{[\alpha]}\} = D_\alpha(f^\leftarrow(B))$$

得

$$(D_\alpha(E))_{[\alpha]} = (D_\alpha(f^\leftarrow(B)))_{[\alpha]} \subset (f^\leftarrow(D_\alpha(B)))_{[\alpha]}.$$

同理

$$(D_\alpha(F))_{[\alpha]} = (D_\alpha(f^\leftarrow(C)))_{[\alpha]} \subset (f^\leftarrow(D_\alpha(C)))_{[\alpha]}.$$

因此

$$(D_\alpha(E))_{[\alpha]} \cap F_{[\alpha]} \subset (f^\leftarrow(D_\alpha(B)))_{[\alpha]} \cap (f^\leftarrow(C))_{[\alpha]} = f^\leftarrow((D_\alpha(B))_{[\alpha]} \cap C_{[\alpha]}) = \varnothing.$$

同理 $E_{[\alpha]} \cap (D_\alpha(F))_{[\alpha]} = \varnothing$. 令 $G_{[\alpha]} = A_{[\alpha]} \cap E_{[\alpha]}, H_{[\alpha]} = A_{[\alpha]} \cap F_{[\alpha]}$, 则显然有 $A_{[\alpha]} = G_{[\alpha]} \cup H_{[\alpha]}$. 此外, 由于 $G_{[\alpha]} \subset E_{[\alpha]}$, 故

$$D_\alpha(E) = \bigwedge\{Q \in \delta' : Q_{[\alpha]} \supset E_{[\alpha]}\} \geqslant \bigwedge\{Q \in \delta' : Q_{[\alpha]} \supset G_{[\alpha]}\} = D_\alpha(G),$$

从而 $(D_\alpha(G))_{[\alpha]} \cap H_{[\alpha]} \subset (D_\alpha(E))_{[\alpha]} \cap F_{[\alpha]} = \varnothing$, 因此 $(D_\alpha(G))_{[\alpha]} \cap H_{[\alpha]} = \varnothing$. 同理 $G_{[\alpha]} \cap (D_\alpha(H))_{[\alpha]} = \varnothing$. 因为 A 是 D_α-连通的, 所以 $G_{[\alpha]} = \varnothing$ 或 $H_{[\alpha]} = \varnothing$. 不妨设 $G_{[\alpha]} = \varnothing$, 那么 $A_{[\alpha]} = H_{[\alpha]} \subset F_{[\alpha]}$. 于是, 由 $f^\rightarrow$ 是可达的得到

$$(f^\rightarrow(A))_{[\alpha]} = f^\rightarrow(A_{[\alpha]}) \subset f^\rightarrow(F_{[\alpha]}) = f^\rightarrow((f^\leftarrow(C))_{[\alpha]}) = (f^\rightarrow f^\leftarrow(C))_{[\alpha]} \subset C_{[\alpha]}.$$

因此

$$B_{[\alpha]} = B_{[\alpha]} \cap (f^\rightarrow(A))_{[\alpha]} \subset B_{[\alpha]} \cap C_{[\alpha]} \subset B_{[\alpha]} \cap (D_\alpha(C))_{[\alpha]} = \varnothing.$$

所以 $f^\rightarrow(A)$ 是 (Y, σ) 的 D_α-连通集.

注 4.1.2 正如下例所示, 定理 4.1.4 中的条件 "$f^\rightarrow : L^X \to L^Y$ 是可达的 L-映射" 是必不可少的.

例 4.1.2 设 $L = X = [0, 1], Y = \{0, 1\}$. 映射 $f : X \to Y$ 定义为

$$f(x) = \begin{cases} 1, & x \in \left\{1, \dfrac{1}{2}, \cdots, \dfrac{1}{n}, \cdots\right\}, \\ 0, & x \notin \left\{1, \dfrac{1}{2}, \cdots, \dfrac{1}{n}, \cdots\right\}. \end{cases}$$

则 f 为满射, 从而它诱导的 L-映射 $f^\rightarrow : L^X \to L^Y$ 也是满射. 取 $A \in L^X$ 为 $A(x) = 1 - x$. 则易见 $f^\rightarrow(A) = 1_Y$. 取 $\alpha = 1 \in M(L) = (0, 1]$, 则

$$A_{[\alpha]} = \{0\}, \quad f(A_{[\alpha]}) = \{f(0)\} = \{0\}, \quad (f^\rightarrow(A))_{[\alpha]} = \{0, 1\}.$$

由 $f(A_{[\alpha]}) \neq (f^{\rightarrow}(A))_{[\alpha]}$ 知道 $f^{\rightarrow} : L^X \to L^Y$ 不是可达的 L-映射. 分别在 X 和 Y 上取离散 L-拓扑 δ_X 和 μ_Y, 则

(1) $f^{\rightarrow} : (X, \delta_X) \to (Y, \mu_Y)$ 是连续映射.

(2) 在 L-拓扑空间 (X, δ_X) 中, 由于 $A_{[\alpha]}$ 是独点集, 故 A 是 D_α-连通集.

(3) 在 L-拓扑空间 (Y, μ_Y) 中, $f^{\rightarrow}(A)$ 却不是 D_α-连通集.

事实上, 取 $E, F \in L^Y$ 如下:

$$E(z) = \begin{cases} 1, & z = 0, \\ 0, & z = 1, \end{cases} \qquad F(z) = \begin{cases} 0, & z = 0, \\ 1, & z = 1. \end{cases}$$

则 $E, F \in \delta' \subset D_\alpha(\delta)$, 且 $E_{[\alpha]} = \{0\}, F_{[\alpha]} = \{1\}$. 于是 $(f^{\rightarrow}(A))_{[\alpha]} = E_{[\alpha]} \cup F_{[\alpha]}$. 又, E 和 F 显然是 $[\alpha]$-非空和 D_α-分离的. 所以 $f^{\rightarrow}(A)$ 不是 D_α-连通集.

定理 4.1.5 设 (X, δ) 是 L-拓扑空间, $\alpha \in M(L), G \in L^X$. 则 G 不是 D_α-连通集当且仅当存在 $A, B \in D_\alpha(\delta)$ 使得

$$G_{[\alpha]} \cap A_{[\alpha]} \neq \varnothing, \quad G_{[\alpha]} \cap B_{[\alpha]} \neq \varnothing, \quad G_{[\alpha]} \cap A_{[\alpha]} \cap B_{[\alpha]} = \varnothing, \quad G_{[\alpha]} \subset A_{[\alpha]} \cup B_{[\alpha]}.$$

证 设 G 不是 D_α-连通集. 则存在 $[\alpha]$-非空的 D_α-隔离 L-集 E, F 使得 $G_{[\alpha]} = E_{[\alpha]} \cup F_{[\alpha]}$. 令 $A = D_\alpha(E), B = D_\alpha(F)$, 则 $A, B \in \delta' \subset D_\alpha(\delta)$. 我们有

$$G_{[\alpha]} = E_{[\alpha]} \cup F_{[\alpha]} \subset (D_\alpha(E))_{[\alpha]} \cup (D_\alpha(F))_{[\alpha]} = A_{[\alpha]} \cup B_{[\alpha]}.$$

由 E, F 是 D_α-隔离的得到

$$G_{[\alpha]} \cap A_{[\alpha]} = (E_{[\alpha]} \cup F_{[\alpha]}) \cap (D_\alpha(E))_{[\alpha]} = E_{[\alpha]} \neq \varnothing,$$
$$G_{[\alpha]} \cap B_{[\alpha]} = F_{[\alpha]} \neq \varnothing,$$

$$G_{[\alpha]} \cap A_{[\alpha]} \cap B_{[\alpha]}$$
$$= (E_{[\alpha]} \cap (D_\alpha(E))_{[\alpha]} \cap (D_\alpha(F))_{[\alpha]}) \cup (F_{[\alpha]} \cap (D_\alpha(E))_{[\alpha]} \cap (D_\alpha(F))_{[\alpha]})$$
$$= (E_{[\alpha]} \cap (D_\alpha(F))_{[\alpha]}) \cup (F_{[\alpha]} \cap (D_\alpha(E))_{[\alpha]})$$
$$= \varnothing.$$

反过来, 若存在 $A, B \in D_\alpha(\delta)$ 使得

$$G_{[\alpha]} \cap A_{[\alpha]} \neq \varnothing, \quad G_{[\alpha]} \cap B_{[\alpha]} \neq \varnothing, \quad G_{[\alpha]} \cap A_{[\alpha]} \cap B_{[\alpha]} = \varnothing, \quad G_{[\alpha]} \subset A_{[\alpha]} \cup B_{[\alpha]}.$$

令 $E = G \wedge A, F = G \wedge B$, 则 $E_{[\alpha]} = G_{[\alpha]} \cap A_{[\alpha]} \neq \varnothing, F_{[\alpha]} = G_{[\alpha]} \cap B_{[\alpha]} \neq \varnothing$. 此外,

$$E_{[\alpha]} \cup F_{[\alpha]} = G_{[\alpha]} \cap (A_{[\alpha]} \cup B_{[\alpha]}) = G_{[\alpha]}.$$

$$(D_\alpha(E))_{[\alpha]} \cap F_{[\alpha]} = (D_\alpha(G \wedge A))_{[\alpha]} \cap G_{[\alpha]} \cap B_{[\alpha]}$$
$$\subset (D_\alpha(G))_{[\alpha]} \cap (D_\alpha(A))_{[\alpha]} \cap G_{[\alpha]} \cap B_{[\alpha]} = A_{[\alpha]} \cap G_{[\alpha]} \cap B_{[\alpha]} = \varnothing.$$

同理 $(D_\alpha(F))_{[\alpha]} \cap E_{[\alpha]} = \varnothing$. 所以 G 不是 D_α-连通集.

4.2 樊 畿 定 理

在拓扑学中, 刻画连通性最具几何直观的定理当属樊畿 (1914 —2010) 定理. 该定理可以形象地描述为, 拓扑空间 X 连通的充要条件是, 对 X 中的任意两点 a 与 b, 在 X 中都能画出有限个小圈将其链起来, 见图 4.2.1.

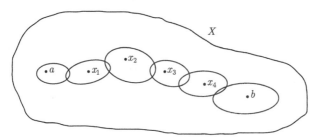

图 4.2.1 樊畿定理示意图

文献 [6] 将樊畿定理推广到了 L-拓扑空间中, 得到了如下定理.

定理 4.2.1 [6] 设 (X, δ) 是 L-拓扑空间, $A \in L^X$, $M^*(A)$ 表示 A 中的全体分子之集. $\forall x \in M^*(A)$, 以 $\eta(x)$ 表示 x 的全体远域之集. 那么, A 连通的充要条件是: 对每个映射

$$P: M^*(A) \to \cup\{\eta(x) : x \in M^*(A)\},$$
$$P(x) \in \eta(x) \ (x \in M^*(A)),$$

以及 A 中的任意两个分子 a 与 b, 在 A 中可找出有限多个分子 $x_0, \cdots, x_n$ 使得 $x_0 = a, x_n = b$ 且 $A \not\leqslant P(x_i) \vee P(x_{i+1})$, $i = 0, \cdots, n-1$.

仿此, 本节给出层次化的樊畿定理 (文献 [27]).

定理 4.2.2 (樊畿定理) 设 (X, δ) 是 L-拓扑空间, $\alpha \in M(L), A \in L^X$. 则 A 是 D_α-连通的充要条件是: 对每个映射

$$P: A_{[\alpha]} \to \bigcup\{\eta^-(x_\alpha) : x \in A_{[\alpha]}\},$$

$$\forall x \in A_{[\alpha]}, P(x) \in \eta^-(x_\alpha),$$

以及任意的 $a, b \in A_{[\alpha]}$, 存在有限多个点 $x_1, \cdots, x_n \in A_{[\alpha]}$ 使得 $x_1 = a, x_n = b$ 且

$$A_{[\alpha]} \not\subset (P(x_i))_{[\alpha]} \cup (P(x_{i+1}))_{[\alpha]}, \quad i = 1, \cdots, n-1, \qquad (\#)$$

证　充分性. 假如 A 不是 D_α-连通的, 则存在 $B, C \in L^X$ 使得

$$B_{[\alpha]} \neq \varnothing, C_{[\alpha]} \neq \varnothing, A_{[\alpha]} = B_{[\alpha]} \cup C_{[\alpha]}, (D_\alpha(B))_{[\alpha]} \cap C_{[\alpha]} = B_{[\alpha]} \cap (D_\alpha(C))_{[\alpha]} = \varnothing.$$

做映射

$$P : A_{[\alpha]} \to \bigcup\{\eta^-(x_\alpha) : x \in A_{[\alpha]}\},$$

$$\forall x \in A_{[\alpha]}, \quad P(x) = \begin{cases} D_\alpha(C), & x \in B_{[\alpha]}, \\ D_\alpha(B), & x \in C_{[\alpha]}. \end{cases}$$

取 $a \in B_{[\alpha]}, b \in C_{[\alpha]}$, 则 $a, b \in A_{[\alpha]}$. 对 $\forall \{x_1, \cdots, x_n\} \subset A_{[\alpha]}$, 其中 $x_1 = a, x_n = b$, 因为 $x_i \in B_{[\alpha]}$ 或 $x_i \in C_{[\alpha]}$ 必有一者成立, 所以 $P(x_i) = D_\alpha(C)$ 或 $P(x_i) = D_\alpha(B)$. 但 $P(x_1) = D_\alpha(C)$, $P(x_n) = D_\alpha(B)$, 因此必存在 $i \in \{x_1, \cdots, x_n\}$ 使得 $P(x_i) = D_\alpha(C), P(x_{i+1}) = D_\alpha(B)$. 这时

$$A_{[\alpha]} = B_{[\alpha]} \cup C_{[\alpha]} \subset (D_\alpha(B))_{[\alpha]} \cup (D_\alpha(C))_{[\alpha]} = (P(x_i))_{[\alpha]} \cup (P(x_{i=1}))_{[\alpha]},$$

从而 $(\#)$ 式不成立, 矛盾. 所以 A 是 D_α-连通的.

必要性. 设定理中的条件不成立, 即, 存在映射

$$P : A_{[\alpha]} \to \cup\{\eta^-(x_\alpha) : x \in A_{[\alpha]}\},$$

$$\forall x \in A_{[\alpha]}, P(x) \in \eta^-(x_\alpha),$$

并且存在两个不同的点 $a, b \in A_{[\alpha]}$, 使得对 $A_{[\alpha]}$ 中的任意有限个点 $x_1, \cdots, x_n$, $(\#)$ 式不成立.

为叙述方便, 设 a 与 b 是 $A_{[\alpha]}$ 中的两个点, 如果 $A_{[\alpha]}$ 中存在有限多个点 $x_1, \cdots, x_n$ 使 $(\#)$ 成立, 则说 a 与 b 是可连接的, 否则称它们是不可连接的.

我们首先给出两个基本判断.

(1) 这种连接关系具有传递性, 即, 若 x 与 y 可连接, 且 y 与 z 可连接, 则 x 与 z 可连接.

事实上, 由 x 与 y 可连接, 存在 $A_{[\alpha]}$ 中的有限多个点 $d_1, \cdots, d_n$ 使得

$$d_1 = x, d_n = y,$$
$$A_{[\alpha]} \not\subset (P(x))_{[\alpha]} \cup (P(d_2))_{[\alpha]},$$
$$\cdots\cdots$$
$$A_{[\alpha]} \not\subset (P(d_{n-1}))_{[\alpha]} \cup (P(y))_{[\alpha]}.$$

由 y 与 z 可连接, 存在 $A_{[\alpha]}$ 中的有限多个点 $e_1, \cdots, e_m$ 使得

$$e_1 = y, e_m = z,$$
$$A_{[\alpha]} \not\subset (P(y))_{[\alpha]} \cup (P(e_2))_{[\alpha]},$$
$$\cdots\cdots$$
$$A_{[\alpha]} \not\subset (P(e_{m-1}))_{[\alpha]} \cup (P(z))_{[\alpha]}.$$

现令 $d_n = e_1$, 将两组点 $d_1, \cdots, d_n$ 与 $e_1, \cdots, e_m$ 连接起来, 得到 $A_{[\alpha]}$ 中的有限多个点 $d_1, \cdots, d_n(e_1), e_2, \cdots, e_m$, 其中 $d_1 = x, e_m = z$, 这时有

$$A_{[\alpha]} \not\subset (P(x))_{[\alpha]} \cup (P(d_2))_{[\alpha]},$$
$$\cdots\cdots$$
$$A_{[\alpha]} \not\subset (P(d_{n-1}))_{[\alpha]} \cup (P(y))_{[\alpha]},$$
$$A_{[\alpha]} \not\subset (P(y))_{[\alpha]} \cup (P(e_2))_{[\alpha]},$$
$$\cdots\cdots$$
$$A_{[\alpha]} \not\subset (P(e_{m-1}))_{[\alpha]} \cup (P(z))_{[\alpha]},$$

因此 (#) 成立, 所以 x 与 z 可连接.

(2) a 与 a 是可连接的.

事实上, 令 $x_1 = a = x_2$, 则得到 $A_{[\alpha]}$ 中的两个点 x_1 和 x_2, 且

$$P(x_1) = P(x_2) = P(a) \in \eta^-(a_\alpha),$$

因此 $a \notin (P(a))_{[\alpha]} = (P(x_1))_{[\alpha]} \cup (P(x_2))_{[\alpha]}$, 进而 $A_{[\alpha]} \not\subset (P(x_1))_{[\alpha]} \cup (P(x_2))_{[\alpha]}$. 所以 a 与 a 是可连接的.

现令

$$\Omega = \{x_\alpha \in A : a\text{与}x\text{可连接}\},$$
$$\Psi = \{x_\alpha \in A : a\text{与}x\text{不可连接}\},$$
$$B = \bigvee\Omega, \quad C = \bigvee\Psi.$$

由 a 与 a 可连接知 $a_\alpha \in \Omega, a_\alpha \leqslant B, a \in B_{[\alpha]}$. 又, 由假设知 a 与 b 不可连接, 所以 $b_\alpha \in \Psi, b_\alpha \leqslant C, b \in C_{[\alpha]}$. 这说明 $B_{[\alpha]} \neq \varnothing, C_{[\alpha]} \neq \varnothing. \forall x \in A_{[\alpha]}, x_\alpha \in \Omega$ 或 $x_\alpha \in \Psi$, 从而 $x \in B_{[\alpha]}$ 或 $x \in C_{[\alpha]}$, 因此 $A_{[\alpha]} = B_{[\alpha]} \cup C_{[\alpha]}$. 以下证明

$$(D_\alpha(B))_{[\alpha]} \cap C_{[\alpha]} = B_{[\alpha]} \cap (D_\alpha(C))_{[\alpha]} = \varnothing.$$

若 $(D_\alpha(B))_{[\alpha]} \cap C_{[\alpha]} \neq \varnothing$, 任取 $x \in (D_\alpha(B))_{[\alpha]} \cap C_{[\alpha]}$. 由

$$x \in (D_\alpha(B))_{[\alpha]} = \bigcap\{G_{[\alpha]} : G \in \delta', G_{[\alpha]} \supset B_{[\alpha]}\}$$

及 $P(x) \in \eta^-(x_\alpha)$ (特别注意 $P(x) \in \delta'$) 得 $B_{[\alpha]} \not\subset (P(x))_{[\alpha]}$, 从而存在 $y \in B_{[\alpha]}$, 但 $y \notin (P(x))_{[\alpha]}$. 于是 $y_\alpha \not\leqslant P(x)$. 此外, 自然还有 $y_\alpha \not\leqslant P(y)$. 所以由 α 是分子便得 $y_\alpha \not\leqslant P(x) \vee P(y)$, 即 $y \notin (P(x))_{[\alpha]} \cup (P(y))_{[\alpha]}$. 注意到 $y \in B_{[\alpha]} \subset A_{[\alpha]}$ 就得到 $A_{[\alpha]} \not\subset (P(x))_{[\alpha]} \cup (P(y))_{[\alpha]}$. 这说明 y 与 x 是可连接的. 此外, 由 $y \in B_{[\alpha]}$ 知 a 与 y 可连接. 由连接关系的可传递性, a 与 x 可连接. 另一方面, 由 $x \in C_{[\alpha]}$ 及 $x \notin (P(x))_{[\alpha]}$ 知 $C_{[\alpha]} \not\subset (P(x))_{[\alpha]}$, 从而存在 $z \in C_{[\alpha]}$ 但 $z \notin (P(x))_{[\alpha]}$. 这时由 α 是分子知 $z \notin (P(x))_{[\alpha]} \cup (P(z))_{[\alpha]}$. 注意到 $z \in C_{[\alpha]} \subset A_{[\alpha]}$ 便有

$$A_{[\alpha]} \not\subset (P(x))_{[\alpha]} \cup (P(z))_{[\alpha]}.$$

这说明 x 与 z 可连接. 那么由 a 与 x 可连接可推出 a 与 z 可连接, 但这与 $z_\alpha \in \Psi$ 矛盾. 所以 $(D_\alpha(B))_{[\alpha]} \cap C_{[\alpha]} = \varnothing$.

类似地可证 $B_{[\alpha]} \cap (D_\alpha(C))_{[\alpha]} = \varnothing$.

综上, $A_{[\alpha]}$ 不是 D_α-连通集, 矛盾. 所以定理中的条件成立.

4.3　L_α-连通性

本节用 L_α-闭集定义了一种层次连通性.

定义 4.3.1　设 (X, δ) 是 L-拓扑空间, $\alpha \in M(L), A, B \in L^X$. 称 A, B 是 L_α-隔离的, 若

$$(A^-)_{[\alpha]} \cap B_{[\alpha]} = A_{[\alpha]} \cap (B^-)_{[\alpha]} = \varnothing.$$

定义 4.3.2　设 (X, δ) 是 L-拓扑空间, $\alpha \in M(L), A \in L^X$. 称 A 是 L_α-连通的, 若不存在 $[\alpha]$-非空的 L_α-隔离 L-集 B, C 使得 $A_{[\alpha]} = B_{[\alpha]} \cup C_{[\alpha]}$. 称 A 是 L 层连通的, 若 $\forall \alpha \in M(L)$, A 是 L_α- 连通的. 称 (X, δ) 是 L_α-连通的 (分别地, L 层连通的), 若最大 L-集 1 是 L_α-连通的 (分别地, L 层连通的).

定理 4.3.1　设 (X, δ) 是 L-拓扑空间, $\alpha \in M(L)$. 则下列条件等价:

(1) (X, δ) 不是 L_α-连通的;

(2) 存在两个 $[\alpha]$-非空的 L_α-闭集 A, B, 使得

$$A_{[\alpha]} \cup B_{[\alpha]} = X, \quad A_{[\alpha]} \cap B_{[\alpha]} = \varnothing;$$

(3) 存在两个 $[\alpha]$-非空的闭 L-集 A, B, 使得

$$A_{[\alpha]} \cup B_{[\alpha]} = X, \quad A_{[\alpha]} \cap B_{[\alpha]} = \varnothing;$$

(4) 存在两个 (α')-非空的开 L-集 A, B, 使得

$$A_{(\alpha')} \cup B_{(\alpha')} = X, \quad A_{(\alpha')} \cap B_{(\alpha')} = \varnothing;$$

(5) 存在两个 (α')-非空的 N'_α-开集 A, B, 使得

$$A_{(\alpha')} \cup B_{(\alpha')} = X, \quad A_{(\alpha')} \cap B_{(\alpha')} = \varnothing.$$

证 (1)$\Rightarrow$(2) 设 (X, δ) 不是 L_α-连通的, 则存在两个 $[\alpha]$-非空的 L-集 A, B 使得 $(A^-)_{[\alpha]} \cap B_{[\alpha]} = A_{[\alpha]} \cap (B^-)_{[\alpha]} = \varnothing$, 且 $A_{[\alpha]} \cup B_{[\alpha]} = X$. 这时,

$$(A^-)_{[\alpha]} = (A^-)_{[\alpha]} \cap (A_{[\alpha]} \cup B_{[\alpha]}) = (A^-)_{[\alpha]} \cap A_{[\alpha]} = A_{[\alpha]},$$

所以 A 是 L_α-闭集. 同理可证 B 也是 L_α-闭集.

(2)$\Rightarrow$(3) 今设 (2) 成立, 则有 $[\alpha]$-非空的 L_α-闭集 E, F 使得

$$E_{[\alpha]} \cup F_{[\alpha]} = X, \quad E_{[\alpha]} \cap F_{[\alpha]} = \varnothing.$$

那么 $(E^-)_{[\alpha]} = E_{[\alpha]}, (F^-)_{[\alpha]} = F_{[\alpha]}$. 令 $A = E^-, B = F^-$, 则 $A, B \in \delta'$, 且

$$A_{[\alpha]} \cup B_{[\alpha]} = X, \quad A_{[\alpha]} \cap B_{[\alpha]} = \varnothing.$$

(3)$\Rightarrow$(4) 今设 (3) 成立, 则有 $[\alpha]$-非空的 L-闭集 E, F 使得

$$E_{[\alpha]} \cup F_{[\alpha]} = X, E_{[\alpha]} \cap F_{[\alpha]} = \varnothing.$$

这时

$$\varnothing = (E_{[\alpha]})' \cap (F_{[\alpha]})' = (E')_{(\alpha')} \cap (F')_{(\alpha')}, \quad (E')_{(\alpha')} \cup (F')_{(\alpha')} = X,$$

且 E' 与 F' 是 (α')-非空的开 L-集. 令 $A = E', B = F'$, 便得 (4).

(4)$\Rightarrow$(5) 由开 L-集当然是 N'_α-开集立得.

(5)$\Rightarrow$(1) 设 A, B 是 (5) 中的两个 (α')- 非空的 N'_α-开集, 且满足

$$A_{(\alpha')} \cup B_{(\alpha')} = X, \quad A_{(\alpha')} \cap B_{(\alpha')} = \varnothing.$$

于是 $(A')_{[\alpha]} \cap (B')_{[\alpha]} = \varnothing, (A')_{[\alpha]} \cup (B')_{[\alpha]} = X$. 因为 A' 和 B' 是 L_α-闭集, 所以

$$((A')^-)_{[\alpha]} \cap (B')_{[\alpha]} = (A')_{[\alpha]} \cap (B')_{[\alpha]} = \varnothing,$$

$$((B')^-)_{[\alpha]} \cap (A')_{[\alpha]} = (B')_{[\alpha]} \cap (A')_{[\alpha]} = \varnothing.$$

可见 A' 和 B' 是 L_α-隔离的. 此外, A' 和 B' 显然是 $[\alpha]$-非空的. 所以 (X, δ) 不是 L_α-连通的.

由上述定理知道, 对整个空间而言, L_α-连通性与文献 [28] 中的 α-连通性等价.

对 L_α-连通性, 是否有类似于定理 4.1.2 的结果呢? 即, 结论 "设 (X,δ) 是 L-拓扑空间, $\alpha \in M(L)$, $A, B \in L^X$. 若 A 是 L_α- 连通的, 且 $A_{[\alpha]} \subset B_{[\alpha]} \subset (A^-)_{[\alpha]}$, 则 B 是 L_α-连通的" 是否成立? 正如下例表明, 这个结论已不再成立.

例 4.3.1 设 $X = L = [0, 1]$, 定义 $A, B \in L^X$ 为

$$A(x) = x, \ x \in X; \quad B(x) = 1 - x, \ x \in X.$$

则 $C = A \vee B$ 和 $D = A \wedge B$ 分别为

$$C(x) = \begin{cases} 1 - x, & x \in [0,\, 0.5], \\ x, & x \in [0.5,\, 1], \end{cases} \qquad D(x) = \begin{cases} x, & x \in [0,\, 0.5], \\ 1 - x, & x \in [0.5,\, 1]. \end{cases}$$

令 $\delta' = \{0, 1, A, B, C, D\}$, 则它是 X 上的一个 L-余拓扑. 取 $E \in L^X$ 为

$$E(x) = \begin{cases} 0.4, & x \in [0,\, 0.4], \\ x, & x \in [0.4,\, 1]. \end{cases}$$

再取 $\alpha = 0.6 \in M(L) = (0, 1]$, 则 $E_{[\alpha]} = [0.6, 1]$. 显然包含 E 的闭集只有 C 与 1, 所以 $E^- = C$, 从而 $E_{[\alpha]}^- = [0, 0.4] \cup [0.6, 1]$. 现在我们证明

(1) E 是 L_α-连通集.

事实上, 若 E 不是 L_α-连通集, 则存在 $G, H \in L^X$ 使得 $E_{[\alpha]} = G_{[\alpha]} \cup H_{[\alpha]}$ 且 $G_{[\alpha]} \neq \varnothing, H_{[\alpha]} \neq \varnothing, G_{[\alpha]}^- \cap H_{[\alpha]} = G_{[\alpha]} \cap H_{[\alpha]}^- = \varnothing$. 取 $x_0 = 0.8 \in E_{[\alpha]}$, 则 $x_0 \in G_{[\alpha]}$ 或 $x_0 \in H_{[\alpha]}$. 不妨设 $x_0 \in G_{[\alpha]}$, 则 $G(x_0) \geqslant \alpha$, 从而 $G^-(x_0) \geqslant \alpha$. 在 x_0 处其隶属度 $\geqslant \alpha$ 的闭集只有 3 个: $1, A, C$. 然而 $1_{[\alpha]} = X \supset E_{[\alpha]}, C_{[\alpha]} = [0, 0.4] \cup [0.6, 1] \supset E_{[\alpha]}$, 由 $G_{[\alpha]}^- \cap H_{[\alpha]} = \varnothing$ 得 $H_{[\alpha]} \not\subset [0.6, 1] = E_{[\alpha]}$, 这与 $H_{[\alpha]} \subset E_{[\alpha]}$ 相矛盾. 所以 1 和 C 都不满足要求. 那么, 只有 $G^- = A$. 但 $A_{[\alpha]} = [0.6, 1] = E_{[\alpha]}$, 因此, 由 $G_{[\alpha]}^- \cap H_{[\alpha]} = \varnothing$ 仍有 $H_{[\alpha]} \not\subset [0.6, 1] = E_{[\alpha]}$, 这自然与 $H_{[\alpha]} \subset E_{[\alpha]}$ 相矛盾. 因此 E 是 L_α-连通集.

(2) 尽管有 $E_{[\alpha]} \subset C_{[\alpha]} \subset E_{[\alpha]}^-$, 但 C 不是 L_α-连通集.

事实上, 由 $C = A \vee B$ 得 $C_{[\alpha]} = A_{[\alpha]} \cup B_{[\alpha]}$. 显然 $A_{[\alpha]} = [0.6, 1]$, $B_{[\alpha]} = [0, 0.4]$. 注意 A 和 B 都是闭集, 从而 $A_{[\alpha]}^- \cap B_{[\alpha]} = A_{[\alpha]} \cap B_{[\alpha]}^- = A_{[\alpha]} \cap B_{[\alpha]} = \varnothing$. 这证明 C 不是 L_α-连通集.

注 4.3.1 在例 4.3.1 中, 由于 E 是 L_α-连通集, 但它的闭包 $E^- = C$ 却不是 L_α-连通集, 因此该例说明 L_α-连通集的闭包不必是 L_α-连通集.

定理 4.3.2 设 (X,δ) 和 (Y,σ) 是 L-拓扑空间, $\alpha \in M(L)$, $f^\rightarrow : L^X \to L^Y$ 是可达的 L-映射, A 是 (X,δ) 中的 L_α-连通集. 若 $f^\rightarrow : (X,\delta) \to (Y,\sigma)$ 是连续的 L-映射, 则 $f^\rightarrow(A)$ 是 (Y,σ) 的 L_α-连通集.

证 设 $(f^\to(A))_{[\alpha]} = B_{[\alpha]} \cup C_{[\alpha]}$, 且 $B_{[\alpha]}^- \cap C_{[\alpha]} = B_{[\alpha]} \cap C_{[\alpha]}^- = \varnothing$. 令 $E = f^\leftarrow(B)$, 则 $E_{[\alpha]} = (f^\leftarrow(B))_{[\alpha]}, F_{[\alpha]} = (f^\leftarrow(C))_{[\alpha]}$, 于是

$$A_{[\alpha]} \subset (f^\leftarrow(f^\to(A)))_{[\alpha]} = (f^\leftarrow(B))_{[\alpha]} \cup (f^\leftarrow(C))_{[\alpha]} = E_{[\alpha]} \cup F_{[\alpha]}.$$

因为 $f^\to$ 是连续的, 故 $E^- = (f^\leftarrow(B))^- \leqslant f^\leftarrow(B^-)$, 从而 $E_{[\alpha]}^- \subset (f^\leftarrow(B^-))_{[\alpha]}$. 同理 $F_{[\alpha]}^- \subset (f^\leftarrow(C^-))_{[\alpha]}$. 因此

$$E_{[\alpha]}^- \cap F_{[\alpha]} \subset (f^\leftarrow(B^-))_{[\alpha]} \cap (f^\leftarrow(C))_{[\alpha]} = f^\leftarrow(B_{[\alpha]}^- \cap C_{[\alpha]}) = \varnothing.$$

同理 $E_{[\alpha]} \cap F_{[\alpha]}^- = \varnothing$. 令 $G = A \wedge E$, $H = A \wedge F$, 则 $G_{[\alpha]} = A_{[\alpha]} \cap E_{[\alpha]}, H_{[\alpha]} = A_{[\alpha]} \cap F_{[\alpha]}$. 显然 $A_{[\alpha]} = G_{[\alpha]} \cup H_{[\alpha]}$. 此外 $G_{[\alpha]}^- \cap H_{[\alpha]} \subset E_{[\alpha]}^- \cap F_{[\alpha]} = \varnothing$, 故 $G_{[\alpha]}^- \cap H_{[\alpha]} = \varnothing$. 同理 $G_{[\alpha]} \cap H_{[\alpha]}^- = \varnothing$. 因为 A 是 L_α-连通的, 所以 $G_{[\alpha]} = \varnothing$ 或 $H_{[\alpha]} = \varnothing$. 不妨设 $G_{[\alpha]} = \varnothing$, 那么 $A_{[\alpha]} = H_{[\alpha]} \subset F_{[\alpha]}$. 于是, 由 $f^\to$ 是可达的得到

$$(f^\to(A))_{[\alpha]} = f^\to(A_{[\alpha]}) \subset f^\to(F_{[\alpha]}) = f^\to((f^\leftarrow(C))_{[\alpha]}) = (f^\to f^\leftarrow(C))_{[\alpha]} \subset C_{[\alpha]}.$$

因此

$$B_{[\alpha]} = B_{[\alpha]} \cap (f^\to(A))_{[\alpha]} \subset B_{[\alpha]} \cap C_{[\alpha]} \subset B_{[\alpha]} \cap C_{[\alpha]}^- = \varnothing.$$

所以 $f^\to(A)$ 是 (Y, σ) 的 L_α-连通集.

值得说明的是, 上述定理中的条件 "$f^\to : L^X \to L^Y$ 是可达的 L-映射" 不可少, 其反例见例 4.1.2.

定理 4.3.3 设 (X, δ) 是 L-拓扑空间, 则 (X, δ) 是 L 层连通的当且仅当 $\forall \alpha \in M(L)$ 分明拓扑空间 $(X, \iota_{\alpha'}(\delta))$ 是连通空间, 这里 $\iota_{\alpha'}(\delta) = \{\iota_{\alpha'}(A) : A \in \delta\}$, $\iota_{\alpha'}(A) = \{x \in X : A(x) \not\leqslant \alpha'\}$.

证 设 (X, δ) 是 L 层连通的, 则 $\forall \alpha \in M(L)$, 1 是 L_α-连通的. 若 $(X, \iota_{\alpha'}(\delta))$ 不连通, 则存在 $E, F \in \delta$ 使得 $\iota_{\alpha'}(E) \neq \varnothing$, $\iota_{\alpha'}(F) \neq \varnothing$ 且 $\iota_{\alpha'}(E) \cup \iota_{\alpha'}(F) = G_{[\alpha]}$, $\iota_{\alpha'}(E) \cap \iota_{\alpha'}(F) = \varnothing$. 令 $A = E'$, $B = F'$, 则 $A, B \in \alpha'$. 注意到 $(\iota_{\alpha'}(E))' = (E')_{[\alpha]}$ 便有

$$A_{[\alpha]} \neq \varnothing, \quad B_{[\alpha]} \neq \varnothing, \quad X = A_{[\alpha]} \cup B_{[\alpha]}, \quad A_{[\alpha]} \cap B_{[\alpha]} = \varnothing.$$

这证明 1 不是 L_α-连通的. 矛盾. 所以 $(X, \iota_{\alpha'}(\delta))$ 是连通空间.

反过来, $\forall \alpha \in M(L)$, 设 $(X, \iota_{\alpha'}(\delta))$ 是连通空间. 若 (X, δ) 不是 L 层连通的, 则存在 $\alpha \in M(L)$ 使得 1 不是 L_α-连通的. 从而存在两个 $[\alpha]$-非空的 L_α-闭集 A, B 使得

$$A_{[\alpha]} \cup B_{[\alpha]} = X, \quad A_{[\alpha]} \cap B_{[\alpha]} = \varnothing.$$

从而

$$(A_{[\alpha]} \cup B_{[\alpha]})' = (A_{[\alpha]})' \cap (B_{[\alpha]})' = \iota_{\alpha'}(A') \cap \iota_{\alpha'}(B') = \varnothing,$$

$$(A_{[\alpha]} \cap B_{[\alpha]})' = (A_{[\alpha]})' \cup (B_{[\alpha]})' = \iota_{\alpha'}(A') \cup \iota_{\alpha'}(B') = X.$$

因为 A 是 L_α-闭集, 所以 A' 是 $N_{\alpha'}$-开集, 即 $\iota_{\alpha'}(A') = \iota_{\alpha'}((A')^0)$, 从而 $\iota_{\alpha'}(A') \in \iota_{\alpha'}(\delta)$. 同理 $\iota_{\alpha'}(B') \in \iota_{\alpha'}(\delta)$. 此外 $\iota_{\alpha'}(A') \neq \varnothing$. 若不然, 则 $\forall x \in X$, 均有 $A(x) \geqslant \alpha$, 即 $A_{[\alpha]} = X$. 于是, 由 $A_{[\alpha]} \cap B_{[\alpha]} = \varnothing$ 知 $B_{[\alpha]} = \varnothing$. 这与 B 是 $[\alpha]$-非空不合. 所以 $\iota_{\alpha'}(A') \neq \varnothing$. 同理 $\iota_{\alpha'}(B') \neq \varnothing$. 至此已证得 $(X, \iota_{\alpha'}(\delta))$ 是不连通空间. 矛盾! 所以 (X, δ) 是 L-连通的.

推论 4.3.1 设 $(X, \omega_L(\tau))$ 是由分明拓扑空间 (X, τ) 拓扑生成的 L-拓扑空间. 则 $(X, \omega_L(\tau))$ 是 L 层连通的当且仅当 (X, τ) 是连通的.

证 由定理 4.3.3 和 $\iota_{\alpha'}(\omega_L(\tau)) = \tau$ 可得.

定理 4.3.4 设 (X, δ) 是 L-拓扑空间. 则 (X, δ) 是 L 层连通的当且仅当 $\forall \alpha \in M(L)$ 和 $\forall x, y \in X$, 存在一个 L_α-连通集 E 使得 $x_\alpha, y_\alpha \leqslant E$.

证 必要性是显然的. 下证充分性. 假设 (X, δ) 不是 L 层连通的, 那么由定理 4.3.3, 存在 $\alpha \in M(L)$ 使得 $(X, \iota_{\alpha'}(\delta))$ 是不连通空间, 从而存在 $A, B \in \delta$ 使得 $\iota_{\alpha'}(A) \neq \varnothing, \iota_{\alpha'}(B) \neq \varnothing, \iota_{\alpha'}(A) \cap \iota_{\alpha'}(B) = \varnothing, \iota_{\alpha'}(A) \cup \iota_{\alpha'}(B) = X$. 取 $x \in \iota_{\alpha'}(A), y \in \iota_{\alpha'}(B)$, 并令 E 是满足 $x_\alpha, y_\alpha \leqslant E$ 的 L_α-连通集, 那么

$$(\iota_{\alpha'}(A) \cap \iota_{\alpha'}(B))' = (A')_{[\alpha]} \cup (B')_{[\alpha]} = X,$$
$$(\iota_{\alpha'}(A) \cup \iota_{\alpha'}(B))' = (A')_{[\alpha]} \cap (B')_{[\alpha]} = \varnothing.$$

从而

$$E_{[\alpha]} = (E_{[\alpha]} \cap (A')_{[\alpha]}) \cup (E_{[\alpha]} \cap (B')_{[\alpha]}) = (E \wedge A')_{[\alpha]} \cup (E \wedge B')_{[\alpha]}, \qquad (4.1)$$
$$(E_{[\alpha]} \cap (A')_{[\alpha]}) \cap (E_{[\alpha]} \cap (B')_{[\alpha]}) = (E \wedge A')_{[\alpha]} \cap (E \wedge B')_{[\alpha]} = \varnothing.$$

于是, 由 $A \in \delta'$ 得

$$((E \wedge A')^-)_{[\alpha]} \cap (E \wedge B')_{[\alpha]} \subset ((A')^-)_{[\alpha]} \cap (B')_{[\alpha]} = (A')_{[\alpha]} \cap (B')_{[\alpha]} = \varnothing,$$

所以 $((E \wedge A')^-)_{[\alpha]} \cap (E \wedge B')_{[\alpha]} = \varnothing$. 同理 $(E \wedge A')_{[\alpha]} \cap ((E \wedge B')^-)_{[\alpha]} = \varnothing$. 这证明 $E \wedge A'$ 和 $E \wedge B'$ 是 L_α-隔离的. 此外, 我们有 $(E \wedge A')_{[\alpha]} \neq \varnothing$. 若不然, 由 (4.1) 式得 $E_{[\alpha]} = (E \wedge B')_{[\alpha]} = E_{[\alpha]} \cap (B')_{[\alpha]}$, 于是 $E_{[\alpha]} \subset (B')_{[\alpha]}$. 这样一来, 便有 $y \in E_{[\alpha]} \subset (B')_{[\alpha]}$, 从而 $B'(y) \geqslant \alpha$, 即 $B(y) \leqslant \alpha'$. 这与 $y \in \iota_{\alpha'}(B)$ 不合. 所以 $(E \wedge A')_{[\alpha]} \neq \varnothing$. 同理 $(E \wedge B')_{[\alpha]} \neq \varnothing$. 至此, 我们已证得 E 不是 L_α-连通集. 矛盾! 所以 (X, δ) 是 L 层连通的.

引理 4.3.1 设 $\{(X_t, \delta_t)\}_{t \in T}$ 是一族 L-拓扑空间, (X, δ) 是其积 L-拓扑空间, 即 $(X, \delta) = \prod\limits_{t \in T}(X_t, \delta_t)$. 则 $\forall \alpha \in M(L), (X, \iota_{\alpha'}(\delta)) = \prod\limits_{t \in T}(X_t, \iota_{\alpha'}(\delta_t))$.

证 $\forall t \in T$, 以 $P_t : X \to X_t$ 记射影映射. 因为 δ 是使每个射影映射 $P_t^\to : L^X \to L^{X_t}$ 都连续的最粗的 L-拓扑, 即 $\delta = \bigvee\limits_{t \in T} P_t^\leftarrow(\delta_t)$. 由算子 $\iota_{\alpha'}$ 的保并性得

$$\iota_{\alpha'}(\delta) = \iota_{\alpha'}\left(\bigvee_{t \in T} P_t^\leftarrow(\delta_t)\right) = \bigvee_{t \in T} \iota_{\alpha'}(P_t^\leftarrow(\delta_t)) = \bigvee_{t \in T} P_t^\leftarrow(\iota_{\alpha'}(\delta_t)).$$

因此 $\iota_{\alpha'}(\delta) = \prod\limits_{t \in T} \iota_{\alpha'}(\delta_t)$.

定理 4.3.5 设 $\{(X_t, \delta_t)\}_{t \in T}$ 是一族 L-拓扑空间, (X, δ) 是其积 L-拓扑空间. 则 (X, δ) 是 L 层连通的当且仅当 $\forall t \in T$, (X_t, δ_t) 是 L 层连通的.

证 (X, δ) 是 L-层连通的当且仅当 $\forall \alpha \in M(L), (X, \delta)$ 是 L_α-连通的, 当且仅当 $(X, \iota_{\alpha'}(\delta))$ 是连通的, 而 $\iota_{\alpha'}(\delta) = \prod\limits_{t \in T} \iota_{\alpha'}(\delta_t)$, 所以 (X, δ) 是 L 层连通的当且仅当 $\forall \alpha \in M(L), (X, \prod\limits_{t \in T} \iota_{\alpha'}(\delta_t))$ 是连通的, 当且仅当 $\forall \alpha \in M(L), \forall t \in T$, $(X_t, \iota_{\alpha'}(\delta_t))$ 是连通的, 当且仅当 $\forall \alpha \in M(L), \forall t \in T$, (X_t, δ_t) 是 L_α-连通的, 当且仅当, $\forall t \in T, (X_t, \delta_t)$ 中是 L 层连通的.

现在给出 L 层连通的实例 (文献 [28]).

定理 4.3.6 I-单位区间 $I(I)$ 是 L 层连通的.

证 设 $I(I) = (I^X, \delta)$ 是 I-单位区间. 作映射 $\lambda : R \to I$ 如下:

$$\lambda(t) = \begin{cases} 1, & t \leqslant 0, \\ \dfrac{1}{2}, & 0 < t \leqslant 1, \\ 0, & t > 1. \end{cases}$$

那么 λ 的等价类 $x = [\lambda]$ 是 X 中的一个分明点. 对任意的 $G \in \delta$, 则 G 可表示为 δ 的子基 $\{l_t, r_t : t \in R\}$ 中若干成员的有限交的任意并. 由于

$$l_t(x) = \begin{cases} 0, & t \leqslant 0, \\ \dfrac{1}{2}, & 0 < t \leqslant 1, \\ 1, & t > 1, \end{cases} \qquad r_t(x) = \begin{cases} 1, & t < 0, \\ \dfrac{1}{2}, & 0 \leqslant t < 1, \\ 0, & t \geqslant 1, \end{cases}$$

所以上述有限交在 x 处的值只可能是 $0, \dfrac{1}{2}, 1$ 三者之一.

(1) 当 $\alpha' \in \left[\dfrac{1}{2}, 1\right)$ 时, 如果 $G(x) > \alpha'$, 那么上述有限交中必有一个在 x 处的值是 1. 设此有限交为

$$C = l_{t_1} \wedge \cdots \wedge l_{t_m} \wedge r_{s_1} \wedge \cdots \wedge r_{s_n},$$

则
$$t_i > 1, \ i = 1, 2, \cdots, m, \quad s_j < 0, \ j = 1, 2, \cdots, n.$$

这时对任意的 $y \in X$, 显然
$$l_{t_i}(y) = r_{s_j}(y) = 1, \quad i \leqslant m, j \leqslant n,$$

从而 $C(y) = 1$. 由此更有 $G(y) = 1$. 因此, G 是 X 上的最大模糊集 1. 因此, 如果存在两个 $[\alpha]$-非空的闭 L-集 A, B 使得
$$A_{[\alpha]} \cup B_{[\alpha]} = X, \quad A_{[\alpha]} \cap B_{[\alpha]} = \varnothing,$$

那么
$$(A')_{(\alpha')} \cup (B')_{(\alpha')} = X, \quad (A')_{(\alpha')} \cap (B')_{(\alpha')} = \varnothing.$$

从而
$$A' \wedge B' \leqslant \alpha', \quad A' \vee B' > \alpha', \quad (A')_{(\alpha')} \neq X, \quad (B')_{(\alpha')} \neq X.$$

那么, 对于特定的点 x, 必有 $A'(x) = 1$ 或 $B'(x) = 1$, 进一步有 $A' = 1$ 或 $B' = 1$. 这与 $(A')_{(\alpha')} \neq X, (B')_{(\alpha')} \neq X$ 矛盾.

(2) 当 $\alpha' \in \left[0, \dfrac{1}{2}\right)$ 时, 如果 $G(x) \leqslant \alpha'$, 那么上述有限交中任何一个在 x 处的值均等于 0. 在每个这样的有限交中, 必有一项 l_t 或 r_s 使得 $l_t(x) = 0$ 或 $r_s(x) = 0$. 那么 $t \leqslant 0$, $s \geqslant 1$. 这时 $\forall y \in X$, 显然 $l_t(y) = 0$ 或 $r_s(y) = 0$. 从而 $G(y) = 0$, 进而 $G = 0$. 所以, 如果两个 $[\alpha]$-非空的闭 L-集 A, B 使得
$$A_{[\alpha]} \cup B_{[\alpha]} = X, \quad A_{[\alpha]} \cap B_{[\alpha]} = \varnothing,$$

那么
$$A' \wedge B' \leqslant \alpha', \quad A' \vee B' > \alpha', \quad (A')_{(\alpha')} \neq X, \quad (B')_{(\alpha')} \neq X.$$

则对于特定的点 x, 必有 $A'(x) \leqslant \alpha' < \dfrac{1}{2}$ 或 $B'(x) \leqslant \alpha' < \dfrac{1}{2}$. 进一步有 $A' = 0$ 或 $B' = 0$. 于是由 $A' \vee B' > \alpha'$ 知 $A' > \alpha'$ 或 $B' > \alpha'$, 此与 $(A')_{(\alpha')} \neq X, (B')_{(\alpha')} \neq X$ 相矛盾.

综上所述, 由定理 4.3.1 可知 $I(I)$ 是 L 层连通的.

4.4　不同连通性之比较

我们先回顾一下文献 [6] 中的连通性.

定义 4.4.1　设 (X, δ) 是 L-拓扑空间, $A, B \in L^X$. 如果 $A^- \wedge B = A \wedge B^- = 0$, 则称 A 与 B 是隔离的.

定义 4.4.2 设 (X, δ) 是 L-拓扑空间, $A \in L^X$. 如果不存在异于 0 的隔离集 B 和 C 使 $A = B \vee C$, 则称 A 为连通集. 当最大 L-集 1 为连通集时, 称 (X, δ) 为连通空间.

定理 4.4.1 设 (X, δ) 是 L-拓扑空间, 则下列各条件等价:

(1) (X, δ) 不是连通空间;

(2) 存在两个非 0 闭 L-集 A 与 B 使得 $A \vee B = 1, A \wedge B = 0$;

(3) 存在两个非 0 开 L-集 A 与 B 使得 $A \vee B = 1, A \wedge B = 0$.

史福贵在文 [29] 中给出了连通性的一种刻画.

定理 4.4.2 设 (X, δ) 是 L-拓扑空间, $G \in L^X$. 则 G 为连通集当且仅当不存在闭 L-集 A 与 B 使得

$$G \wedge A \neq 0, \quad G \wedge B \neq 0, \quad G \leqslant A \vee B, \quad G \wedge A \wedge B = 0.$$

定理 4.4.3 设 (X, δ) 是 L-拓扑空间, $G \in L^X$. 若 G 是 L-连通的, 且 $0 \in P(L)$, 则 G 是连通的.

证 假设 G 不是连通的, 那么存在闭 L-集 A 和 B 使得

$$G \wedge A \neq 0, \quad G \wedge B \neq 0, \quad G \leqslant A \vee B, \quad G \wedge A \wedge B = 0.$$

由 $G \wedge A \neq 0, G \wedge B \neq 0$ 可知存在 $x_\lambda, y_\mu \in M^*(L^X)$ 使得 $x_\lambda \leqslant G \wedge A, y_\mu \leqslant G \wedge B$. 由 $0 \in P(L)$ 得 $\min\{\lambda, \mu\} \neq 0$(若 $\min\{\lambda, \mu\} = 0$, 则 $\lambda \wedge \mu = 0$, 由 0 是素元得 $\lambda = 0$ 或 $\mu = 0$). 取 $\alpha \in M(L)$ 使得 $\alpha \leqslant \min\{\lambda, \mu\}$. 于是

$$G_{[\alpha]} \cap A_{[\alpha]} \neq \varnothing, \quad G_{[\alpha]} \cap B_{[\alpha]} \neq \varnothing,$$
$$G_{[\alpha]} \subset A_{[\alpha]} \cup B_{[\alpha]}, \quad G_{[\alpha]} \cap A_{[\alpha]} \cap B_{[\alpha]} = \varnothing.$$

从而

$$G_{[\alpha]} = G_{[\alpha]} \cap (A_{[\alpha]} \cup B_{[\alpha]}) = (G_{[\alpha]} \cap A_{[\alpha]}) \cup (G_{[\alpha]} \cap B_{[\alpha]}) = (G \wedge A)_{[\alpha]} \cup (G \wedge B)_{[\alpha]}.$$

此外,

$$((G \wedge A)^-)_{[\alpha]} \cap (G \wedge B)_{[\alpha]} \subset (A^-)_{[\alpha]} \cap (G \wedge B)_{[\alpha]} = A_{[\alpha]} \cap G_{[\alpha]} \cap B_{[\alpha]} = \varnothing,$$

所以 $((G \wedge A)^-)_{[\alpha]} \cap (G \wedge B)_{[\alpha]} = \varnothing$. 同理 $(G \wedge A)_{[\alpha]} \cap ((G \wedge B)^-)_{[\alpha]} = \varnothing$. 这表明 G 不是 L-连通的. 矛盾. 所以 G 是连通的.

推论 4.4.1 设 (X, δ) 是 I-拓扑空间, $G \in I^X$. 若 G 是 L-连通的, 则 G 是连通的.

证 注意到 0 是 $I=[0,1]$ 的素元, 由定理 4.4.3 立得.

例 4.4.1 取 $X = L = [0,1]$, 令 $\delta = \{0, 1, A, B, A \wedge B, A \vee B\}$, 这里 $A, B \in L^X$ 定义为

$$A(x) = \begin{cases} 0.6, & x \in [0, 0.7], \\ 0, & x \in (0.7, 1], \end{cases} \qquad B(x) = \begin{cases} 0, & x \in [0, 0.3], \\ 0.4, & x \in (0.3, 0.7], \\ 0.6, & x \in (0.7, 1], \end{cases}$$

那么, δ 是 X 上的一个 L-拓扑. 我们有以下论断:

(1) (X, δ) 是连通空间.

事实上, (X, δ) 中不存在两个非 0 开集 A 和 B 使得 $A \vee B = 1$ 且 $A \wedge B = 0$.

(2) (X, δ) 不是 L 层连通空间.

事实上, 考虑 (X, δ) 中的两个闭 L-集 $A', B' \in L^X$, 这里

$$A'(x) = \begin{cases} 0.4, & x \in [0, 0.7], \\ 1, & x \in (0.7, 1], \end{cases} \qquad B'(x) = \begin{cases} 1, & x \in [0, 0.3], \\ 0.6, & x \in (0.3, 0.7], \\ 0.4, & x \in (0.7, 1]. \end{cases}$$

取 $\alpha = 0.6$, 则 $(A')_{[\alpha]} = (0.7, 1], (B')_{[\alpha]} = [0, 0.7]$. 于是

$$(A')_{[\alpha]} \neq \varnothing, \quad (B')_{[\alpha]} \neq \varnothing, X = (A')_{[\alpha]} \cup (B')_{[\alpha]}, \quad (A')_{[\alpha]} \cap (B')_{[\alpha]} = \varnothing.$$

所以 (X, δ) 不是 L 层连通空间.

下例表明定理 4.4.3 中的条件 "$0 \in P(L)$" 不能去掉.

例 4.4.2 设 $L = \{0, a, b, 1\}$ 为菱形格, $X = \{x\}$, $\delta \subset L^X$ 为离散 L-拓扑. 取 $A, B \in L^X$ 为 $A(x) = a, B(x) = b$, 则 A 与 B 满足定理 4.4.1 中的 (2), 所以 (X, δ) 不是连通空间. 但它却是 L 层连通空间. 事实上, 由于 $X = \{x\}$, 所以 $\forall \alpha \in M(L)$, X 无法表成两个 $[\alpha]$-非空 L_α-隔离子集的并. 因此 (X, δ) 是 L 层连通空间.

定理 4.4.4 设 (X, δ) 是 L-拓扑空间. 若 (X, δ) 是 D 层连通的, 且 $0 \in P(L)$, 则 (X, δ) 是连通的.

证 若 (X, δ) 是不连通的, 则存在 $B, C \in \delta', B \neq 0, C \neq 0$ 使得

$$B \vee C = 1, \quad B \wedge C = 0.$$

由 $B \neq 0, C \neq 0$ 可知存在 $x_\lambda, y_\mu \in M^*(L^X)$ 使得 $x_\lambda \leqslant B, y_\mu \leqslant C$. 由 $0 \in P(L)$ 得 $\min\{\lambda, \mu\} \neq 0$(若 $\min\{\lambda, \mu\} = 0$, 则 $\lambda \wedge \mu = 0$. 由 0 是素元得 $\lambda = 0$ 或 $\mu = 0$). 取 $\alpha \in M(L)$ 使得 $\alpha \leqslant \min\{\lambda, \mu\}$. 于是

$$B_{[\alpha]} \neq \varnothing, \quad C_{[\alpha]} \neq \varnothing, X = B_{[\alpha]} \cup C_{[\alpha]}, \quad B_{[\alpha]} \cap C_{[\alpha]} = \varnothing.$$

这证明 (X,δ) 不是 D_α-连通的, 矛盾. 所以 (X,δ) 是连通的.

推论 4.4.2 设 (X,δ) 是 I-拓扑空间, $G \in I^X$. 若 G 是 D 层连通的, 则 G 是连通的.

证 注意到 0 是 $I=[0,1]$ 的素元, 由定理 4.4.4 立得.

例 4.4.3 设 $X = L = [0,1], \delta = \{0, 1, A, B, A \vee B, A \wedge B\}$, 这里

$$A(x) = \begin{cases} 0.8, & x \in [0, 0.6], \\ 0, & x \in (0.6, 1], \end{cases} \qquad B(x) = \begin{cases} 0.3, & x \in [0, 0.6], \\ 0.7, & x \in (0.6, 1]. \end{cases}$$

则 δ 是 X 上一个 L-余拓扑. 显然 (X,δ) 是连通的. 但它不是 D 层连通的. 事实上, 取 $\alpha = 0.5$, 则 $A_{[\alpha]} = [0, 0.6], B_{[\alpha]} = (0.6, 1]$. 于是

$$A_{[\alpha]} \cup B_{[\alpha]} = X, \quad A_{[\alpha]} \cap B_{[\alpha]} = \varnothing.$$

注意到 A 和 B 都是闭集, 便知 (X,δ) 不是 D_α-连通的. 因此 (X,δ) 不是 D-连通的.

下例表明定理 4.4.4 中的条件 "$0 \in P(L)$" 不能去掉.

例 4.4.4 设 $L = \{0, a, b, 1\}$ 为菱形格, $X = \{x\}$, $\delta \subset L^X$ 为离散 L-拓扑. 取 $A, B \in L^X$ 为 $A(x) = a, B(x) = b$, 则 A 与 B 满足定理 4.4.3 中的 (2), 所以 (X,δ) 不是连通空间. 但它却是 D 层连通空间. 事实上, 由于 $X = \{x\}$, 所以 $\forall \alpha \in M(L)$, X 无法表成两个 $[\alpha]$-非空的 D_α-隔离子集的并. 因此 (X,δ) 是 D 层连通空间.

定理 4.4.5 设 (X,δ) 是 L-拓扑空间, $G \in L^X$, $\alpha \in M(L)$. 若 G 是 D_α-连通的, 则它是 L_α-连通的.

证 因为 $\forall A \in L^X$, 总有 $D_\alpha(A) \leqslant A^-$, 于是自然有 $(D_\alpha(A))_{[\alpha]} \leqslant (A^-)_{[\alpha]}$, 所以任何两个 L_α-隔离子集必定是 D_α-隔离子集. 由于 G 是 D_α-连通的, 所以不存在 $[\alpha]$-非空的 D_α-隔离 L-集 B, C 使得 $G_{[\alpha]} = B_{[\alpha]} \cup C_{[\alpha]}$. 那么自然也不存在 $[\alpha]$-非空的 L_α-隔离 L-集 B, C 使得 $G_{[\alpha]} = B_{[\alpha]} \cup C_{[\alpha]}$. 所以 G 是 L_α-连通的.

问题 4.4.1 定理 4.4.5 之逆成立吗?

对于 L-拓扑空间中的一般 L-集而言, 问题 4.4.1 表明, 我们不知道 L_α-连通性和 D_α-连通性是否等价, 但下述定理说明对整个 L-拓扑空间而言, 这两种连通性是等价的.

定理 4.4.6 设 (X,δ) 是 L-拓扑空间, $\alpha \in M(L)$. 则 (X,δ) 是 L_α-连通的当且仅当它是 D_α-连通的.

证 设 (X,δ) 是 L_α-连通的, 若 (X,δ) 不是 D_α-连通的, 则由定理 4.1.1 存在两个 $[\alpha]$-非空的 D_α-闭集 A, B 使得

$$A_{[\alpha]} \cup B_{[\alpha]} = X, \quad A_{[\alpha]} \cap B_{[\alpha]} = \varnothing.$$

于是有

$$(D_\alpha(A))_{[\alpha]} \cup (D_\alpha(B))_{[\alpha]} = X, \quad (D_\alpha(A))_{[\alpha]} \cap (D_\alpha(B))_{[\alpha]} = \varnothing.$$

注意到 $D_\alpha(A), D_\alpha(B) \in \delta'$, 由定理 4.3.1 知 (X, δ) 不是 L_α-连通的. 矛盾. 所以 (X, δ) 是 D_α-连通的.

第 5 章　层次分离性

CHAPTER 5

本章利用层次闭集定义了层 T_0、层 T_1、层 T_2、层正则及层正规等几种层次分离性, 并讨论了它们的性质. 本章的部分内容取自文献 [9,30].

5.1　层 T_0 分离性

定义 5.1.1　设 (X,δ) 是 L-拓扑空间, $\alpha \in M(L), x_\alpha \in M^*(L^X)$.

(1) 称 $P \in D_\alpha(\delta)$ 为 x_α 的 D_α-远域, 若 $x_\alpha \nleq P$. x_α 的所有 D_α-远域形成的族记作 $D\eta_\alpha(x_\alpha)$.

(2) 称 $P \in L_\alpha(\delta)$ 为 x_α 的 L_α-远域, 若 $x_\alpha \nleq P$. x_α 的所有 L_α-远域形成的族记作 $L\eta_\alpha(x_\alpha)$.

因为任何一个闭 L-集既是 D_α-闭集也是 L_α- 闭集, 所以对 x_α 的闭远域族 $\eta^-(x_\alpha)$ 而言, 总有 $\eta^-(x_\alpha) \subset D\eta_\alpha(x_\alpha)$, $\eta^-(x_\alpha) \subset L\eta_\alpha(x_\alpha)$.

定义 5.1.2　设 (X,δ) 是 L-拓扑空间, $\alpha \in M(L)$, $A \in L^X$. 称 A 为 α-T_0 集, 若 $\forall x,y \in A_{[\alpha]}, x \neq y$, 存在 $P \in \eta(x_\alpha)$ 使得 $y_\alpha \leqslant P$, 或者存在 $Q \in \eta(y_\alpha)$ 使得 $x_\alpha \leqslant Q$. 称 (X,δ) 为 α-T_0 空间, 若最大 L-集 1 是 α-T_0 集. 称 A 为层 T_0 集, 若对每个 $\alpha \in M(L)$, A 都是 α-T_0 集. 称 (X,δ) 为层 T_0 空间, 若对每个 $\alpha \in M(L),(X,\delta)$ 都是 α-T_0 空间.

为了比较 α-T_0 分离性与已有分离性的差异, 我们列出 [6] 中的 T_0 分离性.

定义 5.1.3　设 (X,δ) 是 L-拓扑空间. 称 (X,δ) 为 T_0 空间, 若对 $M^*(L^X)$ 中的任二不同的分子 x_λ 与 y_μ, 存在 $P \in \eta(x_\lambda)$ 使得 $y_\mu \leqslant P$, 或者存在 $Q \in \eta(y_\mu)$ 使得 $x_\lambda \leqslant Q$.

定理 5.1.1　设 $(X,\omega_L(\tau))$ 是由分明拓扑空间 (X,τ) 拓扑生成的 L-拓扑空间. 则 $(X,\omega_L(\tau))$ 是 T_0 空间当且仅当 (X,τ) 是 T_0 空间.

显然, T_0 空间一定是层 T_0 空间. 但反之不然.

例 5.1.1　设 $L = \{0,1,a,b\}$ 是菱形格, $X = \{x,y\}$. 取 $A,B \in L^X$ 为

$$A(z) = \begin{cases} 0, & z = x, \\ a, & z = y, \end{cases} \qquad B(z) = \begin{cases} a, & z = x, \\ b, & z = y. \end{cases}$$

则

$$(A \vee B)(z) = \begin{cases} a, & z = x, \\ 1, & z = y, \end{cases} \quad A \wedge B = 0.$$

令 $\delta' = \{0, 1, A, B, A \vee B\}$, 则 δ' 是 X 上的一个 L-余拓扑 (X, δ').

(1) (X, δ) 不是 T_0 空间.

事实上, 取 $a, b \in M(L) = \{a, b\}$, 考虑 $x_a, y_b \in M^*(L^X)$. 显然 x_a 的非 0 远域只有 A, 但 $y_b \not\leqslant A$. 而 y_b 的非 0 远域也是只有 A, 但 $x_a \not\leqslant A$. 所以 (X, δ) 不是 T_0 空间.

(2) (X, δ) 是层 T_0 空间.

事实上, 对 $x_a, y_a \in M^*(L^X)$, 我们有 $x_a \not\leqslant A, y_a \leqslant A$. 对 $x_b, y_b \in M^*(L^X)$, 我们有 $x_b \not\leqslant B, y_b \leqslant B$. 所以 (X, δ) 是层 T_0 空间.

注 5.1.1　例 5.1.1 在阐述层 T_0 分离性和 T_0 分离性之关系的同时, 也说明了确实存在层 T_0 空间. 自然也存在非层 T_0 空间. 如, 令 $X = L = [0, 1], \delta = \{[\lambda] : \lambda \in L\}$. 取 $x, y \in X$, 使 $x \neq y$, 则对任意 $\lambda \in (0, 1] = M(L)$, 定义 5.1.2 中的条件不成立. 所以 (X, δ) 不是层 T_0 空间.

下面的定理表明层 T_0 分离性完全可以用 D_α-闭集来刻画.

定理 5.1.2　设 (X, δ) 是 L-拓扑空间, $\alpha \in M(L), A \in L^X$. 则下列条件等价:

(1) A 为 $\alpha\text{-}T_0$ 集;

(2) $\forall x, y \in A_{[\alpha]}, x \neq y$, 存在 $P \in \eta(x_\alpha)$ 使得 $y_\alpha \leqslant P$, 或者存在 $Q \in D\eta(y_\alpha)$ 使得 $x_\alpha \leqslant Q$;

(3) $\forall x, y \in A_{[\alpha]}, x \neq y$, 存在 $P \in D\eta(x_\alpha)$ 使得 $y_\alpha \leqslant P$, 或者存在 $Q \in D\eta(y_\alpha)$ 使得 $x_\alpha \leqslant Q$;

(4) $\forall x, y \in A_{[\alpha]}, x \neq y, D\eta_\alpha(x_\alpha) \neq D\eta_\alpha(y_\alpha)$;

(5) $\forall x, y \in A_{[\alpha]}, x \neq y, (D_\alpha(x_\alpha))_{[\alpha]} \neq (D_\alpha(y_\alpha))_{[\alpha]}$.

证　(1)$\Rightarrow$(2) 和 (2)$\Rightarrow$(3) 是明显的.

(3)$\Rightarrow$(4) 由 (3), 不妨设存在 $P \in D\eta(x_\alpha)$ 使得 $y_\alpha \leqslant P$, 于是 $P \notin D\eta(y_\alpha)$. 这已表明 $D\eta_\alpha(x_\alpha) \neq D\eta_\alpha(y_\alpha)$.

(4)$\Rightarrow$(5) 由 (4), 不妨设存在 $P \in D\eta(x_\alpha)$, 但 $P \notin D\eta(y_\alpha)$. 于是 $y_\alpha \leqslant P$, 即 $y \in P_{[\alpha]} = (D_\alpha(P))_{[\alpha]}$. 由 $D_\alpha(P) \in \delta'$ 得

$$D_\alpha(y_\alpha) = \bigwedge \{G \in \delta' : G_{[\alpha]} \supset (y_\alpha)_{[\alpha]} = \{y\}\} \leqslant D_\alpha(P).$$

因此

$$y \in (D_\alpha(y_\alpha))_{[\alpha]} \subset (D_\alpha(P))_{[\alpha]} = P_{[\alpha]}.$$

另一方面, $x \in (D_\alpha(x_\alpha))_{[\alpha]}$, 但 $x \notin P_{[\alpha]}$. 于是 $x \notin (D_\alpha(y_\alpha))_{[\alpha]}$. 所以

$$(D_\alpha(x_\alpha))_{[\alpha]} \neq (D_\alpha(y_\alpha))_{[\alpha]}.$$

(5)$\Rightarrow$(1) $\forall x, y \in A_{[\alpha]}$, $x \neq y$, 由 (5), 不妨设 $(D_\alpha(x_\alpha))_{[\alpha]} \sim (D_\alpha(y_\alpha))_{[\alpha]} \neq \varnothing$. 那么必有 $x \notin (D_\alpha(y_\alpha))_{[\alpha]}$. 事实上, 若

$$x \in (D_\alpha(y_\alpha))_{[\alpha]} = \bigcap\{G_{[\alpha]} : G \in \delta', G_{[\alpha]} \supset (y_\alpha)_{[\alpha]} = \{y\}\},$$

则对每个 $G \in \delta'$ 且 $G_{[\alpha]} \supset \{y\}$, 有 $x \in G_{[\alpha]}$, 从而

$$\begin{aligned}
(D_\alpha(x_\alpha))_{[\alpha]} &= \bigcap\{G_{[\alpha]} : G \in \delta', G_{[\alpha]} \supset (x_\alpha)_{[\alpha]} = \{x\}\} \\
&\subset \bigcap\{G_{[\alpha]} : G \in \delta', G_{[\alpha]} \supset (y_\alpha)_{[\alpha]} = \{y\}\} \\
&= (D_\alpha(y_\alpha))_{[\alpha]},
\end{aligned}$$

因此 $(D_\alpha(x_\alpha))_{[\alpha]} \sim (D_\alpha(y_\alpha))_{[\alpha]} = \varnothing$. 矛盾! 所以 $x \notin (D_\alpha(y_\alpha))_{[\alpha]}$, 即 $x_\alpha \not\leqslant D_\alpha(y_\alpha)$. 由 $D_\alpha(y_\alpha) \in \delta'$ 得 $D_\alpha(y_\alpha) \in \eta(x_\alpha)$. 此外, 显然 $y \in (D_\alpha(y_\alpha))_{[\alpha]}$, 即 $y_\alpha \leqslant D_\alpha(y_\alpha)$. 所以 A 为 α-T_0 集.

下面的定理表明层 T_0 分离性也完全可以用 L_α-闭集来刻画.

定理 5.1.3 设 (X, δ) 是 L-拓扑空间, $\alpha \in M(L)$, $A \in L^X$. 则下列条件等价:

(1) A 为 α-T_0 集;

(2) $\forall x, y \in A_{[\alpha]}, x \neq y$, 存在 $P \in \eta(x_\alpha)$ 使得 $y_\alpha \leqslant P$, 或者存在 $Q \in L\eta(y_\alpha)$ 使得 $x_\alpha \leqslant Q$;

(3) $\forall x, y \in A_{[\alpha]}, x \neq y$, 存在 $P \in L\eta(x_\alpha)$ 使得 $y_\alpha \leqslant P$, 或者存在 $Q \in L\eta(y_\alpha)$ 使得 $x_\alpha \leqslant Q$;

(4) $L\eta_\alpha(x_\alpha) \neq L\eta_\alpha(y_\alpha)$;

(5) $((x_\alpha)^-)_{[\alpha]} \neq ((y_\alpha)^-)_{[\alpha]}$.

证 (1)$\Rightarrow$(2)、(2)$\Rightarrow$(3) 和 (3)$\Rightarrow$(4) 是明显的.

(4)$\Rightarrow$(5) 由 (4), 不妨设存在 $P \in L\eta(x_\alpha)$, 但 $P \notin L\eta(y_\alpha)$. 于是 $y_\alpha \leqslant P$, 即 $y \in P_{[\alpha]} = (P^-)_{[\alpha]}$, 从而 $P^- \geqslant y_\alpha$. 由 $P^- \in \delta'$ 得

$$(y_\alpha)^- = \bigwedge\{G \in \delta' : G \geqslant y_\alpha\} \leqslant P^-.$$

因此

$$y \in (y_\alpha)_{[\alpha]} \subset ((y_\alpha)^-)_{[\alpha]} \subset (P^-)_{[\alpha]} = P_{[\alpha]}.$$

另一方面, $x \in ((x_\alpha)^-)_{[\alpha]}$, 但 $x \notin P_{[\alpha]}$. 于是 $x \notin ((y_\alpha)^-)_{[\alpha]}$. 所以

$$((x_\alpha)^-)_{[\alpha]} \neq ((y_\alpha)^-)_{[\alpha]}.$$

$(5)\Rightarrow(1)$ $\forall x, y \in A_{[\alpha]}$, $x \neq y$, 由 (5), 不妨设 $((x_\alpha)^-)_{[\alpha]} \sim ((y_\alpha)^-)_{[\alpha]} \neq \varnothing$. 那么必有 $x \notin ((y_\alpha)^-)_{[\alpha]}$. 事实上, 若 $x \in ((y_\alpha)^-)_{[\alpha]} = \cap\{G_{[\alpha]} : G \in \delta', G \geqslant y_\alpha\}$, 则对每个 $G \in \delta'$ 且 $G \geqslant y_\alpha$, 有 $x \in G_{[\alpha]}$, 即 $G \geqslant x_\alpha$. 从而

$$((x_\alpha)^-)_{[\alpha]} = \bigcap\{G_{[\alpha]} : G \in \delta', G \geqslant x_\alpha\} \subset \bigcap\{G_{[\alpha]} : G \in \delta', G \geqslant y_\alpha\} = ((y_\alpha)^-)_{[\alpha]},$$

因此 $((x_\alpha)^-)_{[\alpha]} \sim ((y_\alpha)^-)_{[\alpha]} = \varnothing$. 矛盾! 所以 $x \notin ((y_\alpha)^-)_{[\alpha]}$, 即 $x_\alpha \not\leqslant (y_\alpha)^-$. 由 $(y_\alpha)^- \in \delta'$ 得 $(y_\alpha)^- \in \eta(x_\alpha)$. 此外, 显然 $y_\alpha \in (y_\alpha)^-$. 所以 A 为 α-T_0 集.

定理 5.1.4 设 (X, δ) 是 L-拓扑空间, 则 (X, δ) 是层 T_0 空间当且仅当 $\forall \alpha \in M(L)$, 分明拓扑空间 $(X, \iota_{\alpha'}(\delta))$ 是 T_0 空间.

证 设 (X, δ) 是层 T_0 空间, 则 $\forall \alpha \in M(L), (X, \delta)$ 是 α-T_0 空间. $\forall x, y \in X, x \neq y$, 存在 $P \in \delta'$ 使得 $x_\alpha \not\leqslant P, y_\alpha \leqslant P$, 或者存在 $Q \in \delta'$ 使得 $y_\alpha \not\leqslant Q, x_\alpha \leqslant Q$. 比如说是前一种情况. 那么 $x \in \iota_{\alpha'}(P') \in \iota_{\alpha'}(\delta)$, $y \notin \iota_{\alpha'}(P')$. 所以 $(X, \iota_{\alpha'}(\delta))$ 是 T_0 空间.

反过来, $\forall \alpha \in M(L)$, 设 $(X, \iota_{\alpha'}(\delta))$ 是 T_0 空间. $\forall x, y \in X$ 且 $x \neq y$, 比如说, 存在 $P \in \delta$ 使得 $x \in \iota_{\alpha'}(P)$ 但 $y \notin \iota_{\alpha'}(P)$. 那么 $x_\alpha \not\leqslant P', y_\alpha \leqslant P'$. 所以 (X, δ) 是 α-T_0 空间. 从而 (X, δ) 是层 T_0 空间.

推论 5.1.1 设 $(X, \omega_L(\tau))$ 是由分明拓扑空间 (X, τ) 拓扑生成的 L-拓扑空间. 则 $(X, \omega_L(\tau))$ 是层 T_0 空间当且仅当 (X, τ) 是 T_0 空间.

证 由定理 5.1.4 和 $\iota_{\alpha'}(\omega_L(\tau)) = \tau$ 可得.

推论 5.1.2 设 $(X, \omega_L(\tau))$ 是由分明拓扑空间 (X, τ) 拓扑生成的 L-拓扑空间. 则 $(X, \omega_L(\tau))$ 是层 T_0 空间当且仅当 $(X, \omega_L(\tau))$ 是 T_0 空间.

证 由定理 5.1.4 和推论 5.1.2 立得.

定理 5.1.5 设 $\{(X_t, \delta_t)\}_{t \in T}$ 是一族 L-拓扑空间, (X, δ) 是其乘积空间, $\alpha \in M(L)$. 若 $\forall t \in T, (X_t, \delta_t)$ 是 α-T_0 空间, 则 (X, δ) 是 α-T_0 空间.

证 设 $\forall t \in T, (X_t, \delta_t)$ 是 α-T_0 空间, $x = \{x_t\}_{t \in T}$ 和 $y = \{y_t\}_{t \in T}$ 是 X 中的任意两个点且 $x \neq y$. 这时有 $s \in T$ 使 $(x_s)_\alpha \neq (y_s)_\alpha$. 因为 (X_s, δ_s) 是 α-T_0 空间, 存在闭集 $B_s \in \delta_s'$ 使得, 比如说, $(x_s)_\alpha \leqslant B_s$ 且 $(y_s)_\alpha \not\leqslant B_s$. 这时 $P_s^\leftarrow(B_s)$ 是 (X, δ) 中的闭集. 易证 $x_\alpha \leqslant P_s^\leftarrow(B_s)$ 且 $y_\alpha \not\leqslant P_s^\leftarrow(B_s)$. 所以 (X, δ) 是 α-T_0 空间.

问题 5.1.1 定理 5.1.5 的逆定理成立吗?

下述定理表明 α-T_0 性是遗传的.

定理 5.1.6 对每个 $\alpha \in M(L)$, 若 L-拓扑空间 (X, δ) 是 α-T_0 空间, 则其子空间 $(Y, \delta|Y)$ 也是 α-T_0 空间.

证 设 (X, δ) 是 α-T_0 空间, $\forall x, y \in (1_Y)_{[\alpha]} = Y$ 且 $x \neq y$, 则 $x, y \in X = (1_X)_{[\alpha]}$. 于是存在 x_α 在 (X, δ) 中的闭远域 P 使得 $y_\alpha \leqslant P$ 或者存在 y_α 在 (X, δ)

中的闭远域 Q 使得 $x_\alpha \leqslant Q$. 不妨说是前者. 这时 $P|Y$ 是 x_α 在 $(Y, \delta|Y)$ 中的闭远域, 且 $y_\alpha \leqslant P|Y$. 所以 $(Y, \delta|Y)$ 是 $\alpha\text{-}T_0$ 空间.

下述定理表明 $\alpha\text{-}T_0$ 性是可和的.

定理 5.1.7 设 $(X, \delta) = \sum\limits_{t \in T}(X_t, \delta_t), \alpha \in M(L)$. 则 (X, δ) 是 $\alpha\text{-}T_0$ 空间当且仅当 $\forall t \in T, (X_t, \delta_t)$ 是 $\alpha\text{-}T_0$ 空间.

证 因为 $\forall t \in T, (X_t, \delta_t)$ 是 (X, δ) 的子空间, 由定理 5.1.6, 必要性立得. 现证充分性.

对任意的 $x, y \in X$ 且 $x \neq y$. 分以下两种情形讨论:

(1) 存在 $t, s \in T$ 且 $s \neq t$, 使得 $x \in X_t, y \in X_s$. 取 $P_t \in \delta'_t$ 使得 $x_\alpha \not\leqslant P_t$. 令 $P = P_t^* \vee 1_{X_s}^*$, 这里 P_t^* 和 $1_{X_s}^*$ 分别是 $P_t \in L^{X_t}$ 和 $1_{X_s} \in L^{X_s}$ 在 L^X 中的扩张 (见定义 0.4.1), 则 $P \in \delta'$ 且 $x_\alpha \not\leqslant P, y_\alpha \leqslant P$.

(2) 存在 $t \in T$ 使得 $x, y \in X_t$. 由于 (X_t, δ_t) 是 $\alpha\text{-}T_0$ 空间, 故存在 (比如说)$P_t \in \delta'_t$ 使得 $x_\alpha \not\leqslant P_t, y_\alpha \leqslant P_t$. 于是 $x_\alpha \not\leqslant P_t^*, y_\alpha \leqslant P_t^*$.

综上所述, (X, δ) 是 $\alpha\text{-}T_0$ 空间.

5.2 层 T_1 分离性

定义 5.2.1 设 (X, δ) 是 L-拓扑空间, $\alpha \in M(L), A \in L^X$. 称 A 为 $\alpha\text{-}T_1$ 集, 若 $\forall x, y \in A_{[\alpha]}, x \neq y$, 存在 $P \in \eta(x_\alpha)$ 使得 $y_\alpha \leqslant P$. 称 (X, δ) 为 $\alpha\text{-}T_1$ 空间, 若最大 L-集 1 是 $\alpha\text{-}T_1$ 集. 称 A 为层 T_1 集, 若对每个 $\alpha \in M(L)$, A 都是 $\alpha\text{-}T_1$ 集. 称 (X, δ) 为层 T_1 空间, 若对每个 $\alpha \in M(L), (X, \delta)$ 都是 $\alpha\text{-}T_1$ 空间.

显然, $\alpha\text{-}T_1$ 集一定是 $\alpha\text{-}T_0$ 集, 但反之未必.

例 5.2.1 考虑例 5.1.1 中的 (X, δ), 它是 $\alpha\text{-}T_0$ 空间, 但不是 $\alpha\text{-}T_1$ 空间. 事实上, 对于 x_b 和 y_b 而言, y_b 的非 0 远域只有 A, 但 $x_b \not\leqslant A$. 所以 (X, δ) 不是 $\alpha\text{-}T_1$ 空间.

定理 5.2.1 设 (X, δ) 是 L-拓扑空间, $\alpha \in M(L), A \in L^X$. 则下列条件等价:

(1) A 为 $\alpha\text{-}T_1$ 集;

(2) $\forall x, y \in A_{[\alpha]}, x \neq y$, 存在 $P \in D\eta_\alpha(x_\alpha)$ 使得 $y_\alpha \leqslant P$;

(3) $\forall x, y \in A_{[\alpha]}, x \neq y$, 存在 $P \in L\eta_\alpha(x_\alpha)$ 使得 $y_\alpha \leqslant P$.

证 (1)$\Rightarrow$(2) 显然.

(2)$\Rightarrow$(3) 设 $\forall x, y \in A_{[\alpha]}, x \neq y$, 存在 $P \in D\eta_\alpha(x_\alpha)$ 使得 $y_\alpha \leqslant P$. 于是 $x_\alpha \not\leqslant P$, 即 $x \notin P_{[\alpha]} = (D_\alpha(P))_{[\alpha]}$, 所以 $x_\alpha \not\leqslant D_\alpha(P)$. 注意 $D_\alpha(P) \in \delta'$, 所以 $D_\alpha(P) \in L\eta_\alpha(x_\alpha)$. 此外, 由 $y_\alpha \leqslant P$ 得 $y \in P_{[\alpha]} = (D_\alpha(P))_{[\alpha]}$, 因此 $y_\alpha \leqslant D_\alpha(P)$. 这证明 (3) 成立.

(3)$\Rightarrow$(1) $\forall x, y \in A_{[\alpha]}$, $x \neq y$, 由 (3), 存在 $P \in L\eta_\alpha(x_\alpha)$ 使得 $y_\alpha \leqslant P$. 于是 $x_\alpha \not\leqslant P$, 即 $x \notin P_{[\alpha]} = (P^-)_{[\alpha]}$, 所以 $x_\alpha \not\leqslant P^-$, 从而 $P^- \in \eta(x_\alpha)$. 此外, 由 $y_\alpha \leqslant P$ 当然有 $y_\alpha \leqslant P^-$. 所以 A 为 α-T_1 集.

定理 5.2.2 设 (X, δ) 是 L-拓扑空间, $\alpha \in M(L)$, $A \in L^X$. 则下列条件等价:

(1) A 为 α-T_1 集;

(2) $\forall x \in A_{[\alpha]}, x_\alpha$ 是 D_α-闭集;

(3) $\forall x \in A_{[\alpha]}, x_\alpha$ 是 L_α-闭集.

证 (1)$\Rightarrow$(2) 设 A 为 α-T_1 集. $\forall x \in A_{[\alpha]}$, 我们断定 $(D_\alpha(x_\alpha))_{[\alpha]} = (x_\alpha)_{[\alpha]} = \{x\}$, 即 x_α 是 D_α-闭集. 若不然, 设 $y \in (D_\alpha(x_\alpha))_{[\alpha]}$ 且 $x \neq y$, 则由 A 为 α-T_1 集, 存在 $P \in \delta'$ 使得 $x_\alpha \leqslant P, y_\alpha \not\leqslant P$, 从而 $P_{[\alpha]} \supset (x_\alpha)_{[\alpha]}$. 于是

$$(D_\alpha(x_\alpha))_{[\alpha]} = \bigcap\{G_{[\alpha]} : G \in \delta', G_{[\alpha]} \supset (x_\alpha)_{[\alpha]}\} \subset P_{[\alpha]}.$$

由 $y \in (D_\alpha(x_\alpha))_{[\alpha]}$ 得 $y \in P_{[\alpha]}$, 这与 $y_\alpha \not\leqslant P$ 矛盾. 所以 x_α 是 D_α-闭集.

(2)$\Rightarrow$(3) $\forall x \in A_{[\alpha]}$, 设 $y \in ((x_\alpha)^-)_{[\alpha]}$ 且 $x \neq y$, 则由于

$$((x_\alpha)^-)_{[\alpha]} = \bigcap\{G_{[\alpha]} : G \in \delta', G \geqslant x_\alpha\},$$

$\forall G \in \delta'$ 且 $G \geqslant x_\alpha$, 均有 $y \in G_{[\alpha]}$. 因为

$$(D_\alpha(x_\alpha))_{[\alpha]} = \bigcap\{G_{[\alpha]} : G \in \delta', G_{[\alpha]} \supset (x_\alpha)_{[\alpha]} = \{x\}\},$$

所以 $y \in (D_\alpha(x_\alpha))_{[\alpha]}$. 由 (2), $(D_\alpha(x_\alpha))_{[\alpha]} = (x_\alpha)_{[\alpha]} = \{x\}$, 从而 $y = x$, 矛盾! 所以 $((x_\alpha)^-)_{[\alpha]} = \{x\} = (x_\alpha)_{[\alpha]}$, 即 x_α 是 L_α-闭集.

(3)$\Rightarrow$(1) $\forall x, y \in A_{[\alpha]}$ 且 $x \neq y$, 由 (3), x_α 是 L_α-闭集, 即 $((x_\alpha)^-)_{[\alpha]} = (x_\alpha)_{[\alpha]} = \{x\}$, 于是 $y \notin ((x_\alpha)^-)_{[\alpha]}$, 从而 $y_\alpha \not\leqslant (x_\alpha)^-$, 因此 $(x_\alpha)^- \in \eta(y_\alpha)$. 此外, 自然有 $x_\alpha \leqslant (x_\alpha)^-$. 所以 A 为 α-T_1 集.

现在来考察 α-T_1 分离性与 [6] 中 T_1 分离性的关系. 为此, 先列出关于 T_1 分离性的一个特征.

定理 5.2.3 设 (X, δ) 是 L-拓扑空间, 则 (X, δ) 是 T_1 空间, 当且仅当对每个 $x_\lambda \in M^*(L^X), x_\lambda \in \delta'$.

对每个 $\alpha \in M(L)$ 来说, 一个闭 L-集既是 D_α-闭集, 也是 L_α-闭集, 所以由定理 5.2.2 与定理 5.2.3, T_1 空间必定是层 T_1 空间. 但反之未必.

例 5.2.2 设 $L = \{0, 1, a, b\}$ 是菱形格, $X = \{x, y\}$. 取 $A, B \in L^X$ 为

$$A(z) = \begin{cases} a, & z = x, \\ b, & z = y, \end{cases} \qquad B(z) = \begin{cases} b, & z = x, \\ a, & z = y. \end{cases}$$

令 $\delta' = \{0, 1, A, B\}$, 则 δ' 是 X 上的一个 L-余拓扑.

(1) (X, δ) 不是 T_1 空间.

事实上, 对菱形格 L 而言, $M(L) = \{a, b\}$. 因此 $M^*(L^X) = \{x_a, x_b, y_a, y_b\}$. 显然 $M^*(L^X)$ 中的每个成员均不是闭集. 所以 (X, δ) 不是 T_1 空间.

(2) (X, δ) 是层 T_1 空间.

事实上, 不难得到

$$(x_a)^- = A, \quad (x_b)^- = B, \quad (y_a)^- = B, \quad (y_b)^- = A.$$

从而

$$((x_a)^-)_{[a]} = A_{[a]} = \{x\} = (x_a)_{[a]}, \ ((x_b)^-)_{[b]} = B_{[b]} = \{x\} = (x_b)_{[b]},$$

$$((y_a)^-)_{[a]} = B_{[a]} = \{y\} = (y_a)_{[a]}, \ ((y_b)^-)_{[b]} = A_{[b]} = \{y\} = (y_b)_{[b]}.$$

因此, $M^*(L^X)$ 中的每个成员均为 L_α-闭集. 所以 (X, δ) 是层 T_1 空间.

定理 5.2.4 设 (X, δ) 是 L-拓扑空间, 则 (X, δ) 是层 T_1 空间当且仅当 $\forall \alpha \in M(L)$, 分明拓扑空间 $(X, \iota'_\alpha(\delta))$ 是 T_1 空间.

证 (X, δ) 是层 T_1 空间当且仅当 $\forall \alpha \in M(L), (X, \delta)$ 是 α-T_1 空间. 由定理 5.2.2, (X, δ) 是 α-T_1 空间当且仅当 $\forall x \in X, x_\alpha$ 是 L_α-闭集, 即

$$\{x\} = (x_\alpha)_{[\alpha]} = ((x_\alpha)^-)_{[\alpha]} = (\iota_{\alpha'}((x_\alpha)^-)')' = (\iota_{\alpha'}((x_\alpha)')^0)' \in (\iota_{\alpha'}(\delta))'.$$

所以 (X, δ) 是 α-T_1 空间当且仅当独点集 $\{x\}$ 是 $(X, \iota_{\alpha'}(\delta))$ 中的闭集, 当且仅当 $(X, \iota_{\alpha'}(\delta))$ 是 T_1 空间.

推论 5.2.1 设 $(X, \omega_L(\tau))$ 是由分明拓扑空间 (X, τ) 拓扑生成的 L-拓扑空间. 则 $(X, \omega_L(\tau))$ 是层 T_1 空间当且仅当 (X, τ) 是 T_1 空间.

证 由定理 5.2.4 和 $\iota_{\alpha'}(\omega_L(\tau)) = \tau$ 可得.

定理 5.2.5 设 (X, δ) 是 L-拓扑空间, $\alpha \in M(L), A, B \in L^X$. 若 B 是 α-T_1 集且 $A \leqslant B$, 则 A 是 α-T_1 集.

证 $\forall x, y \in A_{[\alpha]}$ 且 $x \neq y$, 由 $A \leqslant B$ 得 $A_{[\alpha]} \subset B_{[\alpha]}$. 因 B 是 α-T_1 集, 存在 $P \in \eta(x_\alpha)$ 使得 $y_\alpha \leqslant P$. 所以 A 是 α-T_1 集.

推论 5.2.2 设 (X, δ) 是 L-拓扑空间, $\alpha \in M(L)$. 若 (X, δ) 是 α-T_1 空间, 则它的每个子空间是 α-T_1 空间.

定理 5.2.6 设 $f^\to : (X, \delta) \to (Y, \mu)$ 是一一对应的闭 L-映射, 且 $\alpha \in M(L)$. 若 $A \in L^X$ 是 α-T_1 集, 则 $f^\to(A) \in L^Y$ 是 α-T_1 集.

证 $\forall c, d \in (f^\to(A))_{[\alpha]}, c \neq d$, 有 $a, b \in X, a \neq b$ 使得 $f(a) = c$ 且 $f(b) = d$. 由 $f^\to(A)(c) = \vee\{A(x) : f(x) = c\} = A(a) \geqslant \alpha$ 知 $a \in A_{[\alpha]}$. 同理可知,

$b \in A_{[\alpha]}$. 由 A 是 α-T_1 集知, 存在 $P \in \eta^- (a_\alpha)$ 使得 $b_\alpha \leqslant P$. 由 $f^{\rightarrow}$ 是闭映射, $f^{\rightarrow} (P) \in \mu'$. 又,

$$f^{\rightarrow} (P) (c) = P \left(f^{-1} (c) \right) = P (a) \not\geqslant \alpha,$$

因此 $f^{\rightarrow} (P) \in \eta (c_\alpha)$. 此外

$$f^{\rightarrow} (P) (d) = P \left(f^{-1} (d) \right) = P (b) \not\geqslant \alpha.$$

所以 $d_\alpha \leqslant f^{\rightarrow}(P)$. 因此 $f^{\rightarrow} (A)$ 是 α-T_1 集.

定理 5.2.7 设 $\{(X_t, \delta_t)\}_{t \in T}$ 是一族 L-拓扑空间, (X, δ) 是其乘积空间 $\alpha \in M(L)$. 若 $\forall t \in T, (X_t, \delta_t)$ 是 α-T_1 空间, 则 (X, δ) 是 α-T_1 空间. 反过来, 如果 (X, δ) 是 α-T_1 空间, 则 $\forall t \in T$, 当 (X_t, δ_t) 是满层空间时, (X_t, δ_t) 是 α-T_1 空间.

证 $\forall t \in T$, 设 (X_t, δ_t) 是 α-T_1 空间. $x = \{x_t\}_{t \in T}$ 和 $y = \{y_t\}_{t \in T}$ 是 X 中的任意两个点, 且 $x \neq y$. 这时有 $s \in T$ 使 $(x_s)_\alpha \neq (y_s)_\alpha$. 因为 (X_s, δ_s) 是 α-T_1 空间, 存在闭集 $B_s \in \delta'_s$ 使得 $(x_s)_\alpha \leqslant B_s$ 且 $(y_s)_\alpha \not\leqslant B_s$. 这时 $P_s^{\leftarrow}(B_s)$ 是 (X, δ) 中的闭集. 易证 $x_\alpha \leqslant P_s^{\leftarrow}(B_s)$ 且 $y_\alpha \not\leqslant P_s^{\leftarrow}(B_s)$. 所以 (X, δ) 是 α-T_1 空间.

反过来, 设 (X, δ) 是 α-T_1 空间且 $r \in T, (X_r, \delta_r)$ 是满层空间. 任取一点 $x = \{x_t\}_{t \in T} \in X$, 则 (X, δ) 的过点 x 且平行于 (X_r, δ_r) 的 L-平面 $(\tilde{X}_r, \delta | \tilde{X}_r)$ 与 (X_r, δ_r) 同胚. 由推论 5.2.2, $(\tilde{X}_r, \delta | \tilde{X}_r)$ 作为 (X, δ) 的子空间是 α-T_1 空间, 再由定理 5.2.6, (X_r, δ_r) 是 α-T_1 空间.

定理 5.2.8 设 $(X, \delta) = \sum\limits_{t \in T} (X_t, \delta_t), \alpha \in M(L)$. 则 (X, δ) 是 α-T_1 空间当且仅当 $\forall t \in T, (X_t, \delta_t)$ 是 α-T_1 空间.

证 由推论 5.2.2 知只需证充分性即可.

$\forall x \in X$, 我们证明 $x_\alpha \in M^*(L^X)$ 是 (X, δ) 中的 D_α-闭集, 即 $x_\alpha \in D_\alpha(\delta)$. 事实上, 存在 $t_0 \in T$ 使得 $x \in X_{t_0}$. 由于 (X_{t_0}, δ_{t_0}) 是 α-T_1 空间, 独点集 $x_\alpha | X_{t_0} \in D_\alpha(\delta_{t_0})$. 又, 当 $t \neq t_0$ 时, $x_\alpha | X_t = 0_{X_t} \in D_\alpha(\delta_t)$. 所以由定理 1.2.8, $x_\alpha \in D_\alpha(\delta)$.

5.3 层 T_2 分离性

定义 5.3.1 设 (X, δ) 是 L-拓扑空间, $\alpha \in M(L)$, 称 $A \in L^X$ 为 α-T_2 集, 若 $\forall x, y \in A_{[\alpha]}$, $x \neq y$, 存在 $P \in \eta(x_\alpha)$ 和 $Q \in \eta(y_\alpha)$ 使得 $\forall z \in A_{[\alpha]}, (P \vee Q)(z) \geqslant \alpha$. 称 (X, δ) 为 α-T_2 空间, 若最大 L-集 1 是 α-T_2 集. 称 A 为层 T_2 集, 若对每个 $\alpha \in M(L)$, A 都是 α-T_2 集. 称 (X, δ) 为层 T_2 空间, 若对每个 $\alpha \in M(L), (X, \delta)$ 都是 α-T_2 空间.

下列定理是明显的.

定理 5.3.1 设 (X, δ) 是 L-拓扑空间, $\alpha \in M(L), A \in L^X$. 则 A 为 α-T_2 集当且仅当 $\forall x, y \in A_{[\alpha]}, x \neq y$, 存在 $P \in \eta(x_\alpha)$ 和 $Q \in \eta(y_\alpha)$ 使得 $A_{[\alpha]} \subset P_{[\alpha]} \cup Q_{[\alpha]}$.

特别地, (X,δ) 是 $\alpha\text{-}T_2$ 空间当且仅当 $\forall x,y \in X, x \neq y$, 存在 $P \in \eta(x_\alpha)$ 和 $Q \in \eta(y_\alpha)$ 使得 $P_{[\alpha]} \cup Q_{[\alpha]} = X$.

定理 5.3.2 设 (X,δ) 是 L-拓扑空间, $\alpha \in M(L)$, $A \in L^X$. 若 A 为 $\alpha\text{-}T_2$ 集, 则它必是 $\alpha\text{-}T_1$ 集.

证 $\forall x,y \in A_{[\alpha]}$, $x \neq y$, 因 A 为 $\alpha\text{-}T_2$ 集, 存在 $P \in \eta(x_\alpha)$ 和 $Q \in \eta(y_\alpha)$ 使得 $\forall z \in A_{[\alpha]}, (P \vee Q)(z) \geqslant \alpha$. 若 $y_\alpha \nleq P$, 则由 $\alpha \in M(L)$ 知 $y_\alpha \nleq P \vee Q$. 可见存在 $y \in A_{[\alpha]}$ 使得 $(P \vee Q)(y) \ngeqslant \alpha$, 这是不可能的. 所以 $y_\alpha \leqslant P$. 因此 A 是 $\alpha\text{-}T_1$ 集.

例 5.3.1 设 $X = [0,1]$, $L = [0,1]^{[0,1]}$, $A \in L^X$. 规定 A 为闭 L-集当且仅当 $A = 0, 1$ 或 suppA 为有限集且 $\forall x \in \mathrm{supp}A$, $\mathrm{supp}A(x)$ 也是有限集 (这时 $A(x): [0,1] \to [0,1]$ 可看作 $[0,1]$ 上的 I-集). 以 δ' 记这种 A 的全体, 则 δ' 对有限并及任意交关闭. 所以 δ 是 X 上的 L-拓扑.

(1) (X,δ) 是层 T_1 空间.

事实上, 在 (X,δ) 中, 每个分子 x_λ(λ 是 $L = [0,1]^{[0,1]}$ 中的分子, 即 $[0,1]$ 上的 L-点, suppλ 是独点集) 都是闭 L-集, 当然更是 D_λ-闭集. 由定理 3.2.2, (X,δ) 是层 T_1 空间.

(2) (X,δ) 不是层 T_2 空间.

事实上, 取 $x,y \in X, \alpha \in M(L)$, 则 $\forall E \in \eta(x_\alpha), \forall F \in \eta(y_\alpha)$, 我们有 $E_{[\alpha]} \subset \mathrm{supp}E$, $F_{[\alpha]} \subset \mathrm{supp}F$. 但 suppE 和 suppF 均为有限集, 故 $E_{[\alpha]} \cup F_{[\alpha]} = X$ 不成立. 所以 (X,δ) 不是层 T_2 空间.

定理 5.3.3 设 (X,δ) 是 L-拓扑空间, $\alpha \in M(L)$, $A \in L^X$ 则下列条件等价:

(1) A 是 $\alpha\text{-}T_2$ 集;

(2) $\forall x,y \in A_{[\alpha]}, x \neq y$, 存在 $P \in D\eta(x_\alpha)$ 和 $Q \in \eta(y_\alpha)$ 使得 $A_{[\alpha]} \subset P_{[\alpha]} \cup Q_{[\alpha]}$;

(3) $\forall x,y \in A_{[\alpha]}, x \neq y$, 存在 $P \in D\eta(x_\alpha)$ 和 $Q \in D\eta(y_\alpha)$ 使得 $A_{[\alpha]} \subset P_{[\alpha]} \cup Q_{[\alpha]}$;

(4) $\forall x,y \in A_{[\alpha]}, x \neq y$, 存在 $P \in L\eta(x_\alpha)$ 和 $Q \in D\eta(y_\alpha)$ 使得 $A_{[\alpha]} \subset P_{[\alpha]} \cup Q_{[\alpha]}$;

(5) $\forall x,y \in A_{[\alpha]}, x \neq y$, 存在 $P \in L\eta(x_\alpha)$ 和 $Q \in L\eta(y_\alpha)$ 使得 $A_{[\alpha]} \subset P_{[\alpha]} \cup Q_{[\alpha]}$.

证 (1)$\Rightarrow$(2) 和 (2)$\Rightarrow$(3) 由闭 L-集一定是 D_α-闭集立得.

(3)$\Rightarrow$(4) $\forall x,y \in A_{[\alpha]}, x \neq y$, 存在 $P \in D\eta(x_\alpha)$ 和 $Q \in D\eta(y_\alpha)$ 使得 $A_{[\alpha]} \subset P_{[\alpha]} \cup Q_{[\alpha]}$. 因为 P 是 D_α-闭集, 由 $P \in D\eta(x_\alpha)$ 得 $x_\alpha \nleq P$, 即 $x \notin P_{[\alpha]} = (D_\alpha(P))_{[\alpha]}$ 从而 $D_\alpha(P) \in \eta(x_\alpha) \subset L\eta(x_\alpha)$, 且 $A_{[\alpha]} \subset (D_\alpha(P))_{[\alpha]} \cup Q_{[\alpha]}$.

(4)$\Rightarrow$(5) 与 (3)$\Rightarrow$(4) 类似.

(5)⇒(1) $\forall x, y \in A_{[\alpha]}, x \neq y$, 由 (5), 存在 $P \in L\eta(x_\alpha)$ 和 $Q \in L\eta(y_\alpha)$ 使得 $A_{[\alpha]} \subset P_{[\alpha]} \cup Q_{[\alpha]}$. 因 $P \in L\eta(x_\alpha), x_\alpha \not\leqslant P$, 即 $x \notin P_{[\alpha]} = (P^-)_{[\alpha]}$, 从而 $x_\alpha \not\leqslant P^-$, 即 $P^- \in \eta(x_\alpha)$. 同理 $Q^- \in \eta(y_\alpha)$. 所以 $A_{[\alpha]} \subset P_{[\alpha]} \cup Q_{[\alpha]} = (P^-)_{[\alpha]} \cup (Q^-)_{[\alpha]}$. 这证明 A 是 α-T_2 集.

下列定理说明 α-T_2 分离性是可遗传的.

定理 5.3.4　设 (X, δ) 是 L-拓扑空间, $\alpha \in M(L)$, $A \in L^X$ 且 $B \in L^X$ 是 α-T_2 集. 若 $A \leqslant B$, 则 A 是 α-T_2 集.

证　$\forall x, y \in A_{[\alpha]}, x \neq y$, 由 $A \leqslant B$ 知 $A_{[\alpha]} \subset B_{[\alpha]}$. 于是存在 $P \in \eta(x_\alpha)$ 和 $Q \in \eta(y_\alpha)$ 使得 $\forall z \in B_{[\alpha]}, (P \vee Q)(z) \geqslant \alpha$. 那么 $\forall z \in A_{[\alpha]}, (P \vee Q)(z) \geqslant \alpha$. 因此 A 是 α-T_2 集.

推论 5.3.1　设 (X, δ) 是 L-拓扑空间, $\alpha \in M(L)$. 若 (X, δ) 是 α-T_2 空间, 则 (X, δ) 的 L-子空间是 α-T_2 空间.

下列定理说明 α-T_2 分离性是弱同胚不变性.

定理 5.3.5　设 $f^\rightarrow : (X, \delta) \to (Y, \mu)$ 是一一对应的闭 L-映射, 且 $\alpha \in M(L)$. 若 $A \in L^X$ 是 α-T_2 集, 则 $f^\rightarrow(A) \in L^Y$ 是 α-T_2 集.

证　$\forall c, d \in (f^\rightarrow(A))_{[\alpha]}, c \neq d$, 有 $a, b \in X, a \neq b$ 使得 $f(a) = c$ 且 $f(b) = d$. 由 $f^\rightarrow(A)(c) = \vee \{A(x) : f(x) = c\} = A(a) \geqslant \alpha$ 知 $a \in A_{[\alpha]}$. 同理可知, $b \in A_{[\alpha]}$. 由 A 是 α-T_2 集知, 存在 $P \in \eta^-(a_\alpha), Q \in \eta^-(b_\alpha)$ 使得 $\forall z \in A_{[\alpha]}, (P \vee Q)(z) \geqslant \alpha$. 由 $f^\rightarrow$ 是闭映射, $f^\rightarrow(P), f^\rightarrow(Q) \in \mu'$. 又,

$$f^\rightarrow(P)(c) = P(f^{-1}(c)) = P(a) \not\geqslant \alpha, \quad f^\rightarrow(Q)(d) = Q(b) \not\geqslant \alpha.$$

因此 $f^\rightarrow(P) \in \eta(c_\alpha), f^\rightarrow(Q) \in \eta(d_\alpha)$. 于是 $\forall y \in (f(A))_{[\alpha]}$, 存在 $x \in A_{[\alpha]}$ 使得 $f(x_\alpha) = y_\alpha$, 且

$$(f^\rightarrow(P) \vee f^\rightarrow(Q))(y) = f^\rightarrow(P \vee Q)(y) = (P \vee Q)(x) \geqslant \alpha.$$

因此 $f^\rightarrow(A)$ 是 α-T_2 集.

下列定理从一个侧面描述了 α-T_2 集的层次性质.

定理 5.3.6　设 (X, δ) 是 L-拓扑空间, $\alpha \in M(L)$, $A \in L^X$. 若 A 是 α-T_2 集, 则 $A_{[\alpha]}$ 是分明拓扑空间 $(X, \iota_{\alpha'}(\delta))$ 的 T_2 子空间.

证　$\forall x, y \in A_{[\alpha]}, x \neq y$, 有 $P \in \eta^-(a_\alpha)$ 和 $Q \in \eta^-(b_\alpha)$ 使得 $\forall z \in A_{[\alpha]}, (P \vee Q)(z) \geqslant \alpha$. 显然, 在 $(X, \iota_{\alpha'}(\delta))$ 的子空间 $A_{[\alpha]}$ 中, $x \in \iota_{\alpha'}(P'), y \in \iota_\alpha(Q')$ 且 $W = A_{[\alpha]} \cap \iota_{\alpha'}(P')$ 和 $V = A_{[\alpha]} \cap \iota_{\alpha'}(Q')$ 分别是 x 和 y 的开邻域. 若 $W \cap V \neq \varnothing$, 则有 $z \in W \cap V$, 于是 $z \in A_{[\alpha]}$ 且 $P'(z) \not\leqslant \alpha', Q'(z) \not\leqslant \alpha'$, 即 $P(z) \not\geqslant \alpha, Q(z) \not\geqslant \alpha$. 由 $\alpha \in M(L)$ 知, $(P \vee Q)(z) \not\geqslant \alpha$, 矛盾! 因此 $W \cap V = \varnothing$. 所以 $A_{[\alpha]}$ 是 $(X, \iota_{\alpha'}(\delta))$ 的 T_2 子空间.

下列定理说明层 T_2 分离性是可乘性质.

定理 5.3.7 设 $\{(X_t, \delta_t)\}_{t \in T}$ 是一族 L-拓扑空间, $(X, \delta) = \prod_{t \in T} (X_t, \delta_t)$ 是它们的乘积 L-拓扑空间, $\alpha \in M(L)$. 若 $\forall t \in T, (X_t, \delta_t)$ 是 α-T_2 空间, 则 (X, δ) 是 α-T_2 空间. 反之, 若 (X, δ) 是 α-T_2 空间, 则 $\forall t \in T$, 当 (X_t, δ_t) 是满层时, (X_t, δ_t) 是 α-T_2 空间.

证 $\forall t \in T$, 设 (X_t, δ_t) 是 α-T_2 空间, 即 1_{X_t} 是 α-T_2 集. $\forall x = \{x_t\}_{t \in T}$, $\{y_t\}_{t \in T} \in X = \prod_{t \in T} X_t, x \neq y$, 则有 $m \in T$ 使得 $x_m \neq y_m$. 由 1_{X_m} 是 α-T_2 集知, 存在 $R \in \eta\left((x_m)_\alpha\right), Q \in \eta\left((y_m)_\alpha\right)$ 使得 $\forall z_m \in X_m = (1_{X_m})_{[\alpha]}, (R \vee Q)(z_m) \geqslant \alpha$. 显然, $\forall z \in X = (1_X)_{[\alpha]}, P_m^\leftarrow(R) \in \eta(x_\alpha), P_m^\leftarrow(Q) \in \eta(y_\alpha)$, 且

$$\left(P_m^\leftarrow(R) \vee P_m^\leftarrow(Q)\right)(z) = (R \vee Q)\left(P_m^\rightarrow(z)\right) = (R \vee Q)(z_m) \geqslant \alpha.$$

因此, (X, δ) 是 α-T_2 空间.

反过来, 假设 (X, δ) 是 α-T_2 空间, 且 $\forall t \in T, (X_t, \delta_t)$ 是满层的. 取点 $x \in X$, 由定理 0.3.9 知, $\left(\tilde{X}_t, \delta/\tilde{X}_t\right)$ 和 (X_t, δ_t) 同胚, 其中

$$\tilde{X}_t = \{y \in X : \forall s \in T, \text{当 } s \neq t, y_t = x_t\}, \quad \delta/\tilde{X}_t = \left\{A/\tilde{X}_t : A \in \delta\right\}.$$

由推论 5.3.1 知, $\left(\tilde{X}_t, \delta/\tilde{X}_t\right)$ 作为 (X, δ) 的子空间是 α-T_2 空间. 那么由定理 5.3.5, (X_t, δ_t) 是 α-T_2 空间.

下述定理说明 α-T_2 性是可和的.

定理 5.3.8 设 $(X, \delta) = \sum_{t \in T} (X_t, \delta_t), \alpha \in M(L)$. 则 (X, δ) 是 α-T_2 空间当且仅当 $\forall t \in T, (X_t, \delta_t)$ 是 α-T_2 空间.

证 由推论 5.3.1 知只需证充分性即可.

$\forall x, y \in X$ 且 $x \neq y$, 我们分以下两种情形讨论:

(1) 存在 $t, s \in T$ 且 $s \neq t$, 使得 $x \in X_t, y \in X_s$. 分别取 $P_t \in \delta_t'$ 和 $Q_s \in \delta_s'$ 使得 $x_\alpha \not\leqslant P_t$ 和 $y_\alpha \not\leqslant Q_s$. 令 $P = P_t^* \vee 0_{X_t}^{**}, Q = Q_s^* \vee 0_{X_s}^{**}$, 这里 P_t^* 等的意义见定义 0.4.1. 则 $P, Q \in \delta', x_\alpha \not\leqslant P, y_\alpha \not\leqslant Q$, 且 $P \vee Q = 1 \geqslant \alpha$.

(2) 存在 $t_0 \in T$ 使得 $x, y \in X_{t_0}$. 由于 (X_{t_0}, δ_{t_0}) 是 α-T_2 空间, 故存在 $P_{t_0} \in \delta_{t_0}'$ 和 $Q_{t_0} \in \delta_{t_0}'$ 使得 $x_\alpha \not\leqslant P_{t_0}, y_\alpha \not\leqslant Q_{t_0}$, 且 $P_{t_0} \vee Q_{t_0} \geqslant \alpha$. 令 $P = P_{t_0}^* \vee 0_{X_{t_0}}^{**}, Q = Q_{t_0}^*$. 则 $P, Q \in \delta', x_\alpha \not\leqslant P, y_\alpha \not\leqslant Q$, 且 $P \vee Q \geqslant P_{t_0} \vee Q_{t_0} \geqslant \alpha$.

综上所述, (X, δ) 是 α-T_2 空间.

定理 5.3.9 设 (X, δ) 是弱诱导 L-拓扑空间. 则下列条件等价:

(1) (X, δ) 是层 T_2 空间;

(2) 有 $\alpha \in M(L)$ 使得 (X, δ) 是 α-T_2 空间;

(3) (X, δ) 的底空间 $(X, [\delta])$ 是分明 T_2 空间.

证 (1) $\Rightarrow$ (2) 显然.

(2) $\Rightarrow$ (3) $\forall x, y \in X$, $x \neq y$, 存在 $P \in \eta^-(x_\alpha)$ 和 $Q \in \eta^-(y_\alpha)$ 使得 $P \vee Q \geqslant \alpha$. 显然, $x \in \iota_{\alpha'}(P'), y \in \iota_\alpha(Q')$. 由 (X, δ) 是弱诱导空间得到, $\chi_{\iota_{\alpha'}(P')}, \chi_{\iota_{\alpha'}(Q')} \in \delta$, 因此 $\iota_{\alpha'}(P')$ 和 $\iota_\alpha(Q')$ 分别是分明拓扑空间 $(X, [\delta])$ 中的 x 和 y 的开邻域. 若有 $z \in X$ 且 $z \in \iota'_\alpha(P') \cap \iota_{\alpha'}(Q')$, 那么 $P(z) \not\geqslant \alpha$. $Q(z) \not\geqslant \alpha$, 由 $\alpha \in M(L)$ 有 $(P \vee Q)(z) \not\geqslant \alpha$. 这是矛盾的! 因此 $\iota_{\alpha'}(P') \cap \iota_{\alpha'}(Q') = \varnothing$. 这证明了 $(X, [\delta])$ 是 T_2 空间.

(3) $\Rightarrow$ (1) $\forall \alpha \in M(L), \forall x, y \in (1_X)_{[\alpha]} = X, x \neq y$, 有 $A, B \in [\delta]$ 使得 $x \in A, y \in B, A \cap B = \varnothing$. 那么 $\chi_{A''} \in \eta(x_\alpha), \chi_{B'} \in \eta(y_\alpha), \chi_{A''} \vee \chi_{B'} \geqslant \alpha$. 因此 (X, δ) 是层 T_2 空间.

推论 5.3.2 层 T_2 分离性是 L-好的推广.

为了比较层 T_2 分离性与文献 [6] 中 T_2 分离性的异同, 我们列出文献 [6] 中 T_2 空间的定义.

定义 5.3.2 设 (X, δ) 是 L-拓扑空间. 如果对 $M^*(L^X)$ 中的任二分子 x_λ 和 y_μ, 当 $x \neq y$ 时有 $P \in \eta(x_\lambda)$ 和 $Q \in \eta(y_\mu)$ 使 $P \vee Q = 1$, 则称 (X, δ) 为 T_2 空间, 或 Hausdorff 空间.

显然, T_2 空间必是层 T_2 空间, 但其逆不真.

例 5.3.2 设 $L = [0, 1], X = \{x, y, z\}$. 定义 $P, Q, R \in L^X$ 为: $P(x) = P(y) = \frac{1}{3}, P(z) = \frac{2}{3}; Q(x) = \frac{1}{3}, Q(y) = \frac{2}{3}, Q(z) = \frac{1}{3}; R(x) = \frac{1}{3}, R(y) = R(z) = \frac{2}{3}$. 令 $\theta = \left\{ r : r \in \left[0, \frac{1}{3}\right] \cup \left[\frac{2}{3}, 1\right] \right\}$. 易证出 $\sigma = \theta \cup \{P, Q, R\}$ 满足闭集定理, 故存在唯一 L-拓扑空间 δ 使得 σ 是 (X, δ) 的 L-闭集族. 考虑 $A \in L^X$ 满足: $A(x) = \frac{1}{3}, A(y) = \frac{2}{3}, A(z) = 1$, 且取 $\alpha = \frac{2}{3} \in M(L)$. 那么 $A_{[\alpha]} = \{y, z\}$. 显然, $P \in \eta(y_\alpha), Q \in \eta(z_\alpha)$ 且 $(P \vee Q)(y) = \frac{2}{3} \geqslant \alpha$, 因此 A 是 α-T_2 集. 但 (X, δ) 不是 T_2 空间. 事实上, $\forall W \in \eta(x_\alpha)$, $\forall V \in \eta(y_\alpha)$, 若 $W \vee V = 1$, 则由 σ 的构造知 $W = 1$ 或 $V = 1$ 这与 W 和 V 分别是 x_α 和 y_α 的远域矛盾. 因此 (X, δ) 不是 T_2 空间.

定理 5.3.10 设 (X, δ) 是 L-拓扑空间, $\alpha \in M(L), A \in L^X$. 则 A 是 α-T_2 集当且仅当 A 中的每个常值 α-网不能同时收敛于 A 中的两个不同的分子 x_α 和 y_α.

证 设 A 是 α-T_2 集, 且 $S = \{(z^n)_\alpha, n \in D\}$ 是 A 中的常值 α-网, 那么 $z^n \in A_{[\alpha]}$. 若 $S \to x_\alpha \leqslant A, S \to y_\alpha \leqslant A$ 且 $x \neq y$, 则存在 $P \in \eta(x_\alpha)$ 和 $Q \in \eta(y_\alpha)$ 使得对每个 $z \in A_{[\alpha]}$ 均有 $(P \vee Q)(z) \geqslant \alpha$. 由 $S \to x_\alpha$, 存在 $m_1 \in D$ 使得 $(z^n)_\alpha \not\leqslant P$ 对 $n \in D$ 且 $n \geqslant m_1$ 成立. 由 $S \to y_\alpha$, 存在 $m_2 \in D$ 使得

$(z^n)_\alpha \not\leqslant Q$ 对 $n \in D$ 且 $n \geqslant m_2$ 成立. 取 $m \in D$ 使得 $m \geqslant m_1, m \geqslant m_2$, 则当 $n \geqslant m$ 时, 由 $(z^n)_\alpha$ 是分子得 $(z^n)_\alpha \not\leqslant P \vee Q$. 这与 $(P \vee Q)(z) \geqslant \alpha$ 对每个 $z \in A_{[\alpha]}$ 成立相矛盾.

反过来, $\forall x, y \in A_{[\alpha]}$, $x \neq y$, 如果对每个 $P \in \eta(x_\alpha)$ 和每个 $Q \in \eta(y_\alpha)$, 存在 $z \in A_{[\alpha]}$ 使得 $(P \vee Q)(z) \not\geqslant \alpha$, 则 $z_\alpha \not\leqslant P \vee Q$. 记 $z = z(P,Q), D = \eta(x_\alpha) \times \eta(y_\alpha)$. 对 D 中二元 (P_1, Q_1) 和 (P_2, Q_2), 规定 $(P_1, Q_1) \leqslant (P_2, Q_2)$ 当且仅当 $P_1 \leqslant P_2$ 且 $Q_1 \leqslant Q_2$, 则 D 成为定向集. 从而 $S = \{(z(P,Q))_\alpha, (P,Q) \in D\}$ 是 A 中的常值 α-网. $\forall P_0 \in \eta(x_\alpha)$, 任取 $Q_0 \in \eta(y_\alpha)$, 则当 $(P,Q) \geqslant (P_0, Q_0)$ 时, 由 $(z(P,Q))_\alpha \not\leqslant P \vee Q$ 知 $(z(P,Q))_\alpha \not\leqslant P_0$, 所以 $S \to x_\alpha$. 同理可证 $S \to y_\alpha$. 矛盾! 因此存在 $P \in \eta(x_\alpha)$ 和 $Q \in \eta(y_\alpha)$, 使得对每个 $z \in A_{[\alpha]}$ 有 $(P \vee Q)(z) \geqslant \alpha$. 这证明 A 是 α-T_2 集.

5.4 层正则分离性

定义 5.4.1 设 (X, δ) 是 L-拓扑空间, $\alpha \in M(L)$, $A \in L^X, Q \in \delta'$. 称 Q 是 A 的 α-远域, 若 $\forall x_\alpha \leqslant A$, 我们有 $Q \in \eta(x_\alpha)$. A 的所有 α-远域形成的集合记作 $\eta_\alpha(A)$. 称 $Q \in D_\alpha(\delta)$ 为 A 的 D_α-远域, 若 $\forall x_\alpha \leqslant A$, 我们有 $x_\alpha \not\leqslant Q$. A 的所有 D_α-远域形成的集合记作 $D\eta_\alpha(A)$. 称 $Q \in L_\alpha(\delta)$ 为 A 的 L_α-远域, 若 $\forall x_\alpha \leqslant A$, 我们有 $x_\alpha \not\leqslant Q$. A 的所有 L_α-远域形成的集合记作 $L\eta_\alpha(A)$.

由于 $L_\alpha(\delta) \subset D_\alpha(\delta), L\eta_\alpha(A) \subset D\eta_\alpha(A)$.

定义 5.4.2 设 (X, δ) 是 L-拓扑空间, $\alpha \in M(L)$, $A \in L^X$. 称 A 是 α-正则的, 若 $\forall x_\alpha \leqslant A$ 和 $F \in \eta^-(x_\alpha)$, 存在 $P \in \eta^-(x_\alpha)$ 和 $Q \in \eta_\alpha(F)$ 使得 $\forall z \in A_{[\alpha]}$, 均有 $(P \vee Q)(z) \geqslant \alpha$. 称 (X, δ) 为 α-正则空间, 若最大 L-集 1 是 α-正则集. 称 A 为层正则的, 若对每个 $\alpha \in M(L)$, A 都是 α-正则集. 称 (X, δ) 为层正则空间, 若对每个 $\alpha \in M(L), (X, \delta)$ 都是 α-正则空间.

称 A 是 α-T_3 集, 若 A 是 α-正则集和 α-T_1 集. 称 (X, δ) 是 α-T_3 空间, 若最大 L-集 1 是 α-T_3 集. 称 A 为层 T_3 集, 若对每个 $\alpha \in M(L)$, A 都是 α-T_3 集. 称 (X, δ) 为层 T_3 空间, 若对每个 $\alpha \in M(L), (X, \delta)$ 都是 α-T_3 空间.

定义 5.4.3 设 (X, δ) 是 L-拓扑空间, $\alpha \in M(L)$, $A, Q \in L^X$. 称 Q 是 A 的 D_α-远域, 若 $\forall x_\alpha \leqslant A$, 我们有 $Q \in D\eta_\alpha(x_\alpha)$. A 的所有 D_α-远域形成的集合记做 $D\eta_\alpha(A)$. 称 Q 是 A 的 L_α-远域, 若 $\forall x_\alpha \leqslant A$, 我们有 $Q \in L\eta_\alpha(x_\alpha)$. A 的所有 L_α-远域形成的集合记作 $L\eta_\alpha(A)$.

定理 5.4.1 设 (X, δ) 是 L-拓扑空间, $\alpha \in M(L)$, $A \in L^X$. 则以下条件等价:
(1) A 是 α-正则集;
(2) $\forall x_\alpha \leqslant A$ 和 $F \in L\eta_\alpha(x_\alpha)$, 存在 $P \in \eta^-(x_\alpha)$ 和 $Q \in \eta_\alpha(F)$ 使得 $\forall z \in A_{[\alpha]}$,

均有 $(P \vee Q)(z) \geqslant \alpha$;

(3) $\forall x_\alpha \leqslant A$ 和 $F \in D\eta_\alpha(x_\alpha)$, 存在 $P \in \eta^-(x_\alpha)$ 和 $Q \in \eta_\alpha(F)$ 使得 $\forall z \in A_{[\alpha]}$, 均有 $(P \vee Q)(z) \geqslant \alpha$.

证　(1)⇒(2) $\forall x_\alpha \leqslant A$ 和 $F \in L\eta_\alpha(x_\alpha)$, 有 $x \notin F_{[\alpha]} = (F^-)_{[\alpha]}$, 即 $x_\alpha \not\leqslant F^-$, 所以 $F^- \in \eta^-(x_\alpha)$. 由 (1), 存在 $P \in \eta^-(x_\alpha)$ 和 $Q \in \eta_\alpha(F^-)$ 使得 $\forall z \in A_{[\alpha]}$ 均有 $(P \vee Q)(z) \geqslant \alpha$. 因此 $\forall y_\alpha \leqslant F$, 有 $y \in F_{[\alpha]}$, 但 $F_{[\alpha]} = (F^-)_{[\alpha]}$, 所以 $y_\alpha \leqslant F^-$, 从而 $Q \in \eta(y_\alpha)$. 可见 $Q \in \eta_\alpha(F)$.

(2)⇒(3)　$\forall x_\alpha \leqslant A$ 和 $F \in D\eta_\alpha(x_\alpha)$, 有 $x \notin F_{[\alpha]} = (D_\alpha(F))_{[\alpha]}$, 即 $x_\alpha \not\leqslant D_\alpha(F) \in \delta' \subset L_\alpha(\delta)$, 所以 $D_\alpha(F) \in L\eta_\alpha(x_\alpha)$. 由 (2) 存在 $P \in \eta^-(x_\alpha)$ 和 $Q \in \eta_\alpha(D_\alpha(F))$ 使得 $\forall z \in A_{[\alpha]}$, 均有 $(P \vee Q)(z) \geqslant \alpha$. 利用 F 是 D_α-闭集易证 $Q \in \eta_\alpha(F)$.

(3)⇒(1) 由 L_α-闭集一定是 D_α-闭集立得.

定理 5.4.2　设 (X, δ) 是 L-拓扑空间, $\alpha \in M(L)$, $A \in L^X$. 则以下条件等价:

(1) A 都是 α-正则集;

(2) $\forall x_\alpha \leqslant A$ 和 $F \in \eta^-(x_\alpha)$, 存在 $P \in \eta^-(x_\alpha)$ 和 $Q \in D\eta_\alpha(F)$ 使得 $\forall z \in A_{[\alpha]}$, 均有 $(P \vee Q)(z) \geqslant \alpha$;

(3) $\forall x_\alpha \leqslant A$ 和 $F \in \eta^-(x_\alpha)$, 存在 $P \in D\eta_\alpha(x_\alpha)$ 和 $Q \in \eta_\alpha(F)$ 使得 $\forall z \in A_{[\alpha]}$, 均有 $(P \vee Q)(z) \geqslant \alpha$;

(4) $\forall x_\alpha \leqslant A$ 和 $F \in \eta^-(x_\alpha)$, 存在 $P \in D\eta_\alpha(x_\alpha)$ 和 $Q \in D\eta_\alpha(F)$ 使得 $\forall z \in A_{[\alpha]}$, 均有 $(P \vee Q)(z) \geqslant \alpha$;

(5) $\forall x_\alpha \leqslant A$ 和 $F \in \eta^-(x_\alpha)$, 存在 $P \in D\eta_\alpha(x_\alpha)$ 和 $Q \in L\eta_\alpha(F)$ 使得 $\forall z \in A_{[\alpha]}$, 均有 $(P \vee Q)(z) \geqslant \alpha$;

(6) $\forall x_\alpha \leqslant A$ 和 $F \in \eta^-(x_\alpha)$, 存在 $P \in L\eta_\alpha(x_\alpha)$ 和 $Q \in D\eta_\alpha(F)$ 使得 $\forall z \in A_{[\alpha]}$, 均有 $(P \vee Q)(z) \geqslant \alpha$;

(7) $\forall x_\alpha \leqslant A$ 和 $F \in \eta^-(x_\alpha)$, 存在 $P \in L\eta_\alpha(x_\alpha)$ 和 $Q \in L\eta_\alpha(F)$ 使得 $\forall z \in A_{[\alpha]}$, 均有 $(P \vee Q)(z) \geqslant \alpha$.

证　(1)⇒(2) 由闭 L-集一定是 D_α-闭集立得.

(2)⇒(3) 设 (2) 成立, 则 $\forall x_\alpha \leqslant A$ 和 $F \in \eta^-(x_\alpha)$, 存在 $P \in \eta^-(x_\alpha)$ 和 $Q \in D\eta_\alpha(F)$ 使得 $\forall z \in A_{[\alpha]}$, 均有 $(P \vee Q)(z) \geqslant \alpha$. 由 $Q \in D\eta_\alpha(F)$, $\forall x_\alpha \leqslant F$, 有 $x_\alpha \not\leqslant Q$, 即 $x \in Q_{[\alpha]} = (D_\alpha(Q))_{[\alpha]}$, 从而 $x_\alpha \not\leqslant D_\alpha(Q) \in \delta'$. 所以 $D_\alpha(Q) \in \eta_\alpha(F)$. 此外 $\forall z \in A_{[\alpha]}$, 由 $(P \vee Q)(z) \geqslant \alpha$ 得

$$z \in P_{[\alpha]} \cup Q_{[\alpha]} = P_{[\alpha]} \cup (D_\alpha(Q))_{[\alpha]} = (P \vee D_\alpha(Q))_{[\alpha]},$$

于是 $(P \vee D_\alpha(Q))(z) \geqslant \alpha$.

(3)⇒(4) 显然.

(4)⇒(5) 设 (4) 成立, 则 $\forall x_\alpha \leqslant A$ 和 $F \in \eta^-(x_\alpha)$, 存在 $P \in D\eta_\alpha(x_\alpha)$ 和 $Q \in D\eta_\alpha(F)$ 使得 $\forall z \in A_{[\alpha]}$, 均有 $(P \vee Q)(z) \geqslant \alpha$. 那么 $\forall x_\alpha \leqslant F, x_\alpha \not\leqslant Q$, 即 $x \notin Q_{[\alpha]} = (D_\alpha(Q))_{[\alpha]}$, 从而 $x_\alpha \not\leqslant D_\alpha(Q) \in \delta' \subset L_\alpha(\delta)$, 即 $D_\alpha(Q) \in L\eta_\alpha(F)$. 此外, $\forall z \in A_{[\alpha]}$, 由 $(P \vee Q)(z) \geqslant \alpha$ 得

$$z \in P_{[\alpha]} \cup Q_{[\alpha]} = P_{[\alpha]} \cup (D_\alpha(Q))_{[\alpha]} = (P \vee D_\alpha(Q))_{[\alpha]},$$

于是 $(P \vee D_\alpha(Q))(z) \geqslant \alpha$.

(5)⇒(6) 设 (5) 成立, 则 $\forall x_\alpha \leqslant A$ 和 $F \in \eta^-(x_\alpha)$, 存在 $P \in D\eta_\alpha(x_\alpha)$ 和 $Q \in L\eta_\alpha(F)$ 使得 $\forall z \in A_{[\alpha]}$, 均有 $(P \vee Q)(z) \geqslant \alpha$. 那么 $\forall x_\alpha \leqslant F, x_\alpha \not\leqslant Q$, 即 $x \notin Q_{[\alpha]} = (Q^-)_{[\alpha]}$, 从而 $x_\alpha \not\leqslant Q^- \in \delta' \subset D_\alpha(\delta)$, 即 $Q^- \in D\eta_\alpha(F)$. 此外, $\forall z \in A_{[\alpha]}$, 由 $(P \vee Q)(z) \geqslant \alpha$ 得

$$z \in P_{[\alpha]} \cup Q_{[\alpha]} = P_{[\alpha]} \cup (Q^-)_{[\alpha]} = (P \vee Q^-)_{[\alpha]},$$

于是 $(P \vee Q^-)(z) \geqslant \alpha$.

(6)⇒(7) 显然.

(7)⇒(1) 设 (7) 成立, 则 $\forall x_\alpha \leqslant A$ 和 $F \in \eta^-(x_\alpha)$, 存在 $P \in L\eta_\alpha(x_\alpha)$ 和 $Q \in L\eta_\alpha(F)$ 使得 $\forall z \in A_{[\alpha]}$, 均有 $(P \vee Q)(z) \geqslant \alpha$. 那么 $x \notin P_{[\alpha]} = (P^-)_{[\alpha]}$, 从而 $x_\alpha \not\leqslant P^- \in \delta'$, 于是 $P^- \in \eta(x_\alpha)$. 由 $Q \in L\eta_\alpha(F)$ 得 $\forall x_\alpha \leqslant F, x_\alpha \not\leqslant Q$, 即 $x \notin Q_{[\alpha]} = (Q^-)_{[\alpha]}$, 所以 $Q^- \in \eta_\alpha(F)$. 此外 $\forall z \in A_{[\alpha]}$, 由 $(P \vee Q)(z) \geqslant \alpha$ 自然 得 $(P^- \vee Q^-)(z) \geqslant \alpha$. 所以 A 都是 α-正则集.

定理 5.4.3 设 (X, δ) 是 L-拓扑空间, $\alpha \in M(L)$, $A \in L^X$. 若 A 是 α-T_3 集, 则 A 是 α-T_2 集.

证 $\forall x, y \in A_{[\alpha]}$ 且 $x \neq y$, 由 A 是 $\alpha - T_1$ 集, 存在 $P \in \eta(x_\alpha)$ 使得 $y_\alpha \leqslant P$. 由 A 是 α-正则集, 存在 $V \in \eta(x_\alpha)$ 及 $W \in \eta_\alpha(P)$ 使得 $(V \vee W)(z) \geqslant \alpha$ 对每个 $z \in A_{[\alpha]}$ 成立. 因为 $y_\alpha \leqslant P, W \in \eta(y_\alpha)$. 所以 A 是 α-T_2 集.

定理 5.4.4 设 (X, δ) 是 L-拓扑空间, $\alpha \in M(L)$. 则下列条件等价:

(1) (X, δ) 是 α-正则的.

(2) 分明拓扑空间 $(X, \iota_{\alpha'}(\delta))$ 是正则的.

(3) $\forall x_\alpha \in M^*(L^X)$ 和 $\forall F \in \eta^-(x_\alpha)$, 存在 $P \in \eta^-(x_\alpha)$ 以及 $V \in \delta$ 使得 $F_{[\alpha]} \subset \iota_{\alpha'}(V) \subset P_{[\alpha]}$.

(4) $\forall x_\alpha \in M^*(L^X)$ 和 $\forall F \in \eta^-(x_\alpha)$, 存在 $P \in D\eta_\alpha(x_\alpha)$ 以及 $V \in I_{\alpha'}(\delta)$ 使得 $F_{[\alpha]} \subset \iota_{\alpha'}(V) \subset P_{[\alpha]}$.

(5) $\forall x_\alpha \in M^*(L^X)$ 和 $\forall F \in \eta^-(x_\alpha)$, 存在 $Q \in L\eta_\alpha(x_\alpha)$ 以及 $W \in O_{\alpha'}(\delta)$ 使得 $F_{[\alpha]} \subset \iota_{\alpha'}(W) \subset Q_{[\alpha]}$.

证　(1)$\Rightarrow$(2) 设 $x \in X$ 且 $V \in \delta, x \notin (\iota_{\alpha'}(V))' = (V')_{[\alpha]}$, 则 $x_\alpha \nleqslant V'$, 于是 $V' \in \eta^-(x_\alpha)$. 由 (X, δ) 的 α-正则性, 存在 $P \in \eta^-(x_\alpha)$ 和 $Q \in \eta_\alpha(V')$ 使得 $P \vee Q \geqslant \alpha$, 从而 $P_{[\alpha]} \cup Q_{[\alpha]} = X$. 易见 $x \in \iota_{\alpha'}(P') \in \iota_{\alpha'}(\delta)$. 此外, $\forall y \in (V')_{[\alpha]}$, 有 $y_\alpha \leqslant V'$. 因 $Q \in \eta_\alpha(V'), Q \in \eta(y_\alpha)$, 从而 $y \in \iota_{\alpha'}(Q') \in \iota_{\alpha'}(\delta)$. 因此 $\iota_{\alpha'}(Q')$ 是 $(V')_{[\alpha]}$ 在 $(X, \iota_{\alpha'}(\delta))$ 中的开邻域. 又, 由 $P_{[\alpha]} \cup Q_{[\alpha]} = X$ 得 $\iota_{\alpha'}(P') \cap \iota_{\alpha'}(Q') = \varnothing$. 这证明 $(X, \iota_{\alpha'}(\delta))$ 是正则的.

(2)$\Rightarrow$(3) $\forall x_\alpha \in M^*(L^X)$ 和 $\forall F \in \eta^-(x_\alpha)$, 则 $x \notin (\iota_{\alpha'}(F'))' \in (\iota_{\alpha'}(\delta))'$. 由 (2), 在 $(X, \iota_{\alpha'}(\delta))$ 中存在 x 的开邻域 $\iota_{\alpha'}(W)$ 和 $(\iota_{\alpha'}(F'))'$ 的开邻域 $\iota_{\alpha'}(V)$, 使得 $\iota_{\alpha'}(V) \cap \iota_{\alpha'}(W) = \varnothing$. 因此 $P = W' \in \eta^-(x_\alpha)$. 显然 $F_{[\alpha]} = (\iota_{\alpha'}(F'))' \subset \iota_{\alpha'}(V)$. 由 $\iota_{\alpha'}(V) \cap \iota_{\alpha'}(W) = \varnothing$ 得 $\iota_{\alpha'}(V) \subset (\iota_{\alpha'}(W))' = (W')_{[\alpha]} = P_{[\alpha]}$.

(3)$\Rightarrow$(4) 由闭 L-集是 D_α-闭集和开 L-集是 $I_{\alpha'}$-开集立得.

(4)$\Rightarrow$(5) 由 (4), $\forall x_\alpha \in M^*(L^X)$ 和 $\forall F \in \eta^-(x_\alpha)$, 存在 $P \in D\eta_\alpha(x_\alpha)$ 以及 $V \in I_{\alpha'}(\delta)$ 使得 $F_{[\alpha]} \subset \iota_{\alpha'}(V) \subset P_{[\alpha]}$. 那么, $P_{[\alpha]} = (D_\alpha(P))_{[\alpha]}$, 从而 $x_\alpha \nleqslant D_\alpha(P) \in \delta' \subset L_\alpha(\delta)$, 因此 $D_\alpha(P) \in L\eta_\alpha(x_\alpha)$. 由 $V \in I_{\alpha'}(\delta)$ 得 $\iota_{\alpha'}(I_{\alpha'}(V)) = \iota_{\alpha'}(V)$. 注意 $I_{\alpha'}(V) \in \delta \subset O_{\alpha'}(\delta)$, 而且 $F_{[\alpha]} \subset \iota_{\alpha'}(V) = \iota_{\alpha'}(I_{\alpha'}(V)) \subset P_{[\alpha]} = (D_\alpha(P))_{[\alpha]}$. 令 $D_\alpha(P) = Q, I_{\alpha'}(V) = W$, 则 $F_{[\alpha]} \subset \iota_{\alpha'}(W) \subset Q_{[\alpha]}$.

(5)$\Rightarrow$(1) $\forall x_\alpha \in M^*(L^X)$ 和 $\forall F \in \eta^-(x_\alpha)$, 由 (5), 存在 $Q \in L\eta_\alpha(x_\alpha)$ 以及 $W \in O_{\alpha'}(\delta)$ 使得 $F_{[\alpha]} \subset \iota_{\alpha'}(W) \subset Q_{[\alpha]}$. 那么 $x \notin Q_{[\alpha]} = (Q^-)_{[\alpha]}$, 从而 $Q^- \in \eta^-(x_\alpha)$. 此外, $y_\alpha \leqslant F$, 我们有 $y \in F_{[\alpha]} \subset \iota_{\alpha'}(W)$, 于是 $y_\alpha \nleqslant W' \in \delta'$, 因此 $W' \in \eta_\alpha(F)$. 最后, $\forall z \in X$, 若 $z \notin (W')_{[\alpha]} = (\iota_{\alpha'}(W))' \supset (Q_{[\alpha]})' = ((Q^-)_{[\alpha]})'$, 则 $z \in (Q^-)_{[\alpha]}$. 因此 $(W')_{[\alpha]} \cup (Q^-)_{[\alpha]} = X$, 即 $W' \vee Q^- \geqslant \alpha$. 这证明 (X, δ) 是 α-正则空间.

如果 (X, δ) 是弱诱导的 L-拓扑空间, 则对每个 $\alpha \in M(L), \iota_{\alpha'}(\delta) = [\delta]$. 于是可得下面的推论:

推论 5.4.1　设 (X, δ) 是弱诱导的 L-拓扑空间, 则下列条件等价:

(1) (X, δ) 是层正则的;

(2) 存在 $\alpha \in M(L)$ 使得 (X, δ) 是 α-正则的;

(3) $(X, [\delta])$ 是正则的.

推论 5.4.2　层正则性是 "L-好的推广".

定理 5.4.5　设 $\{(X_t, \delta_t)\}_{t \in T}$ 是一族 L-拓扑空间, (X, δ) 是其积空间. 则 (X, δ) 是层正则的当且仅当 $\forall t \in T, (X_t, \delta_t)$ 是层正则的.

证　由定理 5.4.4, 文献 [6] 的引理 6.4.12 及分明拓扑学中的结论可得.

下列定理说明 α-正则性是可遗传的.

定理 5.4.6　设 (X, δ) 是 L-拓扑空间, $\alpha \in M(L), A \in L^X$ 且 $B \in L^X$ 是 α-正则集. 若 $A \leqslant B$, 则 A 是 α-正则集.

证 $\forall x_\alpha \leqslant A$ 及 $\forall F \in \eta^-(x_\alpha)$, 由 $A \leqslant B$ 知 $x_\alpha \leqslant B$. 于是存在 $P \in \eta^-(x_\alpha)$ 和 $Q \in \eta_\alpha(F)$ 使得 $\forall z \in B_{[\alpha]}, (P \vee Q)(z) \geqslant \alpha$. 那么 $\forall z \in A_{[\alpha]} \subset B_{[\alpha]}, (P \vee Q)(z) \geqslant \alpha$. 因此 A 是 α-正则集.

推论 5.4.3 设 (X, δ) 是 L-拓扑空间, $\alpha \in M(L)$. 若 (X, δ) 是 α-正则空间, 则 (X, δ) 的 L-子空间是 α-正则空间.

下列定理说明 α-正则性是可和的.

定理 5.4.7 设 $(X, \delta) = \sum\limits_{t \in T} (X_t, \delta_t), \alpha \in M(L)$. 则 (X, δ) 是 α-正则空间当且仅当 $\forall t \in T, (X_t, \delta_t)$ 是 α-正则空间.

证 由推论 5.4.2 知只需证充分性即可.

$\forall x_\alpha \leqslant 1_X, F \in \eta^-(x_\alpha)$, 存在 $s \in T$ 使得 $x \in X_s$. 因 $F|X_s \in \delta'_s$ 且 $x_\alpha|X_s \not\leqslant F|X_s$, 所以由 (X_s, δ_s) 的 α-正则性, 存在 $P_s \in \eta^-(x_\alpha|X_s)$ 及 $Q_s \in \eta_\alpha(F|X_s)$, 使得对每个 $z \in X_s = (1_{X_s})_{[\alpha]}$ 均有 $(P_s \vee Q_s)(z) \geqslant \alpha$. 令 $P = P_s^* \vee 0_{X_s}^{**}, Q = Q_s^*$, 这里 P_s^* 等的意义见定义 0.4.1. 则 $P \in \eta^-(x_\alpha), Q \in \eta_\alpha(F)$, 且对每个 $y \in X = (1_X)_{[\alpha]}$, 当 $y \in X_s$ 时, $(P \vee Q)(y) = (P_s \vee Q_s)(y) \geqslant \alpha$; 当 $y \notin X_s$ 时, $(P \vee Q)(y) = 0_{X_s}^{**}(y) = 1 \geqslant \alpha$. 这证明 (X, δ) 是 α-正则空间.

推论 5.4.4 设 $(X, \delta) = \sum\limits_{t \in T} (X_t, \delta_t), \alpha \in M(L)$. 则 (X, δ) 是 α-T_3 当且仅当 $\forall t \in T, (X_t, \delta_t)$ 是 α-T_3.

5.5 层正规分离性

定义 5.5.1 设 (X, δ) 是 L-拓扑空间, $\alpha \in M(L)$. 称 (X, δ) 是 α-正规的, 若 $\forall F_1, F_2 \in \delta'$ 且 $F_1 \in \eta_\alpha(F_2), F_2 \in \eta_\alpha(F_1)$, 存在 $P \in \eta_\alpha(F_1)$ 和 $Q \in \eta_\alpha(F_2)$ 使得 $P \vee Q \geqslant \alpha$. 称 (X, δ) 为层正规的, 若 $\forall \alpha \in M(L), (X, \delta)$ 都是 α-正规的.

称 (X, δ) 是 α-T_4 空间, 若它是 α-正规的和 α-T_1 的. 称 (X, δ) 为层 T_4 空间, 若对每个 $\alpha \in M(L), (X, \delta)$ 都是 α-T_4 空间.

层 T_4 空间必是层 T_3 空间.

定理 5.5.1 设 (X, δ) 是 L-拓扑空间, $\alpha \in M(L)$. 则以下条件等价:

(1) (X, δ) 是 α-正规空间;

(2) $\forall F_1, F_2 \in L_\alpha(\delta)$ 且 $F_1 \in L\eta_\alpha(F_2), F_2 \in L\eta_\alpha(F_1)$, 存在 $P \in \eta_\alpha(F_1)$ 和 $Q \in \eta_\alpha(F_2)$ 使得 $P \vee Q \geqslant \alpha$;

(3) $\forall F_1, F_2 \in D_\alpha(\delta)$ 且 $F_1 \in D\eta_\alpha(F_2), F_2 \in D\eta_\alpha(F_1)$, 存在 $P \in \eta_\alpha(F_1)$ 和 $Q \in \eta_\alpha(F_2)$ 使得 $P \vee Q \geqslant \alpha$.

证 (1)$\Rightarrow$(2) $\forall F_1, F_2 \in L_\alpha(\delta)$ 且 $F_1 \in L\eta_\alpha(F_2), F_2 \in L\eta_\alpha(F_1)$, 那么 $\forall y_\alpha \leqslant F_2$, 有 $y_\alpha \not\leqslant F_1$, 即 $y \notin (F_1)_{[\alpha]} = (F_1^-)_{[\alpha]}$, 从而 $F_1^- \in \eta(y_\alpha)$, 于是 $F_1^- \in \eta_\alpha(F_2)$.

同理 $F_2^- \in \eta_\alpha(F_1)$. 由 (1) 存在 $P \in \eta_\alpha(F_1^-)$ 和 $Q \in \eta_\alpha(F_2^-)$ 使得 $P \vee Q \geqslant \alpha$. 于是, 对每个 $y_\alpha \leqslant F_1$, 即 $y \in (F_1)_{[\alpha]} = (F_1^-)_{[\alpha]}$, 因此 $y_\alpha \leqslant F_1^-$, 从而 $P \in \eta(y_\alpha)$. 这表明 $P \in \eta_\alpha(F_1)$. 同理 $Q \in \eta_\alpha(F_2)$.

(2)$\Rightarrow$(3)　$\forall F_1, F_2 \in D_\alpha(\delta)$ 且 $F_1 \in D\eta_\alpha(F_2), F_2 \in D\eta_\alpha(F_1)$, 那么 $\forall y_\alpha \leqslant F_2$, 有 $y_\alpha \not\leqslant F_1$, 即 $y \notin (F_1)_{[\alpha]} = (D_\alpha(F_1))_{[\alpha]}$, 从而 $y_\alpha \not\leqslant D_\alpha(F_1)$. 但是 $D_\alpha(F_1) \in \delta' \subset L_\alpha(\delta)$, 所以 $D_\alpha(F_1) \in L\eta_\alpha(F_2)$. 同理 $D_\alpha(F_2) \in L\eta_\alpha(F_1)$. 由 (2) 我们有 $P \in \eta_\alpha(D_\alpha(F_1))$ 和 $Q \in \eta_\alpha(D_\alpha(F_2))$ 使得 $P \vee Q \geqslant \alpha$. 现在我们证明 $P \in \eta_\alpha(F_1)$. 对每个 $y_\alpha \leqslant F_1$, 即 $y \in (F_1)_{[\alpha]} = (D_\alpha(F_1))_{[\alpha]}$, 故 $y_\alpha \leqslant D_\alpha(F_1)$. 由 $P \in \eta_\alpha(D_\alpha(F_1))$ 知 $P \in \eta(y_\alpha)$, 所以 $P \in \eta_\alpha(F_1)$. 同理 $Q \in \eta_\alpha(F_2)$.

(3)$\Rightarrow$(1) 由闭 L-集是 D_α-闭集立得.

定理 5.5.2　设 (X, δ) 是 L-拓扑空间, $\alpha \in M(L)$. 则以下条件等价:

(1) (X, δ) 是 α-正规空间;

(2) 对任意的 $F_1, F_2 \in \delta'$ 且 $F_1 \in \eta_\alpha(F_2), F_2 \in \eta_\alpha(F_1)$, 存在 $P \in L\eta_\alpha(F_1)$ 和 $Q \in \eta_\alpha(F_2)$ 使得 $P \vee Q \geqslant \alpha$;

(3) 对任意的 $F_1, F_2 \in \delta'$ 且 $F_1 \in \eta_\alpha(F_2), F_2 \in \eta_\alpha(F_1)$, 存在 $P \in L\eta_\alpha(F_1)$ 和 $Q \in L\eta_\alpha(F_2)$ 使得 $P \vee Q \geqslant \alpha$;

(4) 对任意的 $F_1, F_2 \in \delta'$ 且 $F_1 \in \eta_\alpha(F_2), F_2 \in \eta_\alpha(F_1)$, 存在 $P \in D\eta_\alpha(F_1)$ 和 $Q \in L\eta_\alpha(F_2)$ 使得 $P \vee Q \geqslant \alpha$;

(5) 对任意的 $F_1, F_2 \in \delta'$ 且 $F_1 \in \eta_\alpha(F_2), F_2 \in \eta_\alpha(F_1)$, 存在 $P \in D\eta_\alpha(F_1)$ 和 $Q \in D\eta_\alpha(F_2)$ 使得 $P \vee Q \geqslant \alpha$.

证　(1)$\Rightarrow$(2) 和 (2)$\Rightarrow$(3)　由闭 L-集是 L_α-闭集立得. (3)$\Rightarrow$(4) 和 (4)$\Rightarrow$(5) 由 L_α-闭集是 D_α-闭集立得.

(5)$\Rightarrow$(1)　对任意的 $F_1, F_2 \in \delta'$ 且 $F_1 \in \eta_\alpha(F_2), F_2 \in \eta_\alpha(F_1)$, 由 (5), 存在 $P \in D\eta_\alpha(F_1)$ 和 $Q \in D\eta_\alpha(F_2)$ 使得 $P \vee Q \geqslant \alpha$. 那么 $\forall y_\alpha \leqslant F_1$, 有 $y_\alpha \not\leqslant P$, 即 $y \notin P_{[\alpha]} = (D_\alpha(P))_{[\alpha]}$, 所以 $y \in \delta'$. 因此 $D_\alpha(P) \in \eta(y_\alpha)$. 这表明 $D_\alpha(P) \in \eta_\alpha(F_1)$. 同理 $D_\alpha(Q) \in \eta_\alpha(F_2)$, 又, 由 $P \vee Q \geqslant \alpha$ 得 $P_{[\alpha]} \cup Q_{[\alpha]} = X$. 因为 $P, Q \in D_\alpha(\delta)$, 所以 $(D_\alpha(P))_{[\alpha]} \cup (D_\alpha(Q))_{[\alpha]} = P_{[\alpha]} \cup Q_{[\alpha]} = X$, 即 $D_\alpha(P) \vee D_\alpha(Q) \geqslant \alpha$. 这证明 (X, δ) 是 α-正规空间.

定理 5.5.3　设 (X, δ) 是 L-拓扑空间, $\alpha \in M(L)$. 则以下条件等价:

(1) (X, δ) 是 α-正规空间;

(2) $(X, \iota_{\alpha'}(\delta))$ 是正规空间;

(3) 对满足 $F_{[\alpha]} \subset \iota_{\alpha'}(V)$ 的每个 $F \in \delta'$ 和每个 $V \in \delta$, 存在 $U \in \delta$ 与 $P \in \delta'$ 使得 $F_{[\alpha]} \subset \iota_{\alpha'}(U) \subset P_{[\alpha]} \subset \iota_{\alpha'}(V)$;

(4) 对满足 $F_{[\alpha]} \subset \iota_{\alpha'}(V)$ 的每个 $F \in L_\alpha(\delta)$ 和每个 $V \in O_{\alpha'}(\delta)$, 存在 $U \in \delta$ 与 $P \in \delta'$ 使得 $F_{[\alpha]} \subset \iota_{\alpha'}(U) \subset P_{[\alpha]} \subset \iota_{\alpha'}(V)$;

(5) 对满足 $F_{[\alpha]} \subset \iota_{\alpha'}(V)$ 的每个 $F \in D_\alpha(\delta)$ 和每个 $V \in O_{\alpha'}(\delta)$, 存在 $U \in \delta$ 与 $P \in \delta'$ 使得 $F_{[\alpha]} \subset \iota_{\alpha'}(U) \subset P_{[\alpha]} \subset \iota_{\alpha'}(V)$;

(6) 对满足 $F_{[\alpha]} \subset \iota_{\alpha'}(V)$ 的每个 $F \in D_\alpha(\delta)$ 和每个 $V \in I_{\alpha'}(\delta)$, 存在 $U \in \delta$ 与 $P \in \delta'$ 使得 $F_{[\alpha]} \subset \iota_{\alpha'}(U) \subset P_{[\alpha]} \subset \iota_{\alpha'}(V)$.

证 (1)⇒(2) 设 A 和 B 是 $(X, \iota_{\alpha'}(\delta))$ 中的两个闭集且 $A \cap B = \varnothing$, 则存在 $E, F \in \delta$ 使得 $A = (\iota_{\alpha'}(E))' = (E')_{[\alpha]}$, $B = (\iota_{\alpha'}(F))' = (F')_{[\alpha]}$. $\forall x \in A$, 即 $x_\alpha \leqslant E'$, 有 $x \notin B$, 即 $x_\alpha \nleqslant F'$, 从而 $F' \in \eta(x_\alpha)$, 所以 $F' \in \eta_\alpha(E')$. 同理 $E' \in \eta_\alpha(F')$. 由 (1), 存在 $P \in \eta_\alpha(E')$ 和 $Q \in \eta_\alpha(F')$ 使得 $P \vee Q \geqslant \alpha$. 容易验证 $\iota_{\alpha'}(P')$ 和 $\iota_{\alpha'}(Q')$ 分别是 A 和 B 在 $(X, \iota_{\alpha'}(\delta))$ 中的开邻域. 由 $P \vee Q \geqslant \alpha$ 得 $\iota_{\alpha'}(P') \cap \iota_{\alpha'}(Q') = \varnothing$. 所以 $(X, \iota_{\alpha'}(\delta))$ 是正规空间.

(2)⇒(3) 对满足 $F_{[\alpha]} \subset \iota_{\alpha'}(V)$ 的 $F \in \delta'$ 和每个 $V \in \delta$,$(\iota_{\alpha'}(V))' = (V')_{[\alpha]}$ 和 $F_{[\alpha]}$ 是 $(X, \iota_{\alpha'}(\delta))$ 中两个不相交的闭集, 由 $(X, \iota_{\alpha'}(\delta))$ 的正规性, 分别存在 $F_{[\alpha]}$ 和 $(V')_{[\alpha]}$ 的开邻域 A 和 B 使得 $A \cap B = \varnothing$. 于是存在 $U \in \delta$ 与 $P \in \delta'$ 使得 $A = \iota_{\alpha'}(U), B = \iota_{\alpha'}(P') = (P_{[\alpha]})'$. 因此 $(V')_{[\alpha]} \subset (P_{[\alpha]})'$, 故 $P_{[\alpha]} \subset ((V')_{[\alpha]})' = \iota_{\alpha'}(V)$. 所以 $F_{[\alpha]} \subset A = \iota_{\alpha'}(U) \subset B' = P_{[\alpha]} \subset \iota_{\alpha'}(V)$.

(3)⇒(4) 对满足 $F_{[\alpha]} \subset \iota_{\alpha'}(V)$ 的每个 $F \in L_\alpha(\delta)$ 和每个 $V \in O_{\alpha'}(\delta)$, 有 $F_{[\alpha]} = (F^-)_{[\alpha]}$ 和 $\iota_{\alpha'}(V) = \iota_{\alpha'}(V^0)$, 从而 $(F^-)_{[\alpha]} \subset \iota_{\alpha'}(V^0)$. 由 (3) 存在 $U \in \delta$ 与 $P \in \delta'$ 使得 $F_{[\alpha]} = (F^-)_{[\alpha]} \subset \iota_{\alpha'}(U) \subset P_{[\alpha]} \subset \iota_{\alpha'}(V^0) = \iota_{\alpha'}(V)$, 故 (4) 成立.

(4)⇒(5) 对满足 $F_{[\alpha]} \subset \iota_{\alpha'}(V)$ 的每个 $F \in D_\alpha(\delta)$ 和每个 $V \in O_{\alpha'}(\delta)$, 有 $F_{[\alpha]} = (D_\alpha(F))_{[\alpha]}$, 从而 $(D_\alpha(F))_{[\alpha]} \subset \iota_{\alpha'}(V)$. 注意 $D_\alpha(F) \in \delta' \subset L_\alpha(\delta)$, 由 (4), 存在 $U \in \delta$ 与 $P \in \delta'$ 使得 $F_{[\alpha]} = (D_\alpha(F))_{[\alpha]} \subset \iota_{\alpha'}(U) \subset P_{[\alpha]} \subset \iota_{\alpha'}(V)$, 故 (5) 成立.

(5)⇒(6) 对满足 $F_{[\alpha]} \subset \iota_{\alpha'}(V)$ 的每个 $F \in D_\alpha(\delta)$ 和每个 $V \in I_{\alpha'}(\delta)$, 有 $\iota_{\alpha'}(V) = \iota_{\alpha'}(I_{\alpha'}(V))$, 从而 $F_{[\alpha]} \subset \iota_{\alpha'}(I_{\alpha'}(V))$. 注意 $I_{\alpha'}(V) \in \delta \subset O_{\alpha'}(\delta)$, 由 (5), 存在 $U \in \delta$ 与 $P \in \delta'$ 使得 $F_{[\alpha]} \subset \iota_{\alpha'}(U) \subset P_{[\alpha]} \subset \iota_{\alpha'}(I_{\alpha'}(V)) = \iota_{\alpha'}(V)$, 故 (6) 成立.

(6)⇒(1) 由 $\delta' \subset D_\alpha(\delta)$ 和 $\delta \subset I_{\alpha'}(\delta)$ 立得.

推论 5.5.1 设 (X, δ) 是弱诱导的 L-拓扑空间, 则下列条件等价:

(1) (X, δ) 是层正规的;

(2) 存在 $\alpha \in M(L)$ 使得 (X, δ) 是 α-正规的;

(3) $(X, [\delta])$ 是正规的.

推论 5.5.2 层正规性是 "L-好的推广".

设下列定理说明 α-正规性是可和的.

定理 5.5.4 设 $(X, \delta) = \sum\limits_{t \in T}(X_t, \delta_t), \alpha \in M(L)$. 则 (X, δ) 是 α-正规空间当

且仅当 $\forall t \in T, (X_t, \delta_t)$ 是 α-正规空间.

证   设 (X, δ) 是 α-正规空间. $\forall t \in T$, 设 F_1, $F_2 \in \delta_t'$, 且 $F_1 \in \eta_\alpha(F_2)$, $F_2 \in \eta_\alpha(F_1)$. 则 $F_1^*, F_2^* \in \delta'$. 此外, $\forall x_\alpha \leqslant F_2^*$, 若 $x \in X_t$, 则 $\alpha \leqslant F_2^*(x) = F_2(x)$, 从而 $x_\alpha \leqslant F_2$. 于是由 $F_1 \in \eta_\alpha(F_2)$ 知 $\alpha \not\leqslant F_1(x) = F_1^*(x)$, 可见 $x_\alpha \not\leqslant F_1^*$. 若 $x \notin X_t$, 则 $F_1^*(x) = 0$, 从而更有 $x_\alpha \not\leqslant F_1^*$. 总之 $F_1^* \in \eta_\alpha(F_2^*)$. 同理 $F_2^* \in \eta_\alpha(F_1^*)$. 由于 (X, δ) 是 α-正规空间, 存在 $P \in \eta_\alpha(F_1^*)$ 及 $Q \in \eta_\alpha(F_2^*)$ 使得 $\forall z \in X, (P \vee Q)(z) \geqslant \alpha$. 令 $P_1 = P|X_t$, $Q_1 = Q|X_t$, 则 $P_1, Q_1 \in \delta_t'$ 且

(1) $P_1 \in \eta_\alpha(F_1)$. 事实上, $\forall y_\alpha \leqslant F_1$, 则 $y \in X_t$, 从而 $\alpha \leqslant F_1(y) = F_1^*(y)$. 于是由 $P \in \eta_\alpha(F_1^*)$ 知 $y_\alpha \not\leqslant P$, 即 $\alpha \not\leqslant P(y) = (P|X_t)(y) = P_1(y)$, 可见 $y_\alpha \not\leqslant P_1$. 这表明 $P_1 \in \eta_\alpha(F_1)$. 同理 $Q_1 \in \eta_\alpha(F_2)$.

(2) $\forall z_t \in X_t, (P_1 \vee Q_1)(z_t) \geqslant \alpha$. 事实上, $\forall z_t \in X_t$,

$$(P_1 \vee Q_1)(z_t) = (P|X_t)(z_t) \vee (Q|X_t)(z_t) = P(z_t) \vee Q(z_t) = (P \vee Q)(z_t) \geqslant \alpha.$$

综上所述, (X_t, δ_t) 是 α-正规空间.

反过来, $\forall t \in T$, 设 (X_t, δ_t) 是 α-正规空间. 设 $F_1, F_2 \in \delta'$ 且 $F_1 \in \eta_\alpha(F_2)$, $F_2 \in \eta_\alpha(F_1)$. 则 $\forall t \in T, F_1|X_t, F_2|X_t \in \delta_t'$ 且 $F_1|X_t \in \eta_\alpha(F_2|X_t), F_2|X_t \in \eta_\alpha(F_1|X_t)$. 由 (X_t, δ_t) 的 α-正规性, 存在 $P_t \in \eta_\alpha(F_1|X_t)$ 及 $Q_t \in \eta_\alpha(F_2|X_t)$, 使得对每个 $z \in X_t = (1_{X_t})_{[\alpha]}$ 均有 $(P_t \vee Q_t)(z) \geqslant \alpha$. 令

$$P = \bigwedge_{t \in T} P_t^{**}, \quad Q = \bigwedge_{t \in T} Q_t^{**},$$

这里 P_t^{**} 和 Q_t^{**} 的意义见定义 0.4.1. 则

(1) 由于每个 $P_t^{**}, Q_t^{**} \in \delta', P, Q \in \delta'$.

(2) $P \in \eta_\alpha(F_1)$. 事实上, $\forall y_\alpha \leqslant F_1$, 则必存在 $s \in T$ 使得 $y \in X_s$. 从而 $\alpha \leqslant F_1(y) = (F_1|X_s)(y)$. 于是由 $P_s \in \eta_\alpha(F_1|X_s)$ 知 $y_\alpha \not\leqslant P_s$, 即 $\alpha \not\leqslant P_s(y)$. 由于

$$P(y) = \left(\bigwedge_{t \in T} P_t^{**} \right)(y) = P_s^{**}(y) \wedge \left(\bigwedge_{t \in T - \{s\}} P_t^{**} \right)(y) = P_s(y) \wedge 1 = P_s(y),$$

所以 $\alpha \not\leqslant P(y)$, 即 $y_\alpha \not\leqslant P$. 所以 $P \in \eta_\alpha(F_1)$. 同理 $Q \in \eta_\alpha(F_2)$.

(3) $\forall y \in X = (1_X)_{[\alpha]}, (P \vee Q)(y) \geqslant \alpha$. 事实上, 存在 $t_0 \in T$ 使得 $y \in X_{t_0}$. 于是

$$P(y) = \left(\bigwedge_{t \in T} P_t^{**} \right)(y) = P_{t_0}^{**}(y) \wedge \left(\bigwedge_{t \in T - \{t_0\}} P_t^{**} \right)(y) = P_{t_0}(y) \wedge 1 = P_{t_0}(y).$$

同理, $Q(y) = Q_{t_0}(y)$. 因此

$$(P \vee Q)(y) = P_{t_0}(y) \vee Q_{t_0}(y) \geqslant \alpha.$$

综上所述, (X, δ) 是 α-正规空间.

推论 5.5.3 设 $(X, \delta) = \sum\limits_{t \in T} (X_t, \delta_t), \alpha \in M(L)$. 则 (X, δ) 是 α-T_4 当且仅当 $\forall t \in T$, (X_t, δ_t) 是 α-T_4.

第6章 紧　性

CHAPTER 6

在 L-拓扑学中, 紧性的讨论由来已久, 事实上, 在这个学科的第一篇论文 [31] 中便提出了紧空间的概念. 后来陆续出现了 Lowen 的 Fuzzy 紧性、强 Fuzzy 紧性、超紧性以及王国俊的良紧性等等. 但在众多的紧性中, 良紧性是比较理想的. 正是基于这个原因, 后来涌现出来的诸多弱紧性多以此为基础, 如近良紧性、几乎良紧性等等. 本章主要介绍良紧性、Lowen 紧性、强 Fuzzy 紧性以及超紧性的一些新特征, 特别是对强 Fuzzy 紧性, 我们用各种层次闭集对其进行了多方面的刻画, 内容取自文献 [8, 32-47]. 史福贵对紧性素有研究, 曾在 L-拓扑空间中提出了几种很有特色的紧性 (文献 [48, 49]), 本章介绍他的 S^*-紧性.

6.1　良　紧　性

我们首先列出良紧性的定义 (见文献 [6, 42, 50]).

定义 6.1.1　设 (X, δ) 是 L-拓扑空间, $A \in L^X, \Phi \subset \delta', \alpha \in M(L)$. 如果对每个 $x_\alpha \leqslant A$, 存在 $P \in \Phi$ 使 $P \in \eta(x_\alpha)$, 则称 Φ 为 A 的 α-远域族, 简记为 α-RF. 如果存在 $r \in \beta^*(\alpha)$, 使 Φ 成为 A 的 r-远域族, 则称 Φ 为 A 的 α^--远域族, 简记为 α^--RF.

定义 6.1.2　设 (X, δ) 是 L-拓扑空间, $A \in L^X$, $\alpha \in M(L)$. 如果对 A 的任一 α-$RF\Phi$, 存在 $\Psi \in 2^{(\Phi)}$ 使 Ψ 构成 A 的 α^--RF, 则称 A 为 α-良紧集. 当最大的 L-集 1 是 α-良紧集时, 称 (X, δ) 为 α-良紧空间. 若 $\forall \alpha \in M(L)$, A 都是 α-良紧集, 则称 A 为良紧集. 当最大的 L-集 1 是良紧集时, 称 (X, δ) 为良紧空间.

定义 6.1.3　设 (X, δ) 是 L-拓扑空间, $A \in L^X$, $r \in L \backslash \{1\}$, $\Omega \subset \delta$. 称 Ω 为 A 的 r-复盖, 若 $\forall x \in A_{[r']}$, 存在 $U \in \Omega$ 使得 $U(x) \not\leqslant r$. 称 Ω 为 A 的 r^+-复盖, 若存在 $s \in \alpha^*(r)$ 使得 Ω 为 A 的 s-复盖.

定理 6.1.1　设 (X, δ) 是 L-拓扑空间, $A \in L^X$, $r \in P(L)$, $\Omega \subset \delta$. 则

(1) Ω 为 A 的 r-复盖当且仅当 Ω' 为 A 的 r'-RF.

(2) Ω 为 A 的 r^+-复盖当且仅当 Ω' 为 A 的 $(r')^-$-RF.

证　(1) 容易.

(2) 设 Ω 为 A 的 r^+-复盖, 则存在 $s \in \alpha^*(r)$ 使得 Ω 为 A 的 s-复盖. 注意 $s' \in (\alpha^*(r))' = \beta^*(r')$. $\forall x'_s \leqslant A$, 即 $x \in A_{[s']}$, 存在 $U \in \Omega$ 使得 $U(x) \not\leqslant s$, 从而

$U' \in \eta^-(x'_s)$. 这表明 Ω' 是 A 的 s'-RF, 从而 Ω' 是 A 的 $(r')^-$-RF. 反过来的证明是类似的.

定理 6.1.2 设 (X,δ) 是 L-拓扑空间, $A \in L^X$. 则 A 是良紧集当且仅当对每个 $r \in P(L)$ 及 A 的每个 r-复盖 Ω, 存在 $\Psi \in 2^{(\Omega)}$ 使得 Ψ 构成 A 的 r^+-复盖.

证 设 A 是良紧集, $r \in P(L)$, Ω 是 A 的 r-复盖, 则由定理 6.1.1, Ω' 为 A 的 r'-RF. 从而 $\Psi \in 2^{(\Omega)}$ 使得 Ψ' 构成 A 的 $(r')^-$-RF. 再由定理 6.1.1, Ψ 构成 A 的 r^+-复盖. 反过来的证明是类似的.

定义 6.1.4 设 $A \in L^X$, $r \in P(L)$, $\Omega \subset L^X$. 若 $\forall \Psi \in 2^{(\Omega)}$ 以及 $\forall s \in \alpha^*(r)$, 存在 $x \in A_{[r']}$ 使得 $(\bigwedge \Psi)(x) \geqslant s'$, 则称 Ω 在 A 中具有有限 r^+-交性质.

定理 6.1.3 设 (X,δ) 是 L-拓扑空间, $A \in L^X$. 则 A 是良紧集当且仅当 $\forall r \in P(L)$ 以及每个在 A 中具有有限 r^+-交性质的 $\Omega \subset \delta'$, 存在 $x \in A_{[r']}$ 使得 $(\bigwedge \Omega)(x) \geqslant r'$.

证 设 A 是良紧集. 若存在 $r \in P(L)$ 以及某个在 A 中具有有限 r^+-交性质的 $\Omega \subset \delta'$, 使得 $\forall x \in A_{[r']}$ 均有 $(\bigwedge \Omega)(x) \ngeqslant r'$, 则存在 $Q \in \Omega$ 使得 $Q(x) \ngeqslant r'$, 即 $Q'(x) \nleqslant r$. 这表明 Ω' 是 A 的 r-复盖. 由定理 6.1.2, 存在 $\Psi \in 2^{(\Omega)}$ 使得 Ψ' 构成 A 的 r^+-复盖, 从而存在 $s \in \alpha^*(r)$ 使得 $\forall x \in A_{[r']}$ 有 $Q \in \Psi$ 满足 $Q'(x) \nleqslant s$. 于是 $(\bigvee \Psi')(x) \nleqslant s$, 即 $(\bigwedge \Psi)(x) \ngeqslant s'$. 这与 Ω 在 A 中具有有限 r^+-交性质不合.

反过来, 对每个 $r \in P(L)$ 及 A 的每个 r-复盖, 若 $\forall \Psi \in 2^{(\Omega)}$, Ψ 都不是 A 的 r^+-复盖, 则 $\forall s \in \alpha^*(r)$, 存在 $x \in A_{[r']}$ 使得 $\forall Q \in \Psi$ 均有 $Q(x) \leqslant s$. 于是 $(\bigvee \Psi)(x) \leqslant s$, 进而 $(\bigwedge \Psi')(x) \geqslant s'$. 这表明 $\Omega' \subset \delta'$ 在 A 中具有有限 r^+-交性质. 因而存在 $x \in A_{[r']}$ 使得 $(\bigwedge \Omega')(x) \geqslant r'$. 由此得 $(\vee \Omega)(x) \leqslant r$, 这意味着 Ω 不是 A 的 r-复盖. 矛盾. 由定理 6.1.2, A 是良紧集.

定理 6.1.4 设 (X,δ) 是 L-拓扑空间, $\alpha \in M(L)$. 若 (X,δ) 是 α-T_2 的 α-良紧空间, 则它是 α-正则空间.

证 $\forall x_\alpha \leqslant 1$ 和 $F \in \eta^-(x_\alpha)$, 对每个 $y_\alpha \leqslant F$, 有 $x \neq y$. 因为 (X,δ) 是 α-T_2 空间, 存在 $P_y \in \eta^-(x_\alpha)$ 和 $Q_y \in \eta^-(y_\alpha)$ 使得 $P_y \vee Q_y \geqslant \alpha$. 令 $\Omega = \{Q_y : y_\alpha \leqslant F\}$, 则 Ω 是 F 的 α-RF. 由于 α-良紧性对闭 L-集遗传, 故 F 作为闭 L-集是 α-良紧的. 于是存在 $\Psi = \{Q_{y^1}, \cdots, Q_{y^n}\} \in 2^{(\Omega)}$ 使得 Ψ 是 F 的 α^--RF. Ψ 当然是 F 的 α-RF. 令 $Q = \wedge\Psi, P = \bigvee_{i=1}^n P_{y^i}$, 则显然有 $Q \in \eta_\alpha(F), P \in \eta(x_\alpha)$. 此外, $\forall z \in X$ 我们有

$$(P \vee Q)(z) = \left(\left(\bigvee_{i=1}^n P_{y^i}\right) \vee \left(\bigwedge_{i=1}^n Q_{y^i}\right)\right)(z) \geqslant \bigwedge_{i=1}^n (P_{y^i} \vee Q_{y^i})(z) \geqslant \alpha.$$

所以 (X,δ) 是 α-正则空间.

定理 6.1.5   设 (X, δ) 是 L-拓扑空间, $\alpha \in M(L)$. 若 (X, δ) 是 α-T_2 的 α-良紧空间, 则它是 α-正规空间.

证 $\forall F_1, F_2 \in \delta'$ 且 $F_1 \in \eta_\alpha(F_2), F_2 \in \eta_\alpha(F_1)$, 那么 $\forall y_\alpha \leqslant F_1, F_2 \in \eta(y_\alpha)$. 由定理 6.1.4 的证明知, 存在 $Q_y \in \eta_\alpha(F_2), P_y \in \eta(y_\alpha)$ 使得 $P_y \vee Q_y \geqslant \alpha$. 这时 $\Omega = \{P_y : y_\alpha \leqslant F_1\}$ 是 α-良紧集 F_1 的 α-RF, 从而存在 $\Psi = \{P_{y_1}, \cdots, P_{y_m}\} \in 2^{(\Omega)}$ 使 Ψ 构成 F_1 的 α^--RF. 令 $P = \bigwedge\limits_{i=1}^{m} P_{y_i}, Q = \bigvee\limits_{i=1}^{m} Q_{y_i}$, 则易证 $P \in \eta_\alpha(F_1), Q \in \eta_\alpha(F_2)$, 且 $P \vee Q \geqslant \alpha$. 所以 (X, δ) 是 α-正规空间.

下述定理表明良紧性是有限可和的.

定理 6.1.6   设 $(X, \delta) = \sum\limits_{t \in T}(X_t, \delta_t)$, 则 (X, δ) 是良紧空间当且仅当 $\forall t \in T$, (X_t, δ_t) 是良紧空间且指标集 T 是有限的.

证   设 (X, δ) 是良紧空间. 则 $\forall t \in T, (X_t, \delta_t)$ 作为 (X, δ) 的子空间是良紧的. 为了说明 T 是有限集, 我们考虑 $\Omega = \{0^{**}_{X_t} : t \in T\}$, 这里 $0^{**}_{X_t}$ 的意义见定义 0.4.1. 取定 $\alpha \in M(L)$, Ω 显然是 1_X 的 α-RF. 假如 T 不是有限集, 则 Ω 的任一有限子族都不是 1_X 的 α^--RF. 这与 (X, δ) 是良紧空间不合. 所以 T 是有限的.

反过来, 设 $(X_i, \delta_i), i = 1, 2, \cdots, n$ 是良紧空间, 我们证明 $(X, \delta) = \sum\limits_{i=1}^{n}(X_i, \delta_i)$ 是良紧空间. 对任意的 $\alpha \in M(L)$, 设 Ω 是 1_X 的 α-RF, 则对每个 $i \in \{1, 2, \cdots, n\}$, $\Omega|X_i = \{Q|X_i : Q \in \Omega\}$ 显然是 1_{X_i} 的 α-RF. 由 (X_i, δ_i) 的良紧性, 存在 $\Omega_i = \{Q_1^i, Q_2^i, \cdots, Q_{K_i}^i\} \in 2^{(\Omega)}$ 使得 $\Omega_i|X_i$ 是 1_{X_i} 的 α^--RF, 即存在 $r_i \in \beta^*(\alpha)$ 使得 $\Omega_i|X_i$ 是 1_{X_i} 的 r_i-RF. 由于 $\beta^*(\alpha)$ 是定向集, 故存在 $r \in \beta^*(\alpha)$ 使得 $r \geqslant r_i$, $i = 1, 2, \cdots, n$. 令

$$\Psi = \{Q_1^1, Q_2^1, \cdots, Q_{K_1}^1; Q_1^2, Q_2^2, \cdots, Q_{K_2}^2; \cdots; Q_1^n, Q_2^n, \cdots, Q_{K_n}^n\}$$

则 $\Psi \in 2^{(\Omega)}$ 是 1_X 的 r-RF. 事实上, 对每个 $x_r \leqslant 1_X$, 存在 $j \in \{1, 2, \cdots, n\}$ 使得 $x \in X_j$, 于是 $x_r|X_j \leqslant 1_{X_j}$, 从而 $x_{r_j}|X_j \leqslant 1_{X_j}$. 由 (X_j, δ_j) 的良紧性, 存在 $Q_m^j \in \Omega_j (1 \leqslant m \leqslant K_j)$ 使得 $x_{r_j}|X_j \not\leqslant Q_m^j|X_j$, 于是 $r_j \not\leqslant Q_m^j(x)$, 因此 $r \not\leqslant Q_m^j(x)$. 所以 $Q_m^j \in \eta(x_r)$. 这证明 Ψ 是 1_X 的 r-RF, 因此 $\Psi \in 2^{(\Omega)}$ 是 1_X 的 α^--RF. 所以 (X, δ) 是良紧空间.

下面的例子表明定理 6.1.6 中的条件 "指标集 T 是有限的" 不可少.

例 6.1.1   设 N 是自然数集. 取 $X_n = \{n\}, n \in N, L = [0, 1], \delta_n = L^{X_n}$. 则 (X_n, δ_n) 是 L-拓扑空间. 由于 X_n 是独点集, (X_n, δ_n) 自然是良紧空间. 但是它们的和空间 $(N, \delta) = \sum\limits_{n \in N}(X_n, \delta_n)$ 却不是良紧的. 事实上, 取 $\alpha = \frac{1}{2} \in M(L) = (0, 1]$, 则显然 $\Omega = \{0^{**}_{X_n} : n \in N\}$ 是 1_N 的 α-RF, 这里 $0^{**}_{X_n}$ 的意义见定义 0.4.1. 对 Ω

的任一有限子族

$$\Psi = \{0_{X_{n_1}}^{**}, 0_{X_{n_2}}^{**}, \cdots, 0_{X_{n_m}}^{**}\},$$

取 $n \in N - \{n_1, n_2, \cdots, n_m\}$, 则对每个 $0_{X_j}^{**} \in \Psi$, 均有 $0_{X_j}^{**}(n) = 1 > r \in \beta^*(\alpha) = \left(0, \dfrac{1}{2}\right)$. 因此 $0_{X_j}^{**} \notin \eta(n_r)$. 这说明 Ψ 不是 1_N 的 r-RF. 因此 Ψ 不是 1_N 的 α^--RF. 所以 (N, δ) 不是良紧空间.

周武能与陈水利在文 [47] 中引入了 L-集网的概念, 并以此刻画了良紧性. 现在介绍这方面的工作.

定义 6.1.5 设 $(D, \leqslant)$ 是一定向集. 称映射 $\Delta : D \to L^X$ 为 L^X 中的 L-集网. 若对每个 $n \in D$, 置 $\Delta(n) = A(n)$, 则 Δ 可表示为 $\Delta = \{A(n), n \in D\}$.

显然, 通常的分子网是一种特殊的 L-集网.

定义 6.1.6 设 $\Delta = \{A(n), n \in D\}$ 是 L-拓扑空间 (X, δ) 中的 L-集网, $e \in M^*(L^X)$.

(1) 称 e 为 Δ 的极限点, 记作 $\Delta \to e$, 若对每个 $P \in \eta(e)$, 存在 $m \in D$ 使得当 $n \geqslant m$ 时, $A(n) \nleqslant P$.

(2) 称 e 为 Δ 的聚点, 记作 $\Delta \infty e$, 若对每个 $P \in \eta(e)$ 及每个 $n \in D$, 存在 $m \in D$ 使得当 $m \geqslant n$ 时, $A(m) \nleqslant P$.

定义 6.1.7 设 $\Delta = \{A(n), n \in D\}$ 是 L^X 中的 L-集网, $\alpha \in M(L)$. 称 Δ 为 α-L-集网, 若对每个 $r \in \beta^*(\alpha)$, 存在 $m \in D$ 使得当 $n \geqslant m$ 时, $(A(n))_{[\alpha]} \neq \varnothing$.

我们需要 [6] 中的 α-网的概念和良紧集的网式刻画.

定义 6.1.8 设 (X, δ) 是 L-拓扑空间, $S = \{S(n), n \in D\}$ 是 L^X 中的分子网. 以 $V(S(n))$ 表示分子 $S(n)$ 的高度 (比如, 当 $S(n) = x_\alpha$ 时, $V(S(n)) = \alpha$). 令 $V(S) = \{V(S(n)), n \in D\}$, 这时 $V(S)$ 是 L 中的分子网, 称它为 S 的值网. 设 $\alpha \in M(L)$, 如果对每个 $r \in \beta^*(\alpha)$, S 的值网最终大于或等于 r(即, 存在 $n_0 \in D$, 当 $n \geqslant n_0$ 时 $V(S(n)) \geqslant r$), 则称分子网 S 为 α-网.

定理 6.1.7 设 (X, δ) 是 L-拓扑空间, $A \in L^X$. 则 A 是良紧集当且仅当则对每个 $\alpha \in M(L)$, A 中的 α-网在 A 中有一高度等于 α 的聚点.

现在用 L-集网来刻画良紧性.

定理 6.1.8 设 (X, δ) 是 L-拓扑空间, $A \in L^X$. 若 A 是良紧集, 则对每个 $\alpha \in M(L)$ 以及 (X, δ) 中的每个 α-L-集网 $\Delta = \{A(n), n \in D\}$, 只要 $\forall r \in \beta^*(\alpha)$, $\forall n \in D$, $(A(n))_{[r]} \cap A_{[r]} \neq \phi$, 则 Δ 在 A 中有一高度为 α 的聚点.

证 设 A 是良紧集, $\Delta = \{A(n), n \in D\}$ 是满足题设条件的 α-L-集网. $\forall r \in \beta^*(\alpha)$, $\forall n \in D$, 取 $x^{(n,r)} \in (A(n))_{[r]} \cap A_{[r]}$, 则分子 $x_r^{(n,r)} \leqslant A(n) \wedge A$. 令

$$S = \{x_r^{(n,r)}, (n, r) \in D \times \beta^*(\alpha)\},$$

则 S 是 A 中的 α-网. 由于 A 的良紧性, 据定理 6.1.7, S 在 A 中有一高度为 α 的聚点 x_α. 我们断言 $\Delta \infty x_\alpha$. 事实上, $\forall P \in \eta(x_\alpha), \forall m \in D$, 任取 $r \in \beta^*(\alpha)$, 则存在 $(n,t) \in D \times \beta^*(\alpha)$ 使得 $(m,r) \leqslant (n,t)$ 且 $x_t^{(n,t)} \nleqslant P$. 注意到 $x_t^{(n,t)} \leqslant A(n)$ 便得 $A(n) \nleqslant P$. 这表明 $\forall P \in \eta(x_\alpha), \forall m \in D$, 存在 $n \in D$ 使得 $n \geqslant m$ 且 $A(n) \nleqslant P$. 所以 $\Delta \infty x_\alpha$.

定理 6.1.9　设 (X, δ) 是 L-拓扑空间, $A \in L^X$. 则 A 是良紧集当且仅当对每个 $\alpha \in M(L)$ 以及 A 中的每个 α-L-集网, 在 A 中有一高度为 α 的聚点.

证　设 A 是良紧集, $\Delta = \{A(n), n \in D\}$ 是 A 中的 α-L-集网. 假若 Δ 在 A 中没有高度为 α 的聚点, 则 $\forall x_\alpha \leqslant A$, 存在 $P(x) \in \eta(x_\alpha)$ 及 $n(x) \in D$ 使得当 $n \geqslant n(x)$ 时, $A(n) \leqslant P(x)$. 令 $\Omega = \{P(x) : x_\alpha \leqslant A\}$, 则 Ω 是 A 的 α-RF. 由 A 的良紧性, 存在 $\Psi = \{P(x_1), \cdots, P(x_k)\} \in 2^{(\Omega)}$ 及 $r \in \beta^*(\alpha)$, 使得对每个 $y_r \leqslant A$, 存在 $i \leqslant k$ 使 $P(x_i) \in \eta(y_r)$, 即 $y_r \nleqslant P(x_i)$. 令 $P = \bigwedge_{i=1}^{k} P(x_i)$, 则对每个 $y_r \leqslant A$, $y_r \nleqslant P$. 由于 D 是定向集, 存在 $n_0 \in D$ 使得 $n_0 \geqslant n(x_i), i = 1, 2, \cdots, k$. 于是当 $n \geqslant n_0$ 时, $A(n) \leqslant P(x_i), i = 1, 2, \cdots, k$, 从而 $A(n) \leqslant P$. 由此断言: 当 $n \geqslant n_0$ 时有 $(A(n))_{[r]} = \varnothing$. 事实上, 若存在 $n_1 \geqslant n_0$ 使得 $(A(n_1))_{[r]} \neq \varnothing$, 取 $z_r \leqslant A(n_1)$, 则由 $A(n_1) \leqslant A$ 得 $z_r \leqslant A$. 另一方面, 由 $A(n_1) \leqslant P$ 知 $z_r \leqslant P$. 这与上述 "对每个 $y_r \leqslant A, y_r \nleqslant P$" 不合. 因此我们的断言为真. 这证明 Δ 不是一个 α-L-集网. 矛盾! 所以 Δ 在 A 中有高度为 α 的聚点.

反过来, 对每个 $\alpha \in M(L)$, 设 S 是 A 中的 α-网, 则 S 是 A 中一个特殊的 α-L-集网. 从而 S 在 A 中有高度为 α 的聚点. 由定理 6.1.7, A 是良紧集.

6.2　强 F 紧性

本节将利用各种层次闭集和层次开集来刻画强 F 紧性, 充分展示了层次闭集和层次开集的独特魅力. 首先开列强 F 紧集的定义和已有结果 (文献 [6]).

定义 6.2.1　设 (X, δ) 是 L-拓扑空间, $A \in L^X$, $r \in P(L)$. 如果对 A 的每个 r-复盖 Ω, 存在 $\Psi \in 2^{(\Omega)}$ 使得 Ψ 构成 A 的 r-复盖, 则称 A 是 r-紧集. 如果对每个 $r \in P(L)$, A 都是 r-紧集, 则称 A 是强 F 紧集. 当最大 L-集 1 是 r-紧集 (分别地, 强 F 紧集), 则称 (X, δ) 是 r-紧空间 (分别地, 强 F 紧空间).

定理 6.2.1　设 (X, δ) 是 L-拓扑空间, $A \in L^X$.

(1) 对 $\alpha \in M(L)$, A 是 α'-紧集当且仅当对 A 的任一 α-$RF\Phi$, 存在 $\Psi \in 2^{(\Phi)}$ 使 Ψ 构成 A 的 α-RF.

(2) A 是强 F 紧集当且仅当 $\forall \alpha \in M(L)$ 及 A 的任一 α-$RF\Phi$, 存在 $\Psi \in 2^{(\Phi)}$ 使 Ψ 构成 A 的 α-RF.

定理 6.2.2 设 (X,δ) 是 L-拓扑空间, $A \in L^X$. 则 A 是强 F 紧集当且仅当 $\forall \alpha \in M(L)$ 及 A 中的每个常值 α-网在 A 中有高度等于 α 的聚点.

定义 6.2.2 设 (X,δ) 是 L-拓扑空间, $A \in L^X, \alpha \in M(L)$.

(1) 称 $\Omega \subset SD(\delta)$ 为 A 的 $SD\alpha$-远域族, 简记为 $SD\alpha$-RF, 如果 $\forall x_\alpha \leqslant A$, 有 $P \in \Omega$ 使 $P \in SD\eta(x_\alpha)$.

(2) 称 $\Omega \subset L_\alpha(\delta)$ 为 A 的 $L\alpha$-远域族, 简记为 $L\alpha$-RF, 如果 $\forall x_\alpha \leqslant A$, 有 $P \in \Omega$ 使 $P \in L\eta_\alpha(x_\alpha)$.

(3) 称 $\Omega \subset D_\alpha(\delta)$ 为 A 的 $D\alpha$-远域族, 简记为 $D\alpha$-RF, 如果 $\forall x_\alpha \leqslant A$, 有 $P \in \Omega$ 使 $P \in D\eta_\alpha(x_\alpha)$.

定理 6.2.3 设 (X,δ) 是 L-拓扑空间, $A \in L^X$. 则下列条件等价:

(1) A 为强 F 紧集;

(2) 对每个 $\alpha \in M(L)$ 以及 A 的任一 $L\alpha$-RFΩ, 存在 $\Psi \in 2^{(\Omega)}$ 使 Ψ 构成 A 的 $L\alpha$-RF;

(3) 对每个 $\alpha \in M(L)$ 以及 A 的任一 $D\alpha$-RFΩ, 存在 $\Psi \in 2^{(\Omega)}$ 使 Ψ 构成 A 的 $D\alpha$-RF;

(4) 对每个 $\alpha \in M(L)$ 以及 A 的任一 $SD\alpha$-RFΩ, 存在 $\Psi \in 2^{(\Omega)}$ 使 Ψ 构成 A 的 $SD\alpha$-RF.

证 (1)$\Longrightarrow$(2) 设 A 为强 F 紧集. 对每个 $\alpha \in M(L)$, 设 Ω 是 A 的 $L\alpha$-RF, 则 $\forall x_\alpha \leqslant A$, 存在 $P \in \Omega$ 使 $P \in L\eta(x_\alpha)$, 由 $P \in L_\alpha(\delta)$ 得 $x \notin P_{[\alpha]} = (P^-)_{[\alpha]}$, 即 $x_\alpha \not\leqslant P^- \subset \delta'$, 从而 $P^- \in \eta^-(x_\alpha)$, 可见 $\Omega^- = \{P^- : P \in \Omega\}$ 是 A 的 α-RF. 由 A 的强 F 紧性, 存在 $\Psi \in 2^{(\Omega)}$ 使 Ψ^- 构成 A 的 α-RF. 于是 $\forall x_\alpha \leqslant A$, 存在 $Q \in \Psi$ 使 $x_\alpha \not\leqslant Q^-$, 即 $x \notin (Q^-)_{[\alpha]} = Q_{[\alpha]}$. 从而 $Q \in L\eta(x_\alpha)$. 所以 Ψ 构成 A 的 $L\alpha$-RF.

(2)$\Longrightarrow$(3) 对每个 $\alpha \in M(L)$, 设 Ω 是 A 的 $D\alpha$-RF, 则 $\forall x_\alpha \leqslant A$, 存在 $P \in \Omega$ 使 $P \in D\eta(x_\alpha)$, 由 $P \in D_\alpha(\delta)$ 得 $x \notin P_{[\alpha]} = (D_\alpha(P))_{[\alpha]}$, 即 $x_\alpha \not\leqslant D_\alpha(P) \subset \delta'$. 由 $\delta' \subset L_\alpha(\delta)$ 得 $D_\alpha(P) \in L\eta(x_\alpha)$, 可见 $D_\alpha(\Omega) = \{D_\alpha(P) : P \in \Omega\}$ 是 A 的 $L\alpha$-RF. 由 (2), 存在 $\Psi \in 2^{(\Omega)}$ 使 $D_\alpha(\Psi)$ 构成 A 的 $L\alpha$-RF. 于是 $\forall x_\alpha \leqslant A$, 存在 $Q \in \Psi$ 使 $x_\alpha \not\leqslant D_\alpha(Q)$, 即 $x \notin (D_\alpha(Q))_{[\alpha]} = Q_{[\alpha]}$. 从而 $Q \in D\eta(x_\alpha)$. 所以 Ψ 构成 A 的 $D\alpha$-RF.

(3)$\Longrightarrow$(4) 显然.

(4)$\Longrightarrow$(1) 由闭 L-集是 SD-闭集立得.

定义 6.2.3 设 (X,δ) 是 L-拓扑空间, $A \in L^X$.

(1) 对 $r \in P(L)$, $\Omega \subset O_r(\delta)$. 称 Ω 为 A 的 Nr-复盖, 若 $\forall x \in A_{[r']}$, 存在 $U \in \Omega$ 使得 $U(x) \not\leqslant r$.

(2) 对 $r \in P(L)$, $\Omega \subset I_r(\delta)$. 称 Ω 为 A 的 Ir-复盖, 若 $\forall x \in A_{[r']}$, 存在 $U \in \Omega$ 使得 $U(x) \nleqslant r$.

(3) 称 $\Omega \subset SI(\delta)$ 为 A 的 SI-复盖, 若 $\forall r \in P(L)$ 及 $\forall x \in A_{[r']}$, 存在 $U \in \Omega$ 使得 $U(x) \nleqslant r$.

定理 6.2.4 设 (X, δ) 是 L-拓扑空间, $A \in L^X$. 则下列条件等价:

(1) A 为强 F 紧集;

(2) $\forall r \in P(L)$ 及 A 的每个 Ir-复盖 Ω, 存在 $\Psi \in 2^{(\Omega)}$ 使得 Ψ 构成 A 的 Ir-复盖;

(3) $\forall r \in P(L)$ 及 A 的每个 Nr-复盖 Ω, 存在 $\Psi \in 2^{(\Omega)}$ 使得 Ψ 构成 A 的 Nr-复盖;

(4) $\forall r \in P(L)$ 及 A 的每个 SI-复盖 Ω, 存在 $\Psi \in 2^{(\Omega)}$ 使得 Ψ 构成 A 的 SI-复盖.

证　(1)$\Longrightarrow$(2) $\forall r \in P(L)$, 设 Ω 是 A 的 Ir-复盖, 则 $\forall x \in A_{[r']}$, 存在 $U \in \Omega$ 使得 $U(x) \nleqslant r$, 即 $x \in U_{(r)}$. 因 $U \in \Omega \subset I_r(\delta)$, 故 $U_{(r)} = (I_r(U))_{(r)}$. 因此 $I_r(U)(x) \nleqslant r$. 可见 $I_r(\Omega) = \{I_r(U) : U \in \Omega\}$ 是 A 的 r-复盖. 由 A 的强 F 紧性, 存在 $\Psi \in 2^{(\Omega)}$ 使得 $I_r(\Psi)$ 构成 A 的 r-复盖. 容易验证 Ψ 构成 A 的 Ir-复盖.

(2)$\Longrightarrow$(3) 由 $O_r(\delta) \subset I_r(\delta)$ 立得.

(3)$\Longrightarrow$(4) 由 $SI(\delta) \subset O_r(\delta)$ 立得.

(4)$\Longrightarrow$(1) $\delta \subset SI(\delta)$ 立得.

定义 6.2.4 设 (X, δ) 是 L-拓扑空间, $A \in L^X$, $\Omega \subset L^X$, $r \in P(L)$. 如果 $\forall \Psi \in 2^{(\Omega)}$, 存在 $x \in A_{[r']}$ 使得 $(\bigwedge \Psi)(x) \geqslant r'$, 则称 Ω 在 A 中具有有限 r-交性质.

定理 6.2.5 设 (X, δ) 是 L-拓扑空间, $A \in L^X$. 则下列条件等价:

(1) A 为强 F 紧集;

(2) $\forall r \in P(L)$ 以及每个在 A 中具有有限 r-交性质的 $\Omega \subset \delta'$, 存在 $x \in A_{[r']}$ 使得 $(\bigwedge \Omega)(x) \geqslant r'$;

(3) $\forall r \in P(L)$ 以及每个在 A 中具有有限 r-交性质的 $\Omega \subset D_r'(\delta)$, 存在 $x \in A_{[r']}$ 使得 $(\bigwedge \Omega)(x) \geqslant r'$;

(4) $\forall r \in P(L)$ 以及每个在 A 中具有有限 r-交性质的 $\Omega \subset SD(\delta)$, 存在 $x \in A_{[r']}$ 使得 $(\bigwedge \Omega)(x) \geqslant r'$;

(5) $\forall r \in P(L)$ 以及每个在 A 中具有有限 r-交性质的 $\Omega \subset L_r'(\delta)$, 存在 $x \in A_{[r']}$ 使得 $(\bigwedge \Omega)(x) \geqslant r'$.

证　(1)$\Longrightarrow$(2) $\forall r \in P(L)$, 设 $\Omega \subset \delta'$ 在 A 中具有有限 r-交性质. 若对每个 $x \in A_{[r']}$ 均有 $(\bigwedge \Omega)(x) \ngeqslant r'$, 则 $\left(\bigvee_{Q \in \Omega} Q'\right)(x) \nleqslant r$, 从而存在 $Q \in \Omega$ 使得

$Q'(x) \nleqslant r$. 这表明 Ω' 是 A 的 r-复盖. 由 A 的强 F 紧性, 存在 $\Psi \in \Omega$ 使得 Ψ' 构成 A 的 r-复盖. 于是对每个 $x \in A_{[r']}$, 存在 $Q \in \Psi$ 使得 $Q'(x) \nleqslant r$, 进而 $\left(\bigvee\limits_{Q \in \Psi} Q'\right)(x) \nleqslant r$, 因此 $(\bigwedge \Psi)(x) \ngeqslant r'$, 这与 Ω 在 A 中具有有限 r-交性质不合. 所以存在 $x \in A_{[r']}$ 使得 $(\bigwedge \Omega)(x) \geqslant r'$.

(2)$\Longrightarrow$(3) $\forall r \in P(L)$, 设 $\Omega \subset D'_r(\delta)$ 在 A 中具有有限 r-交性质, 则 $\forall \Psi \in 2^{(\Omega)}$, 存在 $x \in A_{[r']}$ 使得 $(\bigwedge \Psi)(x) \geqslant r'$, 即

$$x \in \left(\bigwedge_{Q \in \Psi} Q\right)_{[r']} = \bigcap_{Q \in \Psi} Q_{[r']} = \bigcap_{Q \in \Psi} (D'_r(Q))_{[r']} = \left(\bigwedge_{Q \in \Psi} D'_r(Q)\right)_{[r']},$$

从而 $\left(\bigwedge\limits_{Q \in \Psi} D'_r(Q)\right)(x) \geqslant r'$. 可见 $D'_r(\Omega) = \{D'_r(Q) : Q \in \Omega\} \subset \delta'$ 在 A 中具有有限 r-交性质. 由 (2), 存在 $x \in A_{[r']}$ 使得 $((\bigwedge D'_r(\Omega))(x) \geqslant r'$. 于是

$$x \in \left(\bigwedge_{Q \in \Omega} D'_r(Q)\right)_{[r']} = \bigcap_{Q \in \Omega} (D'_r(Q))_{[r']} = \bigcap_{Q \in \Omega} Q_{[r']} = \left(\bigwedge_{Q \in \Omega} Q\right)_{[r']},$$

所以 $(\bigwedge \Omega)(x) \geqslant r'$.

(3)$\Longrightarrow$(4) 由 $SD(\delta) \subset D'_r(\delta)$ 立得.

(4)$\Longrightarrow$(5) $\forall r \in P(L)$, 设 $\Omega \subset L'_r(\delta)$ 在 A 中具有有限 r-交性质, 则 $\forall \Psi \in 2^{(\Omega)}$, 存在 $x \in A_{[r']}$ 使得 $(\bigwedge \Psi)(x) \geqslant r'$, 即

$$x \in \left(\bigwedge_{Q \in \Psi} Q\right)_{[r']} = \bigcap_{Q \in \Psi} Q_{[r']} = \bigcap_{Q \in \Psi} (Q^-)_{[r']} = \left(\bigwedge_{Q \in \Psi} Q^-\right)_{[r']},$$

从而 $\left(\bigwedge\limits_{Q \in \Psi} Q^-\right)(x) \geqslant r'$. 可见 $\Omega^- = \{Q^- : Q \in \Omega\} \subset \delta' \subset SD(\delta)$ 在 A 中具有有限 r-交性质. 由 (4), 存在 $x \in A_{[r']}$ 使得 $(\bigwedge \Omega^-)(x) \geqslant r'$. 于是

$$x \in \left(\bigwedge_{Q \in \Omega} Q^-\right)_{[r']} = \bigcap_{Q \in \Omega} (Q^-)_{[r']} = \bigcap_{Q \in \Omega} Q_{[r']} = \left(\bigwedge_{Q \in \Omega} Q\right)_{[r']},$$

所以 $(\bigwedge \Omega)(x) \geqslant r'$.

(5)$\Longrightarrow$(1) $\forall r \in P(L)$, 设 $\Omega \subset O_r(\delta)$ 为 A 的 Nr-复盖. 若任意的 $\Psi \in 2^{(\Omega)}$ 都不构成 A 的 Nr-复盖, 即存在 $x \in A_{[r']}$ 使得 $\forall Q \in \Psi$ 均有 $Q(x) \leqslant r$, 从而

$(\bigvee \Psi)(x) \leqslant r$, 因此 $(\bigwedge \Psi')(x) \geqslant r'$. 这证明 $\Omega' \subset L_r(\delta)$ 在 A 中具有有限 r-交性质. 由 (5), 存在 $x \in A_{[r']}$ 使得 $(\bigwedge \Omega')(x) \geqslant r'$, 从而 $(\bigvee \Omega)(x) \leqslant r$, 于是 $\forall Q \in \Omega$ 均有 $Q(x) \leqslant r$. 这与 Ω 为 A 的 Nr-复盖不合. 所以存在 $\Psi \in 2^{(\Omega)}$ 使 Ψ 构成 A 的 Nr-复盖. 由定理 6.2.4(3), A 为强 F 紧集.

定理 6.2.6　设 (X, δ) 是 L-拓扑空间, $A \in L^X$. 则下列条件等价:

(1) A 为强 F 紧集;

(2) $\forall r \in P(L)$ 以及每个在 A 中具有有限 r-交性质的 $\Omega \subset L^X$, 存在 $x \in A_{[r']}$ 使得 $(\bigwedge \Omega^-)(x) \geqslant r'$;

(3) $\forall r \in P(L)$ 以及每个在 A 中具有有限 r-交性质的 $\Omega \subset L^X$, 存在 $x \in A_{[r']}$ 使得 $(\bigwedge D'_r(\Omega))(x) \geqslant r'$.

证　(1)$\Longrightarrow$(2) $\forall r \in P(L)$, 设 $\Omega \subset L^X$ 在 A 中具有有限 r-交性质, 则对每个 $\Psi \in 2^{(\Omega)}$, 存在 $x \in A_{[r']}$ 使得 $(\bigwedge \Psi)(x) \geqslant r'$, 从而 $(\bigwedge \Psi^-)(x) \geqslant r'$. 这表明 $\Omega^- = \{Q^- : Q \in \Omega\} \subset \delta'$ 在 A 中具有有限 r-交性质. 由 A 的强 F 紧性, 存在 $x \in A_{[r']}$ 使得 $(\bigwedge \Omega^-)(x) \geqslant r'$.

(2)$\Longrightarrow$(3) $\forall r \in P(L)$, 设 $\Omega \subset L^X$ 在 A 中具有有限 r-交性质, 则对每个 $\Psi \in 2^{(\Omega)}$, 存在 $x \in A_{[r']}$ 使得 $(\bigwedge \Psi)(x) \geqslant r'$, 即

$$x \in \left(\bigwedge_{Q \in \Psi} Q\right)_{[r']} = \bigcap_{Q \in \Psi} Q_{[r']} \subset \bigcap_{Q \in \Psi} (D'_r(Q))_{[r']} = \left(\bigwedge_{Q \in \Psi} D'_r(Q)\right)_{[r']},$$

从而 $(\bigwedge D'_r(\Psi))(x) \geqslant r'$. 这表明 $D'_r(\Omega)$ 在 A 中具有有限 r-交性质. 由 (2), 存在 $x \in A_{[r']}$ 使得 $(\bigwedge (D'_r(\Omega))^-)(x) \geqslant r'$. 注意到 $D'_r(\Omega) \subset \delta'$ 便有 $(\bigwedge D'_r(\Omega))(x) \geqslant r'$.

(3)$\Longrightarrow$(1) $\forall r \in P(L)$, 设 $\Omega \subset \delta'$ 在 A 中具有有限 r-交性质, 则存在 $x \in A_{[r']}$ 使得 $(\bigwedge D'_r(\Omega))(x) \geqslant r'$. 因为 $\forall Q \in \Omega \subset \delta'$, 均有 $D'_r(Q) \leqslant Q^- = Q$, 所以 $(\bigwedge \Omega)(x) \geqslant (\bigwedge D'_r(\Omega))(x) \geqslant r'$. 因此 A 为强 F 紧集.

定义 6.2.5　设 (X, δ) 是 L-拓扑空间, $e \in M^*(L^X)$, S 是分子网.

(1) 若对每个 $P \in D\eta_\alpha(e)$, S 经常不在 P 中, 则称 e 是 S 的 D_α-聚点.

(2) 若对每个 $P \in L\eta_\alpha(e)$, S 经常不在 P 中, 则称 e 是 S 的 L_α-聚点.

定理 6.2.7　设 (X, δ) 是 L-拓扑空间, $A \in L^X$. 则下列条件等价:

(1) A 为强 F 紧集;

(2) $\forall \alpha \in M(L)$, A 中的每个常值 α-网在 A 中有一高度等于 α 的 D_α-聚点;

(3) $\forall \alpha \in M(L)$, A 中的每个常值 α-网在 A 中有一高度等于 α 的 L_α-聚点.

证　(1)$\Longrightarrow$(2) $\forall \alpha \in M(L)$, 设 $S = \{x_\alpha^n, n \in D\}$ 是 A 中的常值 α-网, 则由强 F 紧性的定义, S 在 A 中有一高度等于 α 的聚点 y_α. $\forall P \in D\eta_\alpha(y_\alpha)$, $y \notin P_{[\alpha]} = (D_\alpha(P))_{[\alpha]}$, 即 $D_\alpha(P) \in \eta(y_\alpha)$, 从而 S 经常不在 $D_\alpha(P)$. 于是

$\forall m \in D$, 存在 $n \in D$ 且 $n \geqslant m$ 使得 $x_\alpha^n \not\leqslant D_\alpha(P)$, 即 $x^n \notin (D_\alpha(P))_{[\alpha]} = P_{[\alpha]}$, 因此 $x_\alpha^n \not\leqslant P$. 这证明 S 经常不在 P, 所以 y_α 是 S 在 A 中的 D_α-聚点.

(2)$\Longrightarrow$(3) $\forall \alpha \in M(L)$, 设 $S = \{x_\alpha^n, n \in D\}$ 是 A 中的常值 α-网, 则 S 在 A 中有一高度等于 α 的 D_α-聚点 y_α. $\forall P \in L\eta_\alpha(y_\alpha)$, $y \notin P_{[\alpha]} = (P^-)_{[\alpha]}$, 即 $P^- \in \eta(y_\alpha) \subset D\eta_\alpha(y_\alpha)$, 从而 S 经常不在 P^-. 于是 $\forall m \in D$, 存在 $n \in D$ 且 $n \geqslant m$ 使得 $x_\alpha^n \not\leqslant P^-$, 即 $x^n \notin (P^-)_{[\alpha]} = P_{[\alpha]}$, 因此 $x_\alpha^n \not\leqslant P$. 这证明 S 经常不在 P 中, 所以 y_α 是 S 在 A 中的 L_α-聚点.

(3)$\Longrightarrow$(1) $\forall \alpha \in M(L)$, 设 $S = \{x_\alpha^n, n \in D\}$ 是 A 中的常值 α-网, 则 S 在 A 中有一高度等于 α 的 L_α-聚点 y_α. $\forall P \in \eta^-(y_\alpha) \subset L\eta_\alpha(y_\alpha)$, S 经常不在 P 中, 所以 y_α 是 S 在 A 中的聚点. 这证明 A 是强 F 紧集.

定理 6.2.8 设 (X, δ) 是 L-拓扑空间, $A \in L^X$. 则下列条件等价:

(1) A 是强 F 紧集;

(2) $\forall \alpha \in M(L)$, $A_{[\alpha]}$ 是分明余拓扑空间 $(X, (\delta')_{[\alpha]})$ 中的紧子集, 这里 $(\delta')_{[\alpha]} = \{B_{[\alpha]} : B \in \delta'\}$;

(3) $\forall \lambda \in L$, $\lambda \wedge A$ 是强 F 紧集.

证 (1)$\Longrightarrow$(2) 设 $\Omega = \{A_{[\alpha]} \cap (B^t)_{[\alpha]} : t \in T\}$ 是 $(X, (\delta')_{[\alpha]})$ 的子空间 $(A_{[\alpha]}, (\delta')_{[\alpha]}|A_{[\alpha]})$ 中的具有有限交性质的闭集族, 则 $\forall \Psi = \{A_{[\alpha]} \cap (B^{t_i})_{[\alpha]} : i = 1, \cdots, n\} \in 2^{(\Omega)}$, 有 $\bigcap \Psi \neq \varnothing$. 于是存在 $x \in A_{[\alpha]} \cap (B^{t_i})_{[\alpha]}, i = 1, \cdots, n$, 因此存在 $x \in A_{[\alpha]}$ 使得 $\left(\bigwedge\limits_{i=1}^n B^{t_i}\right)(x) \geqslant \alpha$. 这表明 $\Delta = \{B^t : t \in T\} \subset \delta'$ 在 A 中具有有限 α'-交性质. 由 A 的强 F 紧性, 存在 $y \in A_{[\alpha]}$ 使得 $\left(\bigwedge\limits_{t \in T} B^t\right)(y) \geqslant \alpha$. 于是

$$y \in A_{[\alpha]} \cap \left(\bigwedge_{t \in T} B^t\right)_{[\alpha]} = A_{[\alpha]} \cap \left(\bigcap_{t \in T} (B^t)_{[\alpha]}\right) = \bigcap_{t \in T} (A_{[\alpha]} \cap (B^t)_{[\alpha]}).$$

这证明 Ω 具有非空的交, 所以 $A_{[\alpha]}$ 是紧子集.

(2)$\Longrightarrow$(3) $\forall \alpha \in M(L)$, 设 Ω 是 $\lambda \wedge A$ 的 α-RF. $\forall \lambda \in L$, 当 $\alpha \not\leqslant \lambda$ 时, $\lambda \wedge A$ 中没有高为 α 的分子, 它自然是强 F 紧的. 当 $\alpha \leqslant \lambda$ 时, $(\lambda \wedge A)_{[\alpha]} = A_{[\alpha]}$. 若每个 $\Psi \in 2^{(\Omega)}$ 都不构成 $\lambda \wedge A$ 的 α-RF, 则存在 $x \in (\lambda \wedge A)_{[\alpha]} = A_{[\alpha]}$ 使得对每个 $Q \in \Psi$ 均有 $Q(x) \geqslant \alpha$, 即 $x \in Q_{[\alpha]}$, 从而 $x \in \bigcap\limits_{Q \in \Psi}(A_{[\alpha]} \cap Q_{[\alpha]})$. 这表明 $A_{[\alpha]} \cap \Omega_{[\alpha]} = \{A_{[\alpha]} \cap Q_{[\alpha]} : Q \in \Omega\}$ 是 $(A_{[\alpha]}, (\delta')_{[\alpha]}|A_{[\alpha]})$ 中具有有限交性质的闭集族. 由 $A_{[\alpha]}$ 的紧性, 存在 $y \in \bigcap\limits_{Q \in \Omega}(A_{[\alpha]} \cap Q_{[\alpha]})$. 于是存在 $y \in A_{[\alpha]}$ 使得每个 $Q \in \Omega$ 均有 $Q(x) \geqslant \alpha$, 这与 Ω 是 $\lambda \wedge A$ 的 α-RF. 所以存在 $\Psi \in 2^{(\Omega)}$ 构成 $\lambda \wedge A$ 的 α-RF, 即 $\lambda \wedge A$ 是强 F 紧集.

(3)$\Longrightarrow$(1) 由 (3), 当 $\lambda = 1 \in L$ 时, $\lambda \wedge A = A$ 是强 F 紧的.

定理 6.2.9 设 (X, δ) 是 L-拓扑空间, $A \in L^X$. 则下列条件等价:

(1) A 是强 F 紧集;

(2) $\forall \alpha \in M(L)$, $A_{[\alpha]}$ 是分明余拓扑空间 $(X, (D_\alpha(\delta))_{[\alpha]})$ 中的紧子集, 这里 $(D_\alpha(\delta))_{[\alpha]} = \{B_{[\alpha]} : B \in D_\alpha(\delta)\}$;

(3) $\forall \alpha \in M(L)$, $A_{[\alpha]}$ 是分明余拓扑空间 $(X, (L_\alpha(\delta))_{[\alpha]})$ 中的紧子集, 这里 $(L_\alpha(\delta))_{[\alpha]} = \{B_{[\alpha]} : B \in L_\alpha(\delta)\}$;

(4) $\forall r \in P(L)$, $A_{[r']}$ 是分明拓扑空间 $(X, (N_r(\delta))_{(r)})$ 中的紧子集, 这里 $(N_r(\delta))_{(r)} = \{B_{(r)} : B \in N_r(\delta)\}$;

(5) $\forall r \in P(L)$, $A_{[r']}$ 是分明拓扑空间 $(X, (I_r(\delta))_{(r)})$ 中的紧子集, 这里 $(I_r(\delta))_{(r)} = \{B_{(r)} : B \in I_r(\delta)\}$.

证 (1)$\Longrightarrow$(2) $\forall \alpha \in M(L)$, 设 $\Omega = \{((B^t)_{[\alpha]})' : B^t \in D_\alpha(\delta), t \in T\}$ 是 $A_{[\alpha]}$ 在 $(X, (D_\alpha(\delta))_{[\alpha]})$ 中的任意开复盖, 则 $\forall x \in A_{[\alpha]}$, 存在 $t \in T$ 使得 $x \in ((B^t)_{[\alpha]})'$, 即 $x \notin (B^t)_{[\alpha]}$, 从而 $B^t(x) \ngeq \alpha$, 进而 $(B^t)'(x) \nleq \alpha'$. 可见 $\Delta = \{(B^t)' : t \in T\} \subset I_{\alpha'}(\delta)$ 是 A 的 $I\alpha'$-复盖. 由定理 6.2.4, 存在 $\Theta = \{(B^{t_i})' : i = 1, \cdots, n\} \in 2^{(\Delta)}$ 使得 Θ 构成 A 的 $I\alpha'$-复盖. 容易验证 $\Psi = \{((B^{t_i})_{[\alpha]})' : i = 1, \cdots, n\} \in 2^{(\Omega)}$ 是 $A_{[\alpha]}$ 的复盖. 所以 $A_{[\alpha]}$ 是 $(X, (D_\alpha(\delta))_{[\alpha]})$ 中的紧子集.

(2)$\Longrightarrow$(3) 由 $L_\alpha(\delta) \subset D_\alpha(\delta)$ 立得.

(3)$\Longrightarrow$(4) $\forall r \in P(L)$, 设 $\Omega = \{(B^t)_{(r)} : B^t \in N_r(\delta), t \in T\}$ 是 $A_{[r']}$ 在分明拓扑空间 $(X, (N_r(\delta))_{(r)})$ 中的开复盖, 则 $\forall x \in A_{[r']}$, 存在 $t \in T$ 使得 $x \in (B^t)_{(r)} = (((B^t)')_{[r']})'$. 因为 $(B^t)' \in L_r'(\delta)$, 所以 $\Delta = \{(((B^t)')_{[r']})' : t \in T\}$ 是在拓扑空间 $(X, (L_r'(\delta))_{[r']})$ 中的开复盖. 由 (3), 存在 $\Theta = \{(((B^{t_i})')_{[r']})' : i = 1, \cdots, n\} \in 2^{(\Delta)}$ 使得 Θ 是 $A_{[r']}$ 的开复盖. 不难验证 $\Psi = \{(B^{t_i})_{(r)} : i = 1, \cdots, n\} \in 2^{(\Omega)}$ 是 $A_{[r']}$ 对开复盖. 所以 $A_{[r']}$ 是 $(X, (N_r(\delta))_{(r)})$ 中的紧子集.

(4)$\Longrightarrow$(5) $\forall r \in P(L)$, 设 $\Omega = \{(B^t)_{(r)} : B^t \in I_r(\delta), t \in T\} \subset (I_r(\delta))_{(r)}$ 是 $A_{[r']}$ 在分明拓扑空间 $(X, (I_r(\delta))_{(r)})$ 中的开复盖, 则 $\forall x \in A_{[r']}$, 存在 $t \in T$ 使得 $x \in (B^t)_{(r)}$. 因为

$$(B^t)_{(r)} = (I_r(B^t))_{(r)} = \left(\bigvee\{G \in \delta : G_{(r)} \subset (B^t)_{(r)}\}\right)_{(r)}$$

$$= \bigcup\{G_{(r)} : G \in \delta : G_{(r)} \subset (B^t)_{(r)}\},$$

所以存在 $G^t \in \delta$ 使得 $x \in (G^t)_{(r)} \subset (B^t)_{(r)}$. 又因为 $\forall r \in P(L)$, $\delta \subset N_r(\delta)$, 因此 $\Delta = \{(G^t)_{(r)} : t \in T\} \subset (N_r(\delta))_{(r)}$ 是 $A_{[r']}$ 在分明拓扑空间 $(X, (N_r(\delta))_{(r)})$ 中的开复盖. 由 (4), 存在 $\Theta = \{(G^{t_i})_{(r)} : i = 1, \cdots, n\} \in 2^{(\Delta)}$ 使得 Θ 是 $A_{[r']}$ 的开复盖. 因此 $\forall x \in A_{[r']}$, 存在 $(G^{t_i})_{(r)} \in \Theta$ 使得 $x \in (G^{t_i})_{(r)} \subset (B^{t_i})_{(r)}$. 这证明

$\Psi = \{(B^{t_i})_{(r)} : i = 1, \cdots, n\} \in 2^{(\Omega)}$ 是 $A_{[r']}$ 的开复盖. 所以 $A_{[r']}$ 是分明拓扑空间 $(X, (I_r(\delta))_{(r)})$ 中的紧子集.

(5)$\Longrightarrow$(1) $\forall r \in P(L)$, 设 $\Omega = \{B^t : B^t \in I_r(\delta), t \in T\} \subset I_r(\delta)$ 是 A 的 Ir-复盖, 则 $\Omega_{(r)} = \{(B^t)_{(r)} : B^t \in I_r(\delta), t \in T\}$ 是 $A_{[r']}$ 在拓扑空间 $(X, (I_r(\delta))_{(r)})$ 中的开复盖. 由 (5), 存在 $\Psi = \{B^{t_i} : i = 1, \cdots, n\} \in 2^{(\Omega)}$ 使得 $(\Psi)_{(r)} = \{(B^{t_i})_{(r)} : i = 1, \cdots, n\} \in 2^{(\Omega_{(r)})}$ 是 $A_{[r']}$ 的开复盖. 容易证明 Ψ 是 A 的 Ir-复盖. 由定理 6.2.4, A 是强 F 紧集.

定理 6.2.10 设 (X, δ) 是 L-拓扑空间, $A \in L^X$. 若 A 是强 F 紧集, 则

(1) 当 $B \in \delta'$ 时, 则 $C = A \wedge B$ 是强 F 紧集.

(2) 当 $B \in SD(\delta)$ 时, 则 $C = A \wedge B$ 是强 F 紧集.

(3) $\forall \alpha \in M(L)$, 当 $B \in L_\alpha(\delta)$ 时, 则 $C = A \wedge B$ 是强 F 紧集.

(4) $\forall \alpha \in M(L)$, 当 $B \in D_\alpha(\delta)$ 时, 则 $C = A \wedge B$ 是强 F 紧集.

证 $\forall \alpha \in M(L)$, 因 $\delta' \subset SD(\delta) \subset D_\alpha(\delta)$, $L_\alpha(\delta) \subset D_\alpha(\delta)$, 故只需证 (4).

$\forall \alpha \in M(L)$, 设 $\Omega \subset D_\alpha(\delta)$ 是 $C = A \wedge B$ 的任一 $D\alpha$-RF, 则 $\forall x_\alpha \leqslant A$, 若 $x_\alpha \leqslant B$, 则 $x_\alpha \leqslant C$, 从而存在 $Q \in \Omega$ 使 $Q \in D\eta_\alpha(x_\alpha)$; 若 $x_\alpha \not\leqslant B$, 则 $B \in D\eta_\alpha(x_\alpha)$. 可见 $\Delta = \Omega \cup \{B\}$ 是 A 的 $D\alpha$-RF. 由定理 6.2.3, 存在 $\Psi \in 2^{(\Omega)}$ 使 $\Psi \cup \{B\}$ 构成 A 的 $D\alpha$-RF. $\forall y_\alpha \leqslant C$, 因 $y_\alpha \leqslant A$, 故存在 $P \in \Psi \cup \{B\}$ 是 $P \in D\eta_\alpha(y_\alpha)$. 又因 $y_\alpha \leqslant B$, 故 $P \neq B$. 从而 $P \in \Psi$, 所以 $\Psi \in 2^{(\Omega)}$ 是 $C = A \wedge B$ 的 $D\alpha$-RF. 由定理 6.2.3, $C = A \wedge B$ 是强 F 紧集.

定理 6.2.11 设 (X, δ) 是 L-拓扑空间, $\alpha \in M(L)$. 若 (X, δ) 是 α-T_2 的 α'-紧空间, 则它是 α-正则空间.

证 $\forall x_\alpha \leqslant 1$ 和 $F \in \eta^-(x_\alpha)$, 对每个 $y_\alpha \leqslant F$, 有 $x \neq y$. 因为 (X, δ) 是 α-T_2 空间, 存在 $P_y \in \eta^-(x_\alpha)$ 和 $Q_y \in \eta^-(y_\alpha)$ 使得 $P_y \vee Q_y \geqslant \alpha$. 令 $\Omega = \{Q_y : y_\alpha \leqslant F\}$, 则 Ω 是 F 的 α-RF. 由定理 6.2.10, α'-紧性对闭 L-集遗传, 故 F 作为闭 L-集是 α'-紧的. 于是存在 $\Psi = \{Q_{y^1}, \cdots, Q_{y^n}\} \in 2^{(\Omega)}$ 使得 Ψ 是 F 的 α-RF. 令 $Q = \bigwedge \Psi, P = \bigvee_{i=1}^n P_{y^i}$, 则显然有 $Q \in \eta_\alpha(F), P \in \eta(x_\alpha)$. 此外, $\forall z \in X$ 我们有

$$(P \vee Q)(z) = \left(\left(\bigvee_{i=1}^n P_{y^i}\right) \vee \left(\bigwedge_{i=1}^n Q_{y^i}\right)\right)(z) \geqslant \bigwedge_{i=1}^n (P_{y^i} \vee Q_{y^i})(z) \geqslant \alpha.$$

所以 (X, δ) 是 α-正则空间.

定理 6.2.12 设 (X, δ) 是 L-拓扑空间, $\alpha \in M(L)$. 若 (X, δ) 是 α-T_2 的 α'-紧空间, 则它是 α-正规空间.

证 $\forall F_1, F_2 \in \delta'$ 且 $F_1 \in \eta_\alpha(F_2), F_2 \in \eta_\alpha(F_1)$, 那么 $\forall y_\alpha \leqslant F_1, F_2 \in \eta(y_\alpha)$. 由定理 6.2.11 的证明知存在 $Q_y \in \eta_\alpha(F_2), P_y \in \eta(y_\alpha)$ 使得 $P_y \vee Q_y \geqslant \alpha$. 这时 $\Omega =$

$\{P_y : y_\alpha \leqslant F_1\}$ 是 α'-紧集 F_1 的 α-RF, 从而存在 $\Psi = \{P_{y_1}, \cdots, P_{y_m}\} \in 2^{(\Omega)}$ 使 Ψ 构成 F_1 的 α-RF. 令 $P = \bigwedge\limits_{i=1}^{m} P_{y_i}, Q = \bigvee\limits_{i=1}^{m} Q_{y_i}$, 则易证 $P \in \eta_\alpha(F_1), Q \in \eta_\alpha(F_2)$, 且 $P \vee Q \geqslant \alpha$. 所以 (X, δ) 是 α-正规空间.

下述定理表明强 F 紧性是有限可和的.

定理 6.2.13 设 $(X, \delta) = \sum\limits_{t \in T}(X_t, \delta_t)$, 则 (X, δ) 是强 F 紧空间当且仅当 $\forall t \in T, (X_t, \delta_t)$ 是强 F 紧空间且指标集 T 是有限的.

证 设 (X, δ) 是强 F 紧空间. 由于强 F 紧性对闭子集遗传, 所以 $\forall t \in T,$ (X_t, δ_t) 作为 (X, δ) 的闭子空间是强 F 紧的. 现证指标集 T 是有限的. 假如 T 是无限集. 取定 $r \in P(L)$, 则容易验证 $\Omega = \{1_{X_t}^* : t \in T\}$ 是 1_X 的 r-复盖. 但显然 Ω 的每个有限子族都不是 1_X 的 r-复盖. 这与 (X, δ) 的紧性不合. 所以 T 是有限集.

反过来, 设 $(X_i, \delta_i), i = 1, 2, \cdots, n$, 是强 F 紧空间. 下证 $(X, \delta) = \sum\limits_{i=1}^{n}(X_i, \delta_i)$ 是强 F 紧空间. 对每个 $r \in P(L)$, 设 Ω 是 1_X 的 r-复盖. 则 $\forall i \in \{1, 2, \cdots, n\}$, 不难看出 $\Omega|X_i = \{Q|X_i : Q \in \Omega\}$ 是 1_{X_i} 的 r-复盖. 由 (X_i, δ_i) 的强 F 紧性, 存在 Ω 的有限子族 $\Psi_i = \{Q_1^i, Q_2^i, \cdots, Q_{K_i}^i\}$ 使得 $\Psi_i|X_i$ 是 1_{X_i} 的 r-复盖. 令

$$\Psi = \{Q_1^1, Q_2^1, \cdots, Q_{K_1}^1; Q_1^2, Q_2^2, \cdots, Q_{K_2}^2; \cdots; Q_1^n, Q_2^n, \cdots, Q_{K_n}^n\},$$

则 $\Psi \in 2^{(\Omega)}$, 且容易验证 Ψ 是 1_X 的 r-复盖. 所以 (X, δ) 是强 F 紧空间.

下面的例子表明定理 6.2.13 中的条件 "指标集 T 是有限的" 是不可少的.

例 6.2.1 设 N 是自然数集. 取 $X_n = \{n\}, n \in N, L = [0,1], \delta_n = L^{X_n}$. 则由例 4.1.1 知 (X_n, δ_n) 是良紧空间. 而良紧空间必是强 F 紧空间. 因此 (X_n, δ_n) 是强 F 紧空间. 但它们的和空间 $(N, \delta) = \sum\limits_{n \in N}(X_n, \delta_n)$ 却不是强 F 紧的. 事实上, 取 $r = \dfrac{1}{2} \in P(L) = [0,1)$, 则显然 $\Omega = \{0_{X_n}^* : n \in N\}$ 是 1_N 的 r-复盖, 这里 $0_{X_n}^*$ 的意义见定义 0.4.1. 对 Ω 的任一有限子族

$$\Psi = \{0_{X_{n_1}}^*, 0_{X_{n_2}}^*, \cdots, 0_{X_{n_m}}^*\},$$

取 $n \in N - \{n_1, n_2, \cdots, n_m\}$, 则对每个 $0_{X_j}^* \in \Psi$, 均有 $0_{X_j}^*(n) = 0 < r$. 因此 Ψ 不是 1_N 的 r-复盖. 所以 (N, δ) 不是强 F 紧空间.

现在用 L-集网来刻画强 F 紧性.

定理 6.2.14 设 (X, δ) 是 L-拓扑空间, $A \in L^X$. 则 A 是强 F 紧的当且仅当对每个 $\alpha \in M(L)$ 以及 A 中的每个 α-L-集网 $\Delta = \{A(n), n \in D\}$, 若经常有 $(A(n))_{[\alpha]} \neq \varnothing$, 则 Δ 在 A 中有高为 α 的聚点.

证 设 A 是强 F 紧集, 且 $\Delta = \{A(n), n \in D\}$ 是 A 中的 α-L-集网. 若 Δ 在 A 中没有高为 α 的聚点, 则对每个 $x_\alpha \leqslant A$, 存在 $P_x \in \eta(x_\alpha)$ 及 $n_x \in D$, 使得当 $n \geqslant n_x$ 时有 $A(n) \leqslant P_x$. 令 $\Omega = \{P_x : x_\alpha \leqslant A\}$, 则 Ω 是 A 的 α-RF. 任取 Ω 的有限子族 $\Psi = \{P_{x_i} : i = 1, 2, \cdots, k\}$. 由于 D 的定向性, 存在 $n_0 \in D$ 使 $n_0 \geqslant n_{x_i}, i = 1, \cdots, k$. 于是, 当 $n \geqslant n_0$ 时, $A(n) \leqslant P_{x_1} \wedge P_{x_2} \wedge \cdots \wedge P_{x_k}$. 因为经常有 $(A(n))_{[\alpha]} \neq \varnothing$, 故当 $n \geqslant n_0$ 时, 存在 $x_\alpha \leqslant A(n) \leqslant A$, 从而 $x_\alpha \leqslant P_{x_1} \wedge P_{x_2} \wedge \cdots \wedge P_{x_k}$. 这表明 Ψ 不是 A 的 α-RF. 此与 A 是强 F 紧集不合. 所以 Δ 在 A 中有高为 α 的聚点.

反过来, 对每个 $\alpha \in M(L)$, 设 S 是 A 中的常值 α-网. 则 S 自然是 A 中的 α-L-集网, 且经常有 $(A(n))_{[\alpha]} \neq \varnothing$. 由题设 S 在 A 中有高为 α 的聚点. 由定理 6.2.2, A 是强 F 紧集.

6.3 Lowen 紧性

Lowen 紧性最初是由 R.Lowen 在 L-拓扑空间中就 $L = [0, 1]$ 的情况引入的 (文献 [51, 52]), 后来专著 [6] 将其推广到一般的 L-拓扑空间, 并称之 F 紧性, 但仅给出了网式刻画. 作者在文献 [34] 中称这种紧性为 Lowen 紧性, 并给出了它的几种不同的特征刻画. 本节的内容主要取自文献 [8, 33-35, 37].

首先列出文献 [34] 中关于 Lowen 紧性的定义及已有的结果.

定义 6.3.1 设 (X, δ) 是 L-拓扑空间, $A \in L^X$. $\forall \alpha \in M(L)$, 如果对 A 中的每个 α-网 S 以及每个 $r \in \beta^*(\alpha)$, S 在 A 中有高度等于 r 的聚点, 则称 A 是 Lowen 紧集. 当 1 是 Lowen 紧集时, 称 (X, δ) 为 Lowen 紧空间.

定理 6.3.1 设 (X, δ) 是 L-拓扑空间, $A \in L^X$. 则 A 是 Lowen 紧集当且仅当 $\forall \alpha \in M(L)$, 对 A 中每个常值 α-网 S 以及每个 $r \in \beta^*(\alpha)$, S 在 A 中有高度等于 r 的聚点.

现在给出 Lowen 紧性的远域族式刻画.

定理 6.3.2 设 (X, δ) 是 L-拓扑空间, $A \in L^X$. 则 A 是 Lowen 紧集当且仅当 $\forall \alpha \in M(L)$, $\forall r \in \beta^*(\alpha)$, 以及 A 的每个 r-$RF\Omega$, 存在 $\Psi \in 2^{(\Omega)}$ 使得 Ψ 是 A 的 α-RF.

证 设 A 是 Lowen 紧集, 若定理中的条件不成立, 则存在 $\alpha \in M(L)$ 及 $r \in \beta^*(\alpha)$, 对 A 的某个 r-$RF\Omega$, $\forall \Psi \in 2^{(\Omega)}$, Ψ 不是 A 的 α-RF. 那么, 存在 $x_\alpha \leqslant A$ 使得 $x_\alpha \leqslant \wedge\Psi$. 我们用 $(x(\Psi))_\alpha$ 记 x_α. 注意 $2^{(\Omega)}$ 在集族通常的包含关系下形成定向集, 所以 $S = \{(x(\Psi))_\alpha, \Psi \in 2^{(\Omega)}\}$ 是 A 中的常值 α-网. 我们断定 S 在 A 中没有高为 r 的聚点. 事实上, 对每个 $x_r \leqslant A$, 由于 Ω 是 A 的 r-RF, 存在 $P \in \Omega$ 使得 $P \in \eta^-(x_r)$. 现在 $\{P\} \in 2^{(\Omega)}$, 且对每个满足 $\{P\} \subset \Psi$ (即 $P \in \Psi$)

的 $\Psi \in 2^{(\Omega)}$, 有 $(x(\Psi))_\alpha \leqslant \bigwedge \Psi \leqslant P$. 这表明 x_r 不是 S 的聚点, 由定理 4.3.1, A 不是 Lowen 紧集, 矛盾. 所以 $\forall \alpha \in M(L)$, $\forall r \in \beta^*(\alpha)$, 以及 A 的每个 r-RFΩ, 存在 $\Psi \in 2^{(\Omega)}$ 使得 Ψ 是 A 的 α-RF.

反过来, $\forall \alpha \in M(L)$, 设 $S = \{(x(n))_\alpha, n \in D\}$ 是 A 中的常值 α-网. 我们将证明对每个 $r \in \beta^*(\alpha)$, S 在 A 中有高度等于 r 的聚点. 若不然, 则存在 $r \in \beta^*(\alpha)$, 使得 S 在 A 中没有任何高度等于 r 的聚点. 于是, $\forall y_r \leqslant A$, 存在 $P(y) \in \eta^-(y_r)$ 使得 S 最终在 $P(y)$ 中. 令 $\Omega = \{P(y) : y_r \leqslant A\}$, 则 Ω 自然是 A 的 r-RF. 设 $\Psi = \{P(y_i) : i = 1, \cdots, k\} \in 2^{(\Omega)}$, 则对 $i \leqslant k$, 存在 $n_i \in D$ 使得当 $n \geqslant n_i$ 时 $(x(n))_\alpha \leqslant P(y_i)$. 取 $m \in D$ 使 $m \geqslant n_i$, $i = 1, \cdots, k$, 则当 $n \in D$ 且 $n \geqslant m$ 时, 我们有 $(x(n))_\alpha \leqslant \bigwedge_{i=1}^{k} P(y_i)$. 取定这样一个 $n^* \in D$ 且 $n^* \geqslant m$, 则 $(x(n^*))_\alpha \leqslant \bigwedge_{i=1}^{k} P(y_i)$. 这表明 Ψ 中任何一个成员 $P(y_i)$ 都不是 $(x(n^*))_\alpha$ 的远域. 因此 Ψ 不是 A 的 α-RF. 这与定理的条件不合, 所以对每个 $r \in \beta^*(\alpha)$, S 在 A 中有高度等于 r 的聚点. 由定理 6.3.1, A 是 Lowen 紧集.

推论 6.3.1　设 (X, δ) 是 L-拓扑空间, $A \in L^X$. 则 A 是 Lowen 紧集当且仅当 $\forall \alpha \in M(L)$ 以及 A 的每个 α^--RFΩ, 存在 $\Psi \in 2^{(\Omega)}$ 使得 Ψ 是 A 的 α-RF.

推论 6.3.2　设 (X, δ) 是 L-拓扑空间, $A \in L^X$. 则 A 是 Lowen 紧集当且仅当 $\forall \alpha \in M(L)$ 以及 A 的每个 α^--RFΩ, 存在 $\Psi \in 2^{(\Omega)}$ 使得 Ψ 是 A 的 α^--RF.

现在给出 Lowen 紧性的复盖式刻画.

定理 6.3.3　设 (X, δ) 是 L-拓扑空间, $A \in L^X$. 则 A 是 Lowen 紧集当且仅当 $\forall \alpha \in M(L)$, $\forall r \in (\beta^*(\alpha))'$, 以及 A 的每个 r-复盖 Ω, 存在 $\Psi \in 2^{(\Omega)}$ 使得 Ψ 是 A 的 α'-复盖.

证　$\forall \alpha \in M(L)$, $\forall r \in (\beta^*(\alpha))'$, 设 Ω 是 A 的 r-复盖, 则 Ω' 是 A 的 r'-RF. 因 $\forall r' \in \beta^*(\alpha)$, 故由定理 6.3.2, 存在 $\Psi \in 2^{(\Omega)}$ 使得 Ψ' 是 A 的 α-RF. 从而 Ψ 是 A 的 α'-复盖.

反过来的证明是类似的.

定理 6.3.4　设 (X, δ) 是 L-拓扑空间, $A \in L^X$. 则 A 是 Lowen 紧集当且仅当 $\forall \alpha \in M(L)$ 以及在任何 A 中具有有限 α'-交性质的 $\Omega \subset \delta'$, 存在 $r \in (\beta^*(\alpha))'$ 及 $x \in A_{[r']}$ 使得 $(\bigwedge \Omega)(x) \geqslant r'$.

证　设 A 是 Lowen 紧集. 对每个 $\alpha \in M(L)$, 设 $\Omega \subset \delta'$ 在 A 中具有有限 α'-交性质, 若对每个 $r \in (\beta^*(\alpha))'$ 及每个 $x \in A_{[r']}$ 均有 $(\bigwedge \Omega)(x) \geqslant r'$, 则 $\bigvee(\Omega')(x) \not\leqslant r$, 于是存在 $Q \in \Omega$ 使得 $(Q')(x) \not\leqslant r$. 这表明 $\Omega' \subset \delta$ 是 A 的 r-复盖. 由定理 4.3.3, 存在 $\Psi \in 2^{(\Omega)}$ 使得 Ψ' 是 A 的 α'-复盖. 从而, 对每个 $x \in A_{[\alpha]}$, 存在 $Q \in \Psi$ 使得 $Q'(x) \not\leqslant \alpha'$, 即 $Q(x) \not\geqslant \alpha$, 进而 $(\wedge \Psi)(x) \not\geqslant \alpha$. 这与 Ω 在 A 中具

有有限 α'-交性质不合. 所以存在 $r \in (\beta^*(\alpha))'$ 及 $x \in A_{[r']}$ 使得 $(\bigwedge \Omega)(x) \geqslant r'$.

反过来, $\forall \alpha \in M(L)$, $\forall r \in (\beta^*(\alpha))'$, 设 Ω 是 A 的 r-复盖. 若每个 $\Psi \in 2^{(\Omega)}$ 都不是 A 的 α'-复盖, 则存在 $x \in A_{[\alpha]}$ 使得对每个 $Q \in \Psi$ 均有 $Q(x) \leqslant \alpha'$, 即 $Q'(x) \geqslant \alpha$, 从而 $(\wedge \Psi')(x) \geqslant \alpha$. 这表明 Ω' 在 A 中具有有限 α'-交性质. 于是存在 $r \in (\beta^*(\alpha))'$ 及 $x \in A_{[r']}$ 使得 $(\bigwedge \Omega')(x) \geqslant r'$. 从而 $(\bigvee \Omega)(x) \leqslant r$. 这与 Ω 是 A 的 r-复盖不合. 所以存在 $\Psi \in 2^{(\Omega)}$ 使得 Ψ 是 A 的 α'-复盖, 由定理 6.3.3, A 是 Lowen 紧集.

定义 6.3.2　称 $\Omega \subset L^X$ 是一个滤子, 如果

(1) 若 $P \in \Omega$ 且 $P \leqslant Q$, 则 $Q \in \Omega$;

(2) 若 $P, Q \in \Omega$, 则 $P \wedge Q \in \Omega$.

设 $\alpha \in M(L)$, 称滤子 $\Omega \subset L^X$ 为 α-滤子, 若对每个 $Q \in \Omega$, $\bigvee\limits_{x \in X} Q(x) \geqslant \alpha$.

定义 6.3.3　设 (X, δ) 是 L-拓扑空间, $\Omega \subset L^X$ 是一个滤子, $e \in M^*(L^X)$. 称 e 是 Ω 的聚点, 若对每个 $P \in \eta(e)$ 及每个 $Q \in \Omega$ 均有 $Q \nleqslant P$.

定理 6.3.5　设 (X, δ) 是 L-拓扑空间, $A \in L^X$. 则 A 是 Lowen 紧集当且仅当 $\forall \alpha \in M(L)$, 对每个包含 A 的 α-滤子 Ω(即 $A \in \Omega$) 以及 $\forall r \in \beta^*(\alpha)$, Ω 在 A 中有一个高为 r 的聚点.

证　设 A 是 Lowen 紧集, $\forall \alpha \in M(L)$, Ω 是一个包含 A 的 α-滤子, 那么对每个 $Q \in \Omega$, $Q \wedge A \in \Omega$. 由于对每个 $Q \in \Omega$ 有 $\bigvee\limits_{x \in X} (Q \wedge A)(x) \geqslant \alpha$, 而且 $\beta^*(\alpha)$ 是 α 的极小集, 所以 $\forall r \in \beta^*(\alpha)$, 在 $Q \wedge A$ 中存在一个高为 r 的 L-点 $s(Q, r)$. 在 $\Omega \times \beta^*(\alpha)$ 上定义关系 $\leqslant$:$(Q_1, r_1) \leqslant (Q_2, r_2)$ 当且仅当 $Q_1 \geqslant Q_2$. 则 $\Omega \times \beta^*(\alpha)$ 在此关系下是一个定向集. 令 $S = \{s(Q, r), (Q, r) \in \Omega \times \beta^*(\alpha)\}$, 则 S 是 A 中的 α-网. 由定义 6.3.1, 对每个 $r \in \beta^*(\alpha)$, S 在 A 中有高度等于 r 的聚点 e. 下证 e 也是 Ω 的聚点. 对每个 $P \in \eta(e)$, 由于 S 经常不在 P 中, 对每个 $Q \in \Omega$, 存在 $Q_1 \leqslant Q$ 使得对某个 $r \in \beta^*(\alpha)$, 有 $s(Q_1, r) \nleqslant P$. 因为 $s(Q_1, r) \leqslant Q_1 \leqslant Q$, 所以 $Q \nleqslant P$. 这证明 e 是 Ω 的聚点.

反过来, $\forall \alpha \in M(L)$, 设 $S = \{s(n), n \in D\}$ 是 A 中的 α-网. $\forall m \in D$, 令 $F_m = \vee\{s(n) : n \geqslant m\}$. 因 D 是定向集, $\forall m_1, m_2 \in D$, 存在 $m_0 \in D$ 使得 $m_0 \geqslant m_1$ 且 $m_0 \geqslant m_2$. 显然 $F_{m_0} \leqslant F_{m_1} \wedge F_{m_2}$. 因此 L-集族 $\{F_m : m \in D\}$ 可以生成一个滤子 $\Omega(S)$, 即 $\Omega(S) = \{F \in L^X : 存在 m \in D 使得 F_m \leqslant F\}$. 由于 S 是 α-网, 对每个 $r \in \beta^*(\alpha)$, $V(S) = \{V(s(n)), n \in D\}$ 最终大于 r, 这里 $V(s(n))$ 是 $s(n)$ 的高. 因此对每个 $r \in \beta^*(\alpha)$, 我们有

$$\bigvee_{x \in X} F_m(x) = \vee\{V(s(n)) : n \geqslant m\} \geqslant r.$$

因为每个 $F \in \Omega(S)$ 均包含某个 F_m, 所以 $\bigvee_{x \in X} F(x) \geqslant \alpha$. 这证明 $\Omega(S)$ 是一个 α-滤子. 又, 因 S 是 A 中的 α-网, 自然有 $A \in \Omega(S)$. 由定理条件, 对每个 $r \in \beta^*(\alpha)$, $\Omega(S)$ 在 A 中有一个高为 r 的聚点 x_r. 由定义 6.3.3, 对每个 $P \in \eta(x_r)$ 及每个 $F \in \Omega(S)$ 均有 $F \not\leqslant P$. 特别地, $F_m \not\leqslant P$. 这表明 α-网 S 经常不在 P 中, 因此 x_r 是 S 的聚点. 由定义 6.3.1, A 是 Lowen 紧集.

定理 6.3.6 设 $(X, \omega_L(\tau))$ 是由分明拓扑空间 (X, τ) 诱导的 L-拓扑空间, 则 $(X, \omega_L(\tau))$ 是 Lowen 紧空间当且仅当 (X, τ) 是紧空间.

证 设 $(X, \omega_L(\tau))$ 是 Lowen 紧空间, Ω 是 (X, τ) 的开复盖. 令 $\Psi = \{\chi_W : W \in \Omega\}$, 则 $\Psi \subset \omega_L(t)$. 任取 $\alpha \in M(L)$ 及 $r \in \beta^*(\alpha)$, 则 $r' \in P(L)$. 不难验证 Ψ 是 1_X 的 r'-复盖. 由定理 6.3.3, 存在 $\Delta = \{W_1, \cdots, W_n\} \in 2^{(\Omega)}$ 使得 $\{\chi_{W_1}, \cdots, \chi_{W_n}\}$ 是 1_X 的 α'-复盖. 于是, $\forall x \in X$, 存在 $W_i \in \Delta$ 使得 $\chi_{W_i}(x) \not\leqslant \alpha'$, 从而 $\chi_{W_i}(x) \neq 0$, 因此 $x \in W_i$. 这证明 Δ 是 (X, τ) 的开复盖. 所以 (X, τ) 是紧空间.

反过来, 设 (X, τ) 是紧空间. 对每个 $\alpha \in M(L)$ 以及每个 $r \in (\beta^*(\alpha))'$, 设 $\Phi \subset \omega_L(\tau)$ 是 1_X 的 r-复盖, 则对每个 $x \in X$, 存在 $U_x \in \Phi$ 使得 $U_x(x) \not\leqslant r$, 即 $x \in \iota_r(U_x)$. 由于 $U_x \in \omega_L(\tau)$, $\iota_r(U_x) \in \tau$. 因此 $\Psi = \{\iota_r(U_x) : x \in X\}$ 是 (X, τ) 的开复盖. 因 (X, τ) 是紧空间, 存在 $x_1, \cdots, x_n \in X$ 使得 $\{\iota_r(U_{x_i}) : i = 1, \cdots, n\} \in 2^{(\Psi)}$ 是 (X, τ) 的复盖. 下证 $\Omega = \{U_{x_i} : i = 1, \cdots, n\} \in 2^{(\Phi)}$ 是 1_X 的 α'-复盖. 事实上, $\forall x \in X$, 存在 $\iota_r(U_{x_i})$ 使得 $x \in \iota_r(U_{x_i})$, 于是 $U_{x_i}(x) \not\leqslant r \geqslant \alpha'$, 从而 $U_{x_i}(x) \not\leqslant \alpha'$. 这表明 Ω 是 1_X 的 α'-复盖. 所以 $(X, \omega_L(\tau))$ 是 Lowen 紧空间.

下面给出由史福贵得到的 Lowen 紧性的几个新特征 (文献 [53]). 首先证明一个引理.

引理 6.3.1 $\forall a \in L\text{-}\{0\}$, 令 $Q(a) = \{b \in L : b \not\leqslant a'\}, Q^*(a) = Q(a) \cap M(L)$, 则

(1) $\forall \alpha \in L, \gamma \in \beta^*(\alpha)$, 有 $\beta^*(\bigwedge Q(\gamma)) \cap Q^*(\alpha) \neq \varnothing$.

(2) 对 $b \in \beta^*(\bigwedge Q(a))$, 有 $\bigwedge Q(b) \geqslant a$.

证 (1) $\forall \alpha \in L, \gamma \in \beta^*(\alpha)$, 假设 $\beta^*(\bigwedge Q(\gamma)) \cap Q^*(\alpha) = \varnothing$, 则 $\forall e \in \beta^*(\bigwedge Q(\gamma))$, 有 $e \leqslant \alpha'$. 因此 $\bigwedge Q(\gamma) \leqslant \alpha'$, 即 $\alpha \leqslant \bigvee \{c' : c \in Q(\gamma)\}$. 因为 $\gamma \in \beta^*(\alpha)$, 存在 $c \in Q(\gamma)$ 使得 $\gamma \leqslant c'$, 即 $c \leqslant \gamma'$. 这与 $Q(\gamma)$ 的定义不合, 所以 $\beta^*(\bigwedge Q(\gamma)) \cap Q^*(\alpha) \neq \varnothing$.

(2) 设 $b \in \beta^*(\bigwedge Q(a))$, 则 $b \leqslant \bigvee \beta^*(\bigwedge Q(a)) = \bigwedge Q(a)$, 故 $\forall c \in Q(a)$, 即 $c \not\leqslant a'$, 有 $b \leqslant c$, 从而 $b' \geqslant c'$. 因此 $\forall d \in Q(b)$, 有 $d \not\leqslant c'$. 由此断定 $a \leqslant d$. 事实上, 若 $a \not\leqslant d$, 则 $d' \not\leqslant a'$, 于是 $d' \in Q(a)$. 因此 $d \not\leqslant (d')' = d$, 矛盾. 所以 $a \leqslant d$. 这导致 $\bigwedge Q(b) \geqslant a$.

为了给出 Lowen 紧性的特征, 下面的概念是有用的.

定义 6.3.4 设 (X, δ) 是 L-拓扑空间, $G \in L^X$, $\alpha \in M(L)$, $\Omega \subset \delta$. 称 Ω 为 G 的一个 Q_α-开复盖, 若对每个 $x_\alpha \not\leqslant G'$, 有 $x_\alpha \leqslant \bigvee \Omega = \bigvee \{A : A \in \Omega\}$.

下面的结论是显然的.

(1) Ω 是 1 的 Q_α-开复盖当且仅当 Ω 是常值 L-集 α 的开复盖 (即 $\alpha \leqslant \bigvee \Omega$).

(2) Ω 是 G 的 Q_α-开复盖当且仅当 Ω 是 $\alpha \wedge G_{(\alpha')}$ 的开复盖.

(3) Ω 是 G 的 Q_α-开复盖当且仅当 $G' \vee (\bigvee \Omega) \geqslant \alpha$.

定理 6.3.7 设 (X, δ) 是 L-拓扑空间, $G \in L^X$. 则 G 是 Lowen 紧集当且仅当 $\forall \alpha \in M(L)$, $\forall \gamma \in \beta^*(\alpha)$, 以及 G 的每个 Q_α-开复盖 Ω, 存在 $\Psi \in 2^{(\Omega)}$ 使得 Ψ 是 G 的 Q_γ-开复盖.

证 设 G 是 Lowen 紧集, $\alpha \in M(L)$, Ω 是 G 的 Q_α-开复盖. 对每个 $\gamma \in\in \beta^*(\alpha)$, 取 $a \in \beta^*(\alpha)$ 使得 $\gamma \in \beta^*(a)$. 由引理 6.3.1(1), 取 $b \in \beta^*(\wedge Q(\gamma)) \cap Q^*(a)$. 取 $c \in \beta^*(b)$ 使得 $c \in Q^*(a)$. 现在我们证明 Ω' 是 G 的 c-RF. 事实上, 假设 Ω' 不是 G 的 c-RF. 则存在 $x_c \leqslant G$ 使得 $x_c \leqslant \wedge \Omega'$, 即 $c \leqslant \bigwedge \{A'(x) : A \in \Omega\}$, 从而 $c' \geqslant \bigvee \{A(x) : A \in \Omega\}$. 因 $c \in Q^*(a)$, 即 $c \not\leqslant a'$, 从而 $c' \not\geqslant a$. 因此 $a \not\leqslant \bigvee \{A(x) : A \in \Omega\}$ 且 $a \not\leqslant G'(x)$. 这表明 Ω 不是 G 的 Q_α-开复盖, 矛盾. 所以 Ω' 是 G 的 c-RF, 从而 Ω' 是 G 的 b^--RF. 由 G 的 Lowen 紧性, 存在 $\Psi \in 2^{(\Omega)}$ 使得 Ψ' 是 G 的 b-RF. 现在证明 Ψ 是 G 的 Q_γ-开复盖. 事实上, 假设 Ψ 是 G 的 Q_γ-开复盖, 则存在 $x_\gamma \not\leqslant G'$ 使得 $x_\gamma \not\leqslant \vee \Psi$. 因此 $\gamma \not\leqslant G'(x)$ 且 $\forall A \in \Psi$, $\gamma \not\leqslant A(x)$. 于是 $G(x) \in Q(\gamma)$ 且 $\forall A \in \Psi$, $A'(x) \in Q(\gamma)$. 这证明 $b \leqslant G(x)$ 且 $\forall A \in \Psi, b \leqslant A'(x)$. 这与 Ψ' 是 G 的 b-RF 不合. 所以 Ψ 是 G 的 Q_γ-开复盖.

反过来, $\forall \alpha \in M(L)$, 设 Ψ 是 G 的 α^--RF. 则存在 $\gamma \in\in \beta^*(\alpha)$ 使得 Ψ 是 G 的 γ-RF. 取 $a \in \beta^*(\alpha)$ 使得 $\gamma \in\in \beta^*(a)$. 由引理 6.3.1, 取 $b \in \beta^*(\bigwedge Q(\gamma)) \cap Q^*(a)$. 再取 $c \in \beta^*(b)$ 使得 $c \in Q^*(a)$. 我们证明 Ψ' 是 G 的 Q_b-开复盖. 事实上, 假设 Ψ' 不是 G 的 Q_b-开复盖. 则存在 $x_b \not\leqslant G'$ 使得 $x_b \not\leqslant \bigvee \Psi'$. 故 $b \not\leqslant G'(x)$ 且 $\forall B \in \Psi$, $b \not\leqslant B'(x)$, 即 $G(x) \not\leqslant b'$, $B(x) \not\leqslant b'$. 这表明 $G(x) \in Q(b)$ 且 $B(x) \in Q(b)$. 由引理 6.3.1(2) 得 $\bigwedge Q(b) \geqslant \gamma$. 因此 $\gamma \leqslant G(x)$ 且 $\forall B \in \Psi$, $\gamma \leqslant B(x)$. 这与 Ψ 是 G 的 γ-RF 不合. 所以 Ψ' 是 G 的 Q_b-开复盖. 于是存在 $\Omega \in 2^{(\Psi')}$ 使得 Ω 是 G 的 Q_c-开复盖. 下证 Ω' 是 G 的 α-RF. 假设 Ω' 不是 G 的 α-RF, 则存在 $x_\alpha \leqslant G$ 使得 $x_\alpha \leqslant \bigwedge \Omega'$. 因此 $\alpha \leqslant G(x)$ 且 $\alpha \leqslant \bigwedge \{A'(x) : A \in \Omega\}$. 于是 $a \leqslant G(x)$ 且 $a \leqslant \bigwedge \{A'(x) : A \in \Omega\}$. 进一步, $c \not\leqslant G'(x)$ 且 $c \not\leqslant \bigvee \{A(x) : A \in \Omega\}$. 这与 Ω 是 G 的 Q_c-开复盖不合. 所以 Ω' 是 G 的 α-RF, 因此 G 是 Lowen 紧集.

由定理 6.3.7 容易得到下面两个推论.

推论 6.3.3 设 (X, δ) 是 L-拓扑空间, $G \in L^X$. 则 G 是 Lowen 紧集当且仅当 $\forall \alpha \in M(L)$, $\forall \gamma \in \beta^*(\alpha)$, 以及满足 $G' \vee (\vee \Phi) \geqslant \alpha$ 的每个 $\Phi \subset \delta$, 存在 $\Psi \in 2^{(\Phi)}$ 使得 $G' \vee (\bigvee \Psi) \geqslant \lambda$.

推论 6.3.4 设 (X, δ) 是 L-拓扑空间, 则 (X, δ) 是 Lowen 紧的当且仅当 $\forall \alpha \in M(L), \forall \gamma \in \beta^*(\alpha)$, 以及常值 L-集 α 的每个开复盖 Φ, 存在 $\Psi \in 2^{(\Phi)}$ 使得 Ψ 是 L-集 γ 的开复盖.

定义 6.3.5 设 (X, δ) 是 L-拓扑空间, $x_\lambda \in M^*(L^X), W \in \delta$. 称 W 是 x_λ 的开邻域, 若 $x_\lambda \leqslant W$. x_λ 的所有开邻域记为 $\vartheta(x_\lambda)$.

定义 6.3.6 设 (X, δ) 是 L-拓扑空间, $S = \{S(n), n \in D\}$ 是 (X, δ) 中的网, $x_\lambda \in M^*(L^X)$. 称 x_λ 为 S 的 O-聚点, 若 $\forall W \in \vartheta(x_\lambda)$, S 经常在 W 中. 称 x_λ 为 S 的 O-极限点, 若 $\forall W \in \vartheta(x_\lambda)$, S 最终在 W 中. 在这种情况下, 我们也说 SO-收敛于 x_λ, 记作 $S \xrightarrow{O} x_\lambda$.

定义 6.3.7 设 $x_\lambda \in L^X, A \in L^X, \alpha \in M(L), S = \{S(n), n \in D\}$ 是 L^X 中的网.

(1) 称 x_λ 与 A 相重, 若 $x_\lambda \nleqslant A'$.

(2) 称 S 与 A 相重, 若 $\forall n \in D, S(n) \nleqslant A'$.

(3) 称 S 为 α^--网, 若存在 $n_0 \in D$ 使得 $\forall n \geqslant n_0, V(S(n)) \leqslant \alpha$, 这里 $V(S(n))$ 是 $S(n)$ 的高.

显然, 每个常值 α-网一定是 α^--网.

定理 6.3.8 设 (X, δ) 是 L-拓扑空间, $G \in L^X$. 则 G 是 Lowen 紧集当且仅当 $\forall \alpha \in M(L), \forall \gamma \in \beta^*(\alpha)$, 以及每个与 G 相重的常值 γ-网 S, 有一个与 G 相重的 O-聚点 x_α.

证 设 G 是 Lowen 紧集. 对每个 $\alpha \in M(L)$ 以及每个 $\gamma \in \beta^*(\alpha)$, 设 $S = \{S(n), n \in D\}$ 是与 G 相重的常值 γ-网. 假设 S 没有任何与 G 相重的 O-聚点 x_α. 则对每个 $x_\alpha \nleqslant G'$, 存在 $U_x \in \vartheta(x_\alpha)$ 以及 $n_x \in D$ 使得 $\forall n \geqslant n_x, S(n) \nleqslant U_x$. 令 $\Phi = \{U_x : x_\alpha \nleqslant G'\}$, 则 Φ 是 G 的 Q_α-开复盖. 因为 G 是 Lowen 紧集, 存在 $\Psi = \{U_{x^i} : i = 1, \cdots, k\} \in 2^{(\Phi)}$ 使得 Ψ 是 G 的 Q_γ-开复盖. 由于 D 是定向集, 存在 $n_0 \in D$ 使得 $n_0 \geqslant n_{x^i}, i = 1, \cdots, k$. 于是 $\forall n \geqslant n_0, S(n) \nleqslant \vee \{U_{x^i} : i = 1, \cdots, k\}$. 这与 Ψ 是 G 的 Q_γ-开复盖不合. 所以 S 至少有一个 O-聚点 $x_\alpha \nleqslant G'$.

反过来, $\forall \alpha \in M(L)$, 设 Φ 是 G 的 Q_α-开复盖. 若存在 $\gamma \in \beta^*(\alpha)$ 使得 $\forall \Psi \in 2^{(\Phi)}$ 都不是 G 的 Q_γ-开复盖, 则对每个 Ψ, 存在高为 γ 的分子 $S(\Psi)$ 使得 $S(\Psi) \nleqslant G'$ 且 $S(\Psi) \nleqslant \bigvee \Psi$. 令 $S = \{S(\Psi) : \Psi \in 2^{(\Phi)}\}$, 则 S 是与 G 相重的常值 γ-网. 由 $\gamma \in \beta^*(\alpha)$, 取 $s \in \beta^*(\alpha)$ 使得 $\gamma \in \beta^*(s)$. 由题设, S 有一个与 G 相重的 O-聚点 x_s. 于是 $\forall \Psi \in 2^{(\Phi)}$ 我们有 $x_s \nleqslant \bigvee \Psi$, 特别地, $\forall B \in \Phi, x_s \nleqslant B$. 但由 Φ 是 G 的 Q_α-开复盖, 存在 $B \in \Phi$ 使得 $x_s \leqslant x_\alpha \leqslant B$. 这是一个矛盾. 所以 G 是 Lowen 紧集.

定理 6.3.9 设 (X, δ) 是 L-拓扑空间, $G \in L^X$. 则 G 是 Lowen 紧集当且仅当 $\forall \alpha \in M(L), \forall \gamma \in \beta^*(\alpha)$, 以及每个与 G 相重的 γ^--网 S, 有一个与 G 相重的

O-聚点 x_α.

证 充分性是显然的. 现证必要性. 设 G 是 Lowen 紧集, $\alpha \in M(L)$, $\gamma \in \beta^*(\alpha)$, $S = \{S(n), n \in D\}$ 是与 G 相重的 γ^--网. 则存在 $n_0 \in D$ 使得 $\forall n \geqslant n_0$, $S(n) \leqslant \gamma$. 令 $E = \{n \in D : n \geqslant n_0\}$, 且 $T = \{T(n) : n \in E, V(T(n)) = \gamma, T(n)$ 与 $S(n)$ 的支撑点相同$\}$. 则 T 是与 G 相重的常值 γ-网. 设 x_α 是 T 的 O-聚点, 则容易验证 x_α 也是 S 的 O-聚点.

下述定理表明 Lowen 紧性是有限可和的.

定理 6.3.10 设 $(X,\delta) = \sum\limits_{t \in T}(X_t, \delta_t)$, 则 (X,δ) 是 Lowen 紧空间当且仅当 $\forall t \in T$, (X_t, δ_t) 是 Lowen 紧空间且指标集 T 是有限的.

证 设 (X,δ) 是 Lowen 紧空间. 由于 Lowen 紧性对闭子集遗传, 所以 $\forall t \in T$, (X_t, δ_t) 作为 (X,δ) 的闭子空间是 Lowen 紧的. 现证指标集 T 是有限的. 假如 T 是无限集. 取定 $\alpha \in M(L)$ 及 $r \in (\beta^*(\alpha))'$, 则容易验证 $\Omega = \{1^*_{X_t} : t \in T\}$ 是 1_X 的 r-复盖. 但显然 Ω 的每个有限子族都不是 1_X 的 α'-复盖. 这与 (X,δ) 的 Lowen 紧性不合. 所以 T 是有限集.

反过来, 设 $(X_i, \delta_i), i = 1, 2, \cdots, n$, 是 Lowen 紧空间. 下证 $(X,\delta) = \sum\limits_{i=1}^{n}(X_i, \delta_i)$ 是 Lowen 紧空间. 对每个 $\alpha \in M(L)$ 及每个 $r \in (\beta^*(\alpha))'$, 设 Ω 是 1_X 的 r-复盖. 则 $\forall i \in \{1, 2, \cdots, n\}$, 不难看出 $\Omega|X_i = \{Q|X_i : Q \in \Omega\}$ 是 1_{X_i} 的 r-复盖. 由 (X_i, δ_i) 的 Lowen 紧性, 存在 Ω 的有限子族 $\Psi_i = \{Q^i_1, Q^i_2, \cdots, Q^i_{K_i}\}$ 使得 $\Psi_i|X_i$ 是 1_{X_i} 的 α'-复盖. 令

$$\Psi = \{Q^1_1, Q^1_2, \cdots, Q^1_{K_1}; Q^2_1, Q^2_2, \cdots, Q^2_{K_2}; \cdots; Q^n_1, Q^n_2, \cdots, Q^n_{K_n}\},$$

则 $\Psi \in 2^{(\Omega)}$, 且容易验证 Ψ 是 1_X 的 α'-复盖. 所以 (X,δ) 是 Lowen 紧空间.

下面的例子表明定理 6.3.10 中的条件 "指标集 T 是有限的" 是不可少的.

例 6.3.1 设 N 是自然数集. 取 $X_n = \{n\}, n \in N, L = [0,1], \delta_n = L^{X_n}$. 则由例 4.2.1 知 (X_n, δ_n) 是强 F 紧空间. 而强 F 紧空间必是 Lowen 紧空间. 因此 (X_n, δ_n) 是 Lowen 紧空间. 但它们的和空间 $(N,\delta) = \sum\limits_{n \in N}(X_n, \delta_n)$ 却不是 Lowen 紧的. 事实上, 取 $\alpha = 0.3 \in M(L) = (0,1]$, 则 $\beta^*(\alpha) = (0, 0.3)$, 因此 $(\beta^*(\alpha))' = (0.7, 1)$. 显然 $\Omega = \{0^*_{X_n} : n \in N\}$ 是 1_N 的 r-复盖, 这里 $0^*_{X_n}$ 的意义见定义 0.4.1. 对 Ω 的任一有限子族

$$\Psi = \{0^*_{X_{n_1}}, 0^*_{X_{n_2}}, \cdots, 0^*_{X_{n_m}}\},$$

取 $n \in N - \{n_1, n_2, \cdots, n_m\}$, 则对每个 $0^*_{X_j} \in \Psi$, 均有 $0^*_{X_j}(n) = 0 < \alpha' = 0.7$. 因此 Ψ 不是 1_N 的 α'-复盖. 所以 (N,δ) 不是 Lowen 紧空间.

现在给出 Lowen 紧性的 L-集网式刻画.

定理 6.3.11 设 (X,δ) 是 L-拓扑空间, $A \in L^X$. 则 A 是 Lowen 紧的当且仅当对每个 $\alpha \in M(L)$ 以及 A 中的每个 α-L-集网 $\Delta = \{A(n), n \in D\}$, 若经常有 $(A(n))_{[\alpha]} \neq \varnothing$, 则对每个 $r \in \beta^*(\alpha)$, Δ 在 A 中有高为 r 的聚点.

证 设 A 是 Lowen 紧集, 且 $\Delta = \{A(n), n \in D\}$ 是 A 中的 α-L-集网. 若存在 $r \in \beta^*(\alpha)$, 使得 Δ 在 A 中没有高为 r 的聚点, 则对每个 $x_r \leqslant A$, 存在 $P(x) \in \eta(x_r)$ 及 $n(x) \in D$, 使得当 $n \geqslant n(x)$ 时有 $A(n) \leqslant P(x)$. 令 $\Omega = \{P(x) : x_r \leqslant A\}$, 则 Ω 是 A 的 α^--RF. 任取 Ω 的有限子族 $\Psi = \{P(x_i) : i = 1, 2, \cdots, k\}$. 则存在 $n_0 \in D$ 使 $n_0 \geqslant n(x_i), i = 1, \cdots, k$. 于是, 当 $n \geqslant n_0$ 时, $A(n) \leqslant P(x_1) \wedge P(x_2) \wedge \cdots \wedge P(x_k)$. 因为经常有 $(A(n))_{[\alpha]} \neq \varnothing$, 故当 $n \geqslant n_0$ 时, 存在 $x_\alpha \leqslant A(n) \leqslant A$, 从而 $x_\alpha \leqslant P(x_1) \wedge P(x_2) \wedge \cdots \wedge P(x_k)$. 由于 $\forall t \in \beta^*(\alpha)$ 有 $x_t \leqslant x_\alpha$, 从而

$$x_t \leqslant P(x_1) \wedge P(x_2) \wedge \cdots \wedge P(x_k) \leqslant P(x_i), \quad i = 1, 2, \cdots, k.$$

这表明 Ψ 不是 A 的 α^--RF. 此与推论 6.3.2 不合. 所以对每个 $r \in \beta^*(\alpha)$, Δ 在 A 中有高为 r 的聚点.

反过来由定义 6.3.1 立得.

6.4 超 紧 性

给定一个 L-拓扑空间 (X,δ), 我们可以制作一个分明拓扑空间 $(X, \iota_L(\delta))$. 因此, 可以用 $(X, \iota_L(\delta))$ 具有某种性质来定义 (X,δ) 具有相应的性质, 比如超分离性、超紧性等.

超紧性最初是由 Lowen 针对 I-拓扑空间的情形而引入的 (文献 [1]), 后来王国俊把它推广到 L-拓扑空间的情形 (文献 [6]).

我们先来看它的定义.

定义 6.4.1 设 (X,δ) 是 L-拓扑空间. 若分明拓扑空间 $(X, \iota_L(\delta))$ 是紧空间, 则称 (X,δ) 为超紧空间.

超紧性完全基于分明拓扑空间 $(X, \iota_L(\delta))$ 的紧性, 这使得寻求其不分明特色的刻画不易实现. 这或许是最初没有给出其特征刻画的原因. 为克服这一困难, 周武能和孟培源创造性地引入了相关远域族的概念, 并以此定义了一般 L-集的超紧性. 此举使超紧性的研究得以顺利展开. 本节介绍上述两位学者的工作 (文献 [40, 41, 43-46]).

定义 6.4.2 设 (X,δ) 是 L-拓扑空间, $P \in \delta', r \in M(L)$. 若 $P \in \eta(x_r)$, 则称

偶对 (P, r) 为 x 的相对远域. 设 $A \in L^X$, $\alpha \in M(L)$. 称集族

$$\Omega = \{(P_i, r_i)\}_{i \in I} \subset \delta' \times M(L)$$

为 A 的 α-相关远域族, 简记为 α-RRF, 若对每个 $x \in A_{[\alpha]}$, 存在 $i \in I$ 使得 (P_i, r_i) 为 x 的相对远域. 称 Ω 为 A 的 α^--相关远域族, 简记为 α^--RRF, 若存在 $r \in \beta^*(\alpha)$ 使得 Ω 为 A 的 r-RRF.

当 $A = 1_X$ 时, 若 Ω 为 1_X 的 α-RRF, 则对每个 $\lambda \in L$, Ω 为 1_X 的 λ-RRF, 这时称 Ω 为 1_X 的相关远域族.

不难看出, 若 $\Omega = \{P_t : t \in T\}$ 是 A 的 α-RF, 则 $\Psi = \{(P_t, \alpha)\}_{t \in T}$ 是 A 的 α-RRF. 反之自然不成立. 因此 α-RRF 是 α-RF 的自然推广.

定理 6.4.1 设 (X, δ) 是 L-拓扑空间. 则 (X, δ) 是超紧空间当且仅当对 1_X 的每个相关远域族, 存在其有限子族构成 1_X 的相关远域族.

证 因为 $\Omega = \{(P_t, r_t)\}_{t \in T}$ 是 1_X 的相关远域族当且仅当 $\Psi = \{(P'_t)_{(r'_t)}\}_{t \in T} \subset \varphi(\delta)$ 是 $(X, \iota_L(\delta))$ 的开复盖, 由分明拓扑空间的 Alexander 子基引理即可得证.

定义 6.4.3 设 (X, δ) 是 L-拓扑空间, $A \in L^X$. 称 A 为超紧集, 若对每个 $\alpha \in M(L)$ 以及 A 的每个 α-RRF, 存在其有限子族构成 A 的 α^--RRF. 称 (X, δ) 为超紧空间, 若 1_X 是超紧集.

定理 6.4.2 设 (X, δ) 是 L-拓扑空间, $A \in L^X$. 若 A 为超紧集, 则 A 是良紧集.

证 对每个 $\alpha \in M(L)$, 设 $\Omega \subset \delta'$ 是 A 的任一 α-RF. 则对每个 $x \in A_{[\alpha]}$, 存在 $Q_x \in \Omega$ 使 $x_\alpha \not\leqslant Q_x$, 从而存在 $r_x \in \beta^*(\alpha)$ 使 $x_{r_x} \not\leqslant Q_x$. 所以 $\Psi = \{(Q_x, r_x)\}_{x \in A_{[\alpha]}}$ 是 A 的 α-RRF. 由 A 的超紧性, 存在 $r \in \beta^*(\alpha)$ 以及

$$\Phi_n = \{(Q_{x_k}, r_{x_k}) : k = 1, 2, \cdots, n\} \in 2^{(\Psi)},$$

使得 Φ_n 是 A 的 r-RRF. 令 $\Omega_0 = \{Q_j : j = 1, 2, \cdots, m\}$, 这里 $\forall k \leqslant n$, $Q_{x_k} \in \Omega_0$, 且 $\forall j \leqslant m$, 存在 $k \leqslant n$ 使 $Q_j = Q_{x_k}$. 易见 $m \leqslant n$, 且 $\Omega_0 \in 2^{(\Omega)}$. 因 $\beta^*(\alpha)$ 是定向集, 取 $\tilde{r} \in \beta^*(\alpha)$ 使 $\tilde{r} \geqslant r, \tilde{r} \geqslant r_{x_k}, k = 1, 2, \cdots, n$. 由 $A_{[\tilde{r}]} \subset A_{[r]}$ 以及 Φ_n 是 A 的 r-RRF 知 Ω_0 是 A 的 $\tilde{r}$-RF. 所以 A 是良紧集.

定理 6.4.3 设 (X, δ) 是弱诱导的 L-拓扑空间, $A \in L^X$. 则 A 是超紧集当且仅当 A 是良紧集.

证 由定理 6.4.2, 只需证充分性.

设 A 是良紧集. 对每个 $\alpha \in M(L)$, 设 $\Omega = \{(Q_i, r_i)\}_{i \in I}$ 是 A 的 α-RRF. 令 $G_i = \{x \in X : Q_i(x) \not\geqslant r_i\}$. 因 (X, δ) 是弱诱导的, $G_i \in \iota_L(\delta) = [\delta]$. 易见 $\Delta = \{\chi_{G'_i} : i \in I\} \subset \delta'$ 是 A 的 α-RF. 由 A 的良紧性, 存在 $\Delta_0 = \{\chi_{G'_i} : i =$

$1, 2, \cdots, n\} \in 2^{(\Delta)}$ 及 $r \in \beta^*(\alpha)$, 使 Δ_0 是 A 的 r-RF. 不难验证 $\Psi = \{(Q_i, r_i) : i = 1, 2, \cdots, n\} \in 2^{(\Omega)}$ 是 A 的 α-RRF. 所以 A 是超紧集.

定理 6.4.4   设 (X, δ) 是 L-拓扑空间, $A \in L^X$ 是超紧集, $B \in \delta'$. 则 $A \wedge B$ 是超紧集.

证   对每个 $\alpha \in M(L)$, 设 $\Omega = \{(P_t, r_t)\}_{t \in T}$ 是 $C = A \wedge B$ 的任意 α-RRF. 对每个 $x \in A_{[\alpha]}$, 有以下两种情形:

(1) 当 $x \in C_{[\alpha]}$ 时, 存在 $t \in T$ 使 $x_{r_t} \not\leqslant P_t$.

(2) 当 $x \in A_{[\alpha]} - C_{[\alpha]}$ 时, 因 $C_{[\alpha]} = A_{[\alpha]} \cap B_{[\alpha]}$, 故必有 $x \in A_{[\alpha]} \cap (B_{[\alpha]})'$, 从而 $x_\alpha \not\leqslant B$. 取 $r_x \in \beta^*(\alpha)$ 使 $x_{r_x} \not\leqslant B$.

令
$$\Psi = \{(P_t, r_t)\}_{t \in T} \cup \{(B, r_x) : x \in A_{[\alpha]} \cap (B_{[\alpha]})'\},$$

则 Ψ 是 A 的 α-RRF. 于是, 存在 $\Psi_0 \in 2^{(\Psi)}$ 及 $r \in \beta^*(\alpha)$, 使得 Ψ_0 是 A 的 r-RRF. 显然 $\Psi_0 \not\subset \{(B, r_x) : x \in A_{[\alpha]} \cap (B_{[\alpha]})'\}$, 从而可设

$$\Psi_0 = \{(P_{t_k}, r_{t_k})\}_{k=1}^n \cup \{(B, r_{x_s}) : x_s \in A_{[\alpha]} \cap (B_{[\alpha]})', s = 1, 2, \cdots, m\}.$$

取 $\tilde{r} \in \beta^*(\alpha)$ 使得 $\tilde{r} \geqslant r, \tilde{r} \geqslant r_{x_s}, s = 1, 2, \cdots, m$. 由 $A_{[\tilde{r}]} \subset A_{[r]}$ 知 Ψ_0 是 A 的 $\tilde{r}$-RRF. 容易验证 $\Omega_0 = \{(P_{t_k}, r_{t_k})\}_{k=1}^n \in 2^{(\Omega)}$ 是 C 的 $\tilde{r}$-RRF. 所以 C 是超紧集.

定理 6.4.5   设 (X, δ) 和 (Y, σ) 是 L-拓扑空间, $f^\rightarrow : (X, \delta) \rightarrow (Y, \sigma)$ 是连续的 L-映射. 若 A 是 (X, δ) 中的超紧集, 则 $f^\rightarrow(A)$ 是 (Y, σ) 的超紧集.

证   对每个 $\alpha \in M(L)$, 设 $\Omega = \{(Q_t, r_t)\}_{t \in T}$ 是 $f^\rightarrow(A)$ 的 α-RRF, 则不难验证 $f^\leftarrow(\Omega) = \{(f^\leftarrow(Q_t), r_t)\}_{t \in T}$ 是 A 的 α-RRF. 于是存在 $r \in \beta^*(\alpha)$ 及

$$\Delta = \{(f^\leftarrow(Q_{t_i}), r_{t_i}) : i = 1, 2, \cdots, n\} \in 2^{(f^\leftarrow(\Omega))},$$

使得 Δ 是 A 的 r-RRF. 易见 $\Omega_0 = \{(Q_{t_i}, r_{t_i}) : i = 1, 2, \cdots, n\} \in 2^{(\Omega)}$ 是 $f^\rightarrow(A)$ 的 r-RRF. 所以 $f^\rightarrow(A)$ 是 (Y, σ) 的超紧集.

推论 6.4.1   超紧性是弱同胚不变性.

定理 6.4.6 (Alexander 子基引理)   设 (X, δ) 是 L-拓扑空间, μ 是 δ 的子基, $A \in L^X$, $\alpha \in M(L)$, $\Delta = \{(P_s, r_s)\}_{s \in S}$ 是 A 的任意 α-RRF, 这里 $\forall s \in S$, $P_s \in \mu'$. 若存在 $\Delta_0 \in 2^{(\Delta)}$ 使得 Δ_0 构成 A 的 α^--RRF, 则 A 是超紧集.

证   设 Ω 是 A 的任意 α-RRF(与 Ω 中的元相应的闭集不必属于 μ'). 假设每个 $\Psi \in 2^{(\Omega)}$ 都不是 A 的 α^--RRF. 令

$$H = \{\Theta : \Omega \subset \Theta \subset \delta', \forall \Sigma \in 2^{(\Theta)}, \Sigma \text{ 不是 } A \text{ 的 } \alpha^-\text{-}RRF\},$$

则 $\Omega \in H$, 故 $H \neq \varnothing$. 显然 H 中的元按集合的包含关系构成一偏序集. 易证 H 中的每个链都有上界 (比如, 这个链中各元的并). 所以由 Zorn 引理, H 有一极大元, 记为 Θ_0. Θ_0 满足以下条件:

(1) Θ_0 是 A 的 α-RRF.

(2) 若 $(P,r) \in \Theta_0$ 且 $P \leqslant Q$, 则 $(Q,r) \in \Theta_0$, 这里 $P,Q \in \delta', r \in M(L)$.

(3) 若 $(P \vee Q, r) \in \Theta_0$, 则 $(P,r) \in \Theta_0$, 或 $(Q,r) \in \Theta_0$, 这里 $P, Q \in \delta', r \in M(L)$.

由 (2) 与 (3) 可得

(4) 若 $(P,r) \in \Theta_0 (P \in \delta', r \in M(L))$, $P_i \in \delta', i = 1, 2, \cdots, n$, 且 $P \leqslant \bigvee\limits_{i=1}^{n} P_i$, 则存在 $i \leqslant n$ 使 $(P_i, r) \in \Theta_0$.

现设 $\Theta_0 = \{(P_t, r_t)\}_{t \in T}$. 取 Θ_0 的子族 $\Delta = \{(P_s, r_s)\}_{s \in S}$, 这里 $\forall s \in S, P_s \in \mu'$. 由定理条件及 (1) 知 Δ 不是 A 的 α-RRF. 于是

$$\exists x \in A_{[\alpha]}, \quad \forall s \in S, \quad x_{r_s} \leqslant P_s \tag{6.1}$$

现假设存在 $t \in T$, 使 $(P_t, r_t) \in \Theta_0$ 是 x 的相关远域, 即 $x_{r_t} \not\leqslant P_t$. 因 $P_t \in \delta', \mu$ 是 δ 的子基, 存在 $\{P_{ij} : i \in I, j \in J_i\} \subset \mu'$, 使 $P_t = \bigwedge\limits_{i \in I} \bigvee\limits_{j \in J_i} P_{ij}$, 这里 $\forall i \in I, J_i$ 是有限集. 于是存在 $i \in I$ 使 $x_{r_t} \not\leqslant \bigvee\limits_{j \in J_i} P_{ij}$. 这时 $P_t \leqslant \bigvee\limits_{j \in J_i} P_{ij}$. 由 (4), 存在 $j \in J_i$ 使 $(P_{ij}, r_t) \in \Theta_0$, 从而 $(P_{ij}, r_t) \in \Delta$. 但 $x_{r_t} \not\leqslant P_{ij}$, 这与 (6.1) 不合. 所以 Θ_0 中任意元都不是 x 的相关远域, 这与 (1) 相矛盾. 因此 Ω 有有限子族构成 A 的 α^--RRF. 所以 A 是超紧集.

定理 6.4.7 设 $\{(X_i, \delta_i)\}_{i \in I}$ 是一族 L-拓扑空间, (X, δ) 是其积空间. 若对每个 $i \in I, A_i$ 是 (X_i, δ_i) 中的超紧集, 则 $A = \prod\limits_{i \in I} A_i$ 是 (X, δ) 中的超紧集.

证 对每个 $\alpha \in M(L)$, 设 $\Omega = \{(Q_j, r_j)\}_{j \in J}$ 是 A 的任意 α-RRF. 以下分两种情况讨论.

(1) 设有 $i_0 \in I$ 使 $(A_{i_0})_{[\alpha]} = \varnothing$. 这时必有 $r \in \beta^*(\alpha)$ 使 $(A_{t_0})_{[r]} = \varnothing$. 事实上, 若不然, $\forall r \in \beta^*(\alpha)$, 在 A_{i_0} 中取高度等于 r 的分子 $S(r)$, 则由 $\beta^*(\alpha)$ 是定向集知 $S = \{S(r), r \in \beta^*(\alpha)\}$ 是 A_{i_0} 中的 α-网. 因超紧集必是良紧集 (见定理 6.4.2), 故 A_{i_0} 是良紧集. 于是 S 在 A_{i_0} 中有高度等于 α 的聚点, 此为矛盾. 可见有 $r \in \beta^*(\alpha)$ 使 $(A_{t_0})_{[r]} = \varnothing$, 即, $\forall x^{t_0} \in X_{t_0}, A_{t_0}(x^{t_0}) \not\geqslant r$. 这时 $\forall x \in X$,

$$A(x) = \left(\prod\limits_{t \in T} A_t\right)(x) = \bigwedge\limits_{t \in T} A_t(P_t(x)) \leqslant A_{t_0}(P_{t_0}(x)) = A_{t_0}(x^{t_0}),$$

从而 $\forall x \in X$, $A(x) \not\geqslant r$, 即 $A_{[r]} = \varnothing$. 这时, 每个 $\Psi \in 2^{(\Omega)}$ 都是 A 的 r-RRF. 从而 Ψ 是 A 的 α^--RRF.

(2) 设 $\forall i \in I, (A_i)_{[\alpha]} \neq \varnothing$, 即存在 $x^i \in X_i$ 使 $x^i_\alpha \leqslant A_i$. 由定理 6.4.6, 不妨设 $\{Q_j\}_{j \in J} \subset \{P_i^\leftarrow(B_i) : i \in I, B_i \in \delta'\}$, 从而可设 $\Omega = \bigcup\limits_{i \in I_0} \Omega_i$, 这里 $I_0 \subset I$, 而 $\Omega_i = \{(P_i^\leftarrow(B_{ij}), r_{ij})\}_{j \in J_i}$, 这里 $\forall j \in J_i$, $P_i^\leftarrow(B_{ij}) = Q_j, r_{ij} = r_j, B_{ij} \in \delta'$, 而 $J = \bigcup\limits_{i \in I_0} J_i$. 令

$$U_i = \{(B_{ij}, r_{ij}) : (P_i^\leftarrow(B_{ij}), r_{ij}) \in \Omega_i\}, \quad i \in I_0,$$

则必有 $i_0 \in I$ 使 U_{i_0} 是 A_{i_0} 的 α-RRF. 因否则, 设 $\forall i_0 \in I$, 存在 $y^i \in (A_i)_{[\alpha]}$, 使 $\forall j \in J_i, r_{ij} \leqslant B_{ij}(y^i)$. 取 $z = \{z^i\}_{i \in I} \in X$, 使

$$z^i = \begin{cases} y^i, & i \in I_0, \\ x^i, & i \in I - I_0. \end{cases}$$

这时

$$A(z) = \bigwedge_{i \in I} A_i(z^i) = \left(\bigwedge_{i \in I_0} A_i(y^i)\right) \wedge \left(\bigwedge_{i \in I - I_0} A_i(x^i)\right) \geqslant \alpha,$$

即 $z \in A_{[\alpha]}$. 但此时 $\forall i \in I_0, j \in J_i$, 有

$$P_i^\leftarrow(B_{ij})(z) = B_{ij}(P_i(z)) = B_{ij}(z^i) \geqslant r_{ij}.$$

这与 Ω 是 A 的 α-RRF 相抵.

因为 A_{i_0} 是 (X_{i_0}, δ_{i_0}) 中的超紧集, 故存在 $V_{i_0} = \{(B_{i_0 j_k}, r_{i_0 j_k})\}_{k=1}^n \in 2^{(U_{i_0})}$ 及 $r \in \beta^*(\alpha)$, 使 V_{i_0} 是 A_{i_0} 的 r-RRF. 令 $\Psi = \{(P_{i_0}^\leftarrow(B_{i_0 j_k}), r_{i_0 j_k})\}_{k=1}^n$, 则 $\Psi \in 2^{(\Omega)}$, 且 $\forall x = \{x^i\}_{i \in I} \in A_{[r]}$, $r \leqslant A(x) = \bigwedge\limits_{i \in I} A_i(x^i) \leqslant A_{i_0}(x^{i_0})$, 即 $x^{i_0} \in (A_{i_0})_{[r]}$. 于是, 有 $k \leqslant n$ 使 $r_{i_0 j_k} \not\leqslant B_{i_0 j_k}(x^{i_0})$, 从而 $P_{i_0}^\leftarrow(B_{i_0 j_k})(x) = B_{i_0 j_k}(x^{i_0}) \not\geqslant r_{i_0 j_k}$, 即 $(P_{i_0}^\leftarrow(B_{i_0 j_k}), r_{i_0 j_k}) \in \Psi$ 是 x 的相关远域. 所以 Ψ 是 A 的 r-RRF.

综合 (1) 与 (2) 得 A 是 (X, δ) 中的超紧集.

定理 6.4.8 (Tychonoff 乘积定理)　设 $\{(X_i, \delta_i)\}_{i \in I}$ 是一族 L-拓扑空间, (X, δ) 是其积空间. 则 (X, δ) 是超紧空间当且仅当 $\forall i \in I$, (X_i, δ_i) 是超紧空间.

证　设 (X, δ) 是超紧空间, 则由 $P_t^\rightarrow : (X, \delta) \to (X_i, \delta_i)$ 是连续的满的 L-映射及定理 6.4.5 知 (X_i, δ_i) 是超紧空间. 定理的充分性是定理 6.4.7 的推论.

上面证明了超紧性是可积的, 下面证明超紧性是有限可和的.

定义 6.4.4 设 (X,δ) 是 L-拓扑空间, $\Omega \subset \delta$, $R \subset P(L)$. 称 Ω 是 (X,δ) 的 R-复盖, 若 $\forall x \in X$, 存在 $Q \in \Omega$ 以及 $r \in R$, 使得 $Q(x) \not\leqslant r$.

显然, Ω 是 (X,δ) 的 R-复盖当且仅当 $\{(Q',r') : Q \in \Omega, r \in R\}$ 是 1_X 的相关远域族.

定理 6.4.9 设 (X,δ) 是 L-拓扑空间, 则 (X,δ) 是超紧空间当且仅当 $\forall R \subset P(L)$ 以及 (X,δ) 的任意 R-复盖 Ω, 存在 $S \in 2^{(R)}$ 及 $\Psi \in 2^{(\Omega)}$ 使得 Ψ 是 (X,δ) 的 S-复盖.

证 设 (X,δ) 是超紧空间. $\forall R \subset P(L)$, Ω 是 (X,δ) 的任意 R-复盖. 则 $\Delta = \{(Q',r') : Q \in \Omega, r \in R\}$ 是 1_X 的相关远域族. 从而存在 $S \in 2^{(R)}$ 及 $\Psi \in 2^{(\Omega)}$, 使 $\Delta_1 = \{(Q',r') : Q \in \Psi, r \in S\} \in 2^{(\Delta)}$ 是 1_X 的相关远域族. 显然 Ψ 是 (X,δ) 的 S-复盖.

反过来的证法是类似的.

定理 6.4.10 设 $\{(X_t,\delta_t)\}_{t \in T}$ 是一族 L-拓扑空间, (X,δ) 是其和空间, 即 $(X,\delta) = \sum_{t \in T}(X_t,\delta_t)$. 则 (X,δ) 是超紧空间当且仅当 $\forall t \in T$, (X_t,δ_t) 是超紧空间且 T 是有限指标集.

证 设 (X,δ) 是超紧空间. $\forall t \in T$, $\forall R \subset P(L)$, 设 Ω 是 (X_t,δ_t) 的任意 R-复盖. 令 $\Omega^{**} = \{Q^{**} : Q \in \Omega\}$, 这里 Q^{**} 是 Q 的扩张 (见定义 0.4.1), 则 Ω^{**} 显然是 (X,δ) 的 R-复盖. 由 (X,δ) 的超紧性, 存在 $S \in 2^{(R)}$ 及 $\Psi \in 2^{(\Omega)}$, 使 $\Psi^{**} = \{Q^{**} : Q \in \Psi\} \in 2^{(\Omega^{**})}$ 是 (X,δ) 的 S-复盖. 不难验证 Ψ 是 (X_t,δ_t) 的 S-复盖. 所以 (X_t,δ_t) 是超紧空间.

现证 T 是有限指标集. 若 T 非有限, 取 $r \in P(L)$, 考虑 (X,δ) 的 r-复盖 $\Omega = \{1_{X_t}^* : t \in T\}$, 这里 $1_{X_t}^*$ 是 1_{X_t} 的扩张 (见定义 0.4.1). 显然 $\forall \Psi \in 2^{(\Omega)}$, Ψ 不是 (X,δ) 的 r-复盖, 这与 (X,δ) 的超紧性不合. 所以 T 是有限集.

反过来, $\forall R \subset P(L)$, 设 Ω 是 $(X,\delta) = \sum_{i=1}^{n}(X_i,\delta_i)$ 的任意 R-复盖. 则对每个 $i \in \{1,2,\cdots,n\}$, $\Omega|X_i$ 是 (X_i,δ_i) 的 R-复盖. 从而存在

$$\Psi_i = \{Q_1^i, Q_2^i, \cdots, Q_{k_i}^i\} \in 2^{(\Omega)}, \quad S_i = \{r_1^i, r_2^i, \cdots, r_{m_i}^i\} \in 2^{(R)},$$

使 $\Psi_i|X_i \in 2^{(\Omega|X_i)}$ 是 (X_i,δ_i) 的 S_i-复盖. 令

$$\Psi = \{Q_1^1, \cdots, Q_{k_1}^1; Q_1^2, \cdots, Q_{k_2}^2; \cdots; Q_1^n, \cdots, Q_{k_n}^n;\} \in 2^{(\Omega)},$$

$$S = \{r_1^1, \cdots, r_{m_1}^1; r_1^2, \cdots, r_{m_2}^2; \cdots; r_1^n, \cdots, r_{m_n}^n\} \in 2^{(R)},$$

则 Ψ 是 (X,δ) 的 S-复盖. 所以 (X,δ) 是超紧空间.

例 6.4.1 设 N 是自然数集. 取 $X_n = \{n, n+1\}$, $n \in N$, $L = I = [0,1]$, $\delta_n = L^{X_n}$. 则 $\forall n \in N$, (X_n, δ_n) 是 L-拓扑空间.

(1) 因为 X_n 是有限集, 所以 (X_n, δ_n) 是良紧空间.

(2) (X_n, δ_n) 是 T_2 空间 (这里 T_2 空间的定义为 (见 [6]): 称 I-拓扑空间 (X, δ) 是 T_2 空间, 若对任二 L-点 x_λ 与 y_μ, 当 $x \neq y$ 且 $\lambda < 1, \mu < 1$ 时, 存在 $U, V \in \delta$ 使得 $x_\lambda \leqslant U, y_\mu \leqslant V$ 且 $U \wedge V = 0$).

事实上, $\forall a \in (0,1), \forall c \in (0,1)$, 定义 $V_n, V_{n+1} \in L^{X_n}$ 如下:

$$V_n(n) = a_1, \quad a < a_1 < 1, \quad V_n(n+1) = 0,$$

$$V_{n+1}(n) = 0, \quad V_{n+1}(n+1) = c_1, \quad c < c_1 < 1.$$

则 $V_n, V_{n+1} \in \delta_n$, 且 L-点 $n_a \leqslant V_n, (n+1)_c \leqslant V_{n+1}$. 又, $V_n \wedge V_{n+1} = 0_{X_n}$. 所以 (X_n, δ_n) 是 T_2 空间.

(3) 由于在 T_2 的 I-拓扑空间中, 超紧性与良紧性等价, 所以 (X_n, δ_n) 是超紧空间.

(4) 和空间 $(N, \delta) = \sum_{n \in N} (X_n, \delta_n)$ 不是超紧空间.

事实上, 由于 T_2 分离性是可和的, 故 (N, δ) 是 T_2 的. 由于在 T_2 的 I-拓扑空间中超紧性与良紧性等价, 只需证 (N, δ) 不是良紧空间即可.

取 $\alpha = 0.3 \in M(L) = (0,1]$, 则 $\Omega = \{0^{**}_{X_n} : n \in N\}$ 是 1_N 的 α-RF. 但 Ω 的任意有限子族 $\Psi = \{0^{**}_{X_{n_1}}, 0^{**}_{X_{n_2}}, \cdots, 0^{**}_{X_{n_m}}\}$ 都不是 1_N 的 α^--RF, 即 $\forall r \in \beta^*(\alpha) = (0, 0.3)$, Ψ 不是 1_N 的 r-RF. 事实上, 取 $n \in N - \{n_1, n_1 + 1, n_2, n_2 + 1, \cdots, n_m, n_m + 1\}$, 则对每个 $0^{**}_j \in \Psi, 0^{**}_j(n) = 1 > r$, 即 $0^{**}_j \notin \eta(n_r)$. 可见 Ψ 不是 1_N 的 r-RF. 所以 (N, δ) 不是良紧空间.

下面给出超紧集的一系列特征刻画.

定理 6.4.11 设 (X, δ) 是 L-拓扑空间, $A \in L^X$. 则 A 是超紧集当且仅当对每个 $\alpha \in M(L)$ 以及 $A_{[\alpha]}$ 在 $(X, \iota_L(\delta))$ 中由其子基 $\varphi(\delta)$ 之元构成的任意开复盖 Ω, 存在 $r \in \beta^*(\alpha)$ 以及 $\Psi \in 2^{(\Omega)}$, 使 Ψ 是 $A_{[r]}$ 的复盖.

证 设 A 是超紧集. $\forall \alpha \in M(L)$, 设 $\Omega \subset \varphi(\delta)$ 是 $A_{[\alpha]}$ 的任意开复盖. 则 $\Delta = \{(Q', r') : Q_{(r)} \in \Omega, r \in P(L)\}$ 是 A 的 α-RRF. 于是存在 $r \in \beta^*(\alpha)$ 及 Δ 的有限子族 $\Delta_0 = \{(Q'_i, r'_i) : i = 1, 2, \cdots, n\}$, 使 Δ_0 构成 A 的 r-RRF. 令 $\Psi = \{(Q_i)_{(r_i)} : i = 1, 2, \cdots, n\}$, 则 $\Psi \in 2^{(\Omega)}$ 是 $A_{[r]}$ 的复盖.

反过来的证法是类似的.

定理 6.4.12 设 (X, δ) 是 L-拓扑空间, $A \in L^X$. 若对每个 $\alpha \in M(L)$ 及 $A_{[\alpha]}$ 在 $(X, \iota_L(\delta))$ 中的每个开复盖 Ω, 存在 $r \in \beta^*(\alpha)$ 以及 $\Psi \in 2^{(\Omega)}$, 使 Ψ 是 $A_{[r]}$ 的复盖, 则 A 是超紧集.

因为在弱诱导空间 (X,δ) 中有 $[\delta] = \iota_L(\delta)$, 所以下述推论是自然的.

推论 6.4.2 设 (X,δ) 是弱诱导的 L-拓扑空间, $A \in L^X$. 若对每个 $\alpha \in M(L)$ 及 $A_{[\alpha]}$ 在 $(X,[\delta])$ 中的每个开复盖 Ω, 存在 $r \in \beta^*(\alpha)$ 以及 $\Psi \in 2^{(\Omega)}$, 使 Ψ 是 $A_{[r]}$ 的复盖, 则 A 是超紧集.

定义 6.4.5 设 (X,δ) 是 L-拓扑空间, $x_\alpha \in M^*(L^X)$.

(1) 称 L^X 中两个有相同定向集的分子网 $S = \{S(n), n \in D\}$ 与 $T = \{T(n), n \in D\}$ 是相似的, 若 $\forall n \in D, S(n)$ 与 $T(n)$ 有相同的承点.

(2) 称 x_α 为网 $S = \{S(n), n \in D\}$ 的可传 α-聚点, 若 S 聚于 x_α, 且对每 $c \in M(L)$, 与 S 相似的常值 c-网聚于 x_c.

定理 6.4.13 设 (X,δ) 是 L-拓扑空间, $A \in L^X$. 则 A 是超紧集当且仅当对每个 $\alpha \in M(L)$ 及 A 中任意 α-网在 A 中有可传的 α-聚点.

证 设 A 是超紧集. 对每个 $\alpha \in M(L)$, 设 $S = \{x_{\lambda_n}^n, n \in D\}$ 是 A 中的 α-网, 这里 $\forall n \in D, x^n \in X, \lambda_n \in M(L)$. 假设 S 在 A 中没有可传的 α-聚点. 令 $Y = \{x \in A_{[\alpha]} : S \infty x_\alpha\}$. 则 $\forall x \in Y$, 存在 $c(x) \in M(L)$, 使得与 S 相似的常值 $c(x)$-网 $S_{c(x)}$ 不聚于 $x_{c(x)}$, 即

$$\forall x \in Y, \exists c(x) \in M(L),$$

$$\exists P_x \in \eta(x_{c(x)}), \exists n(x) \in D, \ 使当 \ n \geqslant n(x) \ 时, \ x_{c(x)}^n \leqslant P_x. \tag{6.2}$$

另外, $\forall x \in A_{[\alpha]} - Y$, S 不聚于 x_α, 即

$$\forall x \in A_{[\alpha]} - Y, \exists Q_x \in \eta(x_\alpha), \exists n(x) \in D, \ 使当 \ n \geqslant n(x) \ 时, \ x_{\lambda_n}^n \leqslant Q_x \tag{6.3}$$

此时存在 $r(x) \in \beta^*(\alpha)$ 使 $Q_x \in \eta(x_{r(x)})$. 令

$$\Omega = \{(P_x, c(x))\}_{x \in Y} \cup \{(Q_x, r(x))\}_{x \in A_{[\alpha]} - Y}.$$

则 Ω 是 A 的 α-RRF. 由 A 的超紧性, 存在 $\tilde{r} \in \beta^*(\alpha)$ 及 $\Psi \in 2^{(\Omega)}$ 使 Ψ 是 A 的 $\tilde{r}$-RRF. 不妨设

$$\Psi = \{(P_{x_i}, c(x_i))\}_{i=1}^n \cup \{(Q_{x_j}, r(x_j))\}_{j=m+1}^{m+k}, \quad m, k \ 是自然数.$$

取 $r \in \beta^*(\alpha)$ 使 $r \geqslant \tilde{r}, r \geqslant r(x_j), j = m+1, \cdots, m+k$, 则

$$\tilde{\Psi} = \{(P_{x_i}, c(x_i))\}_{i=1}^n \cup \{(Q_{x_j}, r)\}_{j=m+1}^{m+k}$$

是 A 的 r-RRF. 因 S 是 α-网, 对 $r \in \beta^*(\alpha)$ 有如下结论:

$$\exists n(r) \in D \ 使当 \ n \geqslant n(r) \ 时 \ V(x_{\lambda_n}^n) = \lambda_n \geqslant r, \ 即 \ x_{\lambda_n}^n \geqslant x_r^n. \tag{6.4}$$

取 $N_0 \in D$ 使 $N_0 \geqslant n(r), N_0 \geqslant n(x_i), i = 1, 2, \cdots, m, m+1, \cdots, m+k$. 则当 $n \geqslant N_0$ 时, 由 (6.2)、(6.3) 及 (6.4) 得

$$x^n_{c(x_i)} \leqslant P_{x_i}, i = 1, \cdots, m; x^n_r \leqslant x^n_{\lambda_n} \leqslant Q_{x_j}, j = m+1, \cdots, m+k.$$

这说明当 $n \geqslant N_0$ 时, $x^n \in A_{[r]}$ 在 $\tilde{\Psi}$ 中没有相关远域, 这与 $\tilde{\Psi}$ 是 A 的 r-RRF 不合. 所以 S 在 A 中有可传的 α-聚点.

反过来, $\forall \alpha \in M(L)$, 设 A 中任意 α-网在 A 中有可传的 α-聚点, Ω 为 A 的任意 α-RRF. 假设 Ω 的每个有限子族都不是 A 的 α^--RRF, 则

$$\forall \Psi \in 2^{(\Omega)}, \forall r \in \beta^*(\alpha), \exists x^{(\Psi, r)} \in A_{[r]} \ 使 \ \forall Q \in \Psi \ 不是 \ x^{(\Psi, r)} \ 的相关远域. \quad (6.5)$$

令 $D = 2^{(\Omega)} \times \beta^*(\alpha)$, 对任意的 $(\Psi_1, r_1), (\Psi_2, r_2) \in D$, 规定 $(\Psi_1, r_1) \leqslant (\Psi_2, r_2)$ 当且仅当 $\Psi_1 \subset \Psi_2$ 且 $r_1 \leqslant r_2$, 则 D 是定向集. 令 $S = \{x^{(\Psi, r)}_r, (\Psi, r) \in D\}$, 则 S 是 A 中的分子网. 因为 $\forall r \in \beta^*(\alpha)$, 任取 $\Psi_1 \in 2^{(\Omega)}$, 当 $(\Psi, t) \geqslant (\Psi_1, r)$ 时, $V(x^{(\Psi, t)}_t) = t \geqslant r$. 所以 S 是 A 中的 α-网. 由题设条件, A 中有可传的 α-聚点 x_α. 因 Ω 是 A 的 α-RRF, 故存在 $(P_x, r_x) \in \Omega$ 使得 $x_{r_x} \nleqslant P_x$, 即 $P_x \in \eta(x_{r_x})$. 现在, $\Psi_0 = \{(P_x, r_x)\} \in 2^{(\Omega)}$. 任取 $t \in \beta^*(\alpha)$, 则当 $(\Psi, r) \geqslant (\Psi_0, t)$ 时, $(P_x, r_x) \in \Psi$. 由 (6.5) 知 $x^{(\Psi, r)}_r \leqslant P_x$. 这说明与 S 相似的常值 r_x-网 $S_{r_x} = \{x^{(\Psi, r)}_{r_x}, (\Psi, r) \in D\}$ 最终在 x_{r_x} 的远域 P_x 中, 这与 x_α 是 S 的可传的 α-聚点不合. 所以 Ω 有有限子族构成 A 的 α^--RRF. 这证明 A 是超紧集.

定义 6.4.6 设 (X, δ) 是 L-拓扑空间. 以 $\delta \cup \{\lambda_X : \lambda \in L\}$ 为子基生成 X 上的一个 L-拓扑, 记为 δ_c. 称 δ_c 为 δ 的满层化.

定理 6.4.14 设 (X, δ) 是 L-拓扑空间, $A \in L^X$. 则 A 是 (X, δ) 中的超紧集当且仅当 A 是 (X, δ_c) 中的超紧集.

证 设 A 是 (X, δ_c) 中的超紧集. 由于 $\delta \subset \delta_c$, 故对于每个 $\alpha \in M(L)$, A 在 (X, δ) 中的 α-RRF 必是 A 在 (X, δ_c) 中的 α-RRF. 由此可知 A 是 (X, δ) 中的超紧集.

反过来, 设 A 是 (X, δ) 中的超紧集. 对于每个 $\alpha \in M(L)$, 设 Ω 是 A 在 (X, δ_c) 中的 α-RRF, 则 $\forall x \in A_{[\alpha]}$, 存在 $(P_x, r_x) \in \Omega$ 使得

$$x_{r_x} \nleqslant P_x, \ 即 \ r_x \nleqslant P_x(x), \quad 这里 \ P_x \in \delta'_c. \quad (6.6)$$

由于 δ_c 的闭基为 $\{P \vee \lambda_X : P \in \delta', \lambda \in L\}$, 所以

$$P_x = \bigwedge_{j \in J_x} (P_j \vee (\lambda_j)_X), \quad 这里 \ \forall j \in J_x, P_j \in \delta', \lambda_j \in L.$$

由 (6.6), 存在 $j(x) \in J_x$ 使得 $r_x \nleqslant P_{j(x)}(x) \vee (\lambda_{j(x)})_X(x)$, 故

$$r_x \nleqslant P_{j(x)}(x) \text{ 且 } r_x \nleqslant (\lambda_{j(x)})_X(x) = \lambda_{j(x)}. \tag{6.7}$$

令 $\Delta = \{(P_{j(x)}, r_x)\}_{x \in A_{[\alpha]}}$, 则 Δ 是 A 在 (X, δ) 中的 α-RRF. 从而存在 $r \in \beta^*(\alpha)$ 以及 $x_1, x_2, \cdots, x_n \in A_{[\alpha]}$, 使 $\Lambda = \{(P_{j(x_k)}, r_{x_k})\}_{k=1}^n \in 2^{(\Delta)}$ 是 A 在 (X, δ) 中的 r-RRF. 由此可以断定 $\Psi = \{(P_{x_k}, r_{x_k})\}_{k=1}^n \in 2^{(\Omega)}$ 是 A 在 (X, δ_c) 中的 r-RRF. 事实上, 对每个 $x \in A_{[r]}$, 由 Λ 是 A 在 (X, δ) 中的 r-RRF 知存在 $k \leqslant n$, 使 $(P_{j(x_k)}, r_{x_k})$ 是 x 的相关远域, 即 $r_{x_k} \nleqslant P_{j(x_k)}(x)$. 又, 由 (6.7) 知 $r_{x_k} \nleqslant \lambda_{j(x_k)} = (\lambda_{j(x_k)})_X(x)$. 因为 $r_{x_k} \in M(L)$, 所以 $r_{x_k} \nleqslant (P_{j(x_k)} \vee (\lambda_{j(x_k)})_X)(x)$, 从而 $r_{x_k} \nleqslant P_{x_k}(x)$, 即 $(P_{x_k}, r_{x_k}) \in \Psi$ 是 x 的相关远域. 所以 A 是 (X, δ_c) 中的超紧集.

接下来研究超紧集的层次结构.

引理 6.4.1 设 (X, τ) 是分明拓扑空间, $Y \subset X$, φ 是 τ 的子基. 则 Y 紧致当且仅当 Y 的由 φ 中元构成的复盖有有限子复盖.

证 因 φ 是 τ 的子基, 故 $\varphi|Y$ 是 $\tau|Y$ 的子基. 从而 Y 紧致 $\Leftrightarrow$ Y 的开复盖 $\{V_t \cap Y\}_{t \in T} \subset \varphi|Y$ 有有限子复盖 $\Leftrightarrow$ Y 的复盖 $\{V_t\}_{t \in T} \subset \varphi$ 有有限子复盖.

定理 6.4.15 设 (X, δ) 是 L-拓扑空间, $A \in L^X$. 若 A 是超紧集, 则对每个 $\alpha \in M(L)$, $A_{[\alpha]}$ 是 $(X, \iota_L(\delta))$ 的紧子集.

证 由引理 6.4.1, 对每个 $\alpha \in M(L)$, 设 $A_{[\alpha]}$ 在 $(X, \iota_L(\delta))$ 中的开复盖为 $\Omega = \{(Q_t)_{(r_t)}\}_{t \in T} \subset \varphi(\delta)$, 则 $\{(Q'_t, r'_t)\}_{t \in T}$ 是 A 的 α-RRF. 由 A 的超紧性, 存在 $r \in \beta^*(\alpha)$ 以及 $t_1, t_2, \cdots, t_n \in T$, 使 $\{(Q'_{t_i}, r'_{t_i})\}_{i=1}^n$ 是 A 的 r-RRF. 从而 $\{(Q_{t_i})_{(r_{t_i})}\}_{i=1}^n \in 2^{(\Omega)}$ 是 $A_{[r]} \supset A_{[\alpha]}$ 的复盖. 所以 $A_{[\alpha]}$ 是 $(X, \iota_L(\delta))$ 的紧子集.

定理 6.4.16 设 (X, δ) 是 L-拓扑空间, A 是 (X, δ) 中的分明集. 则 A 是超紧集当且仅当 A 是 $(X, \iota_L(\delta))$ 中的紧子集.

证 设 A 是超紧集. 因 A 是分明集, 故对每个 $\alpha \in M(L)$, $A_{[\alpha]} = A$. 由定理 6.4.15, A 是 $(X, \iota_L(\delta))$ 中的紧子集.

反过来, 设 A 是 $(X, \iota_L(\delta))$ 中的紧子集. 注意当 A 是分明集时, A 的 α-RRF 也是它的 α^--RRF. 由超紧集的定义直接验证可得.

推论 6.4.3 若 A 是弱诱导空间 (X, δ) 的分明子集, 且 A 在 $(X, [\delta])$ 中紧致, 则 A 是 (X, δ) 的超紧集.

定理 6.4.17 设 (X, δ) 是 L-拓扑空间, 若 $A \subset X$ 是 $(X, \iota_L(\delta))$ 中的紧子集, 则 $\forall \lambda \in L, \lambda\chi_A$ 是 (X, δ) 中的超紧集.

证 对每个 $\alpha \in M(L)$, 设 Ω 是 $\lambda\chi_A$ 的 α-RRF. 由于

$$(\lambda\chi_A)_{[\alpha]} = \begin{cases} A, & \lambda \geqslant \alpha, \\ \varnothing, & \lambda \ngeqslant \alpha, \end{cases}$$

故当 $\alpha \leqslant \lambda$ 时, $\forall x \in A$, 存在 $(P_x, r_x) \in \Omega$ 使 $x_{r_x} \not\leqslant P_x$, 即 $x \in (P'_x)_{(r'_x)} \in \iota_L(\delta)$. 令 $\Delta = \{(P'_x)_{(r'_x)} : x \in A\}$, 则 Δ 是 A 的开复盖. 由 A 的紧性, 存在 $x_1, x_2, \cdots, x_n \in X$, 使得 $\Lambda = \{(P'_{x_i})_{(r'_{x_i})} : i = 1, 2, \cdots, n\} \in 2^{(\Delta)}$ 是 A 的复盖. 易见 $\Psi = \{(P_{x_i}, r_{x_i}) : i = 1, 2, \cdots, n\} \in 2^{(\Omega)}$ 是 $\lambda\chi_A$ 的 α-RRF. 任取 $r \in \beta^*(\alpha)$, 由于 $(\lambda\chi_A)_{[r]} = (\lambda\chi_A)_{[\alpha]} = A$, 所以 Ψ 是 $\lambda\chi_A$ 的 r-RRF, 即 Ψ 是 $\lambda\chi_A$ 的 α-RRF.

当 $\alpha \not\leqslant \lambda$ 时, $(\lambda\chi_A)_{[\alpha]} = \varnothing$. 此时 Ω 的任一有限子族都是 $\lambda\chi_A$ 的 α-RRF.

总之, $\lambda\chi_A$ 是 (X, δ) 中的超紧集.

推论 6.4.4 设 (X, δ) 是弱诱导空间. 若 $A \subset X$ 是 $(X, [\delta])$ 中的紧子集, 则 $\forall \lambda \in L, \lambda\chi_A$ 是 (X, δ) 中的超紧集.

下面用 L-集网刻画超紧集的特征.

定义 6.4.7 设 (X, δ) 是 L-拓扑空间, $\Delta_1 = \{A(n), n \in D\}$ 与 $\Delta_2 = \{B(n), n \in D\}$ 是 (X, δ) 中的两个 L-集网. 称 Δ_1 与 Δ_2 是相似的, 记作 $\Delta_1 \sim \Delta_2$, 若对每个 $n \in D$, $\mathrm{supp}A(n) = \mathrm{supp}B(n)$.

定理 6.4.18 设 (X, δ) 是 L-拓扑空间, $A \in L^X$. 则 A 是超紧集当且仅当对每个 $\alpha \in M(L)$ 以及 A 中的任何 α-L-集网 $\Delta = \{A(n), n \in D\}$, 我们有

(1) 存在 $x_\alpha \leqslant A$, 使得 $\Delta \infty x_\alpha$.

(2) 对每个 $c \in M(L)$, 设 $\Delta(c) = \{B(c)(n), n \in D\}$. 若 $\Delta(c) \sim \Delta$ 且存在 $m \in D$, 使得当 $n \in D$ 且 $n \geqslant m$ 时, 有 $B(c)(n) = c\chi_{A(n)_{(0)}}$, 这里 $A(n)_{(0)} = \mathrm{supp}A(n)$, 则 $\Delta(c) \infty x_c$.

证 设 A 是超紧集. 对每个 $\alpha \in M(L)$, 设 $\Delta = \{A(n), n \in D\}$ 是 A 中的任一 α-L-集网. 令 $Y = \{x \in A_{[\alpha]} : \Delta \infty x_\alpha\}$. 因 A 是超紧的, 故它必是良紧的. 从而由定理 6.1.9 知 $Y \neq \varnothing$. 假若 $\forall x \in Y$, 存在 $c(x) \in M(L)$, 使得

$$\Delta(c(x)) = \{B(c(x))(n), n \in D\}$$

不聚于 $x_{c(x)}$, 即

$$\forall x \in Y, \exists c(x) \in M(L), \exists P(x) \in \eta(x_{c(x)}), \exists n(x) \in D, \text{ 使当 } n \geqslant n(x) \text{ 时,}$$

$$B(c(x))(n) \leqslant P(x). \tag{6.8}$$

另一方面, $\forall x \in A_{[\alpha]} - Y$, Δ 不聚于 x_α, 即

$$\forall x \in A_{[\alpha]} - Y, \exists Q(x) \in \eta(x_\alpha), \exists n(x) \in D, \text{ 使当 } n \geqslant n(x) \text{ 时, } A(n) \leqslant Q(x). \tag{6.9}$$

在这种情况下, 存在 $r(x) \in \beta^*(\alpha)$ 使 $Q(x) \in \eta(x_{r(x)})$. 令

$$\Omega = \{(P(x), c(x)) : x \in Y\} \cup \{(Q(x), r(x)) : x \in A_{[\alpha]} - Y\},$$

则 Ω 是 A 的 α-RRF. 由 A 的超紧性, 存在 $r^* \in \beta^*(\alpha)$ 及 $\Psi \in 2^{(\Omega)}$, 使 Ψ 是 A 的 r^*-RRF. 不妨设

$$\Psi = \{(P(x_i), c(x_i)) : i = 1, \cdots, m\} \cup \{(Q(x_j), r(x_j)) : j = m+1, \cdots, m+k\}.$$

取 $r \in \beta^*(\alpha)$ 使

$$r \geqslant r^*, r \geqslant r(x_j), \quad j = m+1, \cdots, m+k.$$

由于 $A_{[r]} \subset A_{[r^*]}$, 故

$$\Psi^* = \{(P(x_i), c(x_i)) : i = 1, \cdots, m\} \cup \{(Q(x_j), r) : j = m+1, \cdots, m+k\}$$

是 A 的 r-RRF. 因为 Δ 是 α-L-集网, 对 $r \in \beta^*(\alpha)$, 我们有

$$\exists n(r) \in D, \text{ 使当 } n \geqslant n(r) \text{ 时}, A(n)_{[r]} \neq \varnothing. \tag{6.10}$$

由 $\Delta(c(x_i))$ 之定义, 存在 $d(i) \in D$, 使当 $n \geqslant d(i)$ 时有

$$B(c(x_i))(n) = c(x_i)\chi_{A(n)_{(0)}}, \quad i = 1, \cdots, m \tag{6.11}$$

取 $N_0 \in D$, 使

$$N_0 \geqslant n(r), N_0 \geqslant n(x_i), i = 1, \cdots, m+k, N_0 \geqslant d(i), i = 1, \cdots, m.$$

则当 $n \geqslant N_0$ 时, 由 (6.8)~(6.11) 得

$$B(c(x_i))(n) \leqslant P(x_i), \quad i = 1, \cdots, m,$$
$$A(n) \leqslant Q(x_j), \quad j = m+1, \cdots, m+k,$$
$$A(n)_{[r]} \neq \varnothing,$$
$$B(c(x_i))(n) = c(x_i)\chi_{A(n)_{(0)}}.$$

因此, 存在 $z \in A(n)_{[r]} \subset A_{[r]}$ 使

$$z_{c(x_i)} \leqslant P(x_i), i = 1, \cdots, m, \quad z_r \leqslant Q(x_j), j = m+1, \cdots, m+k,$$

这与 Ψ^* 是 A 的 r-RRF 不合. 所以 Δ 满足 (1) 与 (2).

　　反过来, 由定理 6.4.13 可得.

6.5   不同紧性之比较

本章前四节介绍了良紧性、强 F 紧性、Lowen 紧性以及超紧性的若干新特征. 本节主要讨论这四种紧性在弱诱导空间及 (强) T_2 空间中的等价性, 并且圆满地回答了文献 [6] 中提出的两个公开问题. 本节的内容主要取自文献 [41].

上述四种紧性已有的关系是 (文献 [6]):

定理 6.5.1   在 L-拓扑空间中,

$$超紧性 \Rightarrow 良紧性 \Rightarrow 强\ F\ 紧性 \Rightarrow Lowen\ 紧性.$$

我们首先讨论上述四种紧性在弱诱导空间中的等价性.

定义 6.5.1   设 (X, δ) 是 L-拓扑空间, $A \in L^X, \alpha \in M(L)$. 若对 A 的任意 α-RF Ω 以及任意的 $x_\alpha \leqslant A$, 存在分明闭集 $Q \in \eta(x_\alpha)$, 使 Ω 为 $A \wedge Q'$ 的 α^--RF, 则称 A 具有 α-LN 性质. 若对每个 $\alpha \in M(L)$, A 都具有 α-LN 性质, 则称 A 具有 LN 性质. 当 $A = 1_X$ 时, 称 (X, δ) 具有 α-LN 性质或 LN 性质.

定理 6.5.2   若 L-拓扑空间 (X, δ) 是良紧空间, 则它具有 LN 性质.

证   对每个 $\alpha \in M(L)$, 设 Ω 是 1_X 的 α-RF. 则存在 $\Psi \in 2^{(\Omega)}$ 使 Ψ 是 1_X 的 α^--RF, 从而 Ω 是 1_X 的 α^--RF. 于是 Ω 是每个 $Q \in L^X$ 的 α^--RF. 所以 (X, δ) 具有 LN 性质.

引理 6.5.1   设 (X, δ) 是弱诱导的 L-拓扑空间, $A \in L^X$. 则 A 具有 LN 性质.

证   对每个 $\alpha \in M(L)$, 设 Ω 是 A 的 α-RF. 则对每个 $x_\alpha \leqslant A$, 存在 $Q \in \Omega$ 使 $Q \in \eta(x_\alpha)$. 设 $Q(x) = r \not\geqslant \alpha$, 则可取 $t \in \beta^*(\alpha)$ 使 $r \not\geqslant t$. 令 $P = \chi_{Q_{[t]}}$, 则 P 是分明集, 而且 $P' = (\chi_{Q_{[t]}})' = \chi_{(Q_{[t]})'} = \chi_{(Q')_{(t')}} \in \delta$, 故 $P \in \delta'$. 下面证明

(1) $P \in \eta(x_\alpha)$.

事实上, 由 $Q(x) = r \not\geqslant t$ 知 $x \notin Q_{[t]}$, 从而 $P(x) = 0$. 可见 $P \in \eta(x_\alpha)$.

(2) Ω 为 $A \wedge P'$ 的 t-RF, 从而是 α^--RF.

事实上, $\forall y_t \leqslant A \wedge P'$, 有 $y_t \leqslant P', y_t \leqslant A$. 由 $y_t \leqslant P'$ 及 P 是分明集, $P(y) = 0$, 即 $y \notin Q_{[t]}$ 或 $Q(y) \not\geqslant t$. 于是 $Q \in \eta(y_t)$. 又因为 $Q \in \Omega$, 所以 Ω 确为 $A \wedge P'$ 的 t-RF.

引理 6.5.2   设 (X, δ) 是 L-拓扑空间, Ω 是 $A_i \in L^X$ 的 α^--RF, $i = 1, \cdots, n$. 则 Ω 也是 $A = \bigvee\limits_{i=1}^{n} A_i$ 的 α^--RF.

定理 6.5.3   若 L-拓扑空间 (X, δ) 具有 LN 性质, 则 (X, δ) 的良紧性、强 F 紧性、Lowen 紧性等价.

证   由定理 6.5.1, 只需证 Lowen 紧性 $\Rightarrow$ 良紧性. 对每个 $\alpha \in M(L)$, 设 Ω 是 1_X 的 α-RF. 则对每个 $x \in X$, 存在分明闭集 $P_x \in \eta(x_\alpha)$, 使 Ω 是 P'_x 的 α^--RF.

取 $r \in \beta^*(\alpha)$, 则由 $P_x(x) = 0$ 知 $P_x \in \eta(x_r)$. 令 $\Psi = \{P_x : x \in X\}$, 则 Ψ 是 1_X 的 $\alpha^-\text{-}RF$. 因为 (X, δ) 是 Lowen 紧空间, 据推论 6.3.2, 存在 $x_i \in X, i = 1, 2, \cdots, n$, 使 $\{P_{x_1}, P_{x_2}, \cdots, P_{x_n}\} \in 2^{(\Psi)}$ 是 1_X 的 $\alpha^-\text{-}RF$. 注意诸 P_{x_i} 都是分明集, 所以 $\bigwedge_{i=1}^{n} P_{x_i} = 0_X$, 从而 $\bigvee_{i=1}^{n} P'_{x_i} = 1_X$. 由引理 6.5.2, Ω 是 $\bigvee_{i=1}^{n} P'_{x_i} = 1_X$ 的 $\alpha^-\text{-}RF$. 再由推论 6.3.2, 存在 Ω 的有限子族构成 1_X 的 $\alpha^-\text{-}RF$. 所以 (X, δ) 是良紧空间.

定理 6.5.4 设 (X, δ) 是弱诱导的 L-拓扑空间. 若 (X, δ) 是良紧空间, 则它是超紧空间.

证 因为 (X, δ) 是弱诱导的, 所以 $[\delta] = \iota_L(\delta)$. 又, 在弱诱导空间中, (X, δ) 是良紧空间当且仅当 $(X, [\delta])$ 是紧空间. 所以 (X, δ) 是超紧空间.

结合引理 6.5.1、定理 6.5.3 和定理 6.5.4 可得下面的定理.

定理 6.5.5 设 (X, δ) 是弱诱导的 L-拓扑空间. 则 (X, δ) 的超紧性、良紧性、强 F 紧性、Lowen 紧性彼此等价.

注 6.5.1 由定理 6.5.5 知道, 在弱诱导空间中, 就整个空间而言, 超紧性、良紧性、强 F 紧性、Lowen 紧性彼此等价. 但正如下例所示, 在弱诱导空间中, Lowen 紧集可以不是强 F 紧集, 而强 F 紧集也可以不是良紧集.

例 6.5.1 令 $X = L = [0, 1]$, 则 $M(L) = (0, 1]$, 且 $\forall \alpha \in M(L)$, $\beta^*(\alpha) = (0, \alpha)$. 定义如下一族 L-集:

$$A(x) = 1 - x, x \in X,$$

对 $m \in (0, 1)$,

$$B_m(x) = \begin{cases} 1, & x \in [0, m], \\ 0, & x \in (m, 1], \end{cases} \quad B_0(x) = \begin{cases} 1, & x = 0, \\ 0, & x \neq 0, \end{cases} \quad B_1 = 1_X.$$

$$C_m(x) = \begin{cases} 1, & x \in [0, m], \\ 1 - x, & x \in (m, 1], \end{cases} \quad C_0(x) = \begin{cases} 1, & x = 0, \\ 1 - x, & x \neq 0, \end{cases} \quad C_1 = 1_X.$$

$$D_m(x) = \begin{cases} 1 - x, & x \in [0, m], \\ 0, & x \in (m, 1], \end{cases} \quad D_0 = B_0, \quad D_1 = A.$$

对 $m, n \in (0, 1), m < n$,

$$E(m, n)(x) = \begin{cases} 1, & x \in [0, m], \\ 1 - x, & x \in (m, n], \\ 0, & x \in (n, 1], \end{cases}$$

$$E(0, n) = D_n, \quad n \in (0, 1),$$

$$E(m,0) = C_m, \quad m \in (0,1).$$

令

$$\eta = \{A\} \cup \{B_m : m \in [0,1]\} \cup \{C_m : m \in [0,1]\} \cup \{D_m : m \in [0,1]\}$$

$$\cup \{E(m,n) : m,n \in (0,1), m < n\} \cup \{0_X\},$$

不难验证 η 是 X 上的一个 L-余拓扑. 令 $\delta = \eta'$. 可以验证 $\forall r \in M(L), \forall Q \in \eta$, $\chi_{Q_{[r]}} \in \eta$. 所以 (X,δ) 是一个弱诱导空间. 定义 $P, H \in L^X$ 为: $\forall x \in X$,

$$P(x) = \begin{cases} 0, & x = \frac{1}{2}, \\ x, & x \neq \frac{1}{2}, \end{cases} \qquad H(x) = \begin{cases} x, & 0 \leqslant x < \frac{1}{2}, \\ 0, & x = \frac{1}{2}, \\ 1-x, & \frac{1}{2} < x \leqslant 1. \end{cases}$$

(1) P 是 Lowen 紧集.

事实上, $\forall \alpha \in M(L), \forall r \in \beta^*(\alpha)$, 设 Ω 是 P 的 r-RF. 对 α 和 r 分以下几种情形讨论:

(1.1) $\frac{1}{2} < \alpha \leqslant 1$ 且 $\frac{1}{2} < r < \alpha$. 此时 $r \in P_{[r]}$, 从而存在 $Q \in \Omega$ 使 $r_r \not\leqslant Q$. 在这种情况下, $Q(r) = 0$ 或 $1-r$. 因此 $\{Q\}$ 是 P 的 α^--RF.

(1.2) $\frac{1}{2} < \alpha \leqslant 1$ 且 $r = \frac{1}{2}$. 此时存在 $r_1 \in M(L)$ 使 $\frac{1}{2} < r_1 < \alpha$, 且 Ω 是 P 的 r_1-RF. 相似于 (1.1), 存在 Ω 的有限子族 Ψ, 使 Ψ 是 P 的 r_1-RF.

(1.3) $\frac{1}{2} < \alpha \leqslant 1$ 且 $0 < r < \frac{1}{2}$. 因为 $r \in P_{[r]}$, 从而存在 $Q \in \Omega$ 使 $r_r \not\leqslant Q$. 在这种情况下, $Q(r) = 0$ 且存在 $r_1 \in (0,r)$, 使 $\forall x \in (r,1]$, $Q(x) = 0$. 因此 $\{Q\}$ 是 P 的 r-RF.

(1.4) $\alpha \leqslant \frac{1}{2}$. 类似于 (1.3), 存在 Ω 的一个有限子族 Ψ, 使 Ψ 是 P 的 r-RF.

综合 (1.1)~(1.4), 由推论 6.3.2, P 是 Lowen 紧集.

(2) P 不是强 F 紧集.

事实上, 取 $\alpha = \frac{1}{2}$, 设 Ω 是满足下述条件:

$$\forall x \in P_{[\alpha]} = (\alpha, 1], \text{ 存在 } x', \alpha < x' < x, \text{ 使 } B'_x \in \Omega$$

的 P 的 α-RF. 设 $\Psi = \{B_{x'_1}, B_{x'_2}, \cdots, B_{x'_k}\}$ 是 Ω 的任意有限子族. 若 Ψ 是 P 的 α-RF. 则 $Q = \bigwedge_{i=1}^{k} B_{x'_i}$ 也是 P 的 α-RF. 但 $Q = B_m$, 这里 $m = \min\{x'_1, \cdots, x'_k\}$.

显然 Q 不是 P 的 α-RF. 所以 Ω 的任意有限子族都不是 P 的 α-RF. 因此 P 不是强 F 紧集.

(3) H 是强 F 紧集.

事实上, $\forall \alpha \in M(L)$, 设 Ω 是 H 的任意 α-RF.

(3.1) 若 $\frac{1}{2} \leqslant \alpha \leqslant 1$, 则 $H_{[\alpha]} = \varnothing$. 于是 $\forall \Psi \in 2^{(\Omega)}$, Ψ 不是 H 的 α-RF.

(3.2) 若 $0 < \alpha < \frac{1}{2}$, 则 $H_{[\alpha]} = \left[\alpha, \frac{1}{2}\right) \cup \left(\frac{1}{2}, 1-\alpha\right]$. 类似于 (1.3), 我们知道存在 $\Psi \in 2^{(\Omega)}$, 使 Ψ 是 H 的 α-RF.

综合 (3.1) 与 (3.2), H 是强 F 紧集.

(4) H 不是良紧集.

事实上, 令 $\Omega = \{1_X\}$, $\alpha = \frac{1}{2}$, 则 $H_{[\alpha]} = \varnothing$. 故 Ω 是 H 的 α-RF. 但 $\forall r \in \beta^*(\alpha) = \left(0, \frac{1}{2}\right), \Omega$ 不是 H 的 r-RF. 所以 H 不是良紧集.

现在讨论在 T_2 空间中各种紧性的关系.

定理 6.5.6 设 (X, δ) 是 T_2 的 L-拓扑空间, 若 $A \in L^X$ 是 Lowen 紧集, 则它是强 F 紧集.

证 $\forall \alpha \in M(L)$, 设 $S = \{x_\alpha^n, n \in D\}$ 是 A 中的常值 α-网. 则 $\forall r \in \beta^*(\alpha)$, 由 A 的 Lowen 紧性, 存在 $x_r \leqslant A$ 使 x_r 是 S 的聚点. 这时, S 有子网 T 收敛于 x_r, 且 T 还是常值 α-网. 因此, $\forall t \in \beta^*(\alpha)$, 存在 $y_t \leqslant A$ 使 y_t 是 T 的聚点. 由此可以证明 $x = y$, 从而 $x_\alpha = \bigvee_{t \in \beta^*(\alpha)} x_t$. 事实上, 假如 $x \neq y$, 则由 (X, δ) 的 T_2 性, 存在 $P \in \eta(x_r)$ 及 $Q \in \eta(y_t)$ 使 $P \vee Q = 1$. 因为 T 收敛于 x_r, 存在 $n_0 \in D$, 使当 $n \in D$ 且 $n \geqslant n_0$ 时, $x_\alpha^n \not\leqslant P$. 另一方面, 由 y_t 是 T 的聚点, 对 $n_0 \in D$, 存在 $n_1 \in D$ 且 $n_1 \geqslant n_0$, 使 $x_\alpha^{n_1} \not\leqslant Q$. 于是 $\alpha \not\leqslant P(x^{n_1}) \vee Q(x^{n_1})$. 这与 $P \vee Q = 1$ 不合. 所以 $x = y$. 下面进一步证明 x_α 是 S 的聚点. 假如 x_α 不是 S 的聚点, 则存在 $P \in \eta(x_\alpha)$ 及 $n_0 \in D$, 使当 $n \in D$ 且 $n \geqslant n_0$ 时, $x_\alpha^n \leqslant P$. 但由 $P \in \eta(x_\alpha)$ 知, 存在 $t \in \beta^*(\alpha)$ 使 $P \in \eta(x_t)$. 因为 S 以 x_t 为聚点, 对 $n_0 \in D$, 存在 $n \in D$ 且 $n \geqslant n_0$, 使 $x_\alpha^n \not\leqslant P$. 这与 $x_\alpha^n \leqslant P$ 不合. 所以 x_α 是 S 的聚点. 至此, 我们已经证明了 A 中的每个常值 α-网均在 A 中有一高度为 α 的聚点. 所以 A 是强 F 紧集.

定理 6.5.7 设 (X, δ) 是 T_2 的 L-拓扑空间, $A \in L^X$, $\alpha \in M(L)$. 若 A 是强 F 紧集, 且 S 是 A 中的 α-网, 则存在 $x \in A_{[\alpha]}$, 使得 $\forall c \in \beta^*(\alpha)$, 与 S 相似的常值 c-网 S_c 以 x_c 为其聚点.

证 设 $S = \{x_{r(n)}^n, n \in D\}$ 是 A 中的 α-网, $\alpha \in M(L)$, $r(n) \in M(L)$, $n \in D$. $\forall c \in \beta^*(\alpha)$, 设 $S_c = \{x_c^n, n \in D\}$ 是与 S 相似的常值 c-网. 由 α-网的定义, S_c

最终在 A 中. 我们可以假设 S_c 在 A 中. 由于 A 是强 F 紧集, S_c 在 A 中有一高度为 c 的聚点 x_c. 于是存在 S_c 的子网 $T_c = \{x_c^{n_k}, k \in K\}$, 使 T_c 收敛于 x_c. $\forall d \in \beta^*(\alpha)$, 令 $S_d = \{x_d^n, n \in D\}$, 则 $T_d = \{x_d^{n_k}, k \in K\}$ 是 S_d 之子网. 于是, 存在 $y_d \leqslant A$ 使 y_d 是 T_d 的聚点. 类似于定理 6.5.6 可以证明 $x = y$. 因此 x_d 是 T_d 的聚点, 进而 x_d 是 S_d 的聚点. 所以 $x_\alpha = \bigvee\limits_{d \in \beta^*(\alpha)} x_d \leqslant A$, 即 $x \in A_{[\alpha]}$.

定理 6.5.8　设 (X, δ) 是 T_2 的 L-拓扑空间, $A \in L^X$. 若 A 是强 F 紧集, 则它是良紧集.

证　对每个 $\alpha \in M(L)$, 设 $S = \{x_{r(n)}^n, n \in D\}$ 是 A 中的 α-网, $r(n) \in M(L)$, $n \in D$, $x^n \in X$. 由定理 4.5.7, 存在 $x \in A_{[\alpha]}$, 使得 $\forall c \in \beta^*(\alpha)$, x_c 是与 S 相似的常值 c-网 S_c 之聚点. 下证 x_α 是 S 的聚点. 假如 x_α 不是 S 的聚点, 则存在 $P \in \eta(x_\alpha)$ 及 $n_0 \in D$, 使当 $n \in D$ 且 $n \geqslant n_0$ 时, $x_{r(n)}^n \leqslant P$. 但由 $P \in \eta(x_\alpha)$ 知, 存在 $t \in \beta^*(\alpha)$ 使 $P \in \eta(x_t)$. 因为 S 是 A 中的 α-网, 存在 $n_1 \in D$, 使当 $n \in D$ 且 $n \geqslant n_1$ 时, $r(n) \geqslant t$. 因 $\beta^*(\alpha)$ 是定向集, 取 $n_2 \in D$ 使 $n_2 \geqslant n_0, n_2 \geqslant n_1$. 如此, 当 $n \in D$ 且 $n \geqslant n_2$ 时, 便有 $x_t^n \leqslant x_{r(n)}^n \leqslant P$. 这与 x_t 是 S_t 的聚点这个事实不合. 所以 x_α 是 S 的聚点. 因此 A 是良紧集.

定理 6.5.9　设 (X, δ) 是 T_2 的 L-拓扑空间, $A \in L^X$. 则 A 的良紧性、强 F 紧性与 Lowen 紧性彼此等价.

证　由定理 6.5.1、定理 6.5.6 以及定理 6.5.8 可得.

现在讨论在强 T_2 空间中各种紧性的关系.

首先介绍 [6] 中强 T_2 空间的概念.

定义 6.5.2　设 (X, δ) 是 L-拓扑空间. 如果对任二 L-点 x_λ 和 y_μ, 当 $x \neq y$ 时有 $P \in \eta(x_\lambda)$ 和 $Q \in \eta(y_\mu)$ 使得

$$\forall z \in X, P(z) = 1 \text{ 或 } Q(z) = 1,$$

则称 (X, δ) 为强 T_2 空间.

定理 6.5.10　设 (X, δ) 是强 T_2 的 L-拓扑空间, $A \in L^X$. 若 A 是良紧集, 则它是超紧集.

证　对每个 $\alpha \in M(L)$, 设 $S = \{x_{r(n)}^n, n \in D\}$ 是 A 中的 α-网. 则由 A 的良紧性, S 有一聚点 $x_\alpha \leqslant A$. 于是, 存在 S 的子网 $T = \{x_{r(n_k)}^{n_k}, k \in K\}$, 使 T 收敛于 x_α. $\forall c \in M(L)$, 若与 S 相似的常值 c-网 $S_c = \{x_c^n, n \in D\}$ 最终在 A 中, 则由 A 的良紧性, S_c 在 A 中有聚点 y_c, 从而 S_c 有子网 $T_c = \{x_c^{n_k}, k \in K\}$ 收敛于 y_c. 下证 $x = y$. 若不然, 则由 (X, δ) 的强 T_2 性, 存在 $P \in \eta(x_\alpha)$ 和 $Q \in \eta(y_c)$ 使得 $\forall z \in X, P(z) = 1$ 或 $Q(z) = 1$. 因 T 收敛于 x_α, 存在 $j \in K$ 使当 $k \in K$ 且 $k \geqslant j$ 时, $x_{r(n_k)}^{n_k} \not\leqslant P$. 另一方面, T_c 收敛于 y_c, 故对 $j \in K$, 存在 $m \in K$ 且 $m \geqslant j$, 使

$x_c^{n_m} \not\leqslant Q$. 对 $x^{n_m} \in X$, $P(x^{n_m}) \neq 1$ 且 $Q(x^{n_m}) \neq 1$. 矛盾. 所以 $x = y$. 于是 S_c 有聚点 x_c. 这证明 x_α 是 S 在 A 中的可传 α-聚点. 由定理 6.4.13, A 是超紧集.

由定理 6.5.9 与定理 6.5.10 可得

定理 6.5.11 设 (X, δ) 是强 T_2 的 L-拓扑空间, $A \in L^X$. 则 A 超紧性、良紧集、强 F 紧性及 Lowen 紧性彼此等价.

注 6.5.2 对超紧性、良紧集、强 F 紧性及 Lowen 紧性之间的关系, 定理 6.5.3、定理 6.5.5、定理 6.5.9 及定理 6.5.11 给出了整齐而又理想的结果. 下面的例子表明, 这些结果不能再加以改进.

例 6.5.2 设 $X = \{x^0, x^1, y^1, y^2, \cdots\}, L = \{0, 1, a_0, a_1\}$ 是菱形格. 定义 $'$: $L \to L$ 为
$$0' = 1, \quad 1' = 0, \quad a_0' = a_1, \quad a_1' = a_0.$$
则 L 是具有逆序对合对应 $'$ 的完全分配格, 且 $M(L) = \{a_0, a_1\}$,
$$M^*(L^X) = \{x_{a_0}^0, x_{a_0}^1, y_{a_0}^1, y_{a_0}^2, \cdots, x_{a_1}^0, x_{a_1}^1, y_{a_1}^1, y_{a_1}^2, \cdots\}.$$
集族 $\{A, B, C_i(n), D_i(n) : i = 0, 1; n = 1, 2, \cdots\} \subset L^X$ 定义如下:
$$A(z) = \begin{cases} a_0, & z = x^0, \\ 1, & z \in X - \{x^0\}, \end{cases} \qquad B(z) = \begin{cases} a_1, & z = x^1, \\ 1, & z \in X - \{x^1\}. \end{cases}$$
对每个 $n \in N$(自然数集), $i, j \in \{0, 1\}, i \neq j$,
$$C_i(n)(z) = \begin{cases} 1, & z \in \{x^i\} \cup \{y^1, \cdots, y^{n-1}\}, \\ a_i, & z \in \{x^j\} \cup \{y^n, \cdots\}, \end{cases} \qquad D_i(n)(z) = \begin{cases} a_i, & z = y^n, \\ 1, & z \in X - \{y^n\}. \end{cases}$$
令
$$\tau = \{1, A, B, C_i(n), D_i(n) : i = 0, 1; n = 1, 2, \cdots\}.$$
则不难验证, τ 中任意两元的并还是 τ 中的元, 从而 τ 对有限并运算封闭. 又, $\wedge \tau \leqslant A \wedge B \wedge C_0(1) \wedge D_1(1) = 0$. 令 $\eta = \{\wedge \tau_0 : \tau_0 \subset \tau\}$, 则 η 是以 τ 为闭基生成的 X 上 L-余拓扑. (X, η) 具有如下性质:

(1) (X, η) 是 T_2 空间.

事实上, $M^*(L^X)$ 中的元可分为 8 类:
$$x_{a_0}^0, \quad x_{a_1}^0, \quad x_{a_0}^1, \quad x_{a_1}^1, \quad y_{a_0}^n, \quad y_{a_1}^n, \quad y_{a_0}^m, \quad y_{a_1}^m (m \neq n).$$
记 $i' = \{0, 1\} - \{i\}, j' = \{0, 1\} - \{j\}$, 则其中承点不同的点对只有 13 类. 现将这 13 类点对及其相应的分离远域 ($\forall x_\lambda, y_\mu \in M^*(L^X)$ 且 $x \neq y$, 若存在

$P \in \eta(x_\lambda)$ 和 $Q \in \eta(y_\mu)$ 使得 $P \vee Q = 1$, 则称 P 和 Q 为 x_λ 和 y_μ 的分离远域)
开列如下:

$$\begin{cases} x^0_{a_0} : C_1(1), \\ x^1_{a_1} : C_0(1), \end{cases} \begin{cases} x^0_{a_0} : C_1(1), \\ x^1_{a_1} : B, \end{cases} \begin{cases} x^0_{a_1} : A, \\ x^1_{a_1} : C_0(1), \end{cases} \begin{cases} x^0_{a_1} : A, \\ x^1_{a_0} : B, \end{cases} \begin{cases} y^m_{a_i} : D'_i(m), \\ y^n_{a_j} : D'_j(n), \end{cases}$$

$$\begin{cases} x^0_{a_0} : C_1(n+1), \\ y^n_{a_0} : D_1(n), \end{cases} \begin{cases} x^1_{a_1} : C_0(n+1), \\ y^n_{a_1} : D_0(n), \end{cases} \begin{cases} x^0_{a_1} : A, \\ y^n_{a_0} : D_1(n), \end{cases} \begin{cases} x^1_{a_0} : B, \\ y^n_{a_1} : D_0(n), \end{cases}$$

$$\begin{cases} x^0_{a_0} : C_1(n+1), \\ y^n_{a_1} : D_0(n), \end{cases} \begin{cases} x^0_{a_1} : A, \\ y^n_{a_1} : D_0(n), \end{cases} \begin{cases} x^1_{a_0} : B, \\ y^n_{a_0} : D_1(n), \end{cases} \begin{cases} x^1_{a_1} : C_0(n+1), \\ y^n_{a_0} : D_1(n). \end{cases}$$

可见 (X, η) 是 T_2 空间.

(2) (X, η) 不是强 T_2 空间.

取点对 $x^0_{a_1}, x^1_{a_1}$. 设 $P \in \eta(x^0_{a_1})$, $Q \in \eta(x^1_{a_1})$. 设 $P = \wedge\tau_0$, $Q = \wedge\tau_1, \tau_i \subset \tau(i = 0,1)$. 则必定存在 $m, n \in N$ 使 $C_1(m) \in \tau_0, C_0(n) \in \tau_1$. 故 $P \leqslant C_1(m)$, $Q \leqslant C_0(n)$. 取 $k \geqslant \max\{m, n\}$, 则

$$P(y^k) \leqslant C_1(m)(y^k) = a_1 \neq 1, \quad Q(y^k) \leqslant C_0(n)(y^k) = a_0 \neq 1.$$

所以 (X, η) 不是强 T_2 空间.

(3) (X, η) 是良紧空间 (从而具有 LN 性质).

由良紧性的 Alexander 子基引理, 只需验证: 若 $\Omega \subset \tau$ 是 1_X 的 $a_0(a_1)$-RF, 则存在 $\Psi \in 2^{(\Omega)}$ 使 Ψ 是 1_X 的 $a_0^-(a_1^-)$-RF.

设 $\Omega \subset \tau$ 是 1_X 的 a_0-RF. 对 $x^0_{a_0} \in M^*(L^X)$, 则必存在 $n_0 \in N$, 使得 $C_1(n_0) \in \eta(x^0_{a_0}) \cap \Omega$. 由 $C_1(n_0)$ 的定义, 当 $n \geqslant n_0$ 时 $C_1(n) \in \eta(x^n_{a_0})$. 由于 Ω 是 1_X 的 a_0-RF, 存在 $P_k \in \Omega$ 及 $Q \in \Omega$ 使 $P_k \in \eta(y^k_{a_0})$ 且 $Q \in \eta(x^1_{a_0})$, $k \in \{1, 2, \cdots, n_0 - 1\}$. 令

$$\Psi = \{C_1(n_0)\} \cup \{P_k : k = 1, \cdots, n_0 - 1\} \cup \{Q\},$$

则 $\Psi \in 2^{(\Omega)}$, 且 Ψ 是 1_X 的 a_0-RF. 但 $\beta^*(a_0) = \{a_0\}$, 所以 Ψ 是 1_X 的 a_0^--RF.

同理可证, 若 $\Omega \subset \tau$ 是 1_X 的 a_1-RF, 则存在 $\Psi \in 2^{(\Omega)}$ 使 Ψ 是 1_X 的 a_1^--RF.

综上所述, (X, η) 是良紧空间.

(4) (X, η) 不是超紧空间.

取

$$\Omega = \{(A')_{(a_0)}\} \cup \{(B')_{(a_1)}\} \cup \{(D'_0(n))_{(a_0)} : n = 1, 2, \cdots\}$$

$$= \{\{x^0\}\} \cup \{\{x^1\}\} \cup \{\{y^n\} : n = 1, 2, \cdots\}.$$

显然 Ω 是 $(X, \iota_L(\eta'))$ 的单点开复盖. 这说明 $(X, \iota_L(\eta'))$ 是离散空间. 从而 $(X, \iota_L(\eta'))$ 非紧, 进而 (X, η) 不是超紧空间.

(5) (X, η) 不是弱诱导空间.

对 $A \in \eta, a_1 \in L$, 我们有

$$A_{[a_1]} = \{x \in X : A(x) \geqslant a_1\} = \{x^1, y^1, y^2, \cdots\},$$

从而

$$\chi_{A_{[a_1]}}(z) = \begin{cases} 0, & z = x^0, \\ 1, & z \in X - \{x^0\}. \end{cases}$$

假设 $\chi_{A_{[a_1]}} \in \eta$, 则存在 $\tau_0 \subset \tau$ 使 $\chi_{A_{[a_1]}} = \bigwedge \tau_0$. 于是 $A \in \tau_0$, 且存在 $n \in N$ 使得 $C_1(n) \in \tau_0$. 当 $m \geqslant n$ 时,

$$\left(\bigwedge \tau_0\right)(y^m) \leqslant (A \wedge C_1(n))(y^m) = a_1 \neq 1.$$

但 $\chi_{A_{[a_1]}}(y^m) = 1$. 矛盾! 所以 $\chi_{A_{[a_1]}} \notin \eta$. 可见 (X, η) 不是弱诱导空间.

注 6.5.3 上述性质 (1) 与 (2) 否定地回答了文献 [6] 中的问题 5.4.10; 性质 (1)、(3) 与 (4) 否定地回答了文献 [6] 中的问题 6.4.31.

例 6.5.2 表明 T_2 良紧空间不一定是超紧空间. 现在来寻求 T_2 良紧空间是超紧空间的条件.

我们需要下述 4 个引理.

引理 6.5.3 (文献 [6]) 设 L-拓扑空间 (X, δ) 是满层的 T_2 空间. 若 $A \in L^X$ 是良紧集, 则 $A \in \delta'$.

引理 6.5.4 (文献 [6]) 设 (X, δ) 是弱诱导的 L-拓扑空间. 则 (X, δ) 是强 T_2 空间当且仅当 (X, δ) 的底空间 $(X, [\delta])$ 是分明 T_2 空间.

引理 6.5.5 (文献 [54]) 设 (X, δ) 是 L-拓扑空间, (X, δ_c) 是它的满层化, $A \in L^X$. 则 A 是 (X, δ) 中的良紧集当且仅当 A 是 (X, δ_c) 中的良紧集.

证 充分性显然. 现证必要性.

设 A 是 (X, δ) 中的良紧集. $\forall \alpha \in M(L)$, 设 $S = \{S(n), n \in D\}$ 是 A 的 α-网, 则 S 在 (X, δ) 中有聚点 $x_\alpha \leqslant A$. $\forall P = \bigwedge_{t \in T} \left(\bigvee_{i \in R_t} B'_{ti}\right) \in \eta_c(x_\alpha)$, 其中 $\eta_c(x_\alpha)$ 表示 x_α 在 (X, δ_c) 中的一切远域之集, 对每个 $t \in T$, R_t 是有限集, $B_{ti} \in \delta \cup \{\lambda_X : \lambda \in L\}$. 显然, 存在 $t_0 \in T$ 使 $\bigvee_{i \in R_{t_0}} B'_{t_0 i} \in \eta_c(x_\alpha)$. $\forall i \in R_{t_0}$, $B'_{t_0 i} \in \delta'$ 或存在 $\gamma \in L$ 使 $B'_{t_0 i} = \gamma_X$. 若 $B'_{t_0 i} = \gamma_X$, 则 $\alpha \nleqslant \gamma$, 从而存在 $r \in \beta^*(\alpha)$ 使 $r \nleqslant \gamma$. 由于 S 是 α-网, 存在 $n_r \in D$, 使当 $n \in D$ 且 $n \geqslant n_r$ 时,

$V(S(n)) \geqslant r$. 从而当 $n \geqslant n_r$ 时, $S(n) \not\leqslant B'_{t_0 i} = \gamma_X$. 若 $B'_{t_0 i} \in \delta'$, 则 $B'_{t_0 i} \in \eta(x_\alpha)$. 由 x_α 是 S 在 (X,δ) 中有聚点, S 经常不在 $B'_{t_0 i}$ 中. 由于 R_{t_0} 是有限集, $\forall n_0 \in D$, 存在 $n \in D$, 使 $n \geqslant n_0$ 且 $S(n) \not\leqslant \bigvee_{i \in R_{t_0}} B'_{t_0 i}$, 从而 $S(n) \not\leqslant P$. 所以 $x_\alpha \leqslant A$ 是 S 在 (X,δ_c) 中的聚点. 因此 A 是 (X,δ_c) 中的良紧集.

引理 6.5.6　设 L-拓扑空间 (X,δ) 是 T_2 空间, 则 $(X,\omega_L(\iota_L(\delta)))$ 是强 T_2 空间.

证　因 $\delta \subset \omega_L(\iota_L(\delta))$, 故 $(X,\omega_L(\iota_L(\delta)))$ 也是 T_2 空间. 因此 $(X,\iota_L(\delta))$ 是分明 T_2 空间. 此外, 由于

$$[\omega_L(\iota_L(\delta))] = \iota_L(\omega_L(\iota_L(\delta))) = \iota_L(\delta),$$

所以 $(X,\omega_L(\iota_L(\delta)))$ 的底空间 $(X,[\omega_L(\iota_L(\delta))])$ 是 T_2 空间. 由引理 6.5.4 得到 $(X,\omega_L(\iota_L(\delta)))$ 是强 T_2 空间.

定理 6.5.12　设 (X,δ) 是 L-拓扑空间, (X,δ_c) 是它的满层化. 若 (X,δ) 是良紧的 T_2 空间, 则下列条件等价:

(1) (X,δ) 是超紧空间;

(2) (X,δ_c) 是弱诱导空间;

(3) $\delta_c = \omega_L(\iota_L(\delta))$;

(4) (X,δ_c) 是强 T_2 空间;

(5) (X,δ_c) 是超紧空间.

证　(1)$\Longrightarrow$(2) 我们证明: $\forall P \in \delta'_c, \forall r \in L$, 总有 $\chi_{P_{[r]}} \in \delta'_c$. 因为 L 中的每个元总可以表示成 $M(L)$ 中某些成员之并, 而由 $P_{[r]}$ 的结构, 我们可以进一步假设 $r \in M(L)$. 由 δ_c 之定义, 设 $P = \bigwedge_{t \in T} \{Q_t \vee (\lambda_t)_X : Q_t \in \delta', \lambda_t \in L\}$, 则

$$P_{[r]} = \{x \in X : \left(\bigwedge_{t \in T} Q_t \vee (\lambda_t)_X\right)(x) \geqslant r\}$$
$$= \bigcap_{t \in T}\{x \in X : Q_t(x) \vee ((\lambda_t)_X)(x) \geqslant r\}$$
$$= \bigcap_{t \in T}(\{x \in X : Q_t(x) \geqslant r\} \cup \{x \in X : ((\lambda_t)_X)(x) \geqslant r\})$$
$$= \bigcap_{t \in T}((Q_t)_{[r]} \cup ((\lambda_t)_X)_{[r]}),$$
$$\chi_{P_{[r]}} = \bigwedge_{t \in T}(\chi_{(Q_t)_{[r]}} \vee \chi_{((\lambda_t)_X)_{[r]}}).$$

因此, 只需证明: $\forall Q \in \delta', \lambda \in L, r \in M(L)$, 总有 $\chi_{Q_{[r]}} \in \delta'_c, \chi_{(\lambda_X)_{[r]}} \in \delta'_c$.

现在 $Q \in \delta' \subset (\omega_L(\iota_L(\delta)))'$, 而 $(X, \omega_L(\iota_L(\delta)))$ 是诱导空间, 所以有 $\chi_{Q_{[r]}} \in (\omega_L(\iota_L(\delta)))'$. 由 (1), $(X, \iota_L(\delta))$ 是紧空间. 因此 $(X, \omega_L(\iota_L(\delta)))$ 是良紧空间. 又, 良紧性是闭遗传的, 故 $\chi_{Q_{[r]}}$ 是 $(X, \omega_L(\iota_L(\delta)))$ 中的良紧集. 易知 δ_c 是细于 δ 的最粗的满层 L-拓扑. 于是 $\delta \subset \delta_c \subset \omega_L(\iota_L(\delta))$. 所以 $\chi_{Q_{[r]}}$ 是满层 T_2 良紧空间 (X, δ_c) 的良紧集. 据引理 6.5.3, $\chi_{Q_{[r]}} \in \delta'_c$. 此外, 由于

$$(\lambda_X)_{[r]} = \begin{cases} \varnothing, & \lambda \ngeqslant r, \\ X, & \lambda \geqslant r, \end{cases} \qquad \chi_{(\lambda_X)_{[r]}} = \begin{cases} 0, & \lambda \ngeqslant r, \\ 1, & \lambda \geqslant r, \end{cases}$$

所以 $\chi_{(\lambda_X)_{[r]}} \in \delta'_c$.

(2)$\Longrightarrow$(3) 由 (2), (X, δ_c) 是弱诱导空间, 它又是满层的, 所以 (X, δ_c) 是诱导空间. 此外, 由 $\delta_c \subset \omega_L(\iota_L(\delta)) \subset \omega_L(\iota_L(\delta_c)) = \delta_c$ 知 $\delta_c = \omega_L(\iota_L(\delta))$.

(3)$\Longrightarrow$(4) 由引理 6.5.6 可得.

(4)$\Longrightarrow$(5) 由引理 6.5.5 及定理 6.5.10 可得.

(5)$\Longrightarrow$(1) 因 $\delta \subset \delta_c$, 且 (X, δ_c) 是超紧空间, 所以 (X, δ) 是超紧空间.

6.6 S^*-紧性

本节介绍由史福贵引入的 S^*-紧性 (文献 [48]).

定义 6.6.1 设 (X, δ) 是 L-拓扑空间, $a \in M(L), G \in L^X$. 称 $\Omega \subset \delta$ 为 G 的 β_a-开复盖, 若对满足 $a \notin \beta(G'(x))$ 的每个 $x \in X$, 存在 $A \in \Omega$ 使得 $a \in \beta(A(x))$.

显然, Ω 为 G 的 β_a-开复盖当且仅当对每个 $x \in X$, 有

$$a \in \beta(G'(x) \vee \bigvee_{A \in \Omega} A(x)).$$

当 $L = [0, 1]$ 时, Ω 为 G 的 β_a-开复盖当且仅当 Ω' 是 G 的 a'-RF.

定义 6.6.2 设 (X, δ) 是 L-拓扑空间, $G \in L^X$. 称 G 是 S^*-紧集, 如果对每个 $a \in M(L)$ 以及 G 的每个 β_a-开复盖 Ω, 存在 $\Psi \in 2^{(\Omega)}$ 使得 Ψ 是 G 的 Q_a-开复盖. 称 (X, δ) 是 S^*-紧的, 若最大 L-集 1 是 S^*-紧的.

容易证明下面的两个定理.

定理 6.6.1 设 (X, δ) 是 L-拓扑空间, $G \in L^X$. 若 G 的支撑 SuppG 是有限的, 则 G 是 S^*-紧的.

定理 6.6.2 设 (X, δ) 是 L-拓扑空间, 若 δ 是有限集族, 则 $\forall G \in L^X$ 是 S^*-紧的.

定理 6.6.3　设 (X, δ) 是 L-拓扑空间. 若 $G \in L^X$ 是 S^*-紧的且 $H \in \delta'$, 则 $G \wedge H$ 是 S^*-紧的.

证　对每个 $a \in M(L)$, 设 Ω 是 $G \wedge H$ 的 β_a-开复盖. 则 $\Omega \cup \{H'\}$ 是 G 的 β_a-开复盖. 由 G 的 S^*-紧性, 存在 $\Psi \in 2^{(\Omega \cup \{H'\})}$ 使得 Ψ 是 G 的 Q_a-开复盖. 令 $\Delta = \Psi \backslash \{H'\}$, 则 $\Delta \in 2^{(\Omega)}$ 是 $G \wedge H$ 的 Q_a-开复盖. 所以 $G \wedge H$ 是 S^*-紧的.

定理 6.6.4　设 (X, δ) 和 (Y, μ) 是 L-拓扑空间, 且 $f : (X, \delta) \to (Y, \mu)$ 是连续的. 若 G 是 (X, δ) 中的 S^*-紧集, 则 $f_L^{\to}(G)$ 是 (Y, μ) 中的 S^*-紧集.

证　对每个 $a \in M(L)$, 设 $\Omega \subset \mu$ 是 $f_L^{\to}(G)$ 的 β_a-开复盖. 则 $\forall y \in Y$, 我们有 $a \in \beta\left(f_L^{\to}(G)'(y) \vee \bigvee_{A \in \Omega} A(y) \right)$. 因此, 对每个 $x \in X$, $a \in \beta\left(G'(x) \vee \right.$ $\left. \bigvee_{A \in \Omega} f_L^{\leftarrow}(A)(x) \right)$. 这证明 $f_L^{\leftarrow}(\Omega) = \{f_L^{\leftarrow}(A) : A \in \Omega\}$ 是 G 的 β_a-开复盖. 由 G 的 S^*-紧性, 存在 $\Psi \in 2^{(\Omega)}$ 使得 $f_L^{\leftarrow}(\Psi)$ 是 G 的 Q_a-开复盖. 因为

$$
\begin{aligned}
f_L^{\to}(G)'(y) \vee \left(\bigvee_{A \in \Psi} A(y) \right) &= \left(\bigwedge_{x \in f^{-1}(y)} G'(x) \right) \vee \left(\bigvee_{A \in \Psi} A(y) \right) \\
&= \bigwedge_{x \in f^{-1}(y)} \left(G'(x) \vee \left(\bigvee_{A \in \Psi} A(f(x)) \right) \right) \\
&= \bigwedge_{x \in f^{-1}(y)} \left(G'(x) \vee \bigvee_{A \in \Psi} (f_L^{\leftarrow}(A))(x) \right),
\end{aligned}
$$

所以 Ψ 是 $f_L^{\to}(G)$ 的 Q_a-开复盖. 因此 $f_L^{\to}(G)$ 是 S^*-紧集.

引理 6.6.1　设 $a, b \in L$ 且 $a \in \beta(b)$. 则存在 $c \in L$ 使得 $b \not\leqslant c$ 且 $(\downarrow c) \cup \{d : a \in \beta(d)\} = L$, 这里 $(\downarrow c) = \{x \in L : x \leqslant c\}$.

证　假设 $\forall c \not\geqslant b$, $(\downarrow c) \cup \{d : a \in \beta(d)\} \neq L$. 则对每个 $c \not\geqslant b$ 存在 $d_c \not\leqslant c$ 使得 $a \notin \beta(d_c)$. 令 $e = \bigvee_{c \not\geqslant b} d_c$, 则 $b \leqslant e = \bigvee_{c \not\geqslant b} d_c$. 由 $\beta(b) \subset \beta(e) = \bigcup_{c \not\geqslant b} \beta(d_c)$ 得 $a \notin \beta(b)$. 这是一个矛盾.

引理 6.6.2　设 (X, δ) 是弱诱导的 L-拓扑空间, $a \in L, A \in \delta$. 则 $\kappa_a(A) = \{x \in X : a \in \beta(A(x))\}$ 是 $(X, [\delta])$ 中的开集, 这里 $[\delta]$ 表示由 δ 中的所有分明集形成的拓扑.

证　若 $\kappa_a(A) = \varnothing$, 则显然有 $\kappa_a(A) \in [\delta]$. 现设 $\kappa_a(A) \neq \varnothing$. 取 $x \in \kappa_a(A)$, 则 $a \in \beta(A(x))$. 由引理 6.6.1, 存在 $c_x \in L$ 使得 $A(x) \not\leqslant c_x$ 且 $(\downarrow c_x) \cup \{d : a \in \beta(d)\} = L$. 现在证明 $\kappa_a(A) = \bigcup_{x \in \kappa_a(A)} \iota_{c_x}(A)$. 显然 $\kappa_a(A) \subset \bigcup_{x \in \kappa_a(A)} \iota_{c_x}(A)$. 设

$y \in \bigcup\limits_{x \in \kappa_a(A)} \iota_{c_x}(A)$, 则存在 c_x 使得 $y \in \iota_{c_x}(A)$, 从而 $A(y) \not\leqslant c_x$. 这表明 $A(y) \notin$

$(\downarrow c_x)$, 因此 $a \in \beta(A(y))$, 即 $y \in \kappa_a(A)$. 所以 $\kappa_a(A) \supset \bigcup\limits_{x \in \kappa_a(A)} \iota_{c_x}(A)$. 于是

$\kappa_a(A) = \bigcup\limits_{x \in \kappa_a(A)} \iota_{c_x}(A)$. 由于每个 $\iota_{c_x}(A) \in [\delta]$, 所以 $\kappa_a(A) \in [\delta]$.

定理 6.6.5 设 (X, δ) 是弱诱导的 L-拓扑空间. 则 (X, δ) 是 S^*-紧空间当且仅当 $(X, [\delta])$ 是紧空间.

证 设 $(X, [\delta])$ 是紧空间. 对 $a \in M(L)$, 设 $\Omega \subset \delta$ 是 1 的 β_a-开复盖. 由引理 6.6.2, $\{\kappa_a(A) : A \in \Omega\}$ 是 $(X, [\delta])$ 的开复盖. 由 $(X, [\delta])$ 的紧性, 存在 $\Psi \in 2^{(\Omega)}$ 使得 $\kappa_a(\Psi) = \{\kappa_a(A) : A \in \Psi\}$ 是 $(X, [\delta])$ 的开复盖. 显然 Ψ 是 1 的 β_a-开复盖, 它当然是 1 的 Q_a-开复盖. 这证明 (X, δ) 是 S^*-紧空间.

反过来, 设 (X, δ) 是 S^*-紧空间, 且 Φ 是 $(X, [\delta])$ 的开复盖. 对每个 $a \in \beta^*(1)$, Φ 是 1 的 β_a-开复盖. 由 (X, δ) 的 S^*-紧性, 存在 $\Lambda \in 2^{(\Phi)}$ 使得 Λ 是 1 的 Q_a-开复盖. 显然 Λ 是 $(X, [\delta])$ 的开复盖. 这证明 $(X, [\delta])$ 是紧空间.

推论 6.6.1 设 $(X, \omega_L(\tau))$ 是由分明拓扑空间 (X, τ) 诱导的 L-拓扑空间. 则 $(X, \omega_L(\tau))$ 是 S^*-紧空间当且仅当 (X, τ) 是紧空间.

现在讨论 S^*-紧性的可乘性. 首先证明 S^*-紧性的 Alexander 子基引理.

定理 6.6.6 设 (X, δ) 是 L-拓扑空间, Ω 是 (X, δ) 的子基, $G \in L^X$. 若对每个 $a \in M(L)$ 以及 G 的每个 β_a-开复盖 $\Psi \subset \Omega$, 存在 $\Lambda \in 2^{(\Psi)}$ 使得 Λ 是 G 的每个 Q_a-开复盖, 则 G 是 S^*-紧的.

证 设 $\Phi \subset \delta$, $a \in M(L)$, 我们说 Φ 关于 G 具有 a-有限并性质, 是指对任意的 $A_1, A_2, \cdots, A_n \in \Phi$, 存在 $x \in X$ 使得 $a \not\leqslant G'(x) \vee A_1(x) \vee A_2(x) \vee \cdots \vee A_n(x)$. 设 $\Theta \subset \delta$ 是 G 的 β_a-开复盖, 且 Θ 的任何有限子族都不是 G 的 Q_a-开复盖, 则 Θ 关于 G 具有 a-有限并性质. 设

$$\Gamma = \{\Pi : \Theta \subset \Pi \subset \delta \text{ 且 } \Pi \text{ 关于 } G \text{ 具有 } a\text{-有限并性质}\},$$

则 $(\Gamma, \subset)$ 是非空偏序集, 且每个链有一个上界. 于是由 Zorn 引理, Γ 有一个极大元 Σ. 现在我们证明 Σ 满足以下条件:

(1) Σ 是 G 的 β_a-开复盖;

(2) 对每个 $B \in \delta$, 若 $C \in \Sigma$ 且 $C \geqslant B$, 则 $B \in \Sigma$;

(3) 若对任意的 $B, C \in \delta$, $B \wedge C \in \Sigma$, 则 $B \in \Sigma$ 或者 $C \in \Sigma$.

我们仅验证 (3). 若 $B \notin \Sigma$ 且 $C \notin \Sigma$, 则 $\{B\} \cup \Sigma$ 和 $\{C\} \cup \Sigma$ 关于 G 都不具有 a-有限并性质. 那么存在 $A_1, A_2, \cdots, A_{m+n} \in \Sigma$ 使得对所有的 $x \in X$, 有

$$a \leqslant (G' \vee A_1 \vee A_2 \vee \cdots \vee A_m \vee B)(x),$$

$$a \leqslant (G' \vee A_{m+1} \vee A_{m+2} \vee \cdots \vee A_{m+n} \vee C)(x).$$

令 $A = A_1 \vee A_2 \vee \cdots \vee A_{m+n}$, 则对所有的 $x \in X$, 有

$$a \leqslant (G' \vee A \vee B)(x), \ \text{且} \ a \leqslant (G' \vee A \vee C)(x).$$

因此 $a \leqslant (G' \vee A \vee (B \wedge C))(x)$. 这意味着 $B \wedge C \notin \Sigma$, 这与 $B \wedge C \in \Sigma$ 不合.

由上述的 (2) 和 (3) 可得: 若 $D \in \Sigma, P_1, P_2, \cdots, P_n \in \delta$ 且 $D \geqslant P_1 \wedge P_2 \wedge \cdots \wedge P_n$, 则存在 $i(1 \leqslant i \leqslant n)$ 使得 $P_i \in \Sigma$.

现在考虑 $\Omega \cap \Sigma$. 若 $\Omega \cap \Sigma$ 是 G 的 β_a-开复盖, 则存在 $\Xi \in 2^{(\Omega \cap \Sigma)}$ 使得 Ξ 是 G 的 Q_a-开复盖. 显然 $\Xi \in 2^{(\Sigma)}$, 这与 Σ 的意义相矛盾. 因此 $\Omega \cap \Sigma$ 不是 G 的 β_a-开复盖. 这表明对每个 $A \in \Omega \cap \Sigma$, 存在 $x \in X$ 使得 $a \notin \beta(G'(x) \vee A(x))$. 由 (1) 我们知道 Σ 是 G 的 β_a-开复盖, 因此对所以的 $x \in X$, 存在 $D \in \Sigma$ 使得 $a \in \beta(G'(x) \vee D(x))$. 令 $D = \bigvee_{i \in I} \bigwedge_{j \in J_i} A_{ij}$, 这里对每个 $i \in I, J_i$ 是有限集, 且 $A_{ij} \in \Omega$, 则存在 $i \in I$ 使得 $a \in \beta\left(G'(x) \vee \bigwedge_{j \in J_i} A_{ij}(x)\right)$, 于是对每个 $j \in J_i$ 我们有 $a \in \beta(G'(x) \vee A_{ij}(x))$. 由 $D \geqslant \bigwedge_{j \in J_i} A_{ij}$, 存在 $j \in J_i$ 使得 $A_{ij} \in \Sigma$, 这与 $a \notin \beta(G'(x) \vee A_{ij}(x))$ 相矛盾. 所以存在 Θ 的有限子族构成 G 的 Q_a-开复盖. 这证明 G 是 S^*-紧的.

定理 6.6.7　设 (X, δ) 是一族 L-拓扑空间 $\{(X_i, \delta_i)\}_{i \in \Omega}$ 的积空间. 若对每个 $i \in \Omega$, G_i 是 (X_i, δ_i) 中的 S^*-紧集, 则 $G = \prod_{i \in \Omega} G_i$ 是 (X, δ) 中的 S^*-紧集.

证　设 $\varphi = \{P_i^{\leftarrow}(D_i) : i \in I, D_i \in \delta_i\}$ 是 δ 的子基. 由 Alexander 子基引理, 要证明 G 的 S^*-紧性, 只需证明对每个 $a \in M(L)$ 以及由 φ 的成员组成的 G 的 β_a-开复盖, 存在有限子族构成 G 的 Q_a-开复盖.

设 $\Phi \subset \varphi$ 是 G 的 β_a-开复盖, φ_i 是 δ_i 的子基, $i \in \Omega$. 令

$$J \subset \Omega, \quad \Phi = \bigcup_{i \in J} \Phi_i, \quad \Phi_i = \{P_i^{\leftarrow}(B_i) : B_i \in \varphi_i \subset \delta_i\}.$$

则对任何 $x \in X$,

$$a \in \beta\left(G'(x) \vee \bigvee_{A \in \Phi} A(x)\right) = \beta\left(G'(x) \vee \bigvee_{i \in J}\left(\bigvee_{A \in \Phi_i} A(x)\right)\right).$$

(1) 若存在 $i \in \Omega$ 使得对所有的 $x_i \in X_i$, $a \in \beta(G_i'(x_i))$, 则对所有的 $x \in X$, $a \in \beta(G'(x))$. 在这种情况下, Φ 的任何有限子族都是 G 的 β_a-开复盖, 它当然是 G 的 Q_a-开复盖.

(2) 若对每个 $i \in \Omega$, 存在 $x_i \in X_i$ 使得 $a \notin \beta(G'_i(x_i))$. 现在证明存在 $k \in J$ 使得 φ_k 是 G_k 的 β_a-开复盖. 假如不存在 $k \in J$ 使得 φ_k 是 G_k 的 β_a-开复盖, 则 $\forall i \in J$, 存在 $y_i \in X_i$ 使得 $a \notin \beta\left(G'_i(y_i) \vee \bigvee_{B \in \varphi_i} B(y_i)\right)$. 令

$$z = \{z_i\}_{i \in \Omega} = \begin{cases} y_i, & i \in J, \\ x_i, & i \notin J. \end{cases}$$

由下面的等式, 我们得到 $a \notin \beta(G'(z))$:

$$G'(z) = \left(\bigvee_{i \in J} P_i^{\leftarrow}(G'_i)(z)\right) \vee \left(\bigvee_{i \notin J} P_i^{\leftarrow}(G'_i)(z)\right) = \left(\bigvee_{i \in J} G'_i(y_i)\right) \vee \left(\bigvee_{i \notin J} G'_i(x_i)\right).$$

又, 对每个 $i \in J$, 由

$$a \notin \beta\left(\bigvee_{B \in \varphi_i} B(y_i)\right) = \beta\left(\bigvee_{B \in \varphi_i} P_i^{\leftarrow}(B)(z)\right) = \beta\left(\bigvee_{A \in \Phi_i} A(z)\right)$$

我们得 $a \notin \bigcup_{i \in J} \beta\left(\bigvee_{A \in \Phi_i} A(z)\right) = \beta\left(\bigvee_{i \in J}\left(\bigvee_{A \in \Phi_i} A(z)\right)\right)$. 这意味着 $a \notin \beta\left(G'(z) \vee \bigvee_{A \in \Phi} A(z)\right)$, 这与 $a \in \beta\left(G'(x) \vee \bigvee_{A \in \Phi} A(x)\right)$ 不合. 因此存在 $k \in J$ 使得 φ_k 是 G_k 的 β_a-开复盖. 由 G_k 的 S^*-紧性, 存在 $\sigma_k \in 2^{(\varphi_i)}$ 使得 σ_k 是 G_k 的 Q_a-开复盖. 下证 $\{P_k^{\leftarrow}(\sigma_k)\} = \{P_k^{\leftarrow}(D) : D \in \sigma_k\}$ 是 G 的 Q_a-开复盖. 事实上, 对每个 $x \in X$, 若 $a \not\leqslant G'(x)$, 则 $a \not\leqslant P_k^{\leftarrow}(G'_k)(x)$, 即 $a \not\leqslant G'_k(P(x))$, 因此 $a \leqslant \bigvee_{D \in \sigma_k} D(P_k(X)) = \bigvee_{D \in \sigma_k} P_k^{\leftarrow}(D)(x)$. 这证明 $\{P_k^{\leftarrow}(\sigma_k)\}$ 是 G 的 Q_a-开复盖. 所以 G 是 S^*-紧集.

由定理 6.6.4 和 6.6.7 可得如下关于 S^*-紧性的 Tychonoff 定理.

定理 6.6.8 设 (X, δ) 是一族 L-拓扑空间 $\{(X_i, \delta_i)\}_{i \in \Omega}$ 的积空间. 则 (X, δ) 是 S^*-紧的当且仅当对每个 $i \in \Omega$, (X_i, δ_i) 是 S^*-紧的.

定理 6.6.9 L-fuzzy 单位区间 $I(L)$ 是 S^*-紧的.

证 设 $I(L)$ 的子基是 $\mathfrak{S} = \{l_t, r_t : t \in I\}$. 由定理 6.6.6 我们仅需要证明: 对每个 $a \in M(L)$ 以及每个由 $\mathfrak{S}$ 的成员组成的 1 的 β_a-开复盖 Φ, 存在有限子族构成 1 的 Q_a-开复盖.

(1) 若存在 $b \not\leqslant a'$ 使得 $b \leqslant b'$. 取 $\lambda \in I(L)$ 使得

$$\lambda(t) = \begin{cases} 1, & t < 0, \\ b, & 0 \leqslant t \leqslant 1, \\ 0, & t > 1. \end{cases}$$

因为 Φ 是 1 的 β_a-开复盖, 存在 $U \in \Phi$ 使得 $a \in \beta^*(U(\lambda))$. 若 $U = l_t$, 则由

$$\beta^*(U(\lambda)) = \beta^*(l_t(\lambda)) = \beta^*(\lambda(t-)') = \begin{cases} \varnothing, & t \leqslant 0, \\ \beta^*(b'), & 0 < t \leqslant 1, \\ \beta^*(1), & t > 1 \end{cases}$$

及 $b \not\leqslant a'$ 得 $\lambda(t-) = 0$, 因此 $t > 1$, 这意味着 $U = 1$. 若 $U = r_s$, 则由

$$\beta^*(U(\lambda)) = \beta^*(r_s(\lambda)) = \beta^*(\lambda(s+)) = \begin{cases} \beta^*(1), & s < 0, \\ \beta^*(b), & 0 \leqslant s < 1, \\ \varnothing, & s \geqslant 1. \end{cases}$$

及 $a \not\leqslant b' \geqslant b$ 得 $\lambda(s+) = 1$, 因此 $s < 0$, 这意味着 $U = 1$. 可见我们总有 $U = 1$, 因此 $\{1\}$ 是 Φ 的子族, 且它是 1 的 Q_a-开复盖.

(2) 若对任何 $b \not\leqslant a'$ 均有 $b \not\leqslant b'$. 取 $\lambda^r \in I(L)$ 使得

$$\lambda^r(t) = \begin{cases} 1, & t \leqslant r, \\ 0, & t > r. \end{cases}$$

因为 Φ 是 1 的 β_a-开复盖, 存在 $U^r \in \Phi$ 使得 $a \in \beta^*(U^r(\lambda^r))$. 若 $U^r = l_t$, 则由

$$\beta^*(U^r(\lambda^r)) = \beta^*(l_t(\lambda^r)) = \beta^*(\lambda^r(t-)') = \begin{cases} \varnothing, & t \leqslant r, \\ \beta^*(1), & t > r \end{cases}$$

得 $\lambda^r(t-) = 0$, 因此 $t > r$, 这意味着 $r \in (-\infty, t)$. 若 $U^r = r_s$, 则类似地可以证明 $r \in (s, +\infty)$. 这表明 $\Omega = \{(-\infty, t), (s, +\infty) : l_t, r_s \in \Phi\}$ 是 $I = [0, 1]$ 的开复盖. 由 $[0, 1]$ 的紧性, Ω 有一个有限子复盖 $\{(-\infty, t), (s, +\infty)\}$. 显然 $s < t$. 现在证明 $\Psi = \{l_t, r_s\}$ 是 1 的 Q_a-开复盖.

若 Ψ 不是 1 的 Q_a-开复盖, 则存在 $\lambda \in I(L)$ 使得

$$a \not\leqslant l_t(\lambda) \vee r_s(\lambda) = \lambda(t-)' \vee \lambda(s+).$$

这表明 $\lambda(t-) \wedge \lambda(s+)' \not\leqslant a'$. 取 $b \leqslant \lambda(t-) \wedge \lambda(s+)'$ 使得 $b \not\leqslant a'$. 那么我们有

$$b \leqslant \lambda(t-) \wedge \lambda(s+)' \leqslant \lambda(s+) \wedge \lambda(s+)' \leqslant \lambda(s+) \vee \lambda(s+)' \leqslant \lambda(s+) \vee \lambda(t-)' \leqslant b',$$

这与 $b \not\leqslant b'$ 不合. 因此 Ψ 是 1 的 Q_a-开复盖. 所以 $I(L)$ 是 S^*-紧的.

下面给出 S^*-紧性的网式刻画.

定义 6.6.3 设 (X,δ) 是 L-拓扑空间, $U \in \delta$, $x_\lambda \leqslant L^X$ 是 L-点 (即通常说的 L-fuzzy 点). 称 U 是 x_λ 的强开邻域, 若 $\lambda \in \beta(U(x))$.

定义 6.6.4 设 (X,δ) 是 L-拓扑空间, $S = \{S(n), n \in D\}$ 是 (X,δ) 中的网, $x_\lambda \in M^*(L^X)$. 称 x_λ 是 S 的弱 O-聚点, 若对 x_λ 的每个强开邻域 U, S 经常在 U 中. 称 x_λ 是 S 的弱 O-极限点, 若对 x_λ 的每个强开邻域 U, S 最终在 U 中. 在这种情况下, 我们也说 S 弱 O-收敛于 x_λ, 记作 $S \xrightarrow{WO} x_\lambda$.

由定义 6.3.5 我们知道, x_λ 是 S 的 O-聚点意味着 x_λ 是 S 的弱 O-聚点; $S \xrightarrow{O} x_\lambda$ 意味着 $S \xrightarrow{WO} x_\lambda$.

定理 6.6.10 设 (X,δ) 是 L-拓扑空间, $G \in L^X$. 则 G 是 S^*-紧的当且仅当 $\forall a \in M(L)$ 及每个与 G 相重的常值 a-网有一个弱 O-聚点 $x_a \notin \beta(G')$, 这里 $\beta(G')$ 是 G' 在格 L^X 中的最大极小集.

证 设 G 是 S^*-紧的. 对每个 $a \in M(L)$, 设 $S = \{S(n), n \in D\}$ 是与 G 相重的常值 a-网. 假设 S 没有任何弱 O-聚点 $x_a \notin \beta(G')$. 则对每个 $x_a \notin \beta(G')$, 存在 x_a 的一个强开邻域 U_x 以及 $n_x \in D$ 使得 $\forall n \geqslant n_x, S(n) \leqslant U_x$. 令 $\Phi = \{U_x: x_a \notin \beta(G')\}$, 则 Φ 是 G 的 β_a-开复盖. 由 G 的 S^*-紧性, 存在 $\Psi = \{U_{x^i}: i = 1, 2, \cdots, k\} \in 2^{(\Phi)}$ 使得 Ψ 是 G 的 Q_a-开复盖. 因为 D 是定向集, 存在 $n_0 \in D$ 使得对每个 $i \leqslant k$ 均有 $n_0 \geqslant n_{x^i}$. 因此 $\forall n \geqslant n_0$, 我们得 $S(n) \not\leqslant \vee \{U_{x^i}: i = 1, 2, \cdots, k\}$. 这与 Ψ 是 G 的 Q_a-开复盖相矛盾. 所以 S 至少有一个弱 O-聚点 $x_a \notin \beta(G')$.

反过来, 对每个 $a \in M(L)$, 设 Φ 是 G 的 β_a-开复盖. 如果 $\forall \Psi \in 2^{(\Phi)}$ 都不是 G 的 Q_a-开复盖, 则存在高为 a 的分子 $S(\Psi) \in M^*(L^X)$ 使得 $S(\Psi) \not\leqslant G'$ 且 $S(\Psi) \leqslant \vee\Psi$. 令 $S = \{S(\Psi), \Psi \in 2^{(\Phi)}\}$, 则 S 是与 G 相重的常值 a-网. 设 S 有一个弱 O-聚点 $x_a \notin \beta(G')$. 那么 $\forall \Psi \in 2^{(\Phi)}$, 我们有 $x_a \notin \beta(\vee\Psi)$, 特别地, 对每个 $B \in \Phi$ 有 $x_a \notin \beta(B)$. 但 Φ 是 G 的 β_a-开复盖, 于是存在 $B \in \Phi$ 有 $x_a \in \beta(B)$, 这与 $x_a \notin \beta(B)$ 矛盾. 所以存在 $\Psi \in 2^{(\Phi)}$ 使得 Ψ 是 G 的 Q_a-开复盖. 这证明 G 是 S^*-紧的.

定理 6.6.11 设 (X,δ) 是 L-拓扑空间, $G \in L^X$. 则 G 是 S^*-紧的当且仅当 $\forall a \in M(L)$ 及每个与 G 相重的 a^--网有一个弱 O-聚点 $x_a \notin \beta(G')$.

证 因为每个常值 α-网一定是 α^--网, 因此由定理 4.6.10 充分性是显然的. 现证必要性. 设 G 是 S^*-紧的, $a \in M(L), S = \{S(n), n \in D\}$ 是与 G 相重的

a^--网. 那么存在 $n_0 \in D$ 使得 $\forall n \geqslant n_0, S(n) \leqslant a$. 令 $E = \{n \in D : n \geqslant n_0\}$ 且 $T = \{T(n), n \in E, V(T(n)) = a, T(n)$ 与 $S(n)$ 的支撑点相同$\}$. 则 T 是与 G 相重的常值 a-网. 设 x_a 是 T 的弱 O-聚点且 $x_a \notin \beta(G')$, 则容易验证它也是 S 的弱 O-聚点.

现在讨论 S^*-紧与其他紧性的关系.

定理 6.6.12 S^*-紧性意味着 Lowen 紧性.

证 设 (X, δ) 是 L-拓扑空间, $G \in L^X$ 是 S^*-紧的. 对 $a \in M(L)$, 设 Ω 是 G 的 Q_a-开复盖. 显然对每个 $b \in \beta^*(a), \Omega$ 是 G 的 β_b-开复盖. 由 G 的 S^*-紧性, 存在 $\Psi \in 2^{(\Omega)}$ 使得 Ψ 是 G 的 Q_b-开复盖. 由定理 6.3.7, G 是 Lowen 紧的.

正如下例所示, 定理 6.6.12 之逆一般不成立.

例 6.6.1 取 Y 为自然数集 N. $\forall n \in Y$, 定义 $B_n \in [0,1]^Y$ 如下:

$$B_n(y) = \begin{cases} 0.5 + \dfrac{1}{n+1}, & y = n, \\ 0.5 - \dfrac{1}{n+1}, & y \neq n. \end{cases}$$

设 δ 是以 $\mu = \{B_n : n \in N\}$ 为子基生成的 $[0,1]$-拓扑. 显然 μ 是 1 的 $\beta_{0.5}$-开复盖, 但它的任何有限子族都不是 1 的 $Q_{0.5}$-开复盖. 所以 (Y, δ) 不是 S^*-紧的.

现在证明 (Y, δ) 是 Lowen 紧的. 对每个 $a \in (0.5, 1], \mu$ 的任何子族都不是 1 的 Q_a-开复盖. 因此我们仅需要考虑 $a \in (0, 0.5]$. 设无限族 $\varphi \subset \mu$ 是 1 的 Q_a-开复盖. 对每个 $b \in (0, a)$, 取 $m > \dfrac{1}{0.5 - b} - 1$ 使得 $B_m \in \varphi$, 则 B_m 是 1 的 Q_b-开复盖. 因此 (Y, δ) 是 Lowen 紧的.

当 $L = [0,1]$ 时, 因为 G 的每个 β_a-开复盖是 G 的 Q_a-开复盖, 而且 μ 是 G 的 β_a-开复盖当且仅当 μ 是 G 的 a-苦盖, 所以有以下的结论:

定理 6.6.13 当 $L = [0,1]$ 时, 强 F-紧性意味着 S^*-紧性.

一般地, 由 S^*-紧性推不出强 F-紧性, 下面的例子表明了这一点.

例 6.6.2 取 Y 为自然数集 N. $\forall n \in Y$, 定义 $B_n \in [0,1]^Y$ 如下:

$$B_n(y) = \begin{cases} 0.5 + \dfrac{1}{n+1}, & y = n, \\ 0.5, & y \neq n. \end{cases}$$

设 δ 是以 $\mu = \{B_n : n \in N\}$ 为子基生成的 $[0,1]$-拓扑. 显然, 对每个 $a \in (0.5, 1]$, μ 的任何子族都不是 1 的 β_a-开复盖. 对 $a = 0.5, \mu$ 是 1 的 $\beta_{0.5}$-开复盖, 但它的任何有限子族都不是 1 的 $\beta_{0.5}$-开复盖. 所以 (Y, δ) 不是强 F-紧性的. 但对所有的 $a \in (0, 0.5], \mu$ 的任何子族都是 1 的 Q_a-开复盖. 所以 (Y, δ) 是 S^*-紧的.

最后, 介绍 S^*-紧性与超紧性的关系.

定理 6.6.14 设 (X, δ) 是超紧的 L-拓扑空间, 则它是 S^*-紧的.

证 由 (X, δ) 的超紧性我们知道 $(X, \iota_L(\delta))$ 是紧的. 于是由推论 6.6.1 得 $(X, \omega_L \circ \iota_L(\delta))$ 是 S^*-紧的. 再由 $\omega_L \circ \iota_L(\delta) \supset \delta$ 得 (X, δ) 是 S^*-紧的.

第 7 章　层次仿紧性

C HAPTER 7

在 L-拓扑学中, 仿紧性是一种重要的弱紧性 (文献 [55-58]). 文献 [6] 中介绍了两种仿紧性, 即 I-仿紧性和 II-仿紧性. 本章介绍陈仪香的 C-仿紧性 (文献 [59]) 和史福贵的 S-仿紧性 (文献 [53]). 对 S-仿紧性我们用层次闭集做了多方面的刻画.

7.1　C-仿紧性

本节介绍陈仪香引入的一种 fuzzy 仿紧性 (文献 [59]), 我们称之为 C-仿紧性.

定义 7.1.1　设 (X, δ) 是 L-拓扑空间. 算子 $* : \delta' \to \delta'$ 定义为

$$\forall F \in \delta', \quad F^* = \bigwedge \{G \in \delta' : G \vee F = 1\}.$$

定理 7.1.1　设 (X, δ) 是 L-拓扑空间, $A, B \in \delta'$. 则

(1) $0^* = 1$, $1^* = 0$;

(2) $A \vee A^* = 1$;

(3) 若 $A \leqslant B$, 则 $B^* \leqslant A^*$;

(4) $A \vee B = 1$ 当且仅当 $A^* \leqslant B$, $A \vee B = 1$ 当且仅当 $B^* \leqslant A$.

证　(1) 显然.

(2) $A \vee A^* = A \vee (\bigwedge \{G \in \delta' : G \vee A = 1\}) = \bigwedge \{G \vee A : G \in \delta' : G \vee A = 1\} = 1$.

(3) 设 $A \leqslant B$, 则 $\{G \in \delta' : G \vee A = 1\} \subset \{G \in \delta' : G \vee B = 1\}$, 从而

$$B^* = \bigwedge \{G \in \delta' : G \vee B = 1\} \leqslant \bigwedge \{G \in \delta' : G \vee A = 1\} = A^*.$$

(4) 设 $A \vee B = 1$, 则 $B \in \{G \in \delta' : G \vee A = 1\}$, 从而

$$A^* = \bigwedge \{G \in \delta' : G \vee A = 1\} \leqslant B.$$

反过来, 设 $A^* \leqslant B$, 则 $A \vee B \geqslant A \vee A^* = 1$, 从而 $A \vee B = 1$.

同理可证 $A \vee B = 1$ 当且仅当 $B^* \leqslant A$.

定义 7.1.2　设 (X, δ) 是 L-拓扑空间, $A \in L^X$, $\Omega \subset L^X$. 称 Ω 在 A 中局部有限 (分别地, 强局部有限), 若对每个分子 $x_\alpha \leqslant A$, 存在 $P \in \eta(x_\alpha)$ (分别地, 存在分明闭集 $P \in \eta(x_\alpha)$) 以及 $\Psi \in 2^{(\Omega)}$, 使得对每个 $Q \in \Omega - \Psi$, 均有 $Q \leqslant P$. 若 Ω

在 1 中局部有限 (分别地, 强局部有限), 则简单地说 Ω 是局部有限的 (分别地, 强局部有限的).

定义 7.1.3 设 (X,δ) 是 L-拓扑空间, $A \in L^X$, $\alpha \in M(L)$.

(1) 称 A 是 αC-仿紧的, 若对 A 的每个 α-$RF\Omega$, 存在 $\Psi \in \delta'$ 使得

(a) Ψ 是 A 的 α-RF;

(b) Ψ 是 Ω 的余加细, 即对每个 $Q \in \Psi$, 存在 $P \in \Omega$ 使得 $P \leqslant Q$;

(c) $\Psi^* = \{Q^* : Q \in \Psi\}$ 在 A 中局部有限.

(2) 称 A 是 C-仿紧的, 若对每个 $\alpha \in M(L)$, A 是 αC-仿紧的.

(3) 称 (X,δ) 是 αC-仿紧空间 (分别地, C-仿紧空间), 若 1 是 αC-仿紧集 (分别地, C-仿紧集).

定理 7.1.2 设 (X,δ) 是弱诱导的 L-拓扑空间, 则下列条件等价:

(1) 存在 $\alpha \in M(L)$ 使得 (X,δ) 是 αC-仿紧空间;

(2) $(X,[\delta])$ 是分明仿紧空间;

(3) (X,δ) 是 C-仿紧空间.

证 (1)$\Longrightarrow$(2) 设 Ω 是 $(X,[\delta])$ 的开复盖, 则对每个 $U \in \Omega$, $\chi_{U'} \in \delta'$. 令 $\Phi = \{\chi_{U'} : U \in \Omega\}$, 则对 (1) 中的 $\alpha \in M(L)$, 容易验证 Φ 是 1 的 α-RF. 由 (X,δ) 的 αC-仿紧性, 存在 1 的 α-$RF\Psi = \{Q_t : t \in T\} \subset \delta'$ 使得 Ψ 是 Φ 的余加细, 且 Ψ^* 是局部有限的. 令 $V_t = \iota_{\alpha'}(Q'_t)$, $\Delta = \{V_t : t \in T\}$, 则

(a) Δ 是 $(X,[\delta])$ 的开复盖. 事实上, 对每个 $x \in X$, 存在 $Q_t \in \Psi$ 使得 $Q_t \in \eta(x_\alpha)$, 从而 $\alpha \nleqslant Q_t(x)$, 即 $x \in V_t$. 所以 Δ 是 $(X,[\delta])$ 的开复盖.

(b) Δ 是 Ω 的加细. 事实上, 对每个 $V_t = \iota_{\alpha'}(Q'_t) \in \Delta$, 由于 Ψ 是 Φ 的余加细, 存在 $U \in \Omega$ 使得 $\chi_{U'} \leqslant Q_t$. 对每个 $x \in V_t$, 有 $Q'_t(x) \nleqslant \alpha'$, 即 $\alpha \nleqslant Q_t(x)$. 于是 $\alpha \nleqslant \chi_{U'}(x)$, 从而 $\chi_{U'}(x) = 0$, 即 $x \in U$. 所以 $V_t \subset U$. 这证明 Δ 是 Ω 的加细.

(c) Δ 在 $(X,[\delta])$ 中局部有限. 事实上, 对每个 $x \in X$, 由于 Ψ^* 是局部有限的, 存在 $P \in \eta^-(x_\alpha)$ 以及 $T_0 \in 2^{(T)}$, 使得对每个 $t \in T - T_0$ 均有 $Q_t^* \leqslant P$. 令 $W = \iota_{\alpha'}(P')$, 则 $x \in W$. 由 (X,δ) 的弱诱导性, $W \in [\delta]$. 所以 W 是 x 在 $(X,[\delta])$ 中的开邻域. 取 $t \in T - T_0$, 由 $Q_t^* \leqslant P$ 知 $Q_t \vee P = 1 \geqslant \alpha$, 从而 $Q'_t(x) \wedge P'(x) \leqslant \alpha'$. 由 α' 是 L 的素元知 $Q'_t(x) \leqslant \alpha'$ 或者 $P'(x) \leqslant \alpha'$. 由 $x \in W$ 知 $P'(x) \nleqslant \alpha'$, 所以 $Q'_t(x) \leqslant \alpha'$, 即 $x \notin V_t$. 这表明 $W \cap V_t = \varnothing$. 所以 Δ 在 $(X,[\delta])$ 中局部有限.

综上所述, $(X,[\delta])$ 是仿紧空间.

(2)$\Longrightarrow$(3) 对每个 $\alpha \in M(L)$, 设 $\Phi = \{A_t : t \in T\}$ 是 1 的 α-RF. 对每个 $t \in T$, 令 $U_t = \iota_{\alpha'}(A'_t)$, 则易见 $\Omega = \{U_t : t \in T\}$ 是 $(X,[\delta])$ 的开复盖. 由于 $(X,[\delta])$ 是仿紧空间, 存在 $(X,[\delta])$ 的开复盖 $\Lambda = \{V_s : s \in S\}$ 使得 Λ 是 Ω 的加细且在 $(X,[\delta])$ 中局部有限. 于是, 对每个 $s \in S$, 存在 $t = t(s) \in T$ 使得 $V_s \subset U_{t(s)}$.

令 $B_s = A_{t(s)} \vee \chi_{V_s'}$, $\Psi = \{B_s : s \in S\}$, 则 $\Psi \subset \delta'$, 且它显然是 Φ 的余加细. 下证 Ψ 是 1 的 α-RF 且 Ψ^* 是局部有限的.

对每个 $x_\alpha \leqslant 1$, 取 $s \in S$ 使得 $x \in V_s$, 从而 $x \in U_{t(s)}$, 即 $A_{t(s)}(x) \not\geqslant \alpha$. 于是 $x_\alpha \not\leqslant A_{t(s)} \vee \chi_{V_s'}$, 即 $B_s \in \eta(x_\alpha)$. 这表明 Ψ 是 1 的 α-RF.

对每个 $x_\lambda \leqslant 1$, 由 Λ 在 $(X, [\delta])$ 中局部有限, 存在 $W \in [\delta]$ 及 $S_0 \in 2^{(S)}$ 使得 $x \in W$, 且对每个 $s \in S - S_0$ 有 $W \cap V_s = \varnothing$, 因此 $\chi_{V_s'} \vee \chi_{W'} = 1$, 从而 $B_s \vee \chi_{W'} = 1$, 于是由定理 5.5.1 得 $B_s^* \leqslant \chi_{W'} \in \eta(x_\lambda)$. 这证明 Ψ^* 是局部有限的.

综上所述, (X, δ) 是 C-仿紧空间.

(3)$\Longrightarrow$(1) 显然.

推论 7.1.1 设 $(X, \omega_L(\tau))$ 是由分明拓扑空间 (X, τ) 诱导的 L-拓扑空间. 则 $(X, \omega_L(\tau))$ 是 C-仿紧空间当且仅当 (X, τ) 是仿紧空间.

为比较 C-仿紧性与其他仿紧性的关系, 我们列出 I-仿紧性和 II-仿紧性的概念 (文献 [6]).

定义 7.1.4 设 (X, δ) 是 L-拓扑空间, $A \in L^X$, $\alpha \in M(L)$.

(1) 称 A 是 αI-仿紧 (分别地, αII-仿紧) 的, 若对 A 的每个 α-RFΩ, 存在 $\Psi \in \delta'$ 使得

(a) Ψ 是 A 的 α-RF;

(b) Ψ 是 Ω 的余加细, 即对每个 $Q \in \Psi$, 存在 $P \in \Omega$ 使得 $P \leqslant Q$;

(c) $\Psi' = \{Q' : Q \in \Psi\}$ 在 A 中局部有限 (分别地, 强局部有限).

(2) 称 A 是 I-仿紧 (分别地, II-仿紧) 的, 若对每个 $\alpha \in M(L)$, A 是 αI-仿紧 (分别地, αII-仿紧) 的.

以上如果 $A = 1$, 则称 (X, δ) 是 αI-仿紧空间 (分别地, αII-仿紧空间) 或 I-仿紧空间 (分别地, II-仿紧空间).

引理 7.1.1 设 (X, δ) 是弱诱导的 L-拓扑空间, 则

(1) (X, δ) 是 II-仿紧的当且仅当 $(X, [\delta])$ 是分明仿紧空间.

(2) (X, δ) 是 I-仿紧的当且仅当 $(X, [\delta])$ 是分明仿紧空间.

定理 7.1.3 (1) II-仿紧性 $\Rightarrow$ C-仿紧性.

(2) 若 $1 \in M(L)$, 则 C-仿紧性 $\Rightarrow$ I-仿紧性.

证 (1) 设 P 是分明闭集且 Q 是闭集, 则容易验证 $Q' \leqslant P \Rightarrow Q^* \leqslant P$.

(2) 对每个闭集 Q, 容易验证: 当 $1 \in M(L)$ 时, $Q' \leqslant Q^*$.

推论 7.1.2 若 $[0, 1]$-拓扑空间是 C-仿紧的, 则它是 I-仿紧的.

定理 7.1.4 对弱诱导的 L-拓扑空间而言, C-仿紧性、I-仿紧性和 II-仿紧性彼此等价.

正如下例所示, C-仿紧性推不出 II-仿紧性.

例 7.1.1 设 $L=[0,1]$, $X=(-\infty,+\infty)$, Z 表示整数之集. 令 $\Omega=\{A_k:k\in Z\}$, 这里

$$A_k(x)=\begin{cases} 1, & x\leqslant k-1,\\ k-x, & k-1<x\leqslant k,\\ 0, & k<x\leqslant k+1,\\ 1, & k+1<x. \end{cases}$$

设 δ 是由子基 Ω' 生成的 X 上的 L-拓扑, 则

(1) (X,δ) 是 C-仿紧空间.

取 $\alpha\in M(L)$, 设 Φ 是 1 的 α-RF. 先考虑 $\alpha<1$ 的情况. 设 $\Psi=\Omega$, 取 $A_k\in\Psi$ 且 $x=k+1-\alpha$. 因为 Φ 是 1 的 α-RF, 存在 $P\in\Phi$ 使得 $P\in\eta(x_\alpha)$. 因为 Ω' 是子基, 存在 $k_1,\cdots,k_m\in Z$ 满足 $P\leqslant A_{k_1}\vee\cdots\vee A_{k_m}\in\eta(x_\alpha)$. 于是对每个 $i\leqslant m$ 均有 $A_{k_i}(x)<\alpha$. 由

$$A_k(x)=A_k(k+1-\alpha)=\begin{cases} 1, & k_i<k,\\ 0, & k_i=k,\\ \alpha, & k_i=k+1,\\ 1, & k_i>k+1, \end{cases}$$

我们知对每个 $i\leqslant m$ 均有 $k_i=k$. 因此 $P\leqslant A_k$ 且 Ψ 是 Φ 的余加细. 又, 易证 Ψ 是 1 的 α-RF. 现证 $\Psi^*=\{A_k^*:k\in Z\}$ 是局部有限的. 对每个 $y_\lambda\leqslant 1$, 存在 $k\in Z$ 使得 $A_k(y)=0$, 即 $A_k\in\eta(y_\lambda)$. 因为当 $i>2$ 时有 $A_k\vee A_{k+i}=1$ 且 $A_k\vee A_{k-i}=1$, 所以 Ψ^* 是局部有限的.

再看 $\alpha=1$ 的情形. 设 $\Psi=\{A_{k-1}\vee A_k:k\in Z\}$, 取 $k\in Z$, 则存在 $P\in\Phi$ 使得 $P\in\eta(x_1)$, 这里 $x=k$. 因为 Ω' 是 δ 的子基, 存在 $k_1,\cdots,k_m\in Z$ 使得 $P\leqslant A_{k_1}\vee\cdots\vee A_{k_m}\in\eta(x_1)$. 于是对所有的 $i\leqslant m$ 有 $A_{k_i}(k)<1$ 且 $k_i=k-1$ 或 $k_i=k$. 因此 $P\leqslant A_{k-1}\vee A_k$ 且 Ψ 是 Φ 的余加细. 易证 Ψ 是 1 的 1-RF. 现证 Ψ^* 是局部有限的. 取 $x_\lambda\leqslant 1$, 则存在 $k\in Z$ 满足 $(A_{k-1}\vee A_k)(x)<\lambda$, 因此 $A_{k-1}\vee A_k\in\eta(x_\lambda)$. 由于当 $i>2$ 时有

$$(A_{k-i}\vee A_k)\vee(A_{k+i}\vee A_{k+i+1})=1,\quad (A_{k-i}\vee A_k)\vee(A_{k-i}\vee A_{k-i+1})=1,$$

所以

$$(A_{k+i}\vee A_{k+i+1})^*\leqslant A_{k-i}\vee A_k,\quad (A_{k-i}\vee A_{k-i+1})^*\leqslant A_{k-i}\vee A_k.$$

这证明 Ψ^* 是局部有限的.

综上所述, (X,δ) 是 C-仿紧空间.

(2) (X, δ) 不是 II-仿紧空间.

设 $\Phi = \{A_{k-1} \vee A_k : k \in Z\}$, 则 Φ 是 1 的 1-RF. 假设 Ψ 是 Φ 的余加细且是 1 的 1-RF. 取 $P \in \Psi$, 若 $P \neq 1$, 则存在 $x \in X$ 使得 $P \in \eta(x_1)$ 以及存在 $A_{k-1} \vee A_k \in \Phi$ 使得 $A_{k-1} \vee A_k \leqslant P$. 因为

$$(A_{k-1} \vee A_k)(y) = \begin{cases} 1, & y \leqslant k-1, \\ k-x, & k-1 < y \leqslant k, \\ 1, & y > k. \end{cases}$$

且 $A_{k-1} \vee A_k \in \eta(x_1)$, 我们有 $k-1 < x \leqslant k$. 同时, 由 $P \in \eta(x_1)$ 及 Ω' 是 δ 的子基知存在 $k_1, \cdots, k_m \in Z$ 满足 $P \leqslant A_{k_1} \vee \cdots \vee A_{k_m} \in \eta(x_1)$. 于是对所有的 $i \leqslant m$ 有 $A_{k_i}(k) < 1$, 因此对所有的 $i \geqslant m$ 我们有 $k_i = k-1$ 或 $k_i = k$. 因此 $P \leqslant A_{k-1} \vee A_k$, 且进一步有 $P = A_{k-1} \vee A_k$. 所以 $\Psi = \Phi$ 或 $\Psi = \Phi \cup \{1\}$. 这表明 $P = 0$. 所以 Ψ' 不是强局部有限的. 因此 (X, δ) 不是 II-仿紧空间.

正如下例所示, I-仿紧性推不出 C-仿紧性.

例 7.1.2　设 $L = [0, 1]$, 且 $X = N$ (自然数集). 令

$$\delta = \{A \in L^X : A(n) = 0 \Rightarrow A(n+1) = 0, n \in X\}.$$

则容易验证 δ 是 X 上的 L-拓扑. 显然 $B \in \delta'$ 当且仅当 $B(n) = 1 \Rightarrow B(n+1) = 1$. 对这个 L-拓扑空间 (X, δ) 而言, 我们有

(1) (X, δ) 不是 C-仿紧空间.

令 $\Phi = \{A_k : k \in X\}$, 这里

$$A_k(x) = \begin{cases} 0, & x < k, \\ 1, & x \geqslant k. \end{cases}$$

容易看出 Φ 是 1 的 1-RF. 设 Ψ 是 1 的 1-RF 且 Ψ 是 Φ 的余加细, 我们证明 Ψ^* 不是局部有限的.

首先, 我们证明若 $Q \in \delta'$ 且 $Q \neq 1$, 则 $Q^* = 1$. 事实上, 因为 $Q \neq 1$, 存在 $k \in X$ 使得 $Q(k) < 1$. 因此由 $Q \in \delta'$ 知 $Q(1) < 1$, 从而 $Q^*(1) = 1$, 于是 $Q^* = 1$.

其次, 由于 Ψ 是 Φ 的余加细, 存在 $A_m \in \Phi$ 使得 $A_m \leqslant Q_k$. 由 A_m 之定义, 对所有的 $x \geqslant m$ 均有 $Q_k(x) = 1$. 由 Ψ 是 1 的 1-RF, 存在无限多个 $Q_k \in \Psi$ 使得 $Q_k(k) < 1$. 用 $k_1, k_2, \cdots$ 表示这些 Q_k 的下标, 则 $Q_{k_i}^* = 1$.

假设 Ψ^* 是局部有限的, 则对 $x_\lambda \leqslant 1$, 存在 $P \in \eta(x_\lambda)$ 使得 $Q_{k_i}^* \leqslant P$ 对无穷多个 k_i 成立. 因此 $P = 1$, 但这与 $P \in \eta(x_\lambda)$ 不合. 所以 Ψ^* 不是局部有限的.

综上所述, (X, δ) 不是 C-仿紧空间.

(2) (X, δ) 是 I-仿紧空间.

设 Φ 是 1 的 α-RF, 这里 $\alpha \in (0, 1]$. 对每个 $k \in X$, 取 $P_k \in \Phi$ 使得 $P_k(k) < \alpha$. 令 $\Phi_0 = \{P_k : k \in X\}$, 且对每个 $k \in X$, 令

$$R_k = \vee\{y_{\frac{k}{k+1}} : y < k\}, \quad Q_k = P_k \vee R_k \vee \left[\frac{\alpha_k}{k+1}\right], \quad \Psi = \{Q_k : k \in X\},$$

这里 $[a]$ 表示取常值 a 的 L-集. 显然 Ψ 是 Φ 的余加细. 此外, 容易验证 Ψ 是 1 的 α-RF. 下证 Ψ' 是局部有限的. 设 $x_\lambda \leqslant 1$, 取 $\beta \in (1 - \alpha, 1)$. 定义 $P \in L^X$ 如下:

$$P(y) = \begin{cases} \dfrac{1}{2}\lambda, & y = x, \\[2mm] \beta, & y \neq x. \end{cases}$$

则 $P \in \delta'$ 且 $P \in \eta(x_\lambda)$. 取 $m \in X$ 满足 $m > x$ 且 $\dfrac{1}{m} < \min\left\{\beta - \alpha', \dfrac{1}{2}\lambda\right\}$, 则

$$Q'_k \leqslant \left[\frac{\alpha k}{k+1}\right]' = \left[\frac{k\alpha'}{k+1}\right] \leqslant \left[(1 - \alpha) + \frac{1}{k}\right] \leqslant [\beta],$$

这里 $k \geqslant m$. 由 $k > x$ 我们得

$$Q'_k(x) \leqslant R'_k(x) = \frac{1}{k+1} \leqslant \frac{1}{m} < \frac{1}{2}\lambda.$$

所以当 $k \geqslant m$ 时有 $Q'_k \leqslant P$. 这证明 Ψ' 是局部有限的.

综上所述, (X, δ) 是 I-仿紧空间.

下面的定理表明 C-仿紧性对闭 L-集遗传.

定理 7.1.5 设 (X, δ) 是 L-拓扑空间, $\alpha \in M(L)$, $A \in \delta'$. 若 (X, δ) 是 αC-仿紧空间, 则 A 是 αC-仿紧的.

证 设 Φ 是 A 的 α-RF. 令 $\Psi = \Phi \cup \{A'\}$, 则易见 Ψ 是 1 的 α-RF. 由 (X, δ) 的 αC-仿紧性, 存在 1 的 α-RF Ω 使得 Ω 是 Ψ 的余加细且 Ω^* 是局部有限的. 令 $\Delta = \{Q \in \Omega : 存在 P \in \Phi 使得 P \leqslant Q\}$. 则 Δ 显然是 Φ 的余加细. 对每个 $x_\alpha \leqslant A$, 存在 $Q \in \Omega$ 使得 $x_\alpha \not\leqslant Q$, 因此 $Q \in \Delta$. 这表明 Δ 是 A 的 α-RF. 由于 Ω^* 是局部有限的, 而 $\Delta \subset \Omega$, 所以 Δ^* 在 A 中是局部有限的. 所以 A 是 αC-仿紧的.

现在讨论 C-仿紧性增强分离性的问题.

首先罗列一些文献 [6] 中的概念.

定义 7.1.5 设 (X, δ) 是 L-拓扑空间, $A \in L^X$.

(1) 称 $P \in \delta'$ 为 A 的远域, 若 $\forall x \in X$, 当 $A(x) > 0$ 时有 $A(x) \not\leqslant P(x)$. A 的所有远域之集记作 $\eta(A)$.

(2) 称 A 为准分明的, 若存在 $\alpha \in M(L)$ 使得 $A(x) > 0$ 当且仅当 $A(x) \geqslant \alpha$.

定义 7.1.6　设 (X, δ) 是 L-拓扑空间.

(1) 称 (X, δ) 为正则的, 如果对每个非零的准分明 L-集 $A \in \delta'$ 和 $x_\lambda \in M^*(L^X)$, 当 $x \notin \operatorname{supp} A$ 时有 $P \in \eta(x_\lambda)$ 和 $Q \in \eta(A)$ 使得 $P \vee Q = 1$.

(2) 称 (X, δ) 为正规的, 如果对任二非零的准分明 L-集 $A, B \in \delta'$, 当 $\operatorname{supp} A \cap \operatorname{supp} B = \varnothing$ 时有 $P \in \eta(A)$ 和 $Q \in \eta(B)$ 使得 $P \vee Q = 1$.

定理 7.1.6　设 (X, δ) 是 Hausdorff L-拓扑空间. 若 (X, δ) 是 C-仿紧空间, 则 (X, δ) 是正则的.

证　设 $A \in \delta'$ 是非零的准分明 L-集, $x_\lambda \in M^*(L^X)$ 且 $x \notin \operatorname{supp} A$. 取 $\alpha \in M(L)$ 使得 $A(y) \geqslant \alpha$ 对所有的 $y \in \operatorname{supp} A$ 成立. 取 $y \in \operatorname{supp} A$, 由于 (X, δ) 是 Hausdorff L-拓扑空间, 存在 $P_y \in \eta(x_\lambda)$ 和 $Q_y \in \eta(y_\alpha)$ 使得 $P_y \vee Q_y = 1$. 令 $\Phi = \{Q_y : y \in \operatorname{supp} A\}$. 则 Φ 是 A 的 α-RF. 由于 (X, δ) 是 C-仿紧的, 据定理 5.1.5, A 是 αC-仿紧的. 于是存在 A 的 α-RF$\Psi = \{R_t : t \in T\}$ 使得 Ψ 是 Φ 的余加细, 且 Ψ^* 在 A 中局部有限. 因此存在 $P \in \eta(x_\lambda)$ 以及 $T_0 \in 2^{(T)}$ 使得对所有的 $t \in T - T_0$ 有 $R_t^* \leqslant P$. 因此 $(\bigwedge\{R_t : t \in T - T_0\}) \vee P = 1$. 因为 Ψ 是 Φ 的余加细对每个 $t \in T - T_0$, 存在 $y(t) \in \operatorname{supp} A$ 使得 $Q_{y(t)} \leqslant R_t$. 由 $Q_{y(t)} \vee P_{y(t)} = 1$ 我们知道 $R_t \vee P_{y(t)} = 1$ 对每个 $t \in T_0$ 成立. 令 $P_0 = P \vee (\bigwedge\{P_{y(t)} : t \in T_0\})$, $R = \bigwedge\{R_t : t \in T\}$. 则易见 $P_0 \in \eta(x_\lambda)$, 且对所有的 $y \in \operatorname{supp} A$, $R \in \eta(y_\alpha)$. 于是由 Ψ 是 A 的 α-RF 得 $R \in \eta(A)$. 因为

$$P_0 \vee R = \left[P_0 \vee \left(\bigwedge\{R_t : t \in T - T_0\} \right) \right] \wedge \left[P_0 \vee \left(\bigwedge\{R_t : t \in T_0\} \right) \right]$$

$$\geqslant \left[P \vee \left(\bigwedge\{R_t : t \in T - T_0\} \right) \right] \wedge \left[\left(\bigvee\{P_{y(t)} : t \in T_0\} \right) \vee \left(\bigwedge\{R_t : t \in T_0\} \right) \right]$$

$$= 1,$$

所以 $P_0 \vee R = 1$. 这证明 (X, δ) 是正则空间.

定理 7.1.7　设 (X, δ) 是 Hausdorff L-拓扑空间. 若 (X, δ) 是 C-仿紧空间, 则 (X, δ) 是正规的.

证　设 $A, B \in \delta'$ 是任二非零的准分明 L-集, 且 $\operatorname{supp} A \cap \operatorname{supp} B = \varnothing$. 取 $\lambda, \alpha \in M(L)$ 使得对所有的 $x \in \operatorname{supp} A$ 有 $A(x) \geqslant \lambda$, 且对所有的 $y \in \operatorname{supp} B$ 有 $B(y) \geqslant \alpha$. 由定理 5.1.6 及其证明, 对每个 $x \in \operatorname{supp} A$, 存在 $P_x \in \eta(x_\lambda)$ 和 $Q_x \in \eta(B)$ 使得 $P_x \vee Q_x = 1$, 而且对每个 $y \in \operatorname{supp} B$ 我们有 $Q_x \in \eta(y_\alpha)$. 令 $\Phi = \{P_x : x \in \operatorname{supp} A\}$. 则 Φ 是 A 的 λ-RF. 因为 $A \in \delta'$, 据定理 7.1.5, A 是 λC-仿紧的. 因此存在 $\Psi = \{R_t : t \in T\}$ 使得 Ψ 是 A 的 λ-RF, 是 Φ 的余加细,

且 Ψ^* 在 A 中局部有限. 令 $Q = \bigvee\{R_t^* : t \in T\}$, $R = \bigwedge\{R_t : t \in T\}$. 由于局部有限族是闭包保持的, 所以 $Q, R \in \delta'$. 下面我们将证明 $Q \in \eta(B), R \in \eta(A)$, 且 $R \vee Q = 1$.

首先, 因为 Ψ 是 A 的 λ-RF, 所以 $R \in \eta(A)$. 其次,

$$R \vee Q = (\bigvee\{R_t^* : t \in T\}) \vee (\bigwedge\{R_t : t \in T\}) = \bigwedge\{(\bigvee\{R_t^* : t \in T\}) \vee R_t : t \in T\} = 1.$$

最后, Ψ^* 在 A 中局部有限, 对所有的 $y \in \text{supp}B$, 存在 $P \in \eta(y_\alpha)$ 以及 $T_0 \in 2^{(T)}$ 使得对所有的 $t \in T - T_0$ 有 $R_t^* \leqslant P$. 因为 Ψ 是 Φ 的余加细, 对每个 $t \in T_0$, 取 $x(t) \in \text{supp}A$ 使得 $P_{x(t)} \leqslant R_t$. 由定理 7.1.1 及 $P_{x(t)} \vee Q_{x(t)} = 1$ 得 $R_t^* \leqslant Q_{x(t)}$. 因为对所有的 $t \in T_0$, $Q_{x(t)} \in \eta(y_\alpha)$ 以及 $P \in \eta(y_\alpha)$, 我们得

$$\begin{aligned}
Q &= \bigvee\{R_t^* : t \in T\} \\
&= (\bigvee\{R_t^* : t \in T - T_0\}) \vee (\bigvee\{R_t^* : t \in T_0\}) \\
&\leqslant P \vee (\bigvee\{Q_{x(t)} : t \in T_0\}) \\
&\in \eta(y_\alpha).
\end{aligned}$$

因此 $Q \in \eta(B)$. 所以 (X, δ) 是正规的.

现在讨论 C-仿紧性与良紧性的关系.

下面的定理是明显的.

定理 7.1.8 良紧性蕴含 C-仿紧性.

定理 7.1.9 设 (X, δ_1) 是 C-仿紧的 L-拓扑空间, (Y, δ_2) 是良紧的 L-拓扑空间. 则它们的积空间 $(X \times Y, \delta_1 \times \delta_2)$ 是 C-仿紧的.

证 取 $\alpha \in M(L)$, 设 Φ 是 $(X \times Y, \delta_1 \times \delta_2)$ 的 α-RF. 则对每个 $(x, y)_\alpha \leqslant 1$, 存在 $A_{xy} \in \Phi$ 使得 $A_{xy} \in \eta((x, y)_\alpha)$. 因为存在 $M_{xy} \in \eta_1(x_\alpha)$ 和 $N_{xy} \in \eta_2(y_\alpha)$ 使得 $A_{xy} \leqslant P_X^{\leftarrow}(M_{xy}) \vee P_Y^{\leftarrow}(N_{xy}) \in \eta((x, y)_\alpha)$, 所以 $\{P_X^{\leftarrow}(M_{xy}) \vee P_Y^{\leftarrow}(N_{xy}) : (x, y) \in X \times Y\}$ 是 $(X \times Y, \delta_1 \times \delta_2)$ 的 α-RF. 显然, 对每个 $x \in X$, $\Delta_x = \{N_{xy} : y \in Y\}$ 是 (Y, δ_2) 的 α-RF. 由 (Y, δ_2) 的良紧性, 存在 $\{N_{xy_i(x)} : i = 1, \cdots, n(x)\} \in 2^{(\Delta_x)}$ 使之构成 (Y, δ_2) 的 α-RF. 令 $M_x = \bigvee_{i=1}^{n(x)} M_{xy_i(x)}$, 则 $M_x \in \eta_1(x_\alpha)$. 容易看出 $\{M_x : x \in X\}$ 是 (X, δ_1) 的 α-RF. 由 (X, δ_1) 的 C-仿紧性, 存在 $\{M_x : x \in X\}$ 的余加细 Ω, 使得 Ω 是 (X, δ_1) 的 α-RF, 且 Ω^* 是局部有限的. 对每个 $B \in \Omega$, 取 $x(B) \in X$ 满足 $M_{x(B)} \geqslant B$, 并令

$$\Psi = \{P_X^{\leftarrow}(B) \vee P_Y^{\leftarrow}(N_{x(B)y_i(x(B))}) : B \in \Omega, i \leqslant n(x(B))\}.$$

容易验证 Ψ 是 $(X \times Y, \delta_1 \times \delta_2)$ 的 α-RF, 且它是 Φ 的余加细. 下面证明 Ψ^* 是局部有限的.

因为 Ω^* 在 (X, δ_1) 中是局部有限的, 对每个 $\lambda \in M(L)$ 及每个 $(x, y)_\lambda \leqslant 1$, 存在 $Q \in \eta_1(x_\lambda)$ 及 $\Omega_0 \in 2^{(\Omega)}$ 使得 $B^* \leqslant Q$ 对每个 $B \in \Omega - \Omega_0$ 成立, 从而 $P_X^{\leftarrow}(B^*) \leqslant P_X^{\leftarrow}(Q)$. 因为

$$P_X^{\leftarrow}(B) \vee P_X^{\leftarrow}(B^*) = P_X^{\leftarrow}(B \vee B^*) = P_X^{\leftarrow}(1_X) = 1_{X \times Y},$$

由定理 5.1.1 得 $P_X^{\leftarrow}(B)^* \leqslant P_X^{\leftarrow}(B^*)$. 于是 $P_X^{\leftarrow}(B)^* \leqslant P_X^{\leftarrow}(Q)$ 对每个 $B \in \Omega - \Omega_0$ 成立. 由于对每个 $B \in \Omega - \Omega_0$, 我们有 $P_X^{\leftarrow}(B) \vee P_Y^{\leftarrow}(N_{x(B)y_i(x(B))})^* \geqslant P_X^{\leftarrow}(B)$, 所以据定理 5.1.1, 对所有的 $i \leqslant n(x(B))$ 有

$$(P_X^{\leftarrow}(B) \vee P_Y^{\leftarrow}(N_{x(B)y_i(x(B))}))^* \leqslant P_X^{\leftarrow}(B)^* \leqslant P_X^{\leftarrow}(Q).$$

因为 Ω_0 是有限的, 且对每个 $B \in \Omega_0$, $n(x(B))$ 是个有限的自然数, 所以

$$\Psi_0 = \{P_X^{\leftarrow}(B) \vee P_Y^{\leftarrow}(N_{x(B)y_i(x(B))}) : i \leqslant n(x(B)), B \in \Omega_0\}$$

是 Ψ 的有限子族. 对每个 $F \in \Psi - \Psi_0$, 由于 $x_\lambda \not\leqslant Q$, 所以

$$F^* \leqslant P_X^{\leftarrow}(Q) \in \eta((x, y)_\lambda).$$

综上所述, $(X \times Y, \delta_1 \times \delta_2)$ 是 C-仿紧的.

下面的定理说明 C-仿紧性是可和的.

定理 7.1.10 设 $(X, \delta) = \sum_{t \in T}(X_t, \delta_t)$, $A \in L^X$. 则 A 是 (X, δ) 中的 C-仿紧集当且仅当 $\forall t \in T, A|X_t$ 是 (X_t, δ_t) 中的 C-仿紧集.

证 设 A 是 (X, δ) 中的 C-仿紧集. $\forall t \in T$, 若 $A|X_t = 0_{X_t}$, 则结论自然成立. 下设 $A|X_t \neq 0_{X_t}$. 对每个 $\alpha \in M(L)$, 设 Ω_t 是 $A|X_t$ 的 α-RF. 则不难验证 $\Omega_t^{**} = \{B^{**} : B \in \Omega_t\}$ 是 A 的 α-RF, 这里 B^{**} 是 B 的扩张, 其定义见 0.4.1. 从而存在 A 的 α-RFΨ, 使得 Ψ 是 Ω_t^{**} 的余加细, 且 $\Psi^\Delta = \{G^\Delta : G \in \Psi\}$ 在 A 中局部有限, 这里 G^Δ 就是定义 7.1.1 中的 G^*, 为了避免混淆与 B^{**} 的含义, 把 G^* 改记为 G^Δ. 现在考虑 $\Psi|X_t = \{G|X_t : G \in \Psi\}$. 首先 $\Psi|X_t \subset \delta_t'$. 其次 $\Psi|X_t$ 显然是 $A|X_t$ 的 α-RF, 且是 Ω_t 的余加细. 最后 $(\Psi|X_t)^\Delta$ 在 $A|X_t$ 中局部有限. 事实上, $\forall r \in M(L), \forall x_r \leqslant A|X_t$, 则 x_r 的扩张 $(x_r)^* \leqslant A((x_r)^*$ 的定义见 0.4.1). 从而存在 $Q \in \eta((x_r)^*)$ 以及 $\Psi_0 \in 2^{(\Psi)}$ 使得 $\forall G \in \Psi - \Psi_0$ 有 $G^\Delta \leqslant Q$. 于是 $G^\Delta|X_t \leqslant Q|X_t$. 注意 $Q|X_t \in \eta(x_r)$. 此外, 容易验证

$$(\Psi|X_t)^\Delta - (\Psi_0|X_t)^\Delta = (\Psi|X_t - \Psi_0|X_t)^\Delta = ((\Psi - \Psi_0)|X_t)^\Delta = (\Psi - \Psi_0)^\Delta|X_t.$$

所以对每个 $D^\Delta \in (\Psi|X_t)^\Delta - (\Psi_0|X_t)^\Delta$, 存在 $G \in \Psi - \Psi_0$ 使得 $D^\Delta = G^\Delta|X_t$. 从而 $D^\Delta \leqslant Q|X_t$. 这表明 $(\Psi|X_t)^\Delta$ 在 $A|X_t$ 中局部有限. 所以 $\forall t \in T, A|X_t$ 是 (X_t, δ_t) 中的 C-仿紧集.

反过来, 对每个 $\alpha \in M(L)$, 设 Ω 是 A 的 α-RF. 则对每个 $t \in T, \Omega|X_t$ 是 $A|X_t$ 的 α-RF. 于是存在 $\Psi_t \subset \delta_t'$ 使得 Ψ_t 是 $A|X_t$ 的 α-RF, Ψ_t 是 $\Omega|X_t$ 的余加细, 且 $(\Psi_t)^\Delta$ 在 $A|X_t$ 中局部有限.

现在考虑 $\Psi = \{B^{**} : B \in \Psi_t, t \in T\} \subset \delta'$, 这里 B^{**} 是 B 的扩张, 其定义见 0.4.1. 不难验证 Ψ 是 A 的 α-RF 且 Ω 的余加细. 下证 Ψ^Δ 在 A 中局部有限. $\forall r \in M(L), \forall x_r \leqslant A$, 不妨设 $x \in X_{t_0}$, 则 $x_r|X_{t_0} \leqslant A|X_{t_0}$. 从而存在 $P \in \delta_{t_0}'$ 及 $\Psi_1 \in 2^{(\Psi_{t_0})}$ 使得 $P \in \eta(x_r|X_{t_0})$, 且 $\forall B^\Delta \in \Psi_{t_0}^\Delta - \Psi_1^\Delta, B^\Delta \leqslant P$, 进而 $(B^\Delta)^{**} \leqslant P^{**}$. 注意 $P^{**} \in \eta(x_r)$ 且 $\Psi_1^{**} \in 2^{(\Psi)}$. 对每个 $(B^{**})^\Delta \in \Psi^\Delta - (\Psi_1^{**})^\Delta$, 若 $B^\Delta \in \Psi_{t_0}^\Delta - \Psi_1^\Delta$, 则 $(B^{**})^\Delta \leqslant (B^\Delta)^{**} \leqslant P^{**}$; 若 $B^\Delta \notin \Psi_{t_0}^\Delta$, 这时 $B^{**} \vee P^{**} = 1_X$, 即 $P^{**} \in \{G \in \delta' : G \vee B^{**} = 1_X\}$, 可见 $(B^{**})^\Delta = \bigwedge\{G \in \delta' : G \vee B^{**} = 1_X\} \leqslant P^{**}$. 因此 Ψ^Δ 在 A 中局部有限. 所以 A 是 (X, δ) 中的 C-仿紧集.

7.2 S-仿紧性

本节介绍由史福贵和郑崇友引入的 III 型强 F 仿紧性 (文献 [53]), 我们称之为 S-仿紧性.

先引入一些记号.

设 $A \in L^X, \alpha \in M(L), \Psi \subset L^X$. 记

$$A^{q_\alpha} = \bigvee\{x_\alpha \in M^*(L^X) : x_\alpha \not\leqslant A\}, \quad A^{l_\alpha} = \bigvee\{x_\alpha \in M^*(L^X) : x_\alpha \leqslant A\},$$

$$\Psi^{q_\alpha} = \{A^{q_\alpha} : A \in \Psi\}, \quad \Psi^{l_\alpha} = \{A^{l_\alpha} : A \in \Psi\}, \quad \Psi_{[\alpha]} = \{A_{[\alpha]} : A \in \Psi\},$$

$$A \wedge \Psi = \{A \wedge B : B \in \Psi\}, \quad \iota_{\alpha'}(\Psi) = \{\iota_{\alpha'}(A) : A \in \Psi\}.$$

定义 7.2.1 设 $D \in L^X, \alpha \in M(L), \Psi \subset L^X$. 若对每个 $x_\alpha \leqslant D$, 存在 $Q \in \Psi$ 使得 $x_\alpha \not\leqslant Q$, 则称 Ψ 为 D 的 α-族. 若对每个 $x_\alpha \leqslant D$, 存在 $Q \in \Psi$ 使得 $x_\alpha \leqslant Q$, 则称 Ψ 为 D 的 α^*-复盖.

易见 D 的 α-RF 就是 D 的闭 α-族.

定义 7.2.2 设 (X, δ) 是 L-拓扑空间, $D \in L^X$. 若对每个 $\alpha \in M(L)$, D 的每个可数 α-RF 均有有限子族构成的 α-RF, 则称 D 是强 F 可数紧的.

定义 7.2.3 设 (X, δ) 是 L-拓扑空间, $D \in L^X, \alpha \in M(L), \Psi = \{A_t : t \in T\} \subset L^X$. 若对每个 $x_\alpha \leqslant D$, 存在 $P \in \eta^-(x_\alpha)$ 及 $T_0 \in 2^{(T)}$ 使得 $\forall t \in T - T_0, A_t \leqslant P$, 则称 Ψ 在 D 中是 α-局部有限的. 若 T_0 为单点集, 则称 Ψ 在 D 中是 α-散的. 当 $D = 1$ 时, 称 Ψ 是 α-局部有限 (对应地 α-散) 集族.

显然, Ψ 在 D 中局部有限 (散) 当且仅当 $\forall \alpha \in M(L)$, Ψ 在 D 中 α-局部有限 (α-散).

容易证明下面的定理:

定理 7.2.1 设 (X,δ) 是 L-拓扑空间, $A,B \in L^X$, $A \leqslant B$, $\alpha, \beta \in M(L)$, $\alpha \leqslant \beta$, $\Psi = \{A_t : t \in T\} \subset L^X$ 在 B 中是 α-局部有限 (α-散) 的集族. 则

(1) $\Psi^- = \{A_t^- : t \in T\}$ 在 B 中是 α-局部有限 (α-散) 的.

(2) Ψ 在 A 中是 α-局部有限 (α-散) 的.

(3) Ψ 在 B 中是 β-局部有限 (β-散) 的.

(4) $\Omega = \{B_s : s \in S \subset T, B_s \leqslant A_s\}$ 在 B 中是 α-局部有限 (α-散) 的.

定理 7.2.2 设 (X,δ) 是 L-拓扑空间, $D \in L^X$, $\alpha \in M(L)$, $\Psi = \{A_t : t \in T\} \subset L^X$. 若 Ψ 在 D 中 α-局部有限, 则

$$\left(\overline{\bigvee_{t \in T} A_t} \wedge D \right)_{[\alpha]} = \left(\bigvee_{t \in T} \left(\overline{A_t} \wedge D \right) \right)_{[\alpha]}.$$

证 显然只需证 $\left(\overline{\bigvee_{t \in T} A_t} \wedge D \right)_{[\alpha]} \subset \left(\bigvee_{t \in T} \left(\overline{A_t} \wedge D \right) \right)_{[\alpha]}$. 设 $x \in \left(\overline{\bigvee_{t \in T} A_t} \wedge D \right)_{[\alpha]}$, 则 $x_\alpha \leqslant \overline{\bigvee_{t \in T} A_t} \wedge D$. 由 Ψ 在 D 中的 α-局部有限性, 存在 $P \in \eta^-(x_\alpha)$ 及 $T_0 \in 2^{(T)}$ 使得 $\forall t \in T - T_0, A_t \leqslant P$. 于是 $\overline{\bigvee_{t \in T - T_0} A_t} \leqslant P^- = P$, 从而 $x_\alpha \nleqslant \overline{\bigvee_{t \in T - T_0} A_t}$, 进而

$$x_\alpha \leqslant \overline{\bigvee_{t \in T_0} A_t} = \bigvee_{t \in T_0} \overline{A_t} \leqslant \bigvee_{t \in T} \overline{A_t}.$$

于是 $x \in \left(\bigvee_{t \in T} \left(\overline{A_t} \wedge D \right) \right)_{[\alpha]}$. 所以

$$\left(\overline{\bigvee_{t \in T} A_t} \wedge D \right)_{[\alpha]} \subset \left(\bigvee_{t \in T} \left(\overline{A_t} \wedge D \right) \right)_{[\alpha]}.$$

定理 7.2.3 设 (X_1,δ_1) 和 (X_2,δ_2) 是 L-拓扑空间, $D \in L^{X_2}$, $\alpha \in M(L)$,

$$f^\to : (X_1,\delta_1) \to (X_2,\delta_2)$$

是连续的 L-映射. 若 $\Omega \subset L^{X_2}$ 在 D 中 α-局部有限, 则 $f^\leftarrow(\Omega) = \{f^\leftarrow(B) : B \in \Omega\}$ 在 $f^\leftarrow(D)$ 中 α-局部有限.

证 设 $x_\alpha \leqslant f^\leftarrow(D)$, 则 $f(x)_\alpha = f^\rightarrow(x_\alpha) \leqslant D$. 由 Ω 在 D 中 α-局部有限, 存在 $Q \in \eta^-(f(x)_\alpha)$ 以及 $\{B_1, B_2, \cdots, B_n\} \subset \Omega$ 使得对每个 $B \in \Omega - \{B_1, B_2, \cdots, B_n\}$ 有 $B \leqslant Q$. 设 $P = f^\leftarrow(Q)$, 则由 $f^\rightarrow$ 连续知 $P \in \eta^-(x_\alpha)$. 这时

$$\forall f^\leftarrow(B) \in f^\leftarrow(\Omega) - \{f^\leftarrow(B_1), f^\leftarrow(B_2), \cdots, f^\leftarrow(B_n)\}, \quad f^\leftarrow(B) \leqslant P.$$

故 $f^\leftarrow(\Omega)$ 在 $f^\leftarrow(D)$ 中 α-局部有限.

定理 7.2.4 设 (X, δ) 是 L-拓扑空间, $D \in L^X$. 则下列条件等价:

(1) D 是强 F 可数紧的;

(2) $\forall \alpha \in M(L)$, 每个在 D 中 α-局部有限且成员皆含 D 中高为 α 的分子的集族是有限的;

(3) $\forall \alpha \in M(L)$, 每个在 D 中 α-局部有限且高皆为 α 的 D 中分子族是有限的;

(4) $\forall \alpha \in M(L)$, D 中每个常值 α-序列在 D 中皆有高为 α 的聚点;

(5) $\forall \alpha \in M(L)$, $D_{[\alpha]}$ 在分明拓扑空间 $(X, \iota_{\alpha'}(\delta))$ 中是可数紧的.

证 $(1) \Longrightarrow (2)$ 若不然, 则存在 $\alpha \in M(L)$ 及在 D 中 α-局部有限且成员皆含 D 中高为 α 的分子的集族 Ω, 使得 Ω 是无限的. 于是 Ω 一定有在 D 中 α-局部有限的可数无限子族 $\{B_i\}_{i \in N}$(N 表示自然数集), 从而对 D 中任一高为 α 的分子 x_α, 有 $P \in \eta^-(x_\alpha)$ 及 $i_0 \in N$, 使得 $\forall i \in N$ 且 $i \geqslant i_0$ 有 $B_i \leqslant P$. 对每个 $k \in N$, 令 $F_k = \overline{\bigvee_{i \geqslant k} B_i}$, 则 $F_1 \geqslant F_2 \geqslant \cdots$ 且 $x_\alpha \nleqslant F_{i_0}$. 这表明 $\{F_k\}_{k \in N}$ 是 D 的. 由 (1) 知存在 $n_0 \in N$ 使 F_{n_0} 不含任何 D 中高为 α 的分子. 由 F_{n_0} 的定义知这是不可能的. 所以 (2) 成立.

$(2) \Longrightarrow (3)$ 显然.

$(3) \Longrightarrow (4)$ $\forall \alpha \in M(L)$, 设 $\langle x_\alpha^n \rangle_{n \in N}$ 是 D 中的常值 α-序列. 若族 $\{x_\alpha^n\}_{n \in N}$ 是有限的, 则 $\langle x_\alpha^n \rangle_{n \in N}$ 显然有高为 α 的属于 D 的聚点. 下设 $\{x_\alpha^n\}_{n \in N}$ 是无限的. 假设 $\langle x_\alpha^n \rangle_{n \in N}$ 在 D 中无任何高为 α 的聚点, 则对 D 中任一高为 α 的分子 x_α, 存在 $P \in \eta^-(x_\alpha)$ 使 $\langle x_\alpha^n \rangle_{n \in N}$ 最终含于 P. 这表明 $\{x_\alpha^n\}_{n \in N}$ 在 D 中是 α-局部有限的. 于是由 (3) 知 $\{x_\alpha^n\}_{n \in N}$ 是有限的, 矛盾. 所以 $\langle x_\alpha^n \rangle_{n \in N}$ 在 D 中必有高为 α 的聚点.

$(4) \Longrightarrow (5)$ 与 $(5) \Longrightarrow (1)$ 的证明比较容易. 略之.

定义 7.2.4 设 (X, δ) 是 L-拓扑空间, $D \in L^X$, $\alpha \in M(L)$. 如果对 D 的每个 α-RF Φ, 皆存在 D 的 α-RF Ψ 使得

(1) Ψ 是 Φ 的余加细, 即 $\forall Q \in \psi$, 有 $P \in \phi$, 使 $P \leqslant Q$.

(2) $D \wedge \Psi^{q\alpha}$ 在 D 中 α-局部有限.

则称 D 是 αS-仿紧的. 若 $\forall \alpha \in M(L)$, D 均是 αS-仿紧的, 则称 D 是 S-仿紧的. 当 $D = 1$ 时, 相应地称 (X, δ) 是 αS-仿紧空间和 S-仿紧空间.

下面的定理是明显的:

定理 7.2.5 L-拓扑空间中的强 F 紧集是 S-仿紧集.

引理 7.2.1   设 (X, δ) 是 L-拓扑空间, $D \in L^X$, $\alpha \in M(L)$, $\Omega \subset L^X$. 则 $D \wedge \Omega^{q\alpha}$ 在 D 中 α-局部有限当且仅当 $D_{[\alpha]} \cap \iota_{\alpha'}(\Omega')$ 在分明拓扑空间 $(X, \iota_{\alpha'}(\delta))$ 的子空间 $D_{[\alpha]}$ 中局部有限.

证   设 $D \wedge \Omega^{q\alpha}$ 在 D 中 α-局部有限. 对每个 $x \in D_{[\alpha]}$, 有 $x_\alpha \leqslant D$. 从而存在 $P \in \eta^-(x_\alpha)$ 及其 $\Psi \in 2^{(\Omega)}$, 使得对每个 $Q \in \Omega - \Psi$ 均有 $D \wedge Q^{q\alpha} \leqslant P$. 易见 $x \in D_{[\alpha]} \cap \iota_{\alpha'}(P')$, 即 $D_{[\alpha]} \cap \iota_{\alpha'}(P')$ 是 x 在子空间 $(D_{[\alpha]}, D_{[\alpha]} \cap \iota_{\alpha'}(\delta))$ 中的开邻域. 由 $D \wedge Q^{q\alpha} \leqslant P$ 得 $D_{[\alpha]} \cap (Q^{q\alpha})_{[\alpha]} \subset P_{[\alpha]}$. 易见 $(Q^{q\alpha})_{[\alpha]} = \iota_{\alpha'}(Q')$, $(\iota_{\alpha'}(P'))' = P_{[\alpha]}$. 从而 $D_{[\alpha]} \cap \iota_{\alpha'}(Q') \subset (\iota_{\alpha'}(P'))'$. 所以 $\forall Q \in \Omega - \Psi$, $(D_{[\alpha]} \cap \iota_{\alpha'}(P')) \cap (D_{[\alpha]} \cap \iota_{\alpha'}(Q')) = \varnothing$. 此表明 $D_{[\alpha]} \cap \iota_{\alpha'}(\Omega')$ 在子空间 $D_{[\alpha]}$ 中局部有限. 这就证明了必要性. 充分性的证明是类似的, 略之.

定理 7.2.6   设 (X, δ) 是 L-拓扑空间, $D \in L^X$, $\alpha \in M(L)$. 则 D 是 (X, δ) 中的 αS-仿紧集当且仅当 $D_{[\alpha]}$ 是 $(X, \iota_{\alpha'}(\delta))$ 中的仿紧集.

证   设 D 是 (X, δ) 中的 αS-仿紧集. 设 Φ 是 $(X, \iota_{\alpha'}(\delta))$ 的子空间 $D_{[\alpha]}$ 的开复盖, 则存在 $\Omega \subset \delta'$ 使得 $D_{[\alpha]} \cap \iota_{\alpha'}(\Omega') = D_{[\alpha]} \cap (\Omega_{[\alpha]})' = \Phi$. 容易验证 Ω 是 D 在 (X, δ) 中的 α-RF. 由 D 的 αS-仿紧性, 存在 D 的 α-RFΨ 使得 Ψ 是 Ω 的余加细, 且 $D \wedge \Psi^{q\alpha}$ 在 D 中 α-局部有限. 易证 $D_{[\alpha]} \cap \iota_{\alpha'}(\Psi')$ 是 $(X, \iota_{\alpha'}(\delta))$ 的子空间 $D_{[\alpha]}$ 的开复盖, 且是 Φ 的加细. 由引理 7.2.1 知道, $D_{[\alpha]} \cap \iota_{\alpha'}(\Psi')$ 在 $(X, \iota_{\alpha'}(\delta))$ 的子空间 $D_{[\alpha]}$ 中是局部有限的. 因此 $D_{[\alpha]}$ 是 $(X, \iota_{\alpha'}(\delta))$ 中的仿紧集.

反过来, 设 $D_{[\alpha]}$ 在 $(X, \iota_{\alpha'}(\delta))$ 中是仿紧的且 Φ 是 D 在 (X, δ) 中的 α-RF. 则容易验证 $D_{[\alpha]} \cap \iota_{\alpha'}(\Phi')$ 是 $(X, \iota_{\alpha'}(\delta))$ 的子空间 $D_{[\alpha]}$ 的开复盖, 从而存在 $\Omega \subset \delta'$ 使得 $D_{[\alpha]} \cap \iota_{\alpha'}(\Omega')$ 是加细 $D_{[\alpha]} \cap \iota_{\alpha'}(\Phi')$ 的 $(X, \iota_{\alpha'}(\delta))$ 的子空间 $D_{[\alpha]}$ 的开复盖且在 $D_{[\alpha]}$ 中局部有限. 易证 Ω 是 D 在 (X, δ) 中的 α-RF, 且由引理 7.2.1 知 $D \wedge \Omega^{q\alpha}$ 在 D 中 α-局部有限. 对每个 $B \in \Omega$, 存在 $A_B \in \Phi$ 使得

$$D_{[\alpha]} \cap \iota_{\alpha'}(B') \subset D_{[\alpha]} \cap \iota_{\alpha'}(A_B').$$

令 $\Psi = \{B \vee A_B : B \in \Omega\}$, 则

$$D_{[\alpha]} \cap \iota_{\alpha'}(\Psi') = \{D_{[\alpha]} \cap \iota_{\alpha'}((B \vee A_B)') : B \in \Omega\}$$

$$= \{D_{[\alpha]} \cap \iota_{\alpha'}(B') \cap \iota_{\alpha'}(A_B') : B \in \Omega\}$$

$$= \{D_{[\alpha]} \cap \iota_{\alpha'}(B') : B \in \Omega\}$$

$$= D_{[\alpha]} \cap \iota_{\alpha'}(\Omega').$$

易验证 Ψ 是 D 在 (X,δ) 中的 α-RF 且是 Φ 的余加细. 对每个 $P \in \Psi$, 有 $B \in \Omega$ 使得 $P = B \vee A_B$. 因此 $P^{q\alpha} \leqslant B^{q\alpha}$. 于是 $D \wedge \Psi^{q\alpha}$ 在 D 中也 α-局部有限. 这表明 D 是 (X,δ) 中的 αS-仿紧集.

推论 7.2.1 设 (X,δ) 是弱诱导的 L-拓扑空间, 则下列条件等价:

(1) (X,δ) 是 S-仿紧的;

(2) 存在 $\alpha \in M(L)$ 使得 (X,δ) 是 αS-仿紧的;

(3) $(X,[\delta])$ 是仿紧的.

推论 7.2.2 S-仿紧性是 "L-好的推广".

定理 7.2.7 设 (X,δ) 是 L-拓扑空间, $A \in L^X$, $B \in \delta' \alpha \in M(L)$.

(1) 若 A 是 αS-仿紧集, 则 $A \wedge B$ 也是 αS-仿紧集.

(2) 若 A 是 S-仿紧集, 则 $A \wedge B$ 也是 S-仿紧集.

证 只需证 (1). 设 Φ 是 $A \wedge B$ 的 α-RF, 则 $\Phi \cup \{B\}$ 是 A 的 α-RF. 由 A 的 αS-仿紧性, 存在 A 的余加细 $\Phi \cup \{B\}$ 的 α-RFΨ 使得 $A \wedge \Psi^{q\alpha}$ 在 A 中 α-局部有限. 令 $\Omega = \{P \in \Psi : B \not\leqslant P\}$, 则 Ω 是 $A \wedge B$ 的 α-RF 且是 Φ 的余加细. 显然 $A \wedge \Omega^{q\alpha}$ 在 A 中 α-局部有限, 当然在 $A \wedge B$ 也 α-局部有限. 从而 $A \wedge B \wedge \Omega^{q\alpha}$ 在 $A \wedge B$ 也 α-局部有限. 因此 $A \wedge B$ 是 αS-仿紧集.

定理 7.2.8 强 F 可数紧的 S-仿紧集是强 F 紧集.

定理 7.2.9 设 (X,δ) 和 (Y,μ) 是 L-拓扑空间, A 是 (X,δ) 中的强 F 紧集, B 是 (Y,μ) 中的 S-仿紧集, 则 $A \times B$ 是 $(X \times Y, \delta \times \mu)$ 中的 S-仿紧集.

证 易见 A 是 (X,δ) 中的强 F 紧集当且仅当 $\forall \alpha \in M(L)$, $A_{[\alpha]}$ 是 $(X, \iota_{\alpha'}(\delta))$ 中的紧集. 由一般拓扑学的结论知 $(A \times B)_{[\alpha]} = A_{[\alpha]} \times B_{[\alpha]}$ 在 $(X \times Y, \iota_{\alpha'}(\delta \times \mu))$ 中是仿紧的. 从而由定理 7.2.6 得证.

定理 7.2.10 设 (X,δ) 和 (Y,μ) 是弱诱导的 L-拓扑空间, $f^{\rightarrow} : (X,\delta) \rightarrow (Y,\mu)$ 是连续闭且满的 L-映射, 若 (X,δ) 是 T_2 的 (在定义 5.3.13 的意义下) S-仿紧空间, 则 (Y,μ) 也是 S-仿紧空间.

定理 7.2.11 设 (X,δ) 和 (Y,μ) 是 L-拓扑空间, $f^{\rightarrow} : (X,\delta) \rightarrow (Y,\mu)$ 是连续闭且满的 L-映射, $\forall y_\alpha \in M^*(L^Y)$, $f^{\leftarrow}(y_\alpha)$ 是 (X,δ) 中的良紧集. 若 B 是 (Y,μ) 中的 S-仿紧集, 则 $f^{\leftarrow}(B)$ 是 (X,δ) 中的 S-仿紧集.

证 设 $\alpha \in M(L)$, Φ 是 $f^{\leftarrow}(B)$ 的 α-RF. $\forall y_\alpha \leqslant B$, 由 $f^{\leftarrow}(y_\alpha) \leqslant f^{\leftarrow}(B)$ 知 Φ 是 $f^{\leftarrow}(y_\alpha)$ 的 α-RF. 而 $f^{\leftarrow}(y_\alpha)$ 是良紧的, 所以存在 $\Psi_y \in 2^{(\Phi)}$ 使得 Ψ_y 是 $f^{\leftarrow}(y_\alpha)$ 的 α^--RF. 令 $P_y = \bigwedge \Psi_y$, 则 $y_\alpha \not\leqslant f^{\rightarrow}(P_y)$ (否则, 若 $y_\alpha \leqslant f^{\rightarrow}(P_y)$, 则 $f^{\rightarrow}(P_y)(y) \geqslant \alpha$. 于是 $\forall r \in \beta^*(\alpha)$, 皆有 $x \in f^{-1}(y)$ 使得 $P_y(x) \geqslant r$. 这与 Ψ_y 是 $f^{\leftarrow}(y_\alpha)$ 的 α^--RF 相矛盾). 这样 $\Delta = \{f^{\rightarrow}(P_y) : y_\alpha \leqslant B\}$ 是 B 的 α-RF. 从而

存在 B 的 α-RF Ω 使得 Ω 是 Δ 的余加细且 $B \wedge \Omega^{q\alpha}$ 在 B 中 α-局部有限. 于是 $\forall D \in \Omega$, 存在 $P_y(y_\alpha \leqslant B)$ 使得 $f^{\rightarrow}(P_y) \leqslant D$. 如此有 $P_y \leqslant f^{\leftarrow}(D) \in f^{\leftarrow}(\Omega)$. 容易验证 $f^{\leftarrow}(\Omega)$ 是 $f^{\leftarrow}(B)$ 的 α-RF. 由定理 7.2.3 知 $f^{\leftarrow}(B) \wedge f^{\leftarrow}(\Omega^{q\alpha}) = f^{\leftarrow}(B \wedge \Omega^{q\alpha})$ 在 $f^{\leftarrow}(B)$ 中 α-局部有限. 而 $f^{\leftarrow}(\Omega^{q\alpha}) = (f^{\leftarrow}(\Omega))^{q\alpha}$. 因此 $f^{\leftarrow}(B) \wedge (f^{\leftarrow}(\Omega))^{q\alpha}$ 在 $f^{\leftarrow}(B)$ 中 α-局部有限. 对每个 $D \in \Omega$, 令

$$\Sigma_D = \{f^{\leftarrow}(D) \vee A : A \in \Psi_y, y_\alpha \leqslant B\}.$$

则 $\forall x_\alpha \leqslant f^{\leftarrow}(B)$, 存在 $D \in \Omega$ 使得 $x_\alpha \not\leqslant f^{\leftarrow}(D)$. 而 $\forall D \in \Omega$, 有 $y_\alpha \leqslant B$ 使 $x_\alpha \not\leqslant P_y = \bigwedge \Psi_y \leqslant f^{\leftarrow}(D)$. 这表明 $\Theta = \bigcup\{\Sigma_D : D \in \Omega\}$ 是 $f^{\leftarrow}(B)$ 的 α-RF. 显然 Θ 是 Φ 的余加细, 且 $f^{\leftarrow}(B) \wedge \Theta^{q\alpha}$ 在 $f^{\leftarrow}(B)$ 中 α-局部有限. 故 $f^{\leftarrow}(B)$ 是 (X, δ) 中的 αS-仿紧集. 由 α 的任意性得证本定理.

下一个概念引自 [6].

定义 7.2.5　设 (X, δ) 是 L-拓扑空间, $D \in L^X$, $\alpha \in M(L)$. 如果 D 的任一 α-RF 都有可数子族构成 D 的 α-RF, 则称 D 具有 α-Lindelöf 性质. 如果 $\forall \alpha \in M(L)$, D 都具有 α-Lindelöf 性质, 则称 D 具有 Lindelöf 性质.

定理 7.2.12　设 $\alpha \in M(L)$, (X, δ) 是 α-正则的 L-拓扑空间, $D \in L^X$. 若 D 具有 α-Lindelöf 性质, 则 D 是 αS-仿紧集.

证　易证 D 具有 α-Lindelöf 性质当且仅当 $(X, \iota_{\alpha'}(\delta))$ 的子空间 $D_{[\alpha]}$ 是 Lindelöf 空间. 因而由一般拓扑学结论知 $D_{[\alpha]}$ 是 $(X, \iota_{\alpha'}(\delta))$ 中的仿紧集. 由定理 7.2.6 得 D 是 αS-仿紧集.

推论 7.2.3　在层正则的 L-拓扑空间中, 具有 Lindelöf 性质的 L-集是 S-仿紧集.

定理 7.2.13　对每个 $\alpha \in M(L)$, α-正则的 αS-仿紧 L-拓扑空间是 α-正规的. 从而层正则 S-仿紧 L-拓扑空间是层正规的.

证　由第 5 章之层正则和层正规的有关结论和由定理 7.2.6 及一般拓扑学结论可得.

定理 7.2.14　设 (X, δ) 是 T_2 的 (在定义 5.3.2 的意义下) S-仿紧 L-拓扑空间, 则它是层正规的.

证　易证若 (X, δ) 是 T_2 的 S-仿紧的, 则对每个 $\alpha \in M(L)$, $(X, \iota_{\alpha'}(\delta))$ 是分明 T_2 仿紧的. 从而由一般拓扑学结论和第 3 章有关层正规的结论及定理 7.2.6 知 (X, δ) 是层正规的.

引理 7.2.2　设 (X, δ) 是 L-拓扑空间, $D \in L^X$, $\alpha \in M(L)$. 则 D 的每个 α-RF Φ 有余加细的 D 的 α-RF $\Omega = \bigcup_{i \in N} \Omega_i$ 使得每个 $D \wedge \Omega_i^{q\alpha}$ 在 D 中是 α-散的当且仅当 $(X, \iota_{\alpha'}(\delta))$ 的子空间 $D_{[\alpha]}$ 的每个开复盖皆有 σ-散的开加细.

证   必要性. 设 Δ 是 $(X, \iota_{\alpha'}(\delta))$ 的子空间 $D_{[\alpha]}$ 的开复盖, 则存在 $\Phi \subset \delta'$ 使得 $\Delta = D_{[\alpha]} \cap \iota_{\alpha'}(\Phi')$. 容易验证 Φ 是 D 在 (X, δ) 中的 α-RF. 从而存在 D 的 α-RF $\Omega = \bigcup\limits_{i \in N} \Omega_i$ 使得 Ω 是 Φ 的余加细, 且每个 $D \wedge \Omega_i^{q_\alpha}$ 在 D 中是 α-散的. 这样 $D_{[\alpha]} \cap \iota_{\alpha'}(\Omega') = \bigcup\limits_{i \in N} (D_{[\alpha]} \cap \iota_{\alpha'}(\Omega_i'))$ 是子空间 $D_{[\alpha]}$ 的加细 Δ 的开复盖. 由引理 5.2.1 之证明, $\forall i \in N$, $D_{[\alpha]} \cap \iota_{\alpha'}(\Omega_i')$ 在子空间 $D_{[\alpha]}$ 中是散集族.

充分性. 设 Φ 是 D 的 α-RF, 则 $D_{[\alpha]} \cap \iota_{\alpha'}(\Phi')$ 是 $(X, \iota_{\alpha'}(\delta))$ 的子空间 $D_{[\alpha]}$ 的开复盖. 设 $\Theta = \bigcup\limits_{i \in N} \Theta_i$ 是其 σ-散的开加细, 则 $\forall i \in N$, 存在 $\Omega_i \subset \delta'$ 使得 $\Theta_i = D_{[\alpha]} \cap \iota_{\alpha'}(\Omega_i')$. 显然 $\Omega = \bigcup\limits_{i \in N} \Omega_i$ 是 D 的 α-RF, 且由引理 7.2.1 之证明知 $\forall i \in N$, $D \wedge \Omega_i^{q_\alpha}$ 在 D 中是 α-散的. $\forall P_i \in \Omega_i$, 存在 $A_{P_i} \in \Phi$ 使得

$$D_{[\alpha]} \cap \iota_{\alpha'}(P_i') \subset D_{[\alpha]} \cap \iota_{\alpha'}(A_{P_i}').$$

令 $\Psi_i = \{P_i \vee A_{P_i} : P_i \in \Omega_i\}$, 则 $\Psi = \bigcup\limits_{i \in N} \Psi_i$ 是 D 的 α-RF 且是 Φ 的余加细. 显然 $D \wedge \Psi_i^{q_\alpha}$ 在 D 中是 α-散的.

类似地可证下面的三个引理:

引理 7.2.3   设 (X, δ) 是 L-拓扑空间, $D \in L^X$, $\alpha \in M(L)$. 则 D 的每个 α-RF Φ 有余加细的 D 的 α-RF $\Omega = \bigcup\limits_{i \in N} \Omega_i$ 使得每个 $D \wedge \Omega_i^{q_\alpha}$ 在 D 中是 α-局部有限的当且仅当 $(X, \iota_{\alpha'}(\delta))$ 的子空间 $D_{[\alpha]}$ 的每个开复盖皆有 σ-局部有限的开加细.

引理 7.2.4   设 (X, δ) 是 L-拓扑空间, $D \in L^X$, $\alpha \in M(L)$. 则 D 的每个 α-RF Φ 有余加细的 D 的 α-族 Ω 使得 $D \wedge \Omega^{q_\alpha}$ 在 D 中 α-局部有限当且仅当 $(X, \iota_{\alpha'}(\delta))$ 的子空间 $D_{[\alpha]}$ 的每个开复盖皆有局部有限的开加细.

引理 7.2.5   设 (X, δ) 是 L-拓扑空间, $D \in L^X$, $\alpha \in M(L)$. 则对 D 的每个 α-RF Φ, 皆存在 D 的闭 α^*-复盖 Ω 使得 $D \wedge \Omega^{q_\alpha}$ 在 D 中 α-局部有限且 $\forall B \in \Omega$, 有 $A \in \Phi$ 是 $D \wedge B$ 的 α-闭远域当且仅当 $(X, \iota_{\alpha'}(\delta))$ 的子空间 $D_{[\alpha]}$ 的每个开复盖皆有局部有限的闭加细.

由引理 7.2.2~ 引理 7.2.5 及一般拓扑学中的结论可得

定理 7.2.15   设 (X, δ) 是 L-拓扑空间, $D \in L^X$, $\alpha \in M(L)$. 若 (X, δ) 是 α-正则的, 则下列条件等价:

(1) D 是 (X, δ) 中的 αS-仿紧集;

(2) D 的每个 α-RF 皆有余加细的 D 的 α-RF $\Omega = \bigcup\limits_{i \in N} \Omega_i$ 使得每个 $D \wedge \Omega_i^{q_\alpha}$ 在 D 中是 α-散的;

244 · 第 7 章 层次仿紧性

(3) D 的每个 α-RF 皆有余加细的 D 的 α-RF$\Omega = \bigcup_{i \in N} \Omega_i$ 使得每个 $D \wedge \Omega_i^{q_\alpha}$ 在 D 中 α-局部有限;

(4) D 的每个 α-RF 皆有余加细的 D 的 α-族 Ω 使得 $D \wedge \Omega^{q_\alpha}$ 在 D 中 α-局部有限;

(5) 对 D 的每个 α-RFΦ, 皆存在 D 的闭 α^*-复盖 Ω 使得 $D \wedge \Omega^{q_\alpha}$ 在 D 中局部有限且 $\forall B \in \Omega$, 有 $A \in \Phi$ 是 $D \wedge B$ 的 α-闭远域.

现在讨论 S-仿紧性与已有 I-仿紧性和 II-仿紧性的关系.

定理 7.2.16 设 (X, δ) 是 L-拓扑空间, $D \in L^X$, $\alpha \in M(L)$. 若 D 是 αII-仿紧集, 则它是 αS-仿紧集.

证 设 Φ 是 D 的 α-RF, 则存在 D 的 α-RFΩ, 使得 Ω 是 Φ 的余加细, 且 Ω' 在 D 中强局部有限. 于是 $\forall x_\alpha \leqslant D$, 存在 x_α 的分明闭远域 P 以及 $\{B_1, B_2, \cdots, B_n\} \subset \Omega$ 使得 $\forall B \in \Omega - \{B_1, B_2, \cdots, B_n\}$, 有 $B' \leqslant P$. 从而

$$(B^{q_\alpha})_{[\alpha]} = \iota_{\alpha'}(B') \subset \iota_{\alpha'}(P) = P.$$

如此有 $B^{q_\alpha} \leqslant P$, 进一步得 $D \wedge B^{q_\alpha} \leqslant P$. 这表明 $D \wedge \Omega^{q_\alpha}$ 在 D 中 α-局部有限. 因此 D 是 αS-仿紧集.

定理 7.2.17 对弱诱导的 L-拓扑空间而言, II-仿紧性与 S-仿紧性是等价的.

证 由推论 7.2.1 与 [6] 中定理 7.3.7 易得.

定理 7.2.18 设 $\alpha \in I = [0,1]$, $0 < \alpha \leqslant \dfrac{1}{2}$, 则 I-拓扑空间 (X, δ) 中的 αI-仿紧集是 αS-仿紧集.

证 设 D 是 (X, δ) 中的 αI-仿紧集, Φ 是 D 的 α-RF. 则存在 D 的 α-RFΩ 使得 Ω 是 Φ 的余加细且 Ω' 在 D 中局部有限. 于是 $\forall x_\alpha \leqslant D$, 存在 x_α 的闭远域 P 以及 $\{B_1, B_2, \cdots, B_n\} \subset \Omega$ 使得 $\forall B \in \Omega - \{B_1, B_2, \cdots, B_n\}$, 有 $B' \leqslant P$. 从而 $(B^{q_\alpha})_{[\alpha]} = \iota_{\alpha'}(B') \subset \iota_{\alpha'}(P)$. 由 $\alpha \leqslant \dfrac{1}{2}$ 知 $\iota_{\alpha'}(P) \subset \iota_\alpha(P)$. 因此

$$B^{q_\alpha} = \alpha(B^{q_\alpha})_{[\alpha]} \leqslant \alpha \iota_\alpha(P) \leqslant P,$$

当然更有 $D \wedge B^{q_\alpha} \leqslant P$. 这表明 $D \wedge \Omega^{q_\alpha}$ 在 D 中 α-局部有限. 因此 D 是 αS-仿紧集.

定理 7.2.19 对弱诱导的 I-拓扑空间而言, I-仿紧性、II-仿紧性与 S-仿紧性是等价的.

证 由推论 7.2.1、定理 7.2.17 与 [6] 中定理 7.2.5 可得.

一般地, S-仿紧性 $\not\Rightarrow$ I-仿紧性与 II-仿紧性且 I-仿紧性 $\not\Rightarrow$ S-仿紧性.

例 7.2.1 设 $L=[0,1]$, $X = (-\infty, +\infty)$, Z 表示整数之集. 令 $\Omega = \{A_k : k \in Z\}$, 这里

$$
A_k(x) = \begin{cases}
1, & x \leqslant k-1, \\
k-x, & k-1 < x \leqslant k, \\
0, & k < x \leqslant k+1, \\
1, & k+1 < x.
\end{cases}
$$

设 δ 是 X 上以 Ω' 为子基生成的 L-拓扑, 则 (X,δ) 不是 II-仿紧的 (见 [6] 中的例 7.3.4). 但它却是 S-仿紧空间.

事实上, 设 Φ 是 1 的任一 α-RF. 当 $\alpha < 1$ 时, 令 $\Psi = \Omega$. [60] 中已证 Ψ 是 Φ 的余加细且是 1 的 α-RF. 易证 $\{A_k^{q_\alpha} : k \in Z\}$ 是 α-局部有限的. 当 $\alpha = 1$ 时, 令 $\Psi = \{A_{k-1} \vee A_k : k \in Z\}$, 则由 [6] 所证知, Ψ 是 Φ 的余加细且是 1 的 1-RF. 显然 Ψ 是 1-局部有限的. 所以 (X,δ) 是 S-仿紧空间.

例 7.2.2 设 $L = [0,1]$, 且 $X = N$ (自然数集). 令

$$
\delta = \{A \in L^X : A(n) = 0 \Rightarrow A(n+1) = 0, n \in X\}.
$$

则容易验证 δ 是 X 上的 L-拓扑. 由 [6] 中的例 7.3.5 之证明知 (X,δ) 是 I-仿紧空间. 但它不是 S-仿紧空间.

事实上, 令 $\Phi = \{A_k : k \in X\}$, 这里

$$
A_k(x) = \begin{cases}
0, & x < k, \\
1, & x \geqslant k.
\end{cases}
$$

容易看出 Φ 是 1 的 1-RF. 设 Ψ 是 1 的 1-RF 且 Ψ 是 Φ 的余加细, 我们证明 Ψ^{q_1} 不是 1-局部有限的. $\forall k \in X$, 由 Ψ 是 1 的 1-RF 知有 $Q_k \in \Psi$ 使 $Q_k \in \eta^-(k_1)$, 即 $Q_k(k) < 1$, 这里 $\forall x \leqslant k, Q_k(x) < 1$. 此外, 由 Ψ 是 Φ 的余加细知 Ψ 中每个元皆包含一个 $A_m \in \Phi$, 从而不可能有这种 Q_k, 它是无穷多个高是 1 的 L-点的远域. 由此推知有无穷多个不同的 $Q_k \in \Psi$ 使 $Q_k(k) < 1$. 设相应的标号依次为 $k_1, k_2, \cdots$, 则 $\forall x \leqslant k_i, Q_{k_i}(x) < 1$. 如果 Ψ^{q_1} 是 1-局部有限的, 则 $\forall x \in X$, 有 $P \in \eta^-(x_1)$, P 应包含无穷多个不同的 $Q_{k_i}^{q_1}$, 这样 $P(x) = 1$. 这与 $P \in \eta^-(x_1)$ 不合. 所以 (X,δ) 不是 S-仿紧空间.

例 7.2.3 设 $L = [0,1]$, 且 $X = [0,+\infty)$, τ 是 X 上的通常拓扑. 设

$$
U_0 = \frac{1}{2}\chi_{\{0\}}, \quad U_1 = \left(\frac{1}{2}\chi_{\{0\}}\right) \vee \chi_{X-(\{0\}\cup\{\frac{1}{n} : n \in N\})},
$$

$$
\pi = \{U_0, U_0', U_1\} \cup \{\chi_U : U \in \tau\}.
$$

则以 π 为子基生成 X 上的一个 L-拓扑 δ. 由 [61] 中例 12.3.15 的证明知 (X,δ) 是 Lindelöf 空间, 但不是 II-仿紧空间, 然而它却是 S-仿紧空间. 事实上, $\forall \alpha \in (0,1]$, 当 $\alpha \geqslant \frac{1}{2}$ 时, 容易验证 $(X, \iota_{\alpha'}(\delta))$ 是正则的. 当 $\alpha < \frac{1}{2}$ 时, 同样可以验证 $(X, \iota_{\alpha'}(\delta))$ 是正则的. 因此 $(X, \iota_{\alpha'}(\delta))$ 是正则的. 由推论 7.2.3 可知 (X,δ) 是 S-仿紧空间.

最后证明 S-仿紧性是可和的.

定理 7.2.20 设 $(X,\delta) = \sum_{t \in T}(X_t, \delta_t)$, $A \in L^X$. 则 A 是 (X,δ) 中的 S-仿紧集当且仅当 $\forall t \in T, A|X_t$ 是 (X_t, δ_t) 中的 S-仿紧集.

证 $\forall \alpha \in M(L)$, 我们有

A 是 (X,δ) 中的 αS-仿紧集

$\Leftrightarrow A_{[\alpha]}$ 是 $(X, \iota_{\alpha'}(\delta)) = \sum_{t \in T}(X_t, \iota_{\alpha'}(\delta_t))$ 中的仿紧集

$\Leftrightarrow \forall t \in T, A_{[\alpha]} \cap X_t = (A|X_t)_{[\alpha]}$ 是 $(X_t, \iota_{\alpha'}(\delta_t))$ 中的仿紧集

$\Leftrightarrow \forall t \in T, A|X_t$ 是 (X_t, δ_t) 中的 αS-仿紧集.

7.3 S-仿紧性的层次刻画

本节首先将陈仪香的取补算子 (见定义 7.1.1) 进行推广, 定义了层次取补算子 (见 [56]). 然后引入层次余加细 (α-余加细) 和层次局部有限族 (α-局部有限族) 的概念. 以此为工具, 完全从层次的角度, 给出了 S-仿紧性的几个新特征. 此外, 揭示了 C-仿紧性和 S-仿紧性之间的关系.

我们从层次的角度, 把陈仪香引入的算子 $*$ (见定义 7.1.1) 推广成如下的层补算子 Δ_α:

定义 7.3.1 设 (X,δ) 是 L-拓扑空间, $\alpha \in M(L)$, 算子 $\Delta_\alpha : L^X \to \delta'$ 定义为

$$\forall A \in L^X, \quad \Delta_\alpha(A) = \wedge\{G \in \delta' : A \vee G \geqslant \alpha\} = \wedge\{G \in \delta' : A_{[\alpha]} \cup G_{[\alpha]} = X\}.$$

定理 7.3.1 设 (X,δ) 是 L-拓扑空间, $\alpha \in M(L)$, $A, B \in L^X$. 则

(1) $\Delta_\alpha(0) \geqslant \alpha$; 当 $A \geqslant \alpha$ 时, $\Delta_\alpha(A) = 0$.

(2) 当 $A, B \in \delta'$ 时, $\Delta_\alpha(A) \vee A \geqslant \alpha$;

$A \vee B \geqslant \alpha$ 当且仅当 $\Delta_\alpha(A) \leqslant B$ 当且仅当 $\Delta_\alpha(B) \leqslant A$.

(3) 当 $A \leqslant B$ 时, $\Delta_\alpha(B) \leqslant \Delta_\alpha(A)$.

(4) 对 D_α-闭集 A, $\Delta_\alpha(A) = \Delta_\alpha(D_\alpha(A))$.

(5) 对 L_α-闭集 A, $\Delta_\alpha(A) = \Delta_\alpha(A^-)$.

证 (1)、(2) 及 (3) 由定义易证.

(4) $\Delta_\alpha(D_\alpha(A)) = \bigwedge \left\{ G \in \delta' : G_{[\alpha]} \cup (D_\alpha(A))_{[\alpha]} = X \right\}$

$$= \bigwedge \left\{ G \in \delta' : G_{[\alpha]} \cup A_{[\alpha]} = X \right\} = \Delta_\alpha(A).$$

(5) $\Delta_\alpha(A^-) = \bigwedge \left\{ G \in \delta' : G_{[\alpha]} \cup (A^-)_{[\alpha]} = X \right\}$

$$= \bigwedge \left\{ G \in \delta' : G_{[\alpha]} \cup A_{[\alpha]} = X \right\} = \Delta_\alpha(A).$$

定义 7.3.2 设 (X, δ) 是 L-拓扑空间, $\alpha \in M(L)$, $A \in L^X$, $\Omega = \{Q_t : t \in T\} \subset L^X$. 称 Ω 在 A 中是强 α-局部有限族, 若 $\forall x_\alpha \leqslant A$, 存在 $P \in \eta^-(x_\alpha)$ 及 $T_0 \in 2^{(T)}$ 使

$$\forall t \in T - T_0, (Q_t)_{[\alpha]} \subset P_{[\alpha]}. \tag{7.1}$$

当 $A = 1$ 时, 称 Ω 在 (X, δ) 中是强 α-局部有限族, 简称强 α-局部有限族.

定义 7.3.3 设 (X, δ) 是 L-拓扑空间, $\alpha \in M(L)$, $\Omega \subset L^X$. 称集族 Ω 是 $[\alpha]$-闭包保持的, 若对 Ω 的每个子族 $\Psi = \{A_t : t \in T\}$, 在分明拓扑空间 $(X, \iota_{\alpha'}(\delta))$ 中总有

$$\left(\bigcup \{(A_t)_{[\alpha]} : t \in T\} \right)^- = \bigcup \{((A_t)_{[\alpha]})^- : t \in T\}. \tag{7.2}$$

定理 7.3.2 强 α-局部有限族是 $[\alpha]$-闭包保持的.

证 设 Ω 是强 α-局部有限族, $\Psi = \{A_t : t \in T\} \subset \Omega$, 则 Ψ 是强 α-局部有限族. 分别以 M 和 N 记 (7.2) 式的左端和右端. 显然 $M \supset N$. 因此, 要证明 (7.2) 式成立, 只需证明 $M \subset N$. 设 $x \in M$, 则 $x_\alpha \in M^*(L^X)$, 由于 Ψ 是强 α-局部有限族, 存在 $P \in \eta^-(x_\alpha)$ 及 $T_0 = \{t_1, \cdots, t_n\} \in 2^{(T)}$, 使 $\forall t \in T - T_0$ 有 $(A_t)_{[\alpha]} \subset P_{[\alpha]}$, 即 $(A_t)_{[\alpha]} \cap (P_{[\alpha]})' = (A_t)_{[\alpha]} \cap \iota_{\alpha'}(P') = \varnothing$. 从而

$$\left(\bigcup_{t \in T - T_0} (A_t)_{[\alpha]} \right) \cap \iota_{\alpha'}(P') = \bigcup_{t \in T - T_0} ((A_t)_{[\alpha]} \cap \iota_{\alpha'}(P')) = \varnothing.$$

注意, 由 $P \in \eta^-(x_\alpha)$ 知 $\iota_{\alpha'}(P')$ 是 x 在 $(X, \iota_{\alpha'}(\delta))$ 中的开邻域. 若 $x \notin N$, 则对每个 $i \leqslant n$, $x \notin ((A_{t_i})_{[\alpha]})^-$, 从而存在 x 在 $(X, \iota_{\alpha'}(\delta))$ 中的开邻域 $\iota'_\alpha(V_i)$, 使得 $\iota_{\alpha'}(V_i) \cap (A_{t_i})_{[\alpha]} = \varnothing$. 令 $W = \iota_{\alpha'}(P') \cap \left(\bigcap_{i=1}^{n} \iota_{\alpha'}(V_i) \right)$, 则 W 是 x 在 $(X, \iota_{\alpha'}(\delta))$ 中的开邻域, 且

$$W \cap (\cup \{(A_t)_{[\alpha]} : t \in T\})$$

$$= \left[\left(\bigcup_{t \in T - T_0} (A_t)_{[\alpha]}\right) \cap W\right] \cup \left[\left(\bigcup_{i=1}^{n} (A_{t_i})_{[\alpha]}\right) \cap W\right]$$

$$\subset \left[\left(\bigcup_{t \in T - T_0} (A_t)_{[\alpha]}\right) \cap \iota_{\alpha'}(P')\right] \cup \left[\left(\bigcup_{i=1}^{n} (A_{t_i})_{[\alpha]}\right) \cap \left(\bigcap_{i=1}^{n} \iota_{\alpha'}(V_i)\right)\right]$$

$$\subset \left[\left(\bigcup_{t \in T - T_0} (A_t)_{[\alpha]}\right) \cap \iota_{\alpha'}(P')\right] \cup \left[\bigcup_{i=1}^{n} ((A_{t_i})_{[\alpha]} \cap \iota_{\alpha'}(V_i))\right]$$

$$= \phi.$$

这意味着 $x \notin M$. 矛盾! 所以 $x \in N$. 因此 $M \subset N$.

定义 7.3.4　设 $\Omega, \Psi \subset L^X$, $\alpha \in M(L)$. 称 Ω 是 Ψ 的 α-余加细, 若 $\forall Q \in \Omega$, 存在 $P \in \Psi$, 使 $P_{[\alpha]} \subset Q_{[\alpha]}$.

注 7.3.1　以往的余加细均为 $P \leqslant Q$. 我们给出的实际上是一种层次余加细, 这比以往的余加细要广泛. 由 L-集的分解定理容易证明: Ω 是 Ψ 的余加细当且仅当对每个 $\alpha \in M(L)$, Ω 是 Ψ 的 α-余加细.

下面的定理在刻画 S-仿紧性的层次特征中起到关键作用.

定理 7.3.3　设 (X, δ) 是 L-拓扑空间, $\alpha \in M(L)$, $A \in L^X$. 则 $A_{[\alpha]}$ 是分明拓扑空间 $(X, \iota_{\alpha'}(\delta))$ 中的仿紧集当且仅当对 A 的每个 α-$RF\Phi$, 存在 A 的 α-$RF\Omega$, 使 Ω 是 Φ 的 α-余加细, 且 $\Delta_\alpha(\Omega) = \{\Delta_\alpha(Q) : Q \in \Omega\}$ 在 A 中强 α-局部有限.

证　设 $A_{[\alpha]}$ 是 $(X, \iota_{\alpha'}(\delta))$ 中的仿紧集. 设 Φ 是 A 的 α-RF. 则 $\iota_{\alpha'}(\Phi') = \{\iota'_\alpha(Q') : Q \in \Phi\}$ 是 $A_{[\alpha]}$ 的开复盖. 从而存在 $A_{[\alpha]}$ 的开复盖 $\Psi = \{\iota_{\alpha'}(E_t) : E_t \in \delta, t \in T\}$ 使 Ψ 是 $\iota_{\alpha'}(\Phi')$ 的加细且 Ψ 在 $A_{[\alpha]}$ 中局部有限. 令 $\Omega = \{E'_t : \iota_{\alpha'}(E_t) \in \Psi\}$, 则

(1) Ω 是 A 的 α-RF. 事实上, $\forall x_\alpha \leqslant A$, 存在 $\iota_{\alpha'}(E_t) \in \Psi$ 使 $x \in \iota_{\alpha'}(E_t)$, 即 $E_t(x) \not\leqslant \alpha'$, 于是 $E'_t(x) \not\geqslant \alpha$, 即 $E'_t \in \eta^-(x_\alpha)$. 这表明 Ω 是 A 的 α-RF.

(2) Ω 是 Φ 的 α-余加细. 事实上, $\forall E'_t \in \Omega$, 则 $\iota_{\alpha'}(E_t) \in \Psi$, 由 Ψ 是 $\iota_{\alpha'}(\Phi')$ 的加细, 存在 $Q \in \Phi$ 使 $\iota_{\alpha'}(E_t) \subset \iota_{\alpha'}(Q')$, 即 $\left((E'_t)_{\lceil\alpha\rceil}\right)' \subset (Q_{[\alpha]})'$, 从而 $Q_{[\alpha]} \subset (E'_t)_{\lceil\alpha\rceil}$. 这恰好表示 Ω 是 Φ 的 α-余加细.

(3) $\Delta_\alpha(\Omega)$ 在 A 中强 α-局部有限. 事实上, $\forall x_\alpha \leqslant A$, 则 $x \in A_{[\alpha]}$, 由 Ψ 在 $A_{[\alpha]}$ 中局部有限, 存在 x 的开邻域 $\iota_{\alpha'}(W)$ $(W \in \delta)$ 及 $T_0 \in 2^{(T)}$, 使 $\forall t \in T - T_0$, $\iota_{\alpha'}(E_t) \cap \iota_{\alpha'}(W) = \varnothing$, 从而 $(\iota_{\alpha'}(E_t))' \cup (\iota_{\alpha'}(W))' = X$, 即 $(E'_t)_{\lceil\alpha\rceil} \cup (W')_{\lceil\alpha\rceil} = X$, 从而 $E'_t \vee W' \geqslant \alpha$, 由定理 7.3.1 之 (2) 得 $\Delta_\alpha(E'_t) \leqslant W' \in \eta^-(x_\alpha)$, 从而 $(\Delta_\alpha(E'_t))_{[\alpha]} \subset (W')_{[\alpha]}$. 这证明 $\Delta_\alpha(\Omega)$ 在 A 中强 α-局部有限.

反过来, 设 $\Psi = \{\iota_{\alpha'}(Q_t) : Q_t \in \delta, t \in T\}$ 是 $A_{[\alpha]}$ 在 $(X, \iota'_\alpha(\delta))$ 中的任一开复

盖. 则 $\Phi = \{Q_t' : Q_t \in \delta, t \in T\}$ 是 A 的 α-RF. 由定理条件, 存在 A 的 α-RF Ω 使 Ω 是 Φ 的 α-余加细, 且 $\Delta_\alpha(\Omega)$ 在 A 中强 α-局部有限. 令 $\Sigma = \iota_{\alpha'}(\Omega') = \{\iota_{\alpha'}(D') : D \in \Omega\}$. 则

(1) Σ 是 $A_{[\alpha]}$ 的开复盖. 事实上, $\forall x \in A_{[\alpha]}$, 则 $x_\alpha \leqslant A$. 由 Ω 是 A 的 α-RF, 存在 $D \in \Omega$ 使 $D \in \eta^-(x_\alpha)$, 从而 $x \in \iota_{\alpha'}(D')$. 故 Σ 是 $A_{[\alpha]}$ 的开复盖.

(2) Σ 是 Ψ 的加细. 事实上, $\forall D \in \Omega$, 由 Ω 是 Φ 的 α-余加细, 存在 $Q_t' \in \Phi$(当然有 $\iota_\alpha'(Q_t) \in \Psi$), 使 $(Q_t')_{[\alpha]} \subset D_{[\alpha]}$, 从而 $\left((Q_t')_{[\alpha]}\right)' \supset \left(D_{[\alpha]}\right)'$. 注意 $\left(D_{[\alpha]}\right)' = \iota_{\alpha'}(D')$, 所以 $\iota_\alpha'(D') \subset \iota_{\alpha'}(Q_t)$. 这表明 Σ 是 Ψ 的加细.

(3) Σ 在 $A_{[\alpha]}$ 中局部有限. 事实上, $\forall x \in A_{[\alpha]}$, 则 $x_\alpha \leqslant A$. 由 $\Delta_\alpha(\Omega)$ 在 A 中强 α-局部有限, 存在 $P \in \eta^-(x_\alpha)$ 及 $\Omega_0 \in 2^{(\Omega)}$, 使得 $\forall D \in \Omega - \Omega_0$, $(\Delta_\alpha(D))_{[\alpha]} \subset P_{[\alpha]}$, 于是 $(\Delta_\alpha(D))_{[\alpha]} \cap (P_{[\alpha]})' = (\Delta_\alpha(D))_{[\alpha]} \cap \iota_{\alpha'}(P') = \varnothing$. 易见 $\iota_\alpha'(P')$ 是 x 的开邻域. 现证 $\forall D \in \Omega - \Omega_0$, $\iota_{\alpha'}(D') \cap \iota_{\alpha'}(P') = \varnothing$. 事实上, 若 $y \in \iota_{\alpha'}(D') \cap \iota_{\alpha'}(P')$, 则 $D(y) \not\geqslant \alpha, P(y) \not\geqslant \alpha$, 从而 $y \notin D_{[\alpha]}, y \notin P_{[\alpha]}$. 注意

$$\Delta_\alpha(D) = \bigwedge\{G \in \delta' : G \vee D \geqslant \alpha\} = \bigwedge\{G \in \delta' : G_{[\alpha]} \cup D_{[\alpha]} = X\}.$$

于是, 对上式的每一个 G, 均有 $y \in G_{[\alpha]}$, 即 $G(y) \geqslant \alpha$. 因此 $\Delta_\alpha(D)(y) \geqslant \alpha$, 于是 $y \in (\Delta_\alpha(D))_{[\alpha]}$. 但 $(\Delta_\alpha(D))_{[\alpha]} \subset P_{[\alpha]}$, 故 $y \in P_{[\alpha]}$. 此为矛盾. 所以 $\forall D \in \Omega - \Omega_0$, $\iota_{\alpha'}(D') \cap \iota_{\alpha'}(P') = \varnothing$.

综上, $A_{[\alpha]}$ 是 $(X, \iota_{\alpha'}(\delta))$ 中的仿紧集.

由上述定理及定理 7.2.6, 我们得到 αS-仿紧集的一个新特征.

定理 7.3.4 设 (X, δ) 是 L-拓扑空间, $\alpha \in M(L)$, $A \in L^X$. 则 A 是 αS-仿紧集当且仅当对 A 的每个 α-RF Ω, 存在 A 的 α-RF Ψ, 使 Ψ 是 Ω 的 α-余加细, 且 $\Delta_\alpha(\Psi) = \{\Delta_\alpha(Q) : Q \in \Psi\}$ 在 A 中强 α-局部有限.

我们利用 D_α-闭集给出 αS-仿紧集的另一个新特征:

定理 7.3.5 设 (X, δ) 是 L-拓扑空间, $\alpha \in M(L)$, $A \in L^X$. 则 A 是 αS-仿紧集当且仅当对 A 的每个 $D_\alpha - RF$ Ω, 存在 A 的 D_α-RF Ψ, 使 Ψ 是 Ω 的 α-余加细, 且 $\Delta_\alpha(\Psi)$ 在 A 中强 α-局部有限.

证 设 A 是 αS-仿紧集, 且 Ω 是 A 的 D_α-RF. 从而 $\forall x_\alpha \leqslant A$, 存在 $Q \in \Omega$ 使 $x_\alpha \not\leqslant Q$, 即 $Q(x) \not\geqslant \alpha$, 故 $x \notin Q_{[\alpha]} = (D_\alpha(Q))_{[\alpha]}$, 所以 $x_\alpha \not\leqslant D_\alpha(Q)$, 此表明 $\Omega^* = \{D_\alpha(Q) : Q \in \Omega\}$ 是 A 的 α-RF. 由 A 的 αS-仿紧性, 据定理 7.3.4, 存在 A 的 α-RF Ψ, 使 Ψ 是 Ω^* 的 α-余加细, 且 $\Delta_\alpha(\Psi)$ 在 A 中强 α-局部有限. Ψ 当然是 A 的 D_α-RF. 剩下只需证明 Ψ 是 Ω 的 α-余加细即可. 事实上, $\forall P \in \Psi$, 存在 $Q \in \Omega$ 使 $(D_\alpha(Q))_{[\alpha]} \subset P_{[\alpha]}$, 但 Q 是 D_α-闭集, 故 $Q_{[\alpha]} = (D_\alpha(Q))_{[\alpha]}$, 这就有 $Q_{[\alpha]} \subset P_{[\alpha]}$. 此表明 Ψ 是 Ω 的 α-余加细.

反过来, 设 Ω 是 A 的 α-RF. 它自然是 A 的 D_α-RF, 从而存在 A 的 D_α-$RF\Psi$ $= \{Q_t : t \in T\}$, 使 Ψ 是 Ω 的 α-余加细, 且 $\Delta_\alpha(\Psi)$ 在 A 中强 α-局部有限. 令 $\Psi^* = \{D_\alpha(Q_t) : t \in T\}$, 则

(1) Ψ^* 是 A 的 α-RF. 事实上, $\forall x_\alpha \leqslant A$, 存在 $Q_t \in \Psi$, 使得 $x_\alpha \not\leqslant Q_t$, 即 $x \notin (Q_t)_{\lceil\alpha\rceil} = (D_\alpha(Q_t))_{\lceil\alpha\rceil}$, 故 $x_\alpha \not\leqslant D_\alpha(Q_t)$. 这表明 $\Psi^* = \{D_\alpha(Q_t) : t \in T\}$ 是 A 的 α-RF.

(2) Ψ^* 是 Ω 的 α-余加细.

事实上, $\forall t \in T$, 存在 $P \in \Omega$, 使 $P_{[\alpha]} \subset (Q_t)_{\lceil\alpha\rceil} = (D_\alpha(Q_t))_{\lceil\alpha\rceil}$.

(3) $\Delta_\alpha(\Psi^*)$ 在 A 中强 α-局部有限.

事实上, $\forall x_\alpha \leqslant A$, 存在 $P \in \eta(x_\alpha)$ 及 $T_0 \in 2^{(T)}$, 使得 $\forall t \in T - T_0$, $(\Delta_\alpha(Q_t))_{[\alpha]} \subset P_{[\alpha]}$. 注意 $\Delta_\alpha(Q_t) = \Delta_\alpha(D_\alpha(Q_t))$, 所以 $(\Delta_\alpha(D_\alpha(Q_t)))_{[\alpha]} \subset P_{[\alpha]}$.

综上, 由定理 7.3.4, A 是 αS-仿紧集.

下述定理表明 L_α-闭集照样可以刻画 αS-仿紧性.

定理 7.3.6　设 (X, δ) 是 L-拓扑空间, $\alpha \in M(L)$, $A \in L^X$. 则 A 是 αS-仿紧集当且仅当对 A 的每个 L_α-$RF\Omega$, 存在 A 的 L_α-$RF\Psi$, 使 Ψ 是 Ω 的 α-余加细, 且 $\Delta_\alpha(\Psi)$ 在 A 中强 α-局部有限.

证　与定理 7.3.5 的证明类似, 只需把其中的 $D_\alpha(Q)$ 换成 Q^- 即可.

下述定理表明 αS-仿紧性对层次闭集遗传.

定理 7.3.7　设 (X, δ) 是 L-拓扑空间, $\alpha \in M(L)$, $A \in L^X$, $B \in D_\alpha(\delta)$. 若 A 是 αS-仿紧集, 则 $A \wedge B$ 也是 αS-仿紧集.

证　设 Φ 是 $A \wedge B$ 的 D_α-RF. 令 $\Omega = \Phi \cup \{B\}$, 则 $\forall x_\alpha \leqslant A$, 当 $x_\alpha \leqslant B$ 时, $x_\alpha \leqslant A \wedge B$, 所以 Φ 中 (从而 Ω 中) 有 x_α 的 D_α-远域. 当 $x_\alpha \not\leqslant B$ 时, Ω 中的 B 就是 x_α 的 D_α-远域. 所以 Ω 是 A 的 D_α-RF. 既然 A 是 αS-仿紧集, 由定理 5.3.5, 存在 A 的 D_α-$RF\Psi$, 使得 Ψ 是 Ω 的 α-余加细, 且 $\Delta_\alpha(\Psi)$ 在 A 中强 α-局部有限. 令 $\Theta = \{Q \in \Psi : \exists P \in \Phi, P_{[\alpha]} \subset Q_{[\alpha]}\}$, 则 Θ 显然是 Φ 的 α-余加细, 且 $\Delta_\alpha(\Theta)$ 在 $A \wedge B$ 中强 α-局部有限. 以下只需证明 Θ 是 $A \wedge B$ 的 D_α-RF. 事实上, $\forall x_\alpha \leqslant A \wedge B$, 则有 $Q \in \Psi$ 使得 $Q \in D\eta(x_\alpha)$, 即 $x \notin Q_{[\alpha]}$. 这时 $B_{[\alpha]} \not\subset Q_{[\alpha]}$, 那么由 Ψ 是 Ω 的 α-余加细知必有 $P \in \Phi$ 使 $P_{[\alpha]} \subset Q_{[\alpha]}$, 从而 $Q \in \Theta$. 这就证明了 Θ 是 $A \wedge B$ 的 D_α-RF. 由定理 7.3.5 知 $A \wedge B$ 是 αS-仿紧集.

注意到 $L_\alpha(\delta) \subset D_\alpha(\delta)$, 便知 αS-仿紧性对 L_α-闭集也是可遗传的.

推论 7.3.1　设 (X, δ) 是 L-拓扑空间, $\alpha \in M(L)$, $A \in L^X$, $B \in L_\alpha(\delta)$. 若 A 是 αS-仿紧集, 则 $A \wedge B$ 也是 αS-仿紧集.

现在讨论 S-仿紧性与 C-仿紧性的关系.

定理 7.3.8　设 (X, δ) 是 L-拓扑空间, $\alpha \in M(L)$, $A \in L^X$. 若 A 为 αC-仿紧集, 则 A 必为 αS-仿紧集.

证 设 Ω 是 A 的 α-RF, 则由 A 的 αC-仿紧性, 存在 A 的 α-$RF\Psi$, 使得 Ψ 是 Ω 的余加细, 且 $\Psi^* = \{Q^* : Q \in \Psi\}$ 在 A 中局部有限. Ψ 自然是 Ω 的 α-余加细. 此外, 对 A 中的每个分子 x_α, 存在 $P \in \eta^-(x_\alpha)$ 及 $\Psi_0 \in 2^{(\Psi)}$, 使得对每个 $Q \in \Psi - \Psi_0$, 均有 $Q^* \leqslant P$. 注意

$$\Delta_\alpha(Q) = \bigwedge\{G \in \delta' : G \vee Q \geqslant \alpha\} \leqslant \bigwedge\{G \in \delta' : G \vee Q = 1_X\} = Q^*,$$

所以每个 $Q \in \Psi - \Psi_0$, 均有 $\Delta_\alpha(Q) \leqslant P$, 从而 $(\Delta_\alpha(Q))_{[\alpha]} \subset P_{[\alpha]}$. 这说明 $\Delta_\alpha(\Psi)$ 在 A 中是强 α-局部有限的. 由定理 7.3.5, A 是 αS-仿紧集.

正如下例所示, αS-仿紧集不一定是 αC-仿紧集.

例 7.3.1 设 $L = [0,1]$ 且 $X = N$ (自然数集). 令

$$\delta = \{A \in L^X : A(n) = 0 \Rightarrow A(n+1) = 0, n \in X\},$$

则 δ 是 X 上的 L-拓扑 (见文献 [6]). 文献 [59] 已证这个 (X, δ) 不是 C-仿紧空间. 但它却是 S-仿紧空间.

事实上, 对任意的 $\alpha \in M(L) = (0,1]$, 设 Φ 是 1 的 α-RF. 对每个 $k \in X$, 取 $P_k \in \Phi$ 使得 $P_k(k) < \alpha$. 令 $\Phi_0 = \{P_k : k \in X\}$, 且对每个 $k \in X$, 置

$$R_k = \bigvee\{y_\alpha : y < k\}, \quad Q_k = P_k \vee R_k, \quad \Psi = \{Q_k : k \in X\},$$

则 Ψ 是 Φ 的余加细, 从而 Ψ 当然是 Φ 的 α-余加细. 此外, 容易验证 Ψ 是 1 的 α-RF. 以下证明 $\Delta_\alpha(\Psi)$ 是强 α-局部有限. 事实上, 对每个 $x_\alpha \leqslant 1$, 令

$$P(y) = \begin{cases} \dfrac{\alpha}{2}, & y = x, \\ \alpha, & y \neq x. \end{cases}$$

则 $P \in \delta'$, 且 $P \in \eta^-(x_\alpha)$. 设 $x = k_0$, 则当 $k > k_0 + 1$ 时,

$$\Delta_\alpha(Q_k) = \Delta_\alpha(P_k \vee R_k) \leqslant \Delta_\alpha(R_k) = \wedge\{G \in \delta' : G \vee R_k \geqslant \alpha\}.$$

注意, 此时的

$$R_k(z) = \begin{cases} \alpha, & z = 1, \cdots, k_0, \cdots, k-1, \\ 0, & z = k, k+1, \cdots, \end{cases} \quad z \in X.$$

因此, 闭集

$$G^\circ(z) = \begin{cases} 0, & z = 1, \cdots, k_0, \cdots, k-1, \\ \alpha, & z = k, k+1, \cdots, \end{cases} \quad z \in X$$

是 $\{G \in \delta' : G \vee R_k \geqslant \alpha\}$ 中的一个成员, 从而 $\Delta_\alpha(Q_k) \leqslant G^\circ$. 于是

$$(\Delta_\alpha(Q_k))_{[\alpha]} \subset (G^\circ)_{[\alpha]} = X - \{1, \cdots, k_0, \cdots, k-1\} \subset X - \{k_0\} = P_{[\alpha]}.$$

故 $\Delta_\alpha(\Psi)$ 是强 α-局部有限的. 由定理 7.3.4, (X, δ) 是 S-仿紧空间.

定理 7.3.9　设 (X, δ) 是弱诱导的 L-拓扑空间, 则 S-仿紧性与 C-仿紧性等价.

证　由推论 7.2.1 和定理 7.1.2 我们有

$$(X, \delta) \text{ 是 } S\text{-仿紧空间} \Leftrightarrow \text{其底空间 } (X, [\delta]) \text{ 是仿紧空间}$$

$$\Leftrightarrow (X, \delta) \text{ 是 } C\text{-仿紧空间}.$$

7.4　层次正则空间的 S-仿紧性

本节用 L_α-闭集和 D_α-闭集来刻画层次正则空间的 S-仿紧性.

定义 7.4.1　设 (X, δ) 是 L-拓扑空间, $\alpha \in M(L)$, $\Omega \subset L^X$. 称 Ω 是 α-闭包保持的, 若对每个 $\Psi \subset \Omega$, 在分明拓扑空间 $(X, \iota_{\alpha'}(\delta))$ 中总有

$$(\bigcup\{\iota_{\alpha'}(Q') : Q \in \Psi\})^- = \bigcup\{(\iota_\alpha'(Q'))^- : Q \in \Psi\}.$$

Ω 是 $\sigma\alpha$-闭包保持的, 若 $\Omega = \bigcup\limits_{i=1}^\infty \Omega_i$, 且每个 Ω_i 是 α-闭包保持的.

定理 7.4.1　设 (X, δ) 是 L-拓扑空间, $\alpha \in M(L)$. 若 (X, δ) 是 α-正则空间, 则下列条件等价:

(1) (X, δ) 是 αS-仿紧空间;

(2) 对 1 的每个 α-$RF\Omega$, 存在 1 的 α-$RF\Psi$ 使得 Ψ 是 α-闭包保持的, 且 Ψ 是 Ω 的余加细;

(3) 对 1 的每个 α-族 $\Omega \subset L_\alpha(\delta)$, 存在 1 的 α-族 $\Psi \subset L_\alpha(\delta)$ 使得 Ψ 是 α-闭包保持的, 且 Ψ 是 Ω 的余加细;

(4) 对 1 的每个 α-族 $\Omega \subset L_\alpha(\delta)$, 存在 1 的 α-族 $\Psi \subset L_\alpha(\delta)$ 使得 Ψ 是 $\sigma\alpha$-闭包保持的, 且 Ψ 是 Ω 的余加细;

(5) 对 1 的每个 α-$RF\Omega$, 存在 1 的 α-$RF\Psi$ 使得 Ψ 是 $\sigma\alpha$-闭包保持的, 且 Ψ 是 Ω 的余加细.

证　(1)$\Longrightarrow$(2) 设 Ω 是 1 的 α-RF, 则容易验证 $\iota_{\alpha'}(\Omega') = \{\iota_{\alpha'}(Q') : Q \in \Omega\}$ 是 $(X, \iota_{\alpha'}(\delta))$ 的开复盖. 由于 (X, δ) 是 α-正则的 αS-仿紧空间, $(X, \iota_{\alpha'}(\delta))$ 是正则的仿紧空间. 由分明拓扑学关于仿紧空间的 Michael 定理 (文献 [62]), 存在 $(X, \iota_{\alpha'}(\delta))$ 的开复盖 $\iota_{\alpha'}(\Delta)(\Delta \subset \delta)$, 使得 $\iota_{\alpha'}(\Delta)$ 是闭包保持的且是 $\iota_{\alpha'}(\Omega')$ 的

加细. 显然 $\Delta' \subset \delta'$ 是 1 的 α-RF. 对每个 $B \in \Delta$, 取 $Q_B \in \Omega$, 使得 $\iota_{\alpha'}(B) \subset \iota_{\alpha'}(Q'_B)$. 令 $\Psi = \{B' \vee Q_B : B \in \Delta\}$, 则

① $\Psi \subset \delta'$ 自然是 Ω 的余加细.

② Ψ 是 1 的 α-RF.

事实上, 对每个 $x_\alpha \leqslant 1$, 由 Δ' 是 1 的 α-RF, 存在 $B \in \Delta$ 使得 $B' \in \eta(x_\alpha)$, 因此 $x \in \iota_{\alpha'}(B) \subset \iota_{\alpha'}(Q'_B)$, 故 $Q_B \in \eta(x_\alpha)$. 由 $\alpha \in M(L)$ 得 $B' \vee Q_B \in \eta(x_\alpha)$. 这表明 Ψ 是 1 的 α-RF.

③ Ψ 是 α-闭包保持的.

事实上, 对每个 $\Delta_1 \subset \Delta$, 由 $\iota_{\alpha'}(\Delta)$ 是闭包保持的得

$$\left(\bigcup\{\iota_{\alpha'}(B) : B \in \Delta_1\}\right)^- = \bigcup\{(\iota_{\alpha'}(B))^- : B \in \Delta_1\}.$$

注意, 对每个 $B \in \Delta$, 我们有

$$\iota_{\alpha'}((B' \vee Q_B)') = \iota_{\alpha'}(B \wedge Q'_B) = \iota_{\alpha'}(B) \cap \iota_{\alpha'}(Q'_B) = \iota'_\alpha(B),$$

于是, 对每个 $\Delta_1 \subset \Delta$ 我们有

$$\left(\bigcup\{\iota_{\alpha'}((B' \vee Q_B)') : B \in \Delta_1\}\right)^- = \left(\bigcup\{\iota_{\alpha'}(B) : B \in \Delta_1\}\right)^-$$

$$= \bigcup\{(\iota_{\alpha'}(B))^- : B \in \Delta_1\} = \bigcup\{(\iota_{\alpha'}((B' \vee Q_B)'))^- : B \in \Delta_1\}.$$

这证明 Ψ 是 α-闭包保持的.

(2)$\Longrightarrow$(3) 设 $\Omega \subset L_\alpha(\delta)$ 是 1 的 α-族, 则由 L_α-闭集的定义, $\Omega^- = \{Q^- : Q \in \Omega\}$ 是 1 的 α-RF. 由 (2), 存在 1 的 α-RFΨ 使得 Ψ 是 α-闭包保持的, 且 Ψ 是 Ω^- 的余加细. Ψ 显然满足条件.

(3)$\Longrightarrow$(4) 显然.

(4)$\Longrightarrow$(5) 设 Ω 是 1 的 α-RF, 则 $\Omega \subset \delta' \subset L_\alpha(\delta)$ 自然是 1 的 α-族. 由 (4), 存在 1 的 α-族 $\Psi \subset L_\alpha(\delta)$, 使得 Ψ 是 $\sigma\alpha$-闭包保持的, 且 Ψ 是 Ω 的余加细. 现在我们考虑 Ψ^-. 首先它显然是 Ω 的余加细. 其次由 $\Psi \subset L_\alpha(\delta)$ 知 Ψ^- 是 1 的 α-RF. 最后我们证明 Ψ^- 是 $\sigma\alpha$-闭包保持的. 因为 $\Psi = \bigcup_{i=1}^{\infty} \Psi_i$ 且每个 Ψ_i 是 α-闭包保持的, 所以对每个 $\Delta_{i0} \subset \Psi_i$ 我们有

$$\left(\bigcup\{\iota_{\alpha'}(B') : B \in \Delta_{i0}\}\right)^- = \bigcup\{(\iota_{\alpha'}(B'))^- : B \in \Delta_{i0}\}.$$

注意, 对每个 $B \in \Delta_{i0}$, 由 $B \in L_\alpha(\delta)$ 得 $\iota_{\alpha'}(B') = \iota_{\alpha'}((B^-))$. 从而

$$\left(\bigcup\{\iota_{\alpha'}((B^-)') : B \in \Delta_{i0}\}\right)^- = \bigcup\{(\iota_{\alpha'}((B^-)')^- : B \in \Delta_{i0}\}.$$

这证明 $\Psi^- = \bigcup\limits_{i=1}^{\infty} \Psi_i^-$ 是 $\sigma\alpha$-闭包保持的.

(5)$\Longrightarrow$(1) 我们只需证明 $(X, \iota_{\alpha'}(\delta))$ 是仿紧空间. 设 $\iota_{\alpha'}(\Omega')$ (其中 $\Omega' \subset \delta$) 是 $(X, \iota_{\alpha'}(\delta))$ 的开复盖). 则 $\Omega \subset \delta'$ 是 1 的 α-RF. 由 (5), 存在 1 的 α-RF $\Psi = \bigcup\limits_{i=1}^{\infty} \Psi_i$ 使得 Ψ 是 $\sigma\alpha$-闭包保持的且 Ψ 是 Ω 的余加细. 我们现在考虑 $t_{\alpha'}(\Psi') = \bigcup\limits_{i=1}^{\infty} \iota_{\alpha'}(\Psi_i')$. 显然 $t_{\alpha'}(\Psi')$ 是 $\iota_{\alpha'}(\Omega')$ 的开加细. 由每个 Ψ_i 是 α-闭包保持的我们得每个 $\iota_{\alpha'}(\Psi_i')$ 在 $(X, \iota_{\alpha'}(\delta))$ 中是闭包保持的, 因此 $\iota_{\alpha'}(\Psi')$ 是 σ-闭包保持. 由分明拓扑学的 Michael 定理 (文献 [63]) 我们知道 $(X, \iota_{\alpha'}(\delta))$ 是仿紧空间.

类似地可证明下面的定理:

定理 7.4.2 设 (X, δ) 是 L-拓扑空间, $\alpha \in M(L)$. 若 (X, δ) 是 α-正则空间, 则下列条件等价:

(1) (X, δ) 是 αS-仿紧空间;

(2) 对 1 的每个 α-RF Ω, 存在 1 的 α-RF Ψ 使得 Ψ 是 α-闭包保持的, 且 Ψ 是 Ω 的 α-余加细;

(3) 对 1 的每个 α-族 $\Omega \subset L_\alpha(\delta)$, 存在 1 的 α-族 $\Psi \subset L_\alpha(\delta)$ 使得 Ψ 是 α-闭包保持的, 且 Ψ 是 Ω 的 α-余加细;

(4) 对 1 的每个 α-族 $\Omega \subset L_\alpha(\delta)$, 存在 1 的 α-族 $\Psi \subset L_\alpha(\delta)$ 使得 Ψ 是 $\sigma\alpha$-闭包保持的, 且 Ψ 是 Ω 的 α-余加细;

(5) 对 1 的每个 α-RF Ω, 存在 1 的 α-RF Ψ 使得 Ψ 是 $\sigma\alpha$-闭包保持的, 且 Ψ 是 Ω 的 α-余加细.

定理 7.4.3 设 (X, δ) 是 L-拓扑空间, $\alpha \in M(L)$. 若 (X, δ) 是 α-正则空间, 则下列条件等价:

(1) (X, δ) 是 αS-仿紧空间;

(2) 对 1 的每个 α-族 $\Omega \subset D_\alpha(\delta)$, 存在 1 的 α-族 $\Psi \subset D_\alpha(\delta)$ 使得 Ψ 是 α-闭包保持的, 且 Ψ 是 Ω 的 α-余加细;

(3) 对 1 的每个 α-族 $\Omega \subset D_\alpha(\delta)$, 存在 1 的 α-族 $\Psi \subset D_\alpha(\delta)$ 使得 Ψ 是 $\sigma\alpha$-闭包保持的, 且 Ψ 是 Ω 的 α-余加细.

证 (1) $\Longrightarrow$(2) 设 $\Omega \subset D_\alpha(\delta)$ 是 1 的每个 α-族, 则对每个 $x_\alpha \leqslant 1$, 存在 $Q \in \Omega$ 使得 $x_\alpha \leqslant Q$, 即 $x \notin Q_{[\alpha]} = (D_\alpha(Q))_{[\alpha]}$, 所以 $x_\alpha \leqslant D_\alpha(Q)$. 这表明 $D_\alpha(\Omega) = \{D_\alpha(Q) : Q \in \Omega\} \subset \delta'$ 是 1 的 α-RF. 由定理 7.4.2, 存在 1 的 α-RF Ψ 使得 Ψ 是 α-闭包保持的, 且 Ψ 是 $D_\alpha(\Omega)$ 的 α-余加细. $\Psi \subset \delta' \subset D_\alpha(\delta)$ 自然是 1 的 α-族. 此外, 对每个 $P \in \Psi$, 存在 $Q \in \Omega$ 使得 $Q_{[\alpha]} = (D_\alpha(Q))_{[\alpha]} \subset P_{[\alpha]}$. 这表明 Ψ 是 Ω 的 α-余加细.

(2)$\Longrightarrow$(3) 显然.

(3)$\Longrightarrow$(1) 设 Ω 是 1 的 α-RF, 则 $\Omega \subset \delta' \subset D_\alpha(\delta)$ 自然是 1 的 α-族. 由 (3), 存在 1 的 α-族 $\Psi \subset D_\alpha(\delta)$ 使得 Ψ 是 $\sigma\alpha$-闭包保持的, 且 Ψ 是 Ω 的 α-余加细. 那么, $\forall x_\alpha \leqslant 1$, 存在 $P \in \Psi$ 使得 $x_\alpha \not\leqslant P$, 即 $x \notin P_{[\alpha]} = (D_\alpha(P))_{[\alpha]}$, 所以 $x_\alpha \not\leqslant D_\alpha(P)$. 这表明 $D_\alpha(\Psi) = \{D_\alpha(P) : P \in \Psi\} \subset \delta'$ 是 1 的 α-RF. 以下证明:

① $D_\alpha(\Psi)$ 是 Ω 的 α-余加细.

事实上, 对每个 $P \in \Psi$, 存在 $Q \in \Omega$ 使得 $Q_{[\alpha]} \subset P_{[\alpha]} = (D_\alpha(P))_{[\alpha]}$. 这正好说明 $D_\alpha(\Psi)$ 是 Ω 的 α-余加细.

② $D_\alpha(\Psi)$ 是 $\sigma\alpha$-闭包保持的.

事实上, 因为 $\Psi = \bigcup\limits_{i=1}^{\infty} \Psi_i$ 是 $\sigma\alpha$-闭包保持的, 所以对每个 $\Delta_{i0} \subset \Psi_i$ 我们有

$$\left(\bigcup\{\iota_{\alpha'}(B') : B \in \Delta_{i0}\}\right)^- = \bigcup\left\{(\iota_{\alpha'}(B'))^- : B \in \Delta_{i0}\right\}.$$

注意, 对每个 $B \in \Delta_{i0}$, 由 $B \in D_\alpha(\delta)$ 得 $\iota_{\alpha'}(B') = \iota_{\alpha'}((D_\alpha(B))')$. 从而

$$\left(\bigcup\{\iota_{\alpha'}((D_\alpha(B))') : B \in \Delta_{i0}\}\right)^- = \bigcup\left\{(\iota_{\alpha'}((D_\alpha(B))'))^- : B \in \Delta_{i0}\right\}.$$

这表明 $D_\alpha(\Psi) = \bigcup\limits_{i=1}^{\infty} D_\alpha(\Psi_i)$ 是 $\sigma\alpha$-闭包保持的.

由定理 7.4.2(5) 得 (X, δ) 是 αS-仿紧空间.

定义 7.4.2　设 (X, δ) 是 L-拓扑空间, $\alpha \in M(L), \Psi, \Omega \subset L^X$. 称 Ψ 是 Ω 的 α-胶垫加细, 如果存在一个映射 $f : \iota_{\alpha'}(\Psi') \to \iota_{\alpha'}(\Omega')$ 使得对每个 $\Psi_0 \subset \Psi$, 在分明拓扑空间 $(X, \iota_{\alpha'}(\delta))$ 中总有

$$\left(\bigcup\{\iota_{\alpha'}(Q') : Q \in \Psi_0\}\right)^- \subset \bigcup\{f(\iota_{\alpha'}(Q')) : Q \in \Psi_0\}.$$

称 Ψ 是 Ω 的 $\sigma\alpha$-胶垫加细, 若 $\Psi = \bigcup\limits_{i=1}^{\infty} \Psi_i$, 且每个 Ψ_i 是 Ω 的 α-胶垫加细.

定理 7.4.4　设 (X, δ) 是 L-拓扑空间, $\alpha \in M(L)$. 若 (X, δ) 是 α-正则空间, 则下列条件等价:

(1) (X, δ) 是 αS-仿紧空间;

(2) 对 1 的每个 α-RFΩ, 存在 1 的 α-RFΨ 使得 Ψ 是 Ω 的 α-胶垫加细, 且 Ψ 是 Ω 的余加细;

(3) 对 1 的每个 α-族 $\Omega \subset L_\alpha(\delta)$, 存在 1 的 α-族 $\Psi \subset L_\alpha(\delta)$ 使得 Ψ 是 Ω 的 α-胶垫加细, 且 Ψ 是 Ω 的余加细;

(4) 对 1 的每个 α-族 $\Omega \subset L_\alpha(\delta)$, 存在 1 的 α-族 $\Psi \subset L_\alpha(\delta)$ 使得 Ψ 是 Ω 的 $\sigma\alpha$-胶垫加细, 且 Ψ 是 Ω 的余加细;

(5) 对 1 的每个 α-RFΩ, 存在 1 的 α-RFΨ 使得 Ψ 是 Ω 的 $\sigma\alpha$-胶垫加细, 且 Ψ 是 Ω 的余加细.

证　(1)$\Longrightarrow$(2)　设 Ω 是 1 的 α-RF, 则易见 $\iota_{\alpha'}(\Omega') = \{\iota_{\alpha'}(Q') : Q \in \Omega\}$ 是 $(X, \iota_{\alpha'}(\delta))$ 的开复盖. 由于 (X, δ) 是 α-正则的 αS-仿紧空间, $(X, \iota_{\alpha'}(\delta))$ 是正则的仿紧空间. 由分明拓扑学关于仿紧空间的 Michael 定理 ([63]), 在 $(X, \iota_{\alpha'}(\delta))$ 中, 存在 $\iota_{\alpha'}(\Omega')$ 的开胶垫加细 $\iota_{\alpha'}(\Delta)(\Delta \subset \delta)$. 对每个 $B \in \Delta$, 取 $Q_B \in \Omega$, 使得 $\iota_{\alpha'}(B) \subset \iota_{\alpha'}(Q'_B)$. 令 $\Psi = \{B' \vee Q_B : B \in \Delta\}$, 则 $\Psi \subset \delta'$ 自然是 Ω 的余加细, 且不难验证 Ψ 是 1 的 α-RF. 我们现在证明 Ψ 是 Ω 的 α-胶垫加细.

因为 $\iota_{\alpha'}(\Delta)$ 是 $\iota_{\alpha'}(\Omega')$ 的胶垫加细, 存在映射 $f : \iota_{\alpha'}(\Delta) \to \iota_{\alpha'}(\Omega')$ 使得对每个 $\Delta_1 \subset \Delta$, 在分明拓扑空间 $(X, \iota_{\alpha'}(\delta))$ 中总有

$$(\cup\{\iota_{\alpha'}(B) : B \in \Delta_1\})^- \subset \cup\{f(\iota_{\alpha'}(B)) : B \in \Delta_1\}.$$

注意, 对每个 $B \in \Delta$ 我们有

$$\iota_{\alpha'}\left((B' \vee Q_B)'\right) = \iota_{\alpha'}(B \wedge Q'_B) = \iota_{\alpha'}(B) \cap \iota_{\alpha'}(Q'_B) = \iota_{\alpha'}(B).$$

我们定义一个映射 $F : \iota_{\alpha'}(\Psi') \to \iota_{\alpha'}(\Omega')$ 如下:

$$\iota_{\alpha'}\left((B' \vee Q_B)'\right) \mapsto f(\iota_{\alpha'}(B))$$

于是, 对每个 $\Psi_1 \subset \Psi$, 存在 $\Delta_1 \subset \Delta$ 使得 $\Psi_1 = \{B' \vee Q_B : B \in \Delta_1\}$. 于是

$$\begin{aligned}(\cup\{\iota_{\alpha'}(D') : D \in \Psi'_1\})^- &= \left(\cup\left\{\iota_{\alpha'}\left((B' \vee Q_B)'\right) : B \in \Delta_1\right\}\right)^- \\ &= (\cup\{\iota_{\alpha'}(B) : B \in \Delta_1\})^- \subset \cup\{f(\iota_{\alpha'}(B)) : B \in \Delta_1\} \\ &= \cup\left\{F\left(\iota_{\alpha'}\left((B' \vee Q_B)'\right)\right) : B \in \Delta_1\right\} \\ &= \cup\{F(\iota_{\alpha'}(D')) : D \in \Psi_1\}.\end{aligned}$$

这证明 Ψ 是 Ω 的 α-胶垫加细.

(2)$\Longrightarrow$(3)　设 $\Omega \subset L_\alpha(\delta)$ 是 1 的 α-族, 则易见 $\Omega^- = \{Q^- : Q \in \Omega\}$ 是 1 的 α-RF. 由 (2), 存在 1 的 α-RFΨ 使得 Ψ 是 Ω^- 的 α-胶垫加细, 且 Ψ 是 Ω^- 的余加细. 由 $\Omega \subset L_\alpha(\delta)$ 得 $\iota_{\alpha'}((\Omega^-)') = \iota_{\alpha'}(\Omega')$. 由此知道 Ψ 是 Ω 的 α-胶垫加细. 又, Ψ 自然是 Ω 的余加细.

(3)$\Longrightarrow$(4) 显然.

(4)$\Longrightarrow$(5) 设 Ω 是 1 的 α-RF, 则 Ω 是 1 的 α-族, 且 $\Omega \subset \delta' \subset L_\alpha(\delta)$. 由 (4), 存在 1 的 α-族 $\Psi \subset L_\alpha(\delta)$, 使得 Ψ 是 Ω 的 $\sigma\alpha$-胶垫加细, 且 Ψ 是 Ω 的余加细. 我们现在考虑 Ψ^-. 它显然是 Ω 的余加细. 由 $\Psi \subset L_\alpha(\delta)$ 不难验证 Ψ^- 是 1 的 α-RF. 此外, 由 $\Psi \subset L_\alpha(\delta)$ 知道 $\iota_{\alpha'}((\Psi^-)') = \iota_{\alpha'}(\Psi')$. 于是 Ψ^- 是 Ω 的 $\sigma\alpha$-胶垫加细.

(5)$\Longrightarrow$(1) 只需证明 $(X, \iota_{\alpha'}(\delta))$ 是仿紧的即可. 设 $\iota_{\alpha'}(\Omega')$ 是 $(X, \iota_{\alpha'}(\delta))$ 的开复盖, 这里 $\Omega' \subset \delta$. 则 $\Omega \subset \delta'$ 是 1 的 α-RF. 由 (5), 存在 1 的 α-RF $\Psi = \bigcup_{i=1}^{\infty} \Psi_i$, 使得 Ψ 是 Ω 的余加细, 且 Ψ 是 Ω 的 $\sigma\alpha$-胶垫加细. 我们现在考虑 $\iota_{\alpha'}(\Psi') = \bigcup_{i=1}^{\infty} \iota_{\alpha'}(\Psi_i')$. 显然 $\iota_{\alpha'}(\Psi')$ 是 $\iota_{\alpha'}(\Omega')$ 的开加细. 由每个 Ψ_i 是 Ω 的 α-胶垫加细我们得每个 $\iota_{\alpha'}(\Psi_i')$ 是 $\iota_{\alpha'}(\Omega')$ 的胶垫加细. 因此 $\iota_{\alpha'}(\Psi')$ 是 $\iota_{\alpha'}(\Omega')$ 的 σ-胶垫加细. 注意 $(X, \iota_{\alpha'}(\delta))$ 是正则空间. 由分明拓扑学的 Michael 定理 ([63]) 我们知道 $(X, \iota_{\alpha'}(\delta))$ 是仿紧空间.

类似于定理 7.4.3 的证明, 我们可以证明下面的定理:

定理 7.4.5 设 (X, δ) 是 L-拓扑空间, $\alpha \in M(L)$. 若 (X, δ) 是 α-正则空间, 则下列条件等价:

(1) (X, δ) 是 αS-仿紧空间;

(2) 对 1 的每个 α-族 $\Omega \subset D_\alpha(\delta)$, 存在 1 的 α-族 $\Psi \subset D_\alpha(\delta)$ 使得 Ψ 是 Ω 的 α-胶垫加细, 且 Ψ 是 Ω 的余加细;

(3) 对 1 的每个 α-族 $\Omega \subset D_\alpha(\delta)$, 存在 1 的 α-族 $\Psi \subset D_\alpha(\delta)$ 使得 Ψ 是 Ω 的 $\sigma\alpha$-胶垫加细, 且 Ψ 是 Ω 的余加细.

模糊拓扑学简史

集合是整个现代数学的基础, 如果这个基础变化了, 那么数学必然就会随之改变模样. 模糊拓扑学就是在集合的概念被扩展以后, 拓扑学随之发展的产物.

1873 年, 德国数学家康托尔 (Cantor, 1845—1918) 创立了集合论, 以集合 (下称分明集, 以强调与模糊集的差异) 为基础的点集拓扑学 (下称分明拓扑学) 随之诞生.

1965 年, 美国控制论专家扎德 (Zadeh, 1921—2017) 发表了题为《模糊集合》(*fuzzy set*) 的论文, 将康托尔的 "集合" 推广成 "模糊集合", 模糊集理论随之诞生. 模糊集合的问世, 使处理现实中大量存在的亦此亦彼的模糊现象成为可能, 同时也为数学的发展拓展了新的空间.

1967 年, 美国加州大学计算机系教授哥根 (J.A.Goguen, 1941—2006) 将扎德的模糊集推广成 L-模糊集 (L-fuzzy set), 这里的 L 可以是传递偏序集或完备格, 后来多为 fuzzy 格——带有逆序对合对应的完全分配格. 因此, L-模糊集也称为格值模糊集.

如果说模糊集的引入是从处理实际问题的角度考虑的话, 那么 L-模糊集的引入则纯粹是从数学自身考虑的. 在触及数学大厦基础这类重大问题上, 数学家总是非常敏感的.

在模糊集诞生后的第三个年头, 即 1968 年, 美国国立卫生研究院 (National Institutes of Health) 计算机研究与技术部的 C.L.Chang 以扎德的模糊集为骨架, 引入了模糊拓扑空间 (fuzzy topological space) 的概念, 这宣告了模糊拓扑学的诞生.

1973 年, 哥根以 L-模糊集为骨架, 引入了 L-模糊拓扑空间 (L-fuzzy topological space) 的概念, 这宣告了 L-模糊拓扑学的诞生.

截止到 1974 年——扎德的开创性论文发表 9 年后, 共有 7 篇模糊拓扑学方面的论文问世, 其中的 6 篇 (R.Lowen 的另一篇论文没有找到) 是

(1) Chang C L. Fuzzy topological spaces. J. Math. Anal. Appl., 1968(24): 182-190.

(2) Goguen J A. The fuzzy Tychonoff theorem. J. Math. Anal. Appl., 1973 (43): 734-742.

(3) Wong C K. Covering properties of fuzzy topological spaces. J. Math. Anal. Appl., 1973(43): 697-704.

(4) Wong C K. Fuzzy topology: Product and quotient theorems. J. Math. Anal. Appl., 1974(45): 512-521.

(5) Wong C K. Fuzzy point and local properties of fuzzy topology. J. Math. Anal. Appl. 1974(46): 316-328.

(6) Lowen R. Topologies floues. C. R. Acad. Sci. Paris Sér. A, 1974(278): 925-928.

自此以后, C. K. Wong, B. Hutton, R. Lowen, M. A. Erceg 等西方数学家, 在 20 世纪 70 年代, 对模糊拓扑学做了许多 "平移式" 的研究, 即把一般拓扑学中诸如开集、闭集、邻域、内部、闭包、连续映射以及紧空间等基本概念平移到模糊拓扑学中, 其定义方式完全一样, 差别仅是将原来的 "分明集合" 换成了现在的 "模糊集合".

这帮初涉模糊之道的数学家, 用这种平移式的研究方法, 将一般拓扑学中的许多定理轻松地推广到了模糊拓扑空间, 这使得他们有点发飘. C.L.Chang 就曾乐观地宣称: "一般拓扑学中的许多基本概念可以容易地推广到模糊拓扑空间中去" (Many of the basic concepts in general topology can readily be extended to fuzzy topological spaces.)

然而, 事情远非这样简单, 人们很快就发现, 模糊拓扑学远比分明拓扑学复杂. C. L. Chang 所说的 "严格仿照 Kelley 的《一般拓扑学》中给出的定义、定理和证明去做" (following closely the definitions, theorems and proofs given in Kelley: $General\ Topology$) 往往是行不通的. 比如, C.L.Chang 给出的模糊紧性就是病态的, 因为每一个 T_1 空间都不可能是这种意义下的紧空间.

之所以如此, 盖因模糊点 (fuzzy point) 及其邻域概念存在严重的缺陷: C. K. Wong (见上述文献 (5)) 所给出的模糊点既不能以分明点为特款, 又只沿袭分明拓扑学关于邻域系的研究思路, 所导出的结果多呈病态, 与分明拓扑学中的那种直观性分歧很大, 以致遭到了一些拓扑学家的批评——"对这门学科毫无益处" (does not do any good to the subject, 见 Carcía G, Kubiak T, Forty years of Hutton fuzzy unit interval. Fuzzy Sets and Systems, 2015(281): 128-133). 也正是这个原因, 那时的西方数学家大都回避模糊点的概念. 当然, 这种 "无点化" 的研究也取得了不少的漂亮成果, 如极小族、模糊单位区间和模糊一致结构等等. 以至于 M.A.Erceg 公开宣称: "在探讨模糊集论时, 我们发现在普通集论中的点并不是如所想象的那么重要了." 这或许是 "无点化" 流派已经成熟的一个宣言吧.

1976 年以后, 国外的信息慢慢地传进国门, 中国人才知道有了模糊数学这个新兴学科.

1977 年, 四川大学的蒲保明 (1910—1988) 和刘应明 (1940—2016) 两位先生, 最早注意到模糊拓扑学并对之感兴趣, 稍后, 四川大学的拓扑学研究小组在中国

科学院关肇直教授 (1919—1982) 的支持与鼓励下, 开始从事这方面的研究. 1977
年 3 月, 蒲保明和刘应明在《四川大学学报 (自然科学版)》第一期上发表《不分
明拓扑学 I——不分明点的邻近构造与 Moore-Smith 式收敛》, 这是我国最早的
模糊拓扑学研究成果. 此后, 我国一批中青年拓扑学家陆续进入这个崭新的研究领
域, 比如王国俊 (陕西师范大学)、郑崇友 (首都师范大学)、吴从炘 (哈尔滨工业大
学)、王戈平 (徐州师范大学)、邓自克 (湖南大学)、胡诚明 (华中科技大学)、王子
孝 (东北师范大学) 等教授.

　　1977 年, 刘应明在分析了 C.K.Wong 的模糊点及其邻域系理论的弊端之后,
首次打破传统的邻域方法, 引入了突破性的 "重域" 概念, 成功地将分明拓扑学的
基本概念推广到模糊拓扑学中. 与之前国外的平移式研究所不同的是, 刘应明的工
作既体现了模糊拓扑学的新特征——层次结构和点式处理, 又以分明拓扑学为特
款, 开创了国际上公认的 "有点化" 学派.

　　自重域理论建立以后, "有点化" 学派的工作取得了长足的进展, 像 Moore-
Smith 收敛理论、良紧性、完全正则性的点式刻画、Stone-Čech 紧化理论、仿紧
理论、模糊度量的点式刻画等相继建立起来, 从而确立了有点化学派在国际模糊
拓扑学中的核心地位.

　　刘应明的 "重域" 的概念是针对模糊集的值域实单位区间 [0, 1] 提出来的, 涉
及了实数的加法运算. 但在 L-模糊集的情况, 由于这时的 L 一般是模糊格, 其上
并没有加法运算. 因此重域概念在 L-模糊拓扑空间中失效. 针对这种情况, 王国俊
(1935—2013) 利用 "非远即近" 的思想, 对分明拓扑学中的 "邻域" 以及模糊拓扑
学中的 "重域" 进行变革与抽象, 创造性地引入了 "远域" 的概念, 使 L-模糊拓扑学
的有点化研究得以顺利展开.

　　提到远域这个概念, 我们要对它的基本思想多说几句, 因为它在 "有点化" 学
派的发展过程中起到了关键作用, 是整个 "有点化" 大厦的承载墙.

　　在分明拓扑空间 X 中, 如果点 x 属于某个开集 V, 即 $x \in V$, 则称 V 是 x 的
开邻域. 这时便有 $x \notin V' = X - V$, 可以称 V' 为 x 的远域. 模糊拓扑中的远域
概念正是基于这种思想引入的. 值得注意的是, 在分明拓扑学中, 邻域与远域是等
价的, 因此在分明拓扑学中谈论远域没有任何意义. 但神奇的是, 在模糊拓扑学中,
它们并不等价! 其中的原委是这样的: 在分明集合中, 点 x 属于集合 A 与 x 不属
于 $X - A$ 是等价的; 而在模糊集合中, 模糊点 x_λ 属于模糊集合 A 与 x_λ 不属于
$X - A$ 并不等价. 如对常值模糊集 $A = 0.5$, 其差集 $X - A = 0.5$, 对模糊点 $x_{0.5}$ 而
言, 既有 $x_{0.5} \in A$, 又有 $x_{0.5} \in X - A$. 这就是分明概念之 "非此即彼" 与模糊概念
之 "亦此亦彼" 的根本区别.

　　随着模糊拓扑学发展的深入, 人们发现这个学科比原来的分明拓扑学复杂得
多, 远远超出了最初无点化学派的想象, 比如, 模糊紧性的建立就非常曲折.

人们自然期望模糊紧性应当像分明紧性那样, 具有许多好的性质, 比如, 对闭子集遗传, 加强分离性, 被连续映射所保持, 吉洪诺夫乘积定理成立, 是所谓的 "好的推广"(分明紧性没有这条, 这是模糊紧性所特有的性质). 这成了判断一种模糊紧性是否理想的 5 条标准.

在模糊拓扑学的开山之作中, 作者 C. L. Chang 就模仿分明拓扑学的方法, 用有限覆盖的形式给出了模糊紧性的定义——不妨称之为 Chang 紧性. 然而, 人们很快发现, 这种模糊紧性有许多不能令人满意之处, 如, 它与 T_1 分离性相矛盾, 不是 "好的推广", 吉洪诺夫乘积定理不成立, 等等.

于是, 人们踏上了探索理想模糊紧性的征程.

1978 年, 比利时数学家 R.Lowen 提出了三种不同的模糊紧性——强模糊紧性、超模糊紧性和模糊紧性. 这些模糊紧性虽比 Chang 紧性强了不少, 但还是或多或少地有不尽如人意之处. 比如, 强模糊紧性不被连续的 L 值 Zadeh 型函数所保持, 即便是在 $L = [0, 1]$ 的情形也是如此; 模糊紧性不对闭子集遗传, 模糊紧集作为 X 上的函数不一定能取得最大值; 超模糊紧性只适用于整个空间而不适应于一般的模糊集, 等等.

1981 年, 刘应明基于重域概念, 提出了一种模糊紧性: Q-紧性. 这种模糊紧性比 R.Lowen 的三种模糊紧性又进了一步, 但遗憾的是, 它不被连续映射所保持.

1983 年, 王国俊利用模糊网定义了一种模糊紧性——良紧性, 这种模糊紧性具有人们所期待的所有好的性质, 很快便得到国内外同行的认可, 大家一致认为这是目前最理想的一种模糊紧性. 苏联评论家 A. Šostak 称之为 "最好的模糊紧性", 波兰数学家 T. Kubiak 则称其为 "中国人紧性" (Ch-Compactness, Ch for Chinese). 王国俊教授也因良紧性的文章而获美国科学信息研究所 (ISI) 颁发的经典引文奖.

从 1968 年到 1983 年, 历经 15 年的研究探索, 模糊紧性才得以完善, 模糊拓扑学的复杂程度由此可见一斑. 的确, 由于在模糊集中, 模糊点与模糊集之间一个很直观的 "属于" 关系不满足 "择一原则", 因而沿用传统的邻域结构——邻域系来处理会有本质的困难. 此外, 序结构、拓扑结构与层次结构的相互交织, 使模糊拓扑学更加丰富多彩的同时, 也自然增加了研究问题的难度.

提到层次结构——模糊拓扑学两大特色之一, 我们再稍微展开一点.

层次结构源于模糊集的截集. 对模糊集 $A \in L^X$, $r \in L$, 其截集为 $A_{[r]} = \{x \in X | A(x) \geqslant r\}$, 这个截集所反映的就是模糊集 A 在层次 r 上的品质. r 所代表的其实是一个评判标准, 或者说是一个审视问题的层面. 比如说, "好人" 是一个模糊集合, 若以 "完美无缺" 为评判标准, 那么世界上就几乎没有好人了, 这时的 $A_{[r]}$ 几乎就是空集了; 若以 "经常做好事" 为评判标准, 那么 $A_{[r]}$ 就包含很多人了.

截集给出了模糊集明显的层次结构, 它沟通了模糊集与分明集之间的联系. 层次闭集就是基于截集而引入的.

在分明拓扑学中, 闭集是最基本的概念. 但在模糊拓扑学中, 除了模糊闭集以外, 我们还有层次闭集的概念, 而且颇为神奇的是, 在若干场合, 层次闭集可以起到模糊闭集的作用, 甚至可以取代模糊闭集. 层次闭集整体上不是闭集, 但在某个层次上很像闭集, 这是层次结构的直接体现, 本书作者就是以层次闭集为中心概念, 撰写了专著《层次 L-拓扑空间论》.

模糊拓扑学另一大特色是点式处理. 作为格上拓扑学的一种, 与其他类似的理论 (比如 Locale 理论) 相比, 模糊拓扑学以点式处理而独树一帜. 点式度量很好地体现了这个特色.

1977 年, B.Hutton 在他自己建立的模糊一致结构的基础上, 提出了模糊拟伪度量和模糊伪度量的概念, 并证明了: 一个模糊 (拟) 一致空间可模糊 (拟) 伪度量化当且仅当它具有可数基. 因为模糊单位区间 $I(L)$ 上的标准一致结构具有可数基, 从而 $I(L)$ 是可模糊伪度量化的.

1979 年, M.A.Erceg 从推广分明集之间的 Hausdorff 距离入手, 也引入了模糊 (拟) 伪度量的概念.

后来证明, 若从拓扑的角度看, M. A. Erceg 与 B.Hutton 所引入的伪度量空间是等价的, 但从度量的角度看, 这两者是不等价的.

B.Hutton 和 M.A.Erceg 关于模糊伪度量空间的工作无疑被认为是 "无点化" 学派的优秀成果. 但是, 模糊 (拟) 伪度量作为映射族比较复杂, 尤其对称性不具几何直观, 难以进行深入的研究, 因而希望对它进行直观的描述; 另一方面, 模糊伪度量是否具有通常伪度量的点式表示, 是值得期待的. M.A.Erceg 首先考虑了这一问题, 未获成功.1983 年, B.Hutton 利用模糊格的范畴积, 借助于模糊实直线 $R(L)$, 给出了模糊伪度量的一种点式刻画, 但由于 $R(L)$ 本身的结构复杂, 仍然不便使用. 1987 年, 梁基华成功地给出了一个便于应用且颇具几何直观的点式刻画, 并证明了模糊 Smirnov-Nagata 度量化定理.

刘应明称一个模糊伪度量空间为度量空间, 若它是次 T_0 的, 并应用嵌入理论, 简洁地证明了: 第二可数模糊拓扑空间为度量空间当且仅当它是完全正则的次 T_0 空间.

鉴于 B.Hutton 和 M.A.Erceg 的度量理论不能直接地反映格上点式拓扑理论的特点——"点" 及其重域关系, 史福贵首先在完全分配格上建立了一种拟一致结构与伪拟度量理论, 称之为点式拟一致结构与点式伪拟度量理论. 随后又在模糊格上创立了点式一致结构与点式度量理论, 证明了 Alexandorff-Urysohn 度量化定理. 这种点式一致结构与点式度量理论, 不仅处理方法简明, 可以直接反映出格上点式拓扑理论的特点, 而且使得格上点式伪拟度量的余拓扑满足第一可数性公理. 此外, 还证明了满足第二可数性公理的模糊格上的拓扑可点式伪度量化当且仅当其是正则的结论. 有意思的是, 这种格上伪拟度量理论还可以应用到理论计算机科学的 Domain 理论中去, 使得计算两个程序间的距离成为可能.

1988 年, 王国俊出版了我国第一本模糊拓扑学专著《L-fuzzy 拓扑空间论》, 对模糊拓扑学最初 20 年的发展做了系统的总结.

1998 年, 刘应明与罗懋康合著的 *Fuzzy Topology* 在新加坡出版, 对模糊拓扑学 30 年来的工作, 特别是 "有点化" 学派的工作做了系统的总结.

从 1968 年到 1998 年, 经过中外数学家特别是中国数学家 30 年的辛勤培育, 模糊拓扑学的主干基本长成. 自此, 这门新兴的学科开枝散叶地繁茂起来, 形成了许多新的分支.

分支之一: 拓扑分子格

从格论的角度看, 无论是在 $\{0, 1\}^X$ 上展开的分明拓扑学, 还是在 $[0, 1]^X$ 或 L^X 上展开的模糊拓扑学, 都是某种格上的拓扑理论, 从而都可纳入拓扑格理论中. 不过, 传统的拓扑格理论缺少点概念和相应的邻近结构理论, 从而像仿紧性等这样的重要的局部性质以及嵌入理论等这样的基本研究课题都无法讨论. 基于此, 王国俊于 1979 年提出了拓扑分子格理论, 他的基本动机是: 构造一种新的拓扑格理论, 使之一方面具有相当的广泛性——至少把分明拓扑学和模糊拓扑学二者包含在内, 另一方面又保留分明拓扑学的点式风格和丰茂的研究成果. 1985 年, 王国俊又进一步完善和拓广了这一理论, 发表了《完全分配格上的点式拓扑 (I, II)》一文. 这时已完全甩开了在格上带有逆合运算的限制. 分子、远域、(广义) 序同态是拓扑分子格理论中三个核心概念. 分子是模糊点的抽象化, 远域是重域的一般化, 它同时适用于带或不带逆合对应的两种情形. 序同态或广义序同态则是 Zadeh 型函数的推广, 它们保证将分子映为分子, 同时又去掉了 Zadeh 型函数纵向上保持分子高度的过强条件. "拓扑分子格理论" 经鉴定后, 1985 年被国家教委评为优秀科技成果. 这一理论于 80 年代末已形成初步框架, 其标志是王国俊的专著《拓扑分子格理论》(1990 年).

分支之二: 模糊化拓扑

从模糊拓扑的定义可以看出, 一个模糊集要么是开集, 要么不是开集, 只有这两种选择. 因此对 L^X 上开集的描述实际上是一种二值逻辑, 也就是说, 模糊拓扑学的基本思想是用经典逻辑研究模糊对象, 这中间透着某种不和谐. 基于此, U.Höhle 等人提出模糊拓扑应该是某种模糊集的观点. 同时, 为了满足模糊拓扑对多值逻辑的内在要求, 数学家开始考虑有逻辑结构的多值拓扑, 这就是模糊化拓扑的由来.

按照 U.Höhle 的定义, 所谓分明集 X 上的一个模糊化拓扑, 其实就是一个满足一定条件的模糊集 $\tau : 2^X \to L$. 这样一来, 对分明集 $A \in 2^X$ 而言, $\tau(A)$ 表示 A 是开集的程度.

顺着 U.Höhle 的思想, T.Kubiak 和 A.P.Šostak 给出了模糊化模糊拓扑 (仍称为模糊拓扑) 的定义. 所谓 L^X 上的一个模糊拓扑, 是满足一定条件的映射 τ: $L^X \to L$, 这其实就是一个从 L^X 到 L 的模糊集.

中国的应明生对 τ: $2^X \to I = [0, 1]$ 型模糊化拓扑做了很好的工作.

分支之三: 范畴拓扑方法

从范畴论的角度研究拓扑学是分明拓扑学的一大特色. 模糊拓扑学家继承和发扬了这一优良传统, 使范畴论在模糊拓扑学中大放异彩, 以至于在模糊集的研究中, 范畴理论成为有益的、不可或缺的工具.

张德学, R. Lowen, E. Lowen, P. Wuyts, A. I. Klein 等人, 从范畴拓扑的视角来审视模糊拓扑, 在模糊拓扑空间范畴、模糊邻域空间范畴、模糊收敛空间范畴、拓扑分子格范畴中, 研究了各种反射和余反射子范畴、等价范畴、超范畴以及 quasitopos 等问题.

用范畴论来鸟瞰模糊拓扑学, 可以从更广阔的视野来揭示一些带根本性的一些问题. 比如, 拓扑分子格诞生以后, 有人认为可以通过分明拓扑学的方法来处理拓扑分子格理论. 对此, 王国俊与李永明专门撰文, 通过讨论拓扑分子格范畴、分明拓扑空间范畴、局部超紧 Sober 双拓扑空间范畴之间的关系, 回答了上述想法往往是行不通的.

分支之四: 多值拓扑

从逻辑的观点来看, 分明集之特征函数是二值的, 刻画的是经典逻辑, 而模糊集之隶属函数是多值的, 描述的是非经典逻辑, 或者说是多值逻辑. 因此, 从源头上讲, 模糊集理论与多值逻辑具有天然的联系. 也正是这个原因, 模糊数学派生出若干多值数学结构, 如多值序、多值滤子、多值收敛空间、多值拓扑空间等等.

多值拓扑其实就是 L^X 的一个关于有限交无限并封闭的子集, 只不过这里的 L 是一个交连续剩余格 $(L, *, 1)$, 且携带着一个二元运算 $b \to c = \vee\{a \in L | a * b \leqslant c\}$. 如此一来, 这个 L 便可以扮演多值逻辑中真值集的角色.

多值拓扑理论就是利用范畴论的方法研究多值数学结构的范畴、子范畴及它们之间的关系. U. Höhle, M. Demirci, 张德学等在这方面颇有建树.

分支之五: 层次拓扑空间理论

李永明教授首先给出了层次闭集的概念, 我们对此进行了推广, 给出了更为广泛的层次闭集的概念. 我们引入这个概念的基本思路其实很自然, 不妨申说一下. 在一个 L-拓扑空间中, 一个模糊集 A 的闭包是包含 A 的所有闭集中的最小者, 若这个闭包就等于 A, 则 A 为闭集. 顺着这个思想, 我们放宽对参与其中的这些闭集的要求, 不强求它们整个地包含 A, 只需要它们在某个层次 α 上包含 A, 然后把所有这样的闭集 "交" 起来, 就得到 A 的所谓的层次闭包. 接下来, 让层次闭包在层次 α 上与 A 相等, 便得到层次闭集的概念. 层次闭集一般不是闭集, 但在很多场合可以起到与闭集同样的作用, 是研究拓扑空间之层次性质的理想工具. 以这个概念为基础, 我们陆续得到了分子网与理想的层次收敛、层次连续映射、层次连通性、层次分离性、层次紧性与层次闭包空间等理论, 形成了较为系统的层次拓扑空间理论.

从以上所列的 5 个分支可以看出, 模糊拓扑学正在与其他学科相互融合, 这无疑会刺激它自身的进一步发展, 因此我们有理由相信, 这个学科在未来必将会得到更大的发展!

注 本文涉及大量的参考文献 ([64-104]), 若在行文中一一标出, 则显得零乱, 故在文末一并列出.

参 考 文 献

[1] Lowen R. A comparison of different compactness notions in fuzzy topological spaces. J. Math. Anal. Appl., 1978(64): 446-454

[2] 刘应明, 梁基华. Fuzzy 拓扑学: 层次结构和点式处理. 数学进展, 1994(23): 304-321

[3] Rodabaugh S. The Hausdorff separation axiom for fuzzy topological spaces. Topology Appl., 1980(11): 319-334

[4] 李永明. L-fuzzy 闭图和强闭图理论. 模糊系统与数学, 1991(2): 30-37

[5] 孟广武. 层次 L-拓扑空间论. 北京: 科学出版社, 2010

[6] 王国俊. L-fuzzy 拓扑空间论. 西安: 陕西师范大学出版社, 1988

[7] 陈水利, 等. 模糊集理论及其应用. 北京: 科学出版社, 2005

[8] 孟广武. On the sum of L-fuzzy topological spaces. Fuzzy Sets and Systems, 1993(59): 65-77

[9] 孟广武. Some additive L-fuzzy topological properties. Fuzzy Sets and Systems, 1996(77): 385-392

[10] 孟广武, 张兴芳. Rodabaugh α-闭包的推广. 模糊系统与数学, 2003(3): 19-22

[11] 孟广武, 孟晗. D_α-闭集及其应用. 模糊系统与数学, 2003(1): 24-27

[12] 李令强, 等. I_r-开集及其应用. 模糊系统与数学, 2005(3): 92-95

[13] 张兴芳, 等. The stratiform L-fuzzy topologies and their application. Fuzzy Sets and Systems, 2001(119): 513-519

[14] 张兴芳, 孟广武. 模糊连续映射和开映射的新特征. 纯粹数学与应用数学, 1999(1): 82-85

[15] 贺伟. Generalized Zadeh functions. Fuzzy Sets and Systems, 1998(97): 381-386

[16] 孙守斌, 孟广武. L-fuzzy 拓扑空间上的 D_α-收敛性. 模糊系统与数学, 2008(5): 47-50

[17] 杨忠强. 拓扑分子格中的理想. 数学学报, 1986(29): 276-279

[18] 方进明, 邱岳. 层 Lowen 函子及其应用. 中国海洋大学学报, 2007(37): 395-398

[19] 金秋, 等. L-Top 上的 I_r-函子. 山东大学学报 (理学版), 2011(12): 124-126

[20] Rodabaugh S. Fuzzy real lines and dual real lines as poslat topological, uniform, and metric ordered semirings with unity // Rodabaugh H. Mathematics of Fuzzy Sets: Logic, Topology, and Measure Theory. Boston: Kluwer Academic Publishers, 1999, 3: 607-631

[21] Mashhour A S, Ghanim M H. On closure spaces. Ind. J. Pure Appl. Math., 1983(14): 680-690

[22] Mashhour A S, Ghanim M H. Fuzzy closure spaces. J. Math. Anal. Appl., 1985(106): 154-170

[23] 尤飞. L-fuzzy 闭包空间及其连通性. 陕西师范大学学报 (自然科学版), 2001(29): 23-26

[24] 尤飞, 李洪兴. LF 闭包空间的层紧性. 北京师范大学学报 (自然科学版). 2003(3): 316-319

[25] 李颜霞, 等. 层次闭包空间中分子网的收敛及其应用. 模糊系统与数学, 2013(27): 91-95

[26] 王莉, 等. 层次闭包空间及其连通性. 聊城大学学报 (自然科学版), 2011(24): 16-19

[27] 朱凤梅, 李令强, 孟广武. 层次化的 K. Fan's theorem. 聊城大学学报 (自然科学版), 2010(23): 1-3

[28] 陈珂. L-拓扑空间的层连通性. 哈尔滨师范大学学报, 2004(4): 6-9

[29] 史福贵, 郑崇友. Connectivity in fuzzy topological molecular lattices. Fuzzy Sets and Systems, 1989(29): 363-370

[30] 孟广武. T_2 separation subsets and T_2 separateness in L-fuzzy topological spaces. Chinese Quarterly J. Math., 1997(2): 11-18

[31] Chang C L. Fuzzy topological spaces. J. Math. Anal. Appl., 1968(24): 182-190

[32] 孟广武. 近良紧性. 陕西师范大学学报, 1990(4): 7-9

[33] 孟广武. L-fuzzy 拓扑空间中的几种紧性. 模糊系统与数学, 1991(1): 27-31

[34] 孟广武. Lowen's compactness in L-fuzzy topological spaces. Fuzzy Sets and Systems, 1993(53): 329-334

[35] 孟广武. Some characterizations of near N-compact sets in L-fuzzy topological spaces. J. Math. Res. Exp., 1994(4): 509-512

[36] 孟广武. On countably strong fuzzy compact sets in L-fuzzy topological spaces. Fuzzy Sets and Systems, 1995(72): 119-123

[37] 孟广武. New characterizations of three kinds of compact sets in L-fuzzy topological spaces. J. Fuzzy Math., 1995(3): 691-697

[38] 孟广武. 关于近良紧性的注记. 模糊系统与数学, 2007(5): 64-66

[39] 孟晗, 孟广武. Almost N-compact sets in L-fuzzy topological spaces. Fuzzy Sets and Systems, 1997(91): 115-122

[40] 孟培源, 周武能. 相关远域与不分明子集的超紧性. 数学杂志, 1996(4): 534-538

[41] 孟培源, 周武能. L-fuzzy 拓扑空间中若干紧性的等价性. 数学研究与评论, 1992(4): 513-518

[42] 王国俊. A new fuzzy compactness defined by fuzzy nets. J. Math. Anal. Appl., 1983(94): 1-23

[43] 周武能, 孟培源. Relative remote neighborhood family and the characterizations of ultra-fuzzy compactness. Fuzzy Sets and Systems, 2000(109): 217-222

[44] 周武能, 孟培源. On the equivalence of four definitions of compactness of LF subsets. Fuzzy Sets and Systems, 2001(123): 151-157

[45] 周武能, 孟培源. 超紧集的刻划与层次结构. 数学杂志, 1996(2): 204-208

[46] 周武能, 孟培源. 超紧空间的刻划及其应用. 齐齐哈尔师范学院学报, 1993(1): 1-5

[47] 周武能, 陈水利. Some important applications of nets of L-fuzzy sets. Fuzzy Sets and Systems, 1998(95): 91-97

[48] 史福贵. A new notion of fuzzy compactness in L-topological spaces. Information Sciences, 2005(173): 35-48

[49] 史福贵. A new definition of fuzzy compactness. Fuzzy Sets and Systems, 2007(158): 1486-1495

[50] 赵东升. The N-compactness in L-fuzzy topological spaces. J. Math. Anal. Appl., 1987(128): 64-79

[51] 孟广武, 孟晗. 模糊层次拓扑空间理论 (II). 聊城师院学报, 2002(4): 1-3

[52] Lowen R. Fuzzy topological spaces and fuzzy compactness. J. Math. Anal. Appl., 1976(56): 621-633

[53] 史福贵, 郑崇友. L-fuzzy 拓扑空间中一种新型的强 F 仿紧性. 模糊系统与数学, 1995(3): 40-48

[54] 徐晓泉. 良紧集的层次结构与不分明 Wallace 定理. 数学年刊, 1991(12A, 增刊): 120-123

[55] 胡凯, 孟广武. 一种新的 L-fuzzy 仿紧性. 模糊系统与数学, 2007(5): 59-63

[56] 孟广武. L-fuzzy 拓扑空间中的层仿紧性. 模糊系统与数学, 1995(2): 45-51

[57] 孟广武. Strato-closed operator and L-fuzzy paracompactness. J. Fuzzy Mathematics, 2001(9): 637-642

[58] 张兴芳, 等. Stratiform L-fuzzy topologies and L-fuzzyparacompact-ness. J. Fuzzy Mathematics, 2001(9): 421-427

[59] 陈仪香. Paracompactness on L-fuzzy topological spaces. Fuzzy Sets and Systems, 1993(53): 329-334

[60] 史福贵, 郑崇友. 格上点式一致结构的刻划与点式度量化定理. 数学学报, 2002(45): 1127-1136

[61] 刘应明, 罗懋康. Fuzzy Topology. Singapore: World Scientific, 1997

[62] Michael E. A note on paracompact spaces. Proc. Amer. Math. Soc., 1953(4): 831-838

[63] Michael E. Another note on paracompact spaces. Proc. Amer. Math. Soc., 1957(8): 822-828

[64] Concilio G. Almost compactness in fuzzy topological spaces. Fuzzy Sets and Systems, 1984(13): 187-192

[65] 陈水利. Almost F-compactness in L-fuzzy topological spaces. J. Northeastern Math., 1991(4): 4428-4432

[66] Demirci M. A theory of vague lattices based on many-valued equivaience relation I: general representation results. Fuzzy Sets and Systems, 2005(151): 437-472

[67] Demirci M. A theory of vague lattices based on many-valued equivaience relation II: complete lattices. Fuzzy Sets and Systems, 2005(151): 473-489

[68] Demirci M, Eken Z. An introuction to vague complemented ordered sets. Inform. Sci., 2007(177): 150-160

[69] Erceg M A. Metric spaces in fuzzy set theory. J. Math. Anal. Appl., 1979 (69): 205-230

[70] Erceg M A. Functions, equivalence relations, quotient spaces and subsets in fuzzy set theory. Fuzzy Sets and Systems, 1980(3): 75-92

[71] Goguen J A. L-fuzzy sets. J. Math. Anal. Appl., 1967(18): 145-174

[72] Goguen J A. The fuzzy Tychonoff theorem. J. Math. Anal. Appl., 1973(43): 734-742

[73] Höhle U. Upper semicontinuous fuzzy sets and applications. J. Math. Anal. Appl., 1980(78): 659-673

[74] Höhle U. Many valued topology and its applications. Boston: Kluwer Academic Publishers, 2001

[75] Höhle U. Fuzzy real numbers as Dedekind cuts with respect to a multiple-valued logic. Fuzzy Sets and Systems, 1987(24): 263-278

[76] Höhle U. Categorical foundations of topology with applications to quantaloid enriched topological spaces. Fuzzy Sets and Systems, 2014(256): 166-210

[77] Höhle U, Kubiak T. Many valued topologies and lower semicontinuity. Semigroup Fornm, 2007(75): 1-17

[78] Hutton B. Normality in fuzzy topological spces. J. Math. Anal. Appl., 1975(50): 74-79

[79] Hutton B. Uniformities on fuzzy topological spaces. J. Math. Anal. Appl., 1977(58): 557-571

[80] 韩红霞, 等. 关于连续 (开) 序同态与分离性的一点注记. 模糊系统与数学, 2006(6): 35-39

[81] Kaur C, Sharfuddin A. On alomost compactness in the fuzzu setting. Fuzzy Sets and Systems, 2002(125): 163-165

[82] Kubiak T. On fuzzy topologies. Adam Mickiewicz, Poznan, Poland, 1985

[83] 李令强, 张德学. On the relationship between limit spaces, many valued topological spaces and many valued preordered sets. Fuzzy Sets and Systems, 2009(160): 1204-1217.

[84] 李生刚, 等. Strong fuzzy compact sets and ultra-fuzzy compact sets in L-topological spaces. Fuzzy Sets and Systems, 2004(147): 293-306

[85] 梁基华. Fuzzy 度量的点式刻划及其应用. 数学学报, 1987(30): 733-741

[86] 刘应明. 不分明拓扑空间中紧性与 Тихонов 定理. 数学学报, 1981(24): 260-268

[87] Lowen E, Lowen R, Wuyts P. The categorical topology approach to fuzzy topology and fuzzy convergence. Fuzzy Sets and Systems, 1991(40): 347-373

[88] Lowen R, Wuyts P, Lowen E. On reflectiveness and coreflectiveness of subcategoris of FTS, Math. Nachr., 1989(141): 55-65

[89] 孟广武, 孟晗. 模糊层次拓扑空间理论 (I). 聊城师院学报, 2002(1): 1-4

[90] 孟广武, 王秀平. On layer L-topological spaces. 模糊系统与数学, 2008(5): 37-42

[91] 蒲保明, 刘应明. Fuzzy topology I: neighborhood structure of a fuzzy point and Moore-Smith convergence. J. Math. Anal. Appl., 1980(76): 571-599 (中文稿载四川大学学报 (自然科学版), 1977(1): 31-50)

[92] 史福贵. 完全分配格上的点式拟一致结构. 数学进展, 1997(26): 22-28

[93] 史福贵. Fuzzy 格上的点式一致结构与点式度量. 科学通报, 1997(42): 581-583

[94] 史福贵, 郑崇友. O-convergence of fuzzy nets and its applications. Fuzzy Sets and Systems, 2003(140): 499-507

[95] Šostak A P. On a fuzzy topological structure. Rendiconti Cirecolo Matematico Palermo (Suppl. Ser. II), 1985(11): 89-103

[96] 王国俊, 等. 拓扑分子格理论. 西安: 陕西师范大学出版社, 1990

[97] 王国俊, 李永明. 拓扑分子格范畴与相关范畴的关系. 科学通报, 1997 (42): 347-350

[98] Wong C K. Fuzzy point and local properties of fuzzy topology. J. Math. Anal. Appl., 1974(46): 316-328

[99] Wuyts P, Lowen R, Lowen E. Reflectors and coreflectors in the category of fuzzy topological spaces. Comput. Math. Appl., 1988(16): 823-836

[100] 应明生. A new apporach for fuzzy topology(I). Fuzzy Sets and Systems, 1991(39): 303-321

[101] Zadeh A. Fuzzy sets. Inform. Control, 1965(8): 338-353

[102] 张德学, 刘应明. L-fuzzy 拓扑空间的弱诱导化. 数学学报, 1993(36): 68-73

[103] 张德学. An enriched category approach to many valued topology. Fuzzy Sets and Systems, 2007(158): 349-366

[104] 张德学. On concretely both reflective and coreflective subconstructs of Chang fuzzy topological spaces. 中国科学 (A), 2003(46): 107-117